SOLIDWORKS 实战教程

云科工业技术研究院（苏州）有限公司　组编
主　编　沈建国　张红霞　刘正茂
副主编　仲小敏　张　盛　冯　斌
参　编　刘如松　孙艾迪　伍文进　洪卫东
陆建军　刘星宇　艾　林　马家欣
孙青云　李　宇

机 械 工 业 出 版 社

本书根据现代智能制造企业设计、研发的流程，针对工程技术人员的使用情况，介绍了 SOLIDWORKS 基础建模出图、标准件使用、参数化设计、渲染、动画、分析等工具的应用。

本书通俗易懂，图文并茂。除了安排课堂学习内容外，本书还附有丰富的课后练习，帮助读者课后自我提高，培养学习兴趣，也可满足教师将理论知识和工程实践相结合的教学要求。

本书适合本科、高等职业院校相关专业的师生及企业技术人员使用，也可供 SOLIDWORKS 初学者参考。

本书配有实例模型和电子课件，凡使用本书作为教材的教师可登录机械工业出版社教育服务网 www. cmpedu. com 注册后下载。咨询电话：010-88379534，微信号：jjj88379534，公众号：CMP-DGJN。

图书在版编目（CIP）数据

SOLIDWORKS 实战教程/沈建国，张红霞，刘正茂主编. --北京：机械工业出版社，2024. 8. -- ISBN 978-7-111-75983-6

Ⅰ. TH122

中国国家版本馆 CIP 数据核字第 2024NP0672 号

机械工业出版社（北京市百万庄大街 22 号　邮政编码 100037）

策划编辑：张雁茹　　　　　责任编辑：张雁茹　王华庆

责任校对：曹若菲　丁梦卓　　封面设计：张　静

责任印制：任维东

河北鑫兆源印刷有限公司印刷

2024 年 8 月第 1 版第 1 次印刷

184mm×260mm · 15. 75 印张 · 394 千字

标准书号：ISBN 978-7-111-75983-6

定价：55. 00 元

电话服务　　　　　　　　　网络服务

客服电话：010-88361066　　机　工　官　网：www. cmpbook. com

　　　　　010-88379833　　机　工　官　博：weibo. com/cmp1952

　　　　　010-68326294　　金　　书　　网：www. golden-book. com

封底无防伪标均为盗版　　机工教育服务网：www. cmpedu. com

前　言

DS SOLIDWORKS®公司是一家专业从事三维机械设计、工程分析、交互式文档制作、产品数据管理软件研发和销售的国际性公司。自1995年以来，SOLIDWORKS已经从最初的设计软件上升到现在的多产品数字化信息平台，其中包括CAD产品设计、CAE产品分析、Plastics模流分析、PDM产品数据管理、Composer交互式文档发布和Electrical电气设计。在商业市场，SOLIDWORKS平台以其优异的性能、易用性和创新性，极大地提高了工程师的设计效率和质量。在教育市场，SOLIDWORKS已经成为各类院校师生钟爱的科研和教学平台，在辅助教学和培养学生创新能力方面发挥着重要作用。

本书是云科工业技术研究院（苏州）有限公司在总结和整理多年来对企业和教育用户现场服务和培训素材的基础之上精编而成的。本书按照项目式的教学理念编写，改变以往教程以教授单个命令为模式的教学思路，书中案例采用能够对接现代化制造业企业产品设计、加工的实际应用，站在全局的高度，在尽量短的时间内让学生掌握解决问题所需的方法，很快体验到成就感，并以结果为导向，全面快速实现学习目标。本书通俗易懂，编排思路清晰，让初学者容易上手，让高手更上一层楼。

根据以上理念，本书以SOLIDWORKS 2023版本为基础，全实例化教学，帮助老师及学生快速掌握SOLIDWORKS；对项目进行全数字化设计，包括二维工程图、三维建模、装配、渲染、仿真分析、文档交流等，满足老师在教学过程中，教授理论知识和工程实践相结合的教学要求。本书充分考虑国内教学课程的惯例，除了课堂内容外，还附有丰富的练习，帮助学生课后自我提高，培养学习兴趣。本书配有模型源文件，不仅可以用于教学，还可用于学生自学。为与SOLIDWORKS软件保持一致，书中部分名词术语未与国家标准保持一致，如“剖面视图”指“剖视图”，“形位公差”指“几何公差”等，请读者阅读时注意。

本书由DS SOLIDWORKS®中国区授权合作伙伴——云科工业技术研究院（苏州）有限公司组织编写。云科工业技术研究院（苏州）有限公司拥有一支完整的课程技术开发队伍和技术支持队伍，能为商业和教育用户提供技术支持与培训、项目导航、课件制作等方面的服务。在此，对参与本书编写的人员表示诚挚的感谢。

由于时间仓促，书中难免存在疏漏和不足，恳请广大读者批评指正，请将意见或建议发送至邮箱：Book@SOLIDWORKS-EDU.com。

云科工业技术研究院（苏州）有限公司

目　　录

SOLIDWORKS

第 1 章　SOLIDWORKS 软件介绍

【学习目标】

- 认识 SOLIDWORKS 用户界面
- 了解 SOLIDWORKS 基本环境
- 在 SOLIDWORKS 中正确使用鼠标
- 学会使用 SOLIDWORKS 操作快捷键

1.1　SOLIDWORKS 介绍

SOLIDWORKS 是由美国 DS SOLIDWORKS®公司（该公司是法国 DASSAULT SYSTEMES 公司的子公司）开发的一款三维机械 CAD 软件。该软件自 1995 年问世以来，迅速地受到广大工程设计人员的推崇与青睐，同时凭借其强大的功能、引领业界的众多创新和易学易用的显著特点，迅速地扩大了其在 CAD 市场的份额。

SOLIDWORKS 除了基于特征和涵盖参数化技术的变量化造型功能外，还拥有多项业界领先的技术专利。

由于 SOLIDWORKS 是完全基于 Windows 基础环境开发的一款软件，所以能够充分利用 Windows 平台的巨大优势，为设计师提供简易方便的工作界面。SOLIDWORKS 的专利技术——FeatureManager 设计树能够将工程师的设计过程自动记录下来，并形成特征管理树，置于屏幕的左侧。设计师可以随时选取任意一个特征进行编辑与修改，也可以根据设计意图的需要调整特征的顺序，以满足最终设计需要。

由于 SOLIDWORKS 全面采用了 Windows 的底层技术，所以可以自然而然地在 SOLIDWORKS 的设计环境中自由地使用大家最为熟悉的剪切、复制、粘贴等操作，而这种最为普及的操作可以贯穿于 SOLIDWORKS 的整个零件、装配、工程图等环境。SOLIDWORKS 软件中的每一个图元（草图、特征、零件等）都带有一个“拖动手柄”，帮助实时动态地改变其形状和大小。对于任何初学者，只要具有 Windows 软件的基本使用经验，就可以迅速地掌握 SOLIDWORKS 的应用。

SOLIDWORKS 对大型装配的处理能力表明 SOLIDWORKS 不仅是一款简单的实体建模工具，而且是一个面向产品级的机械设计系统。它既提供自底向上的设计方法，同时也提供自顶向下的设计方法。自顶向下的设计方法鼓励工程师直接从装配体开始设计，从而在装配环境中参考其他零件的位置、形状及尺寸进行零部件的关联设计，这样更加符合工程设计习惯。在装配设计中，特别是对于大型装配的设计，SOLIDWORKS 设计了一系列的具有独创性的功能，如轻化、压缩、封套、SpeedPak、智能选择等，因此能高效处理大型复杂装配体。更加值得一提的是装配设计中的“产品配置”功能，为用户设计不同“构型”的产品提供了最为直接的解决方案，这也为面向订单的制造业企业后续实施真正的 PDM（产品数据管理）系统打下了坚实的基础。

SOLIDWORKS 拥有丰富的功能模块。例如，当设计完模型之后，要对它进行渲染，可以启用 PhotoView 360 功能；要对它进行仿真运动，可以启用 Motion 功能；要对它进行结构分析，可以启用 Simulation 功能等。SOLIDWORKS 同时提供了方便的二次开发环境和开放数据结构，因此 SOLIDWORKS 已经逐渐成为工程师设计和应用的通用 CAD 平台。

1.2 SOLIDWORKS 环境介绍

SOLIDWORKS 的用户界面属于典型的 Windows 应用程序界面类型，包括菜单栏、工具栏和状态栏等一些通用的 Windows 界面元素。

1.2.1 文件操作过程

1. 启动 SOLIDWORKS

单击【开始】/【所有程序】/【SOLIDWORKS<版本号>】/【SOLIDWORKS<版本号>】；也可以通过双击桌面快捷方式，进入 SOLIDWORKS。

2. 退出 SOLIDWORKS

单击【文件】/【退出】，或单击 SOLIDWORKS 主界面右上角的按钮，即可退出应用程序。

3. 打开一个 SOLIDWORKS 现有文件

双击现有的 SOLIDWORKS 文件，即可在 SOLIDWORKS 中打开这个文件。如果在双击 SOLIDWORKS 文件时没有打开文件，系统会自动运行 SOLIDWORKS 程序，然后打开所选的零件文件。

如果已经打开 SOLIDWORKS 软件，也可通过以下方法打开文件：单击 SOLIDWORKS 菜单栏中的【文件】/【打开】，然后输入文件名或浏览至文件名，或从 SOLIDWORKS 的【文件】菜单选择文件名。SOLIDWORKS 会列出用户最近打开过的一些文件。

4. 保存文件

单击菜单栏上的【保存】，可保存对文件所做的更改。

5. 复制文件

单击【文件】/【另存为】，以新的文件名保存为文件副本，如图 1-1 所示。SOLIDWORKS 文件的类型有零件（ *. sldprt）、装配体（ *. sldasm）和工程图（ *. slddrw）。

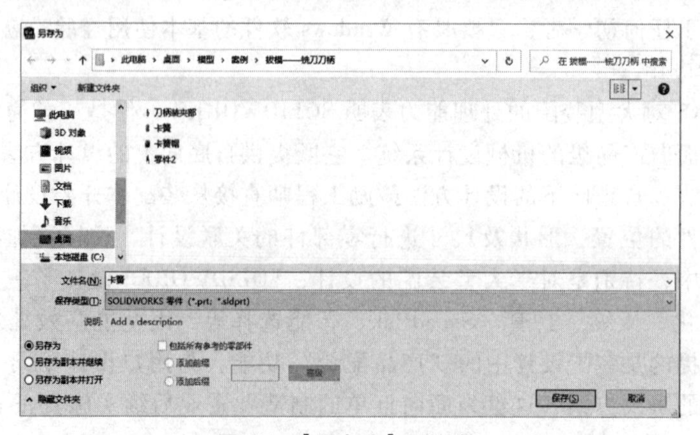

图 1-1 【另存为】对话框

1.2.2　SOLIDWORKS 界面

进入 SOLIDWORKS 后，可以通过【新建】和【打开】两种选择来新建或者打开一个已有的 SOLIDWORKS 文档，如图 1-2 所示。

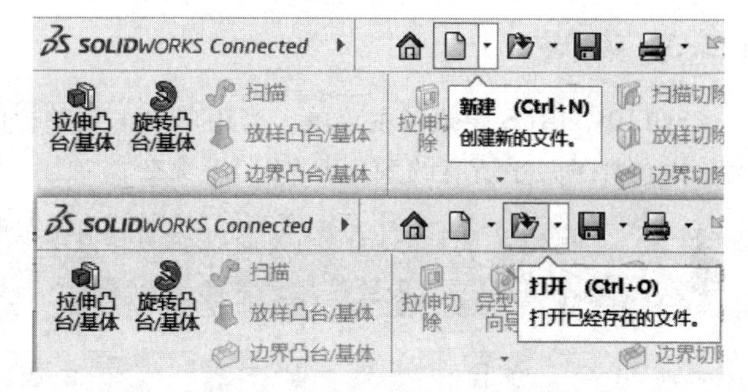

图 1-2　【新建】和【打开】SOLIDWORKS 文档

单击【文件】/【新建】，弹出【新建 SOLIDWORKS 文件】对话框，SOLIDWORKS 提供了三种设计模式，分别为“零件”“装配体”和“工程图”，如图 1-3 所示；也可以通过单击图 1-3 左下角的【高级】选择自定义模板，如图 1-4 所示。

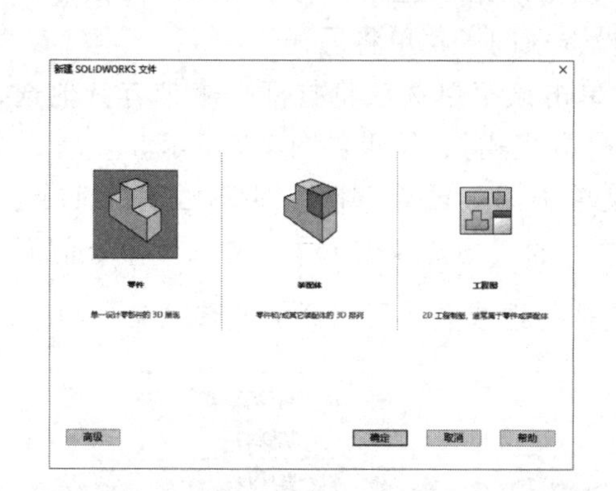

图 1-3　【新建 SOLIDWORKS 文件】对话框

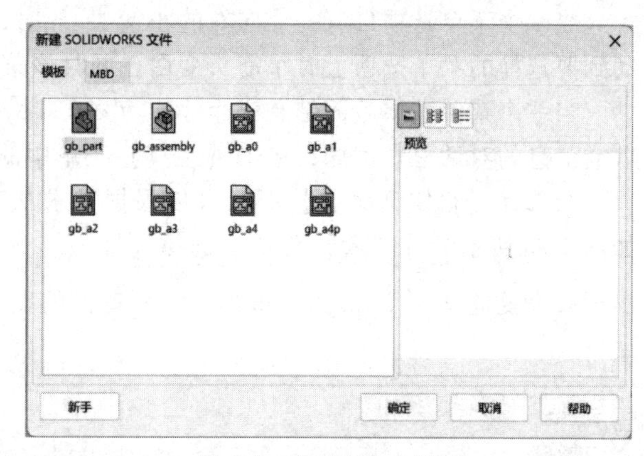

图 1-4　选择自定义模板

选择“零件”进入零件绘制窗口，如图 1-5 所示。

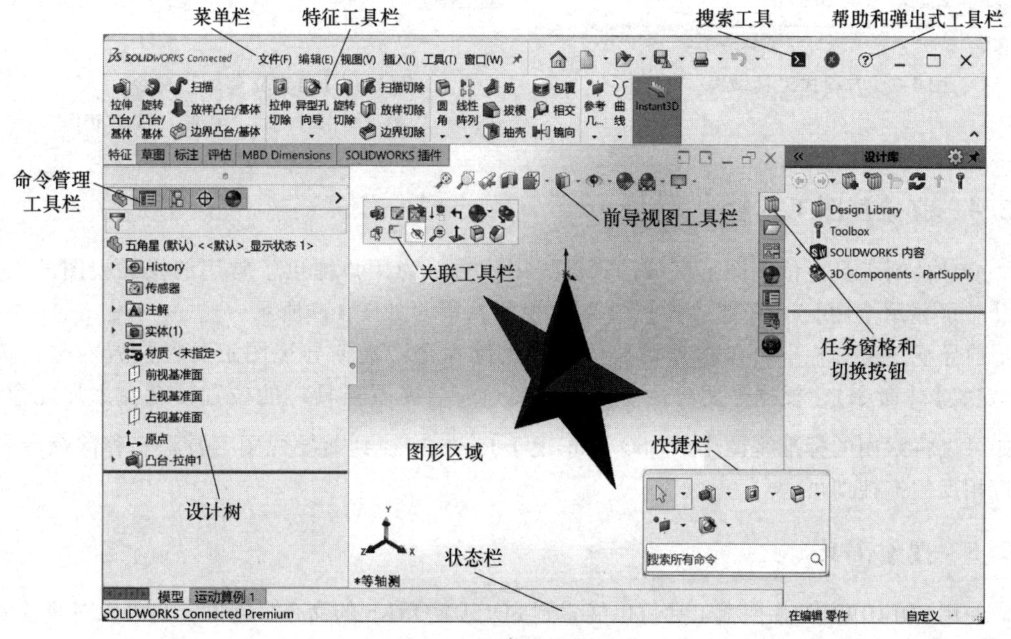

图 1-5　零件绘制窗口

1.2.3 菜单栏

SOLIDWORKS 隐藏了主菜单，当用户单击菜单栏时，将显示 SOLIDWORKS 主菜单，主菜单中包含了几乎所有的 SOLIDWORKS 命令。

提示 通过将鼠标移动到左上角使主菜单展开，然后单击最后的图钉按钮，保持主菜单显示，工具栏则向右平移，如图 1-6 所示。

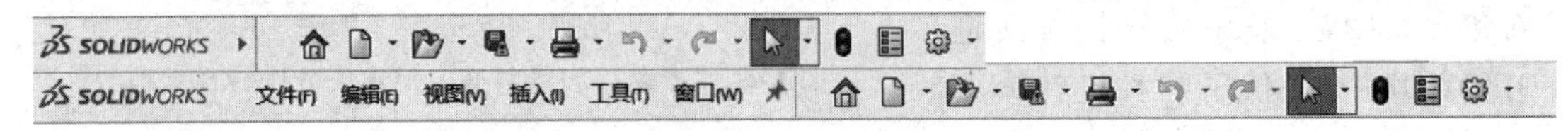

图 1-6 菜单栏

当一个菜单选项带有一个向右的小箭头时，说明该菜单选项带有子菜单。当鼠标移动到要选择的菜单选项上时小箭头变白，同时该菜单选项的子菜单将展开。

当一个菜单选项后面带有三个小点（…）时，单击该菜单选项将打开一个带有其他选项或信息的对话框。例如，单击【工具】菜单中的【方程式】，结果如图 1-7 所示。

当选择【自定义菜单】时，可以根据需求从菜单中添加或者移除一些不常用的命令。如图 1-8a 所示为【插入】菜单，选择【插入】菜单下的【自定义菜单】，在每个命令前面出现一个复选框，如图 1-8b 所示，对前面的复选框勾选或去除可以添加或移除命令。

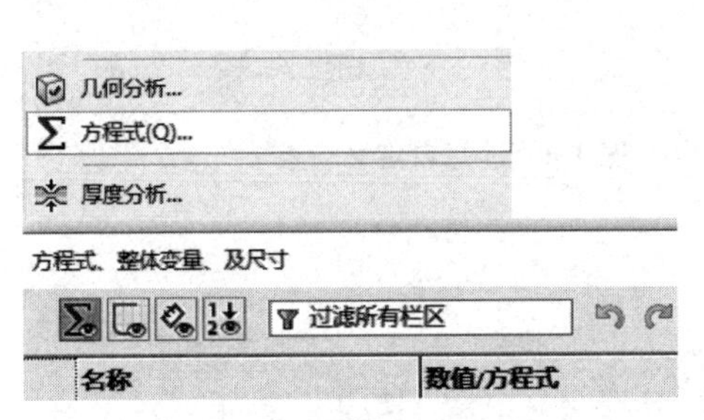

图 1-7 方程式工具举例

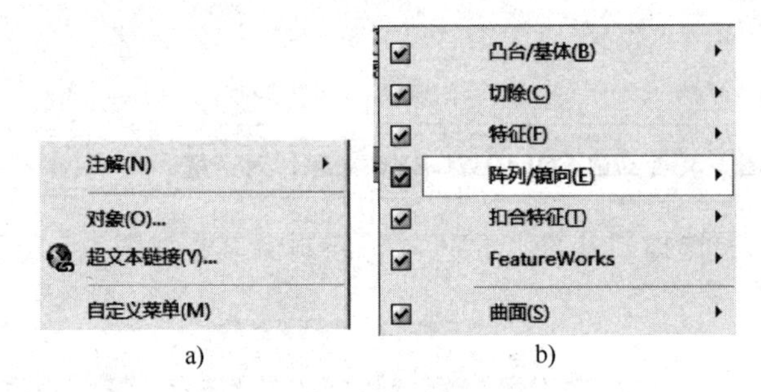

图 1-8 【自定义菜单】命令

注：SOLIDWORKS 软件中的“镜向”应为“镜像”。

1.2.4 前导视图工具栏

前导视图工具栏位于图形区域的顶部居中位置，为用户提供了常用的操纵视图的工具，如【整屏显示全图】、【局部放大】、【剖面视图】等，如图 1-9 所示。

前导视图工具栏也可以根据需要添加和删除命令。在前导视图工具栏位置右击，选择【自定义】/【命令】，根据需要将命令按钮拖拽到前导视图工具栏的位置，就会添加此命令，例如可以将常用的标准视图中的命令【正视于】拖拽到前导视图工具栏；移除命令只需进行相反的拖拽即可。

1.2.5 搜索工具

使用 SOLIDWORKS 搜索工具可以搜索到 SOLIDWORKS 的命令、帮助，也可以对当前计算机、局域网，甚至互联网进行文件搜索，以便于查找可用于设计的文件等。如图 1-10 所示，先选择【搜索命令】，然后在搜索栏里输入“圆”，与“圆”相关的一些命令就会全部列出。

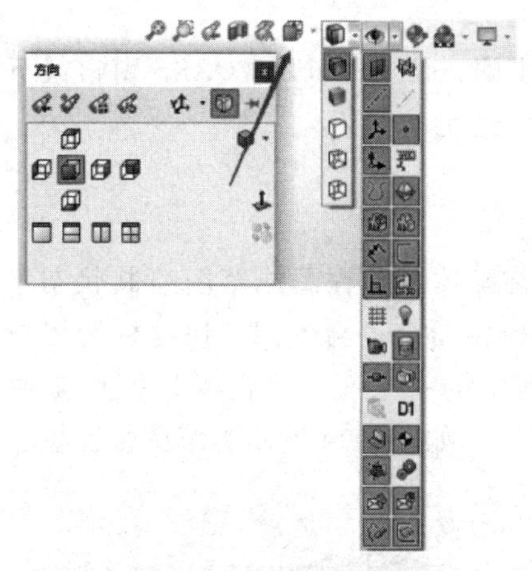

图 1-9　前导视图工具栏

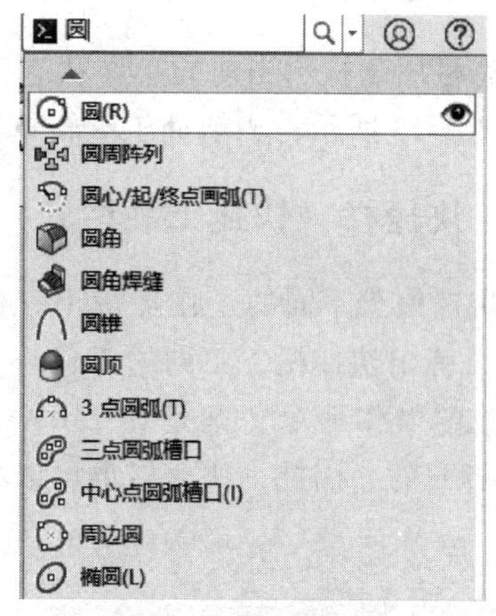

图 1-10　搜索命令

1.2.6　帮助和弹出式工具栏

单击打开 SOLIDWORKS 帮助文件，显示 SOLIDWORKS 的【帮助】主菜单，如图 1-11 所示。

SOLIDWORKS 提供了一种下拉式的工具栏，在工具按钮旁边附加有向下箭头形式的按钮，单击向下箭头，可显示一组工具，便于用户选择使用。

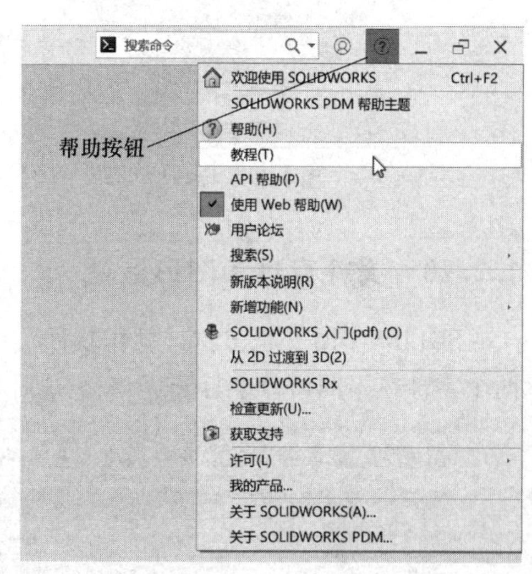

图 1-11　【帮助】主菜单

1.2.7　任务窗格和切换按钮

任务窗格是与管理 SOLIDWORKS 文件有关的一个工作窗口，它包括了【SOLIDWORKS 资源】、【设计库】、【文件探索器】、【视图调色板】、【外观】、【布景和贴图】和【自定义属性】。通过任务窗格，用户可以查找和使用 SOLIDWORKS 文件。另外，某些 SOLIDWORKS 集成插件也使用任务窗格作为其界面的组织形式，如【Toolbox】等。默认情况下，任务窗格显示于界面右边，不但可以移动、调整大小、打开和关闭，还可以单击右上角图钉按钮将其固定于界面右边的默认位置或者移开，如图 1-12 所示。将鼠标移动到切换按钮上可以看到此命令的介绍。

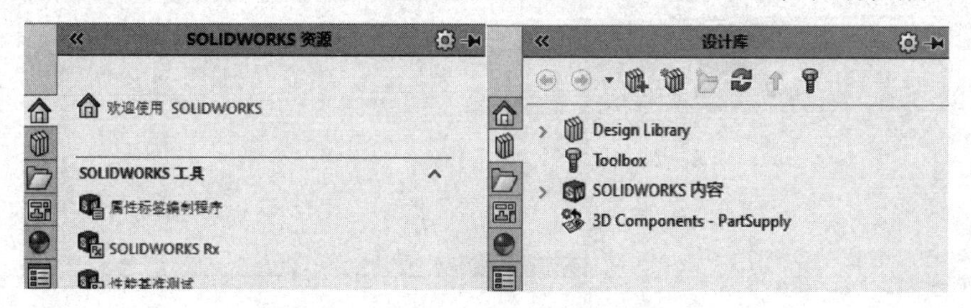

图 1-12　任务窗格和切换按钮

1.2.8 状态栏

状态栏用于提示当前的操作状态，并提示操作步骤，位于 SOLIDWORKS 窗口最下面一栏。如图 1-13 所示，当前处于编辑草图状态，草图已经完全定义。

1.2.9 快捷栏（快捷工具栏）

当用户处于不同的工作环境下，例如在零件、装配体、工程图或草图绘制状态下，按〈S〉键可弹出快捷栏，不同的工作环境中弹出的快捷栏命令也会不同。快捷栏为用户提供了最常见的操作命令，这是 SOLIDWORKS 用户界面中的一个亮点。由于快捷栏是通过按〈S〉键打开的，因此，快捷栏也可以称为“S 工具栏”。如图 1-14 所示为草图快捷栏。

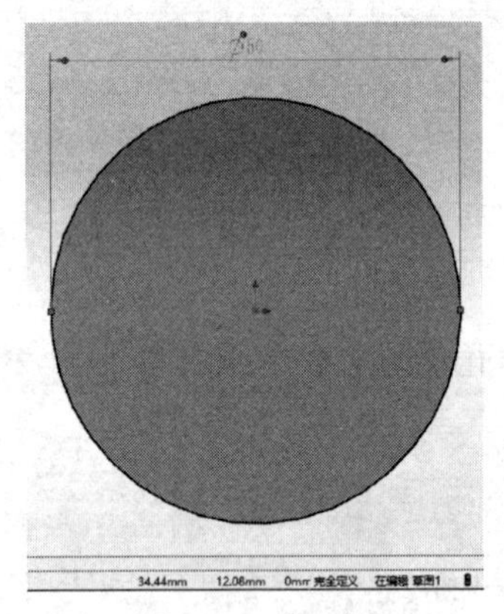

图 1-13 状态栏

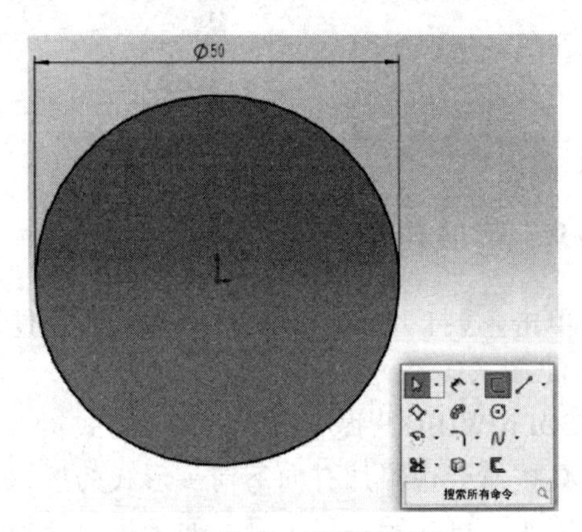

图 1-14 草图快捷栏

1.2.10 文件窗口和图形区域

SOLIDWORKS 是多窗口操作软件，可以分别打开不同文件进行操作，如图 1-15 所示为两个零件在不同窗口中打开。

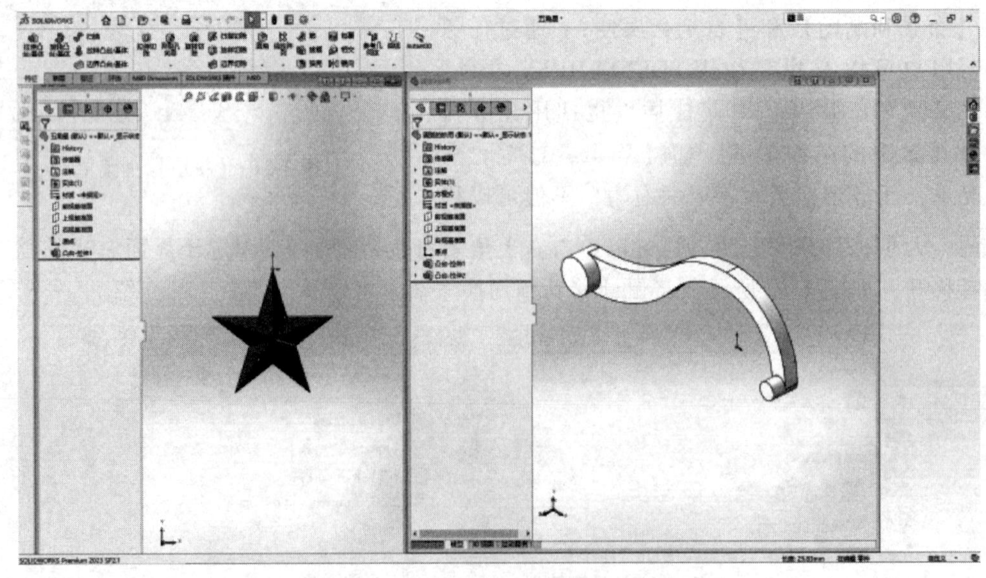

图 1-15 两个零件在不同窗口中打开

1.2.11　文件窗口的左侧区域

每个文件窗口中，除了包含图形区域外，在文件窗口的左侧为 SOLIDWORKS 文件的管理区域，也称为左侧区域。左侧区域包括 FeatureManager 设计树、PropertyManager 属性框、ConfigurationManager 配置管理器、DimXpertManager 尺寸专家管理器和其他插件管理区（例如 PhotoView 360 渲染管理器），用户可以通过左侧区域顶部的命令进行切换。如图 1-16 所示，将鼠标移动至左侧区域顶部的命令上就可以看到此命令的介绍。

FeatureManager 设计树是 SOLIDWORKS 软件中一个独特的部分，它形象地显示出零件或装配体中的所有特征。当一个特征创建好后，就被添加到 FeatureManager 设计树中，因此 FeatureManager 设计树显示出建模操作的先后顺序。通过 FeatureManager 设计树可以编辑零件中包含的特征（目标），如图 1-17 所示。

图 1-16　文件窗口的左侧区域

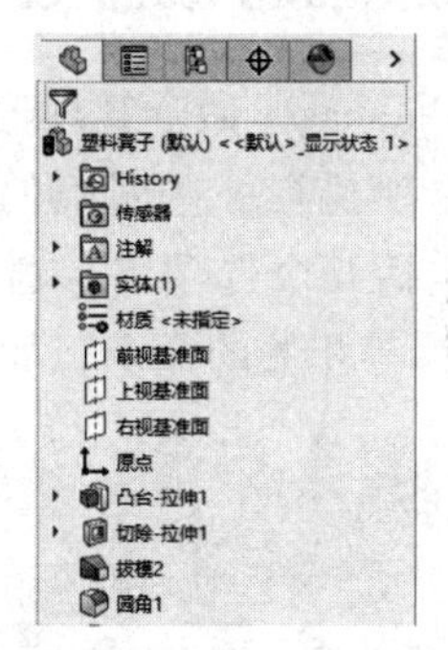

图 1-17　FeatureManager 设计树

默认情况下，许多 FeatureManager 项目（图标和文件夹）是隐藏的。在 FeatureManager 设计树窗口上方，只有一个文件夹【注解】是一直显示的。可以单击【工具】/【选项】/【系统选项】/【FeatureManager】，使用下列三个设置值来控制项目的可见性，如图 1-18 所示。

【自动】：如果项目存在，则显示项目；否则，将隐藏项目。

【显示】：始终显示项目。

【隐藏】：始终隐藏项目。

许多 SOLIDWORKS 命令是通过 PropertyManager 属性框执行的。PropertyManager 属性框和 FeatureManager 设计树处于同样的位置，如图 1-19 所示。当 PropertyManager 菜单运行时，它自动代替 FeatureManager 设计树。

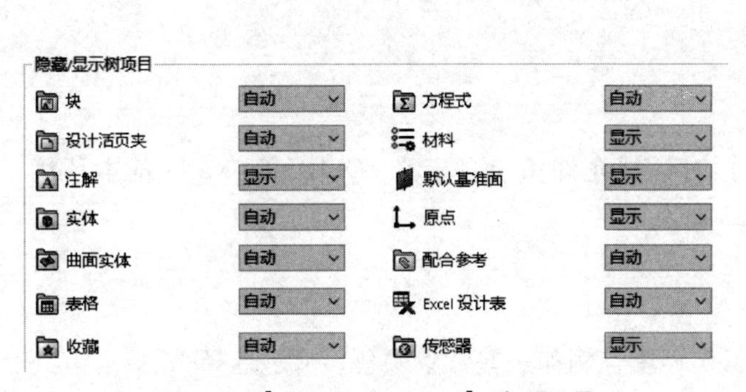

图 1-18　【FeatureManager】选项设置

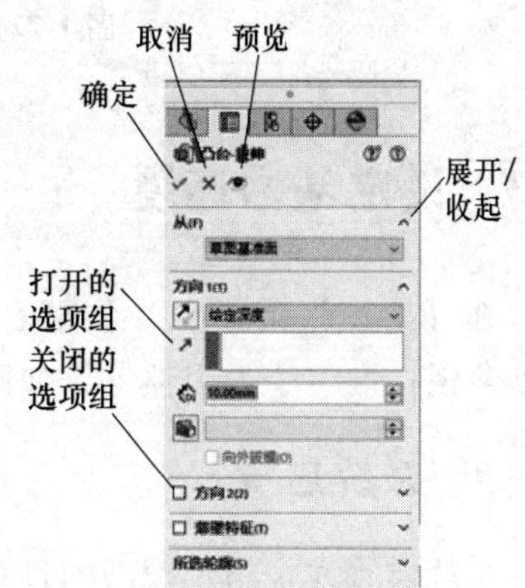

图 1-19　PropertyManager 属性框

在 PropertyManager 属性框顶部排列的按钮为【确定】、【取消】和【预览】。

在顶部按钮的下面是一个或多个包含相关选项的选项组，用户可以根据需要将它们打开（展开）或关闭（收起），从而激活或不激活该选项组。

属性框右上角的问号指向 SOLIDWORKS 帮助中与此命令相关的解释，单击可以打开帮助。

1.2.12 关联工具栏

关联工具栏是当用户在图形区域或 FeatureManager 设计树中选择某对象（基准面、模型表面、边线、特征）时，系统自动弹出的工具栏，便于用户对所选对象进行操作，如图 1-20 所示。当鼠标离开所选对象时，关联工具栏会自动隐藏。

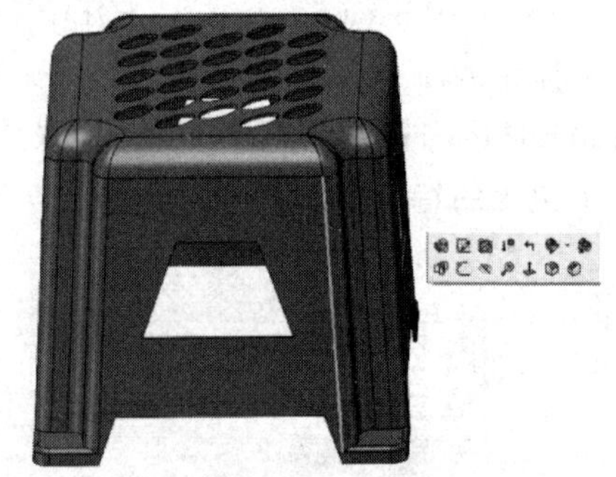
图 1-20 关联工具栏

1.2.13 CommandManager 命令管理器

CommandManager 命令管理器是一组非常实用的工具栏，可以单独执行一些明确的任务。例如，零件部分的工具栏包括几个选项卡，通过它们可以访问【草图】、【特征】等相关的命令，如图 1-21 所示。

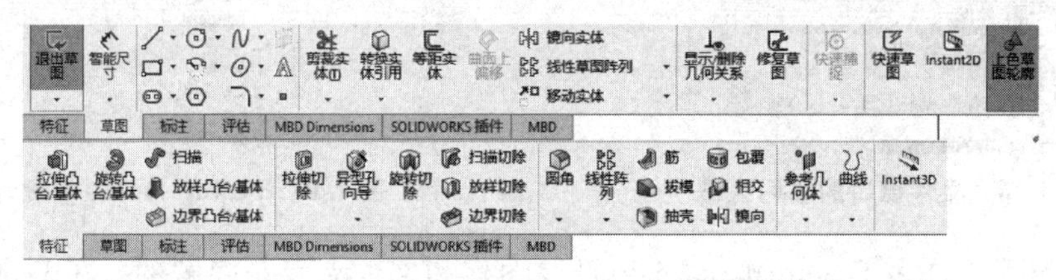

图 1-21 CommandManager 命令管理器

要添加或移除 CommandManager 命令管理器中的选项卡，可右击任意一个选项卡，然后通过单击来添加或移除其他选项卡，如图 1-22 所示。

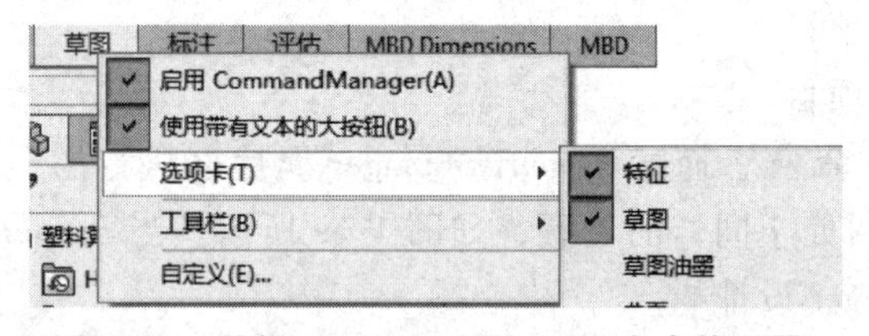

图 1-22 编辑 CommandManager 命令管理器

1.3 设定基本环境

在【工具】菜单中，【系统选项】对话框允许用户自定义 SOLIDWORKS 的基本环境，例如绘图标准、个人习惯等，如图 1-23 所示。

1.3.1 系统选项

系统设置允许用户控制和自定义工作环境，例如一些背景颜色、显示选择等。

在【系统选项】选项卡里更改的选项，一旦被保存后，将影响所有的 SOLIDWORKS 文

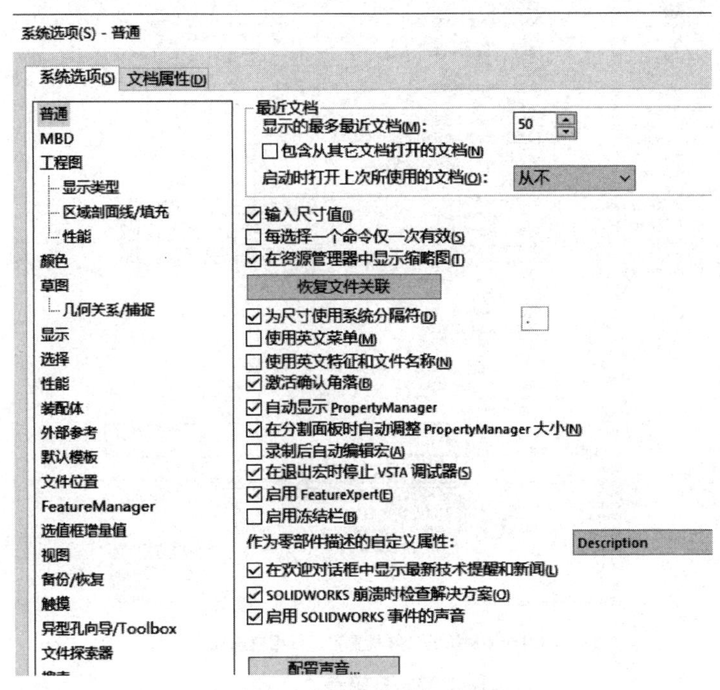

图 1-23 【系统选项】对话框

档（包括从其他途径获得的文档在这台计算机上打开后，也是使用更改后的选项）。因为是系统选项，所以同样的文件在不同的计算机上打开，一些显示也是不相同的。建议使用 SOLIDWORKS 默认的选项不要修改。修改之后如果想恢复，可以在【系统选项】中选择【重设】，恢复 SOLIDWORKS 出厂设置。如图 1-24～图 1-33 所示为【系统选项】中一些功能选项的介绍。

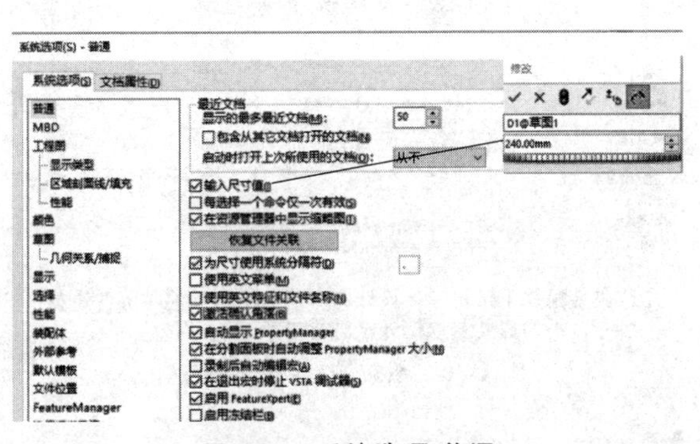

图 1-24　系统选项-普通

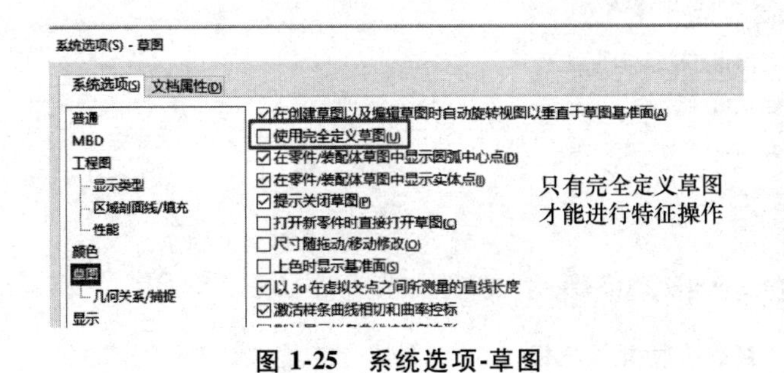

图 1-25　系统选项-草图

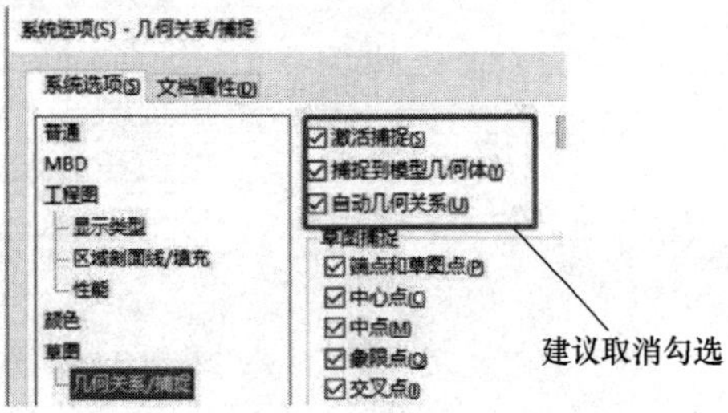

建议取消勾选

图 1-26　系统选项-几何关系/捕捉

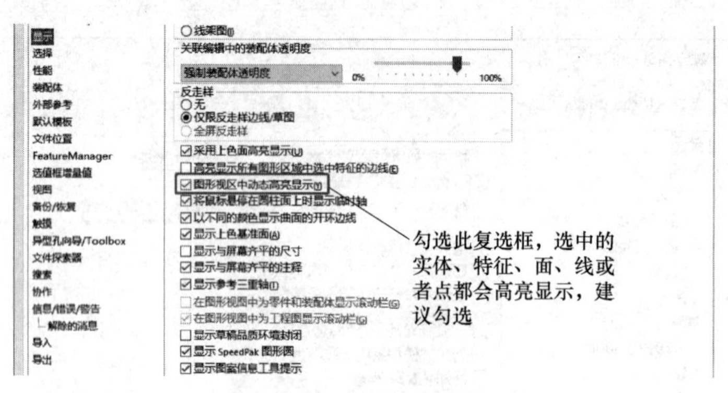

图 1-27 系统选项-显示

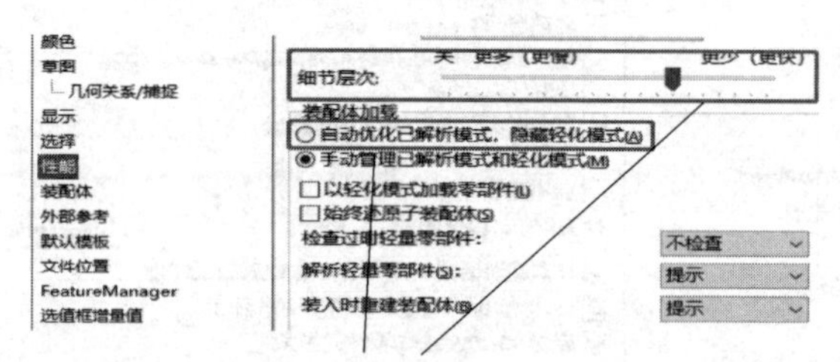

图 1-28 系统选项-性能

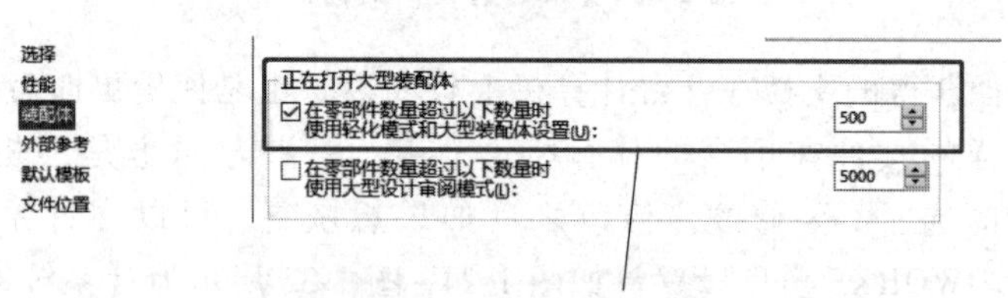

图 1-29 系统选项-装配体

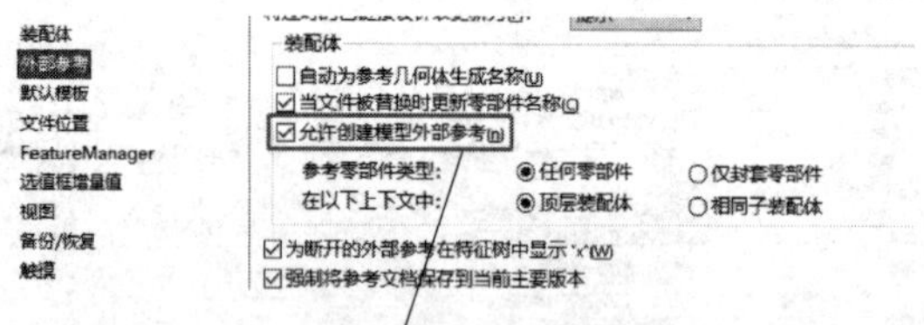

图 1-30 系统选项-外部参考

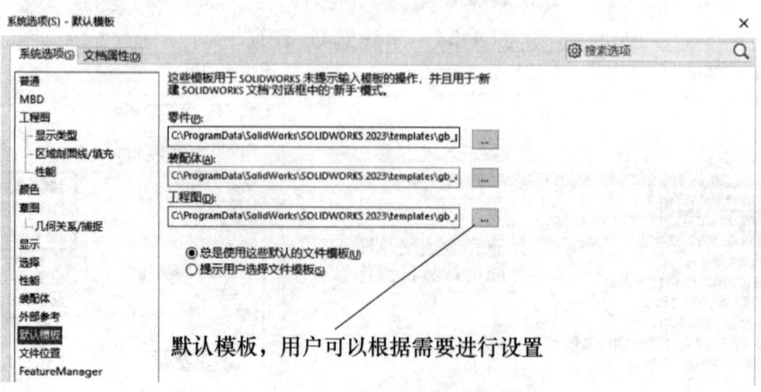

图 1-31 系统选项-默认模板

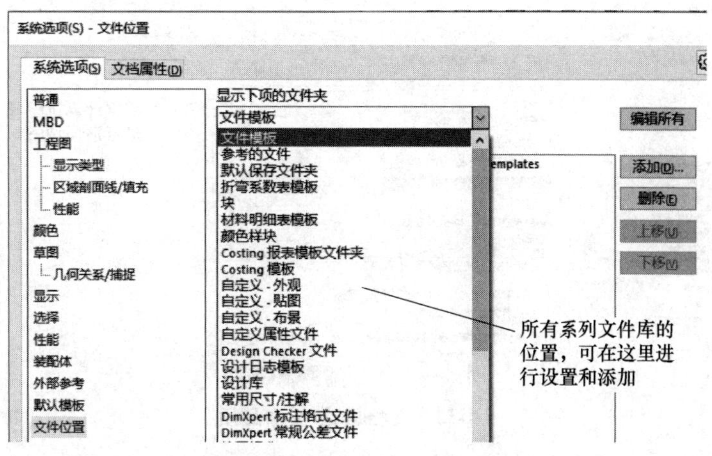

图 1-32　系统选项-文件位置

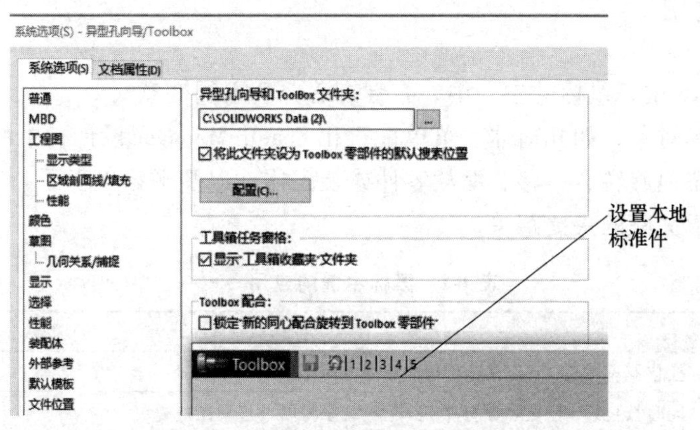

图 1-33　系统选项-异型孔向导/Toolbox

1.3.2　文档属性

【文档属性】选项卡中的设置可以应用到每一个文档中。例如【绘图标准】、【单位】等设置可以随文档一起保存，不会因为文档在不同的系统环境下打开而发生更改，如图 1-34 和图 1-35 所示。

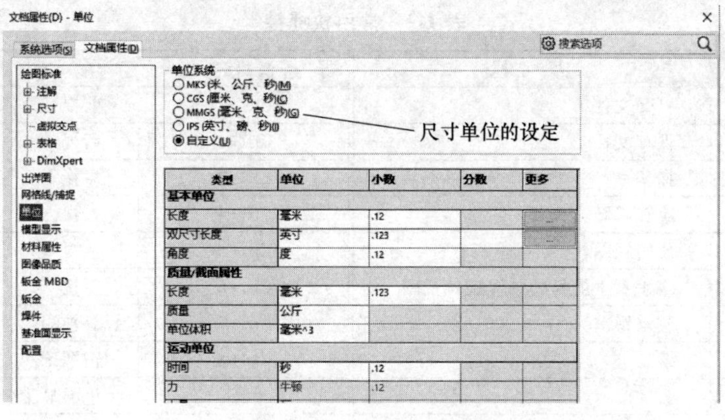

图 1-34　文档属性-单位

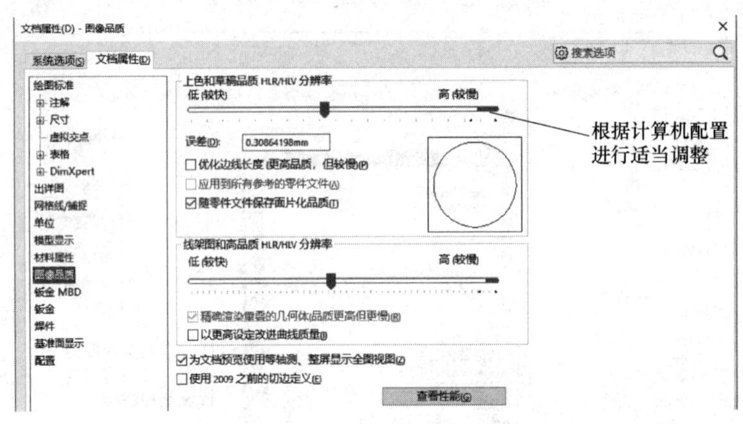

图 1-35　文档属性-图像品质

1.4　鼠标的应用

在 SOLIDWORKS 中，鼠标的左、中、右键有着完全不同的意义。

左键：用于选择对象，如几何体、菜单按钮和 FeatureManager 设计树中的内容。

中键：用于动态地旋转、平移和缩放零件或装配体，以及平移工程图，见表 1-1。

右键：用于激活关联的快捷菜单。

表 1-1　鼠标中键的应用

功能	操作方法
旋转视图	按住鼠标中键，拖动鼠标即可自由地旋转视图
平移视图	同时按住〈Ctrl〉键和鼠标中键，拖动鼠标即可平移视图
缩放视图	同时按住〈Shift〉键和鼠标中键，向前拖动鼠标即可放大视图，向后拖动即可缩小视图。也可滚动鼠标中键缩放视图，向前滚动放大视图，向后滚动缩小视图

1.5　常用快捷键

常用快捷键见表 1-2。

表 1-2　常用快捷键

快捷键	功　能	快捷键	功　能
Ctrl+O	打开文件	Ctrl+1	前视
Ctrl+S	保存文件	Ctrl+2	后视
Ctrl+Z	撤销	Ctrl+3	左视
方向键	旋转视图	Ctrl+4	右视
Shift+方向键	旋转视图	Ctrl+5	上视
Alt+方向键	绕垂直于屏幕的轴线旋转视图	Ctrl+6	下视
Ctrl+方向键	移动视图	Ctrl+7	等轴测
Z	缩小	Ctrl+8	正视于
Shift+Z	放大	F	整屏显示全图
Spacebar(空格)键	调出视图选项对话框	G	局部放大

可以通过单击主菜单【工具】下的【自定义】，弹出【自定义】对话框，在【键盘】选项卡的【显示】下拉列表中选择【带键盘快捷键的命令】，列出所有已经定义好的默认快捷键，如图 1-36 所示。

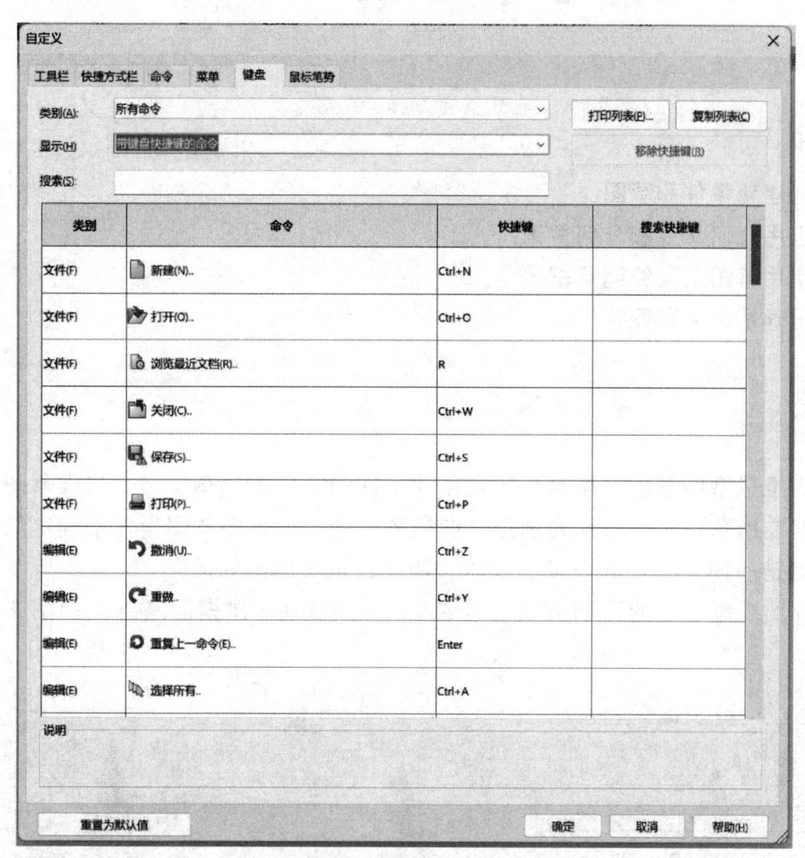

图 1-36 【自定义】对话框

第 2 章　草　　图

【学习目标】

- 学会创建新零件和草图
- 学会应用几何命令和几何关系
- 学会使用草图工具绘制草图
- 学会正确地定义草图

2.1　概述

草图是三维造型的基础，绘制草图是创建零件的第一步。草图多是二维草图，也有三维草图。在创建二维草图时，必须先确定草图所依附的平面，即草图坐标系确定的坐标面，这样的平面可以是一种“可变的、可关联的、用户自定义的坐标面”。

本章将介绍二维草图的绘制方法，这是 SOLIDWORKS 建模的基础。如图 2-1 所示为建模过程。

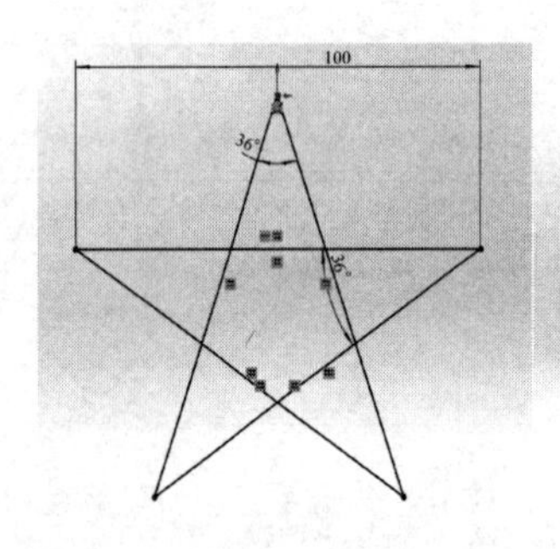

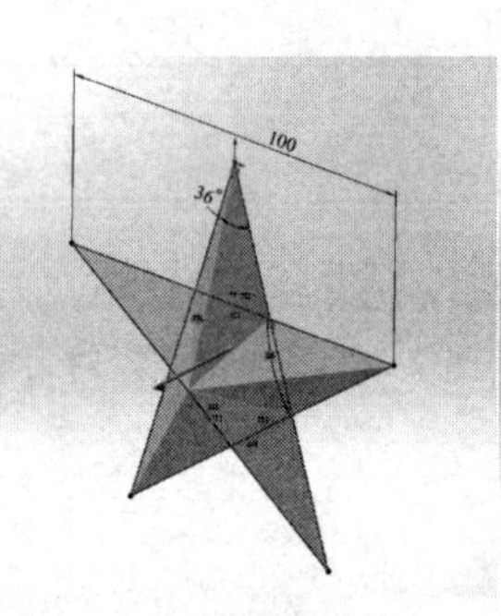

图 2-1　建模过程

2.2　草图实体

在 SOLIDWORKS 中，一些特征是基于草图生成的，这些特征称为草图特征。草图特征有拉伸、旋转等。【草图绘制实体】及【草图工具】如图 2-2 和图 2-3 所示。

每一个草图都有一些外形、尺寸或者方向的特性。

1. 新零件

可以通过不同的尺寸单位创建新零件，如英寸、毫米等，如图 2-4 所示。零件用于创建和形成实体模型。

2. 草图

草图是二维几何图形的组合，用于创建实体特征，如图 2-5 所示。

图 2-2　草图绘制实体

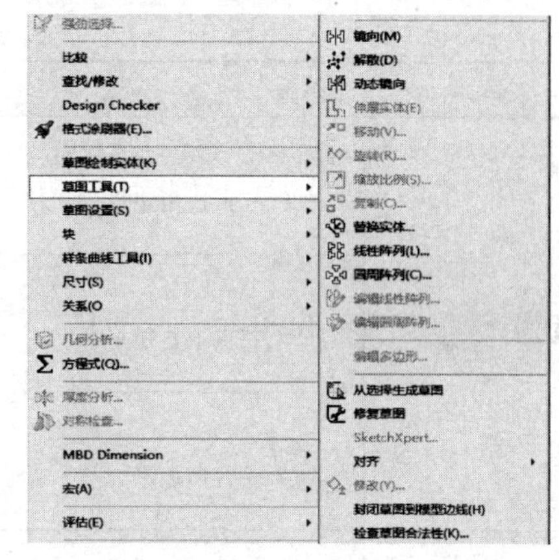

图 2-3　草图工具

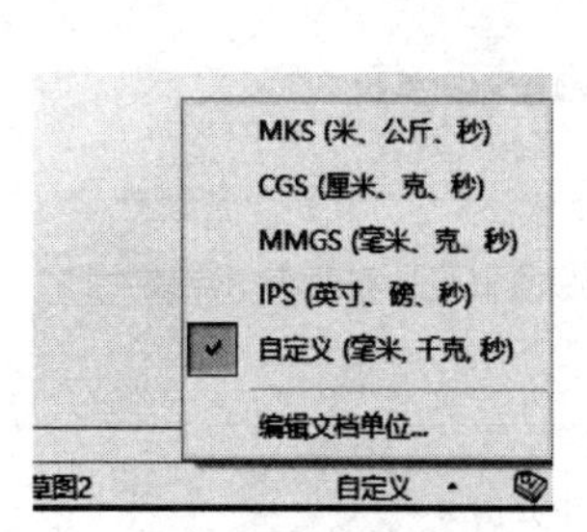

图 2-4　尺寸单位

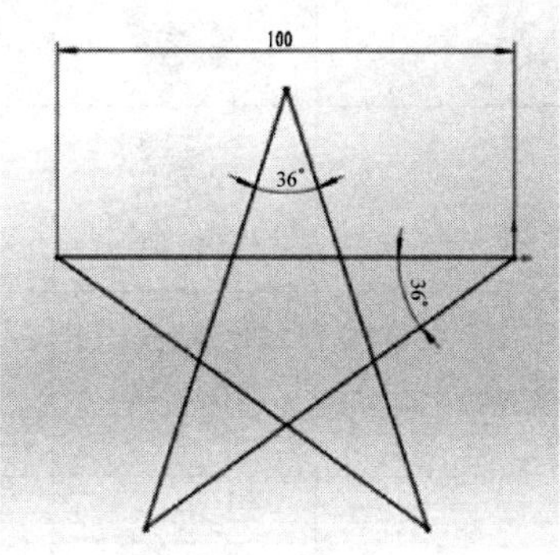

图 2-5　草图

3. 几何命令

通过各种二维几何元素，如直线、圆弧和矩形等，形成草图的形状。表 2-1 中列出了一些常见的几何命令。

表 2-1　常见的几何命令

几何命令		示例	说　明
直线	直线		绘制直线
	中心线		绘制中心线
	中点线		绘制中点线
矩形	边角矩形		绘制标准矩形
	中心矩形		通过指定中心点绘制矩形

（续）

几何命令		示例	说　　明
矩形	三点边角矩形		以三个角点绘制矩形
	三点中心矩形		以边线的中点和此线的一个端点绘制带有中心点的矩形
	平行四边形		绘制标准平行四边形
槽口	直槽口		通过指定两个端点绘制直槽口
	中心点直槽口		通过指定中心点绘制直槽口
	三点圆弧槽口		用三点圆弧绘制圆弧槽口
	中心点圆弧槽口		用圆弧半径的中心点和两个端点绘制圆弧槽口
圆	圆		绘制基于中心的圆
	周边圆		绘制基于周边的圆
圆弧	圆心/起点/终点圆弧		由圆心、起点和终点绘制圆弧
	切线弧		绘制与草图实体相切的圆弧
	三点圆弧		通过指定三个点(起点、终点和中点)绘制圆弧
椭圆	椭圆		绘制完整椭圆
	部分椭圆		绘制部分椭圆
	抛物线		绘制抛物线
	圆锥曲线		绘制圆锥曲线

（续）

几何命令		示例	说　　明
样条曲线	样条曲线	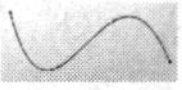	绘制样条曲线
	样式样条曲线	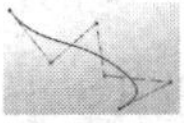	绘制样式样条曲线
	方程式驱动的曲线	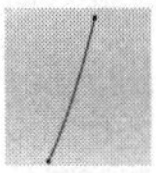	以方程式控制绘制样条曲线
点			绘制一个点

4. 草图几何关系

几何关系，如水平和垂直，可用于绘制几何体，这些关系限制了草图实体的移动。在草图的绘制过程中正确添加几何关系可以缩短绘图时间且方便后期修改。表 2-2 中列出了一些常用的几何关系。

表 2-2　常用的几何关系

几何关系	添加前	添加后	几何关系	添加前	添加后
水平：一条或多条直线之间	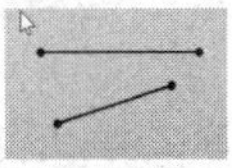	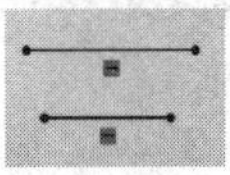	重合：端点和直线之间	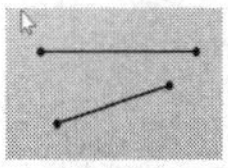	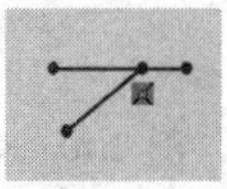
水平：两个或多个点之间	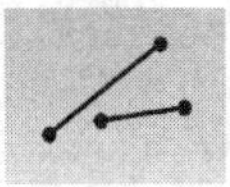		合并：两个端点之间	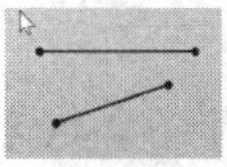	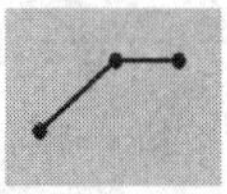
竖直：一条或多条直线之间	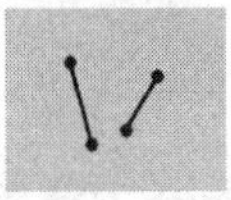	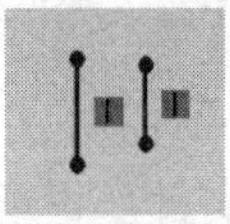	中点：直线和端点之间	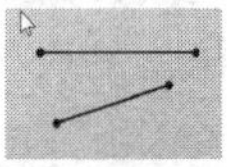	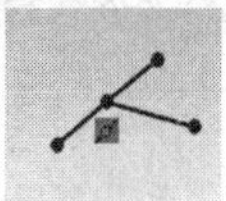
竖直：两个或多个点之间	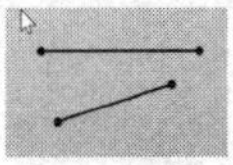	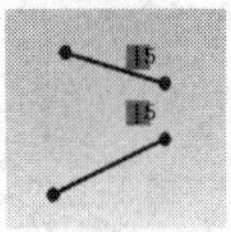	共线：两条或多条直线之间	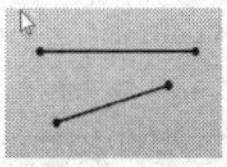	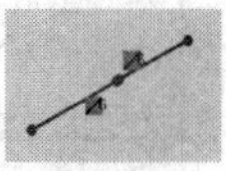
平行：两条或多条直线之间	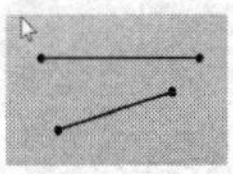	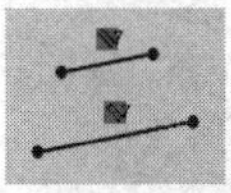	同心：两个或多个圆或圆弧之间	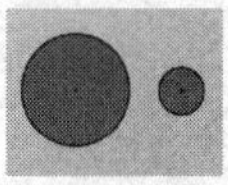	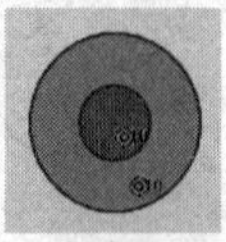
垂直：两条直线之间	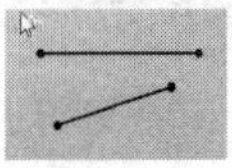	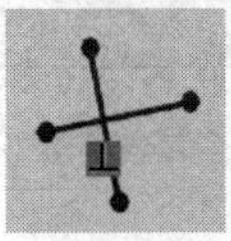	相切：两个圆或圆弧之间；一条直线与圆或圆弧之间	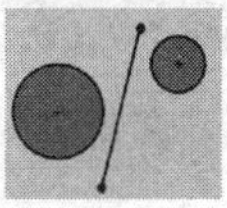	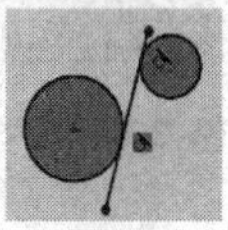
相等：两条或多条直线之间	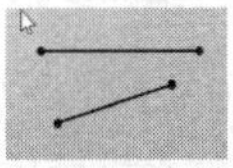	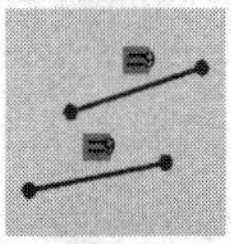	全等：两个或多个圆弧或圆之间	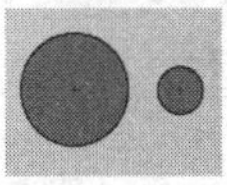	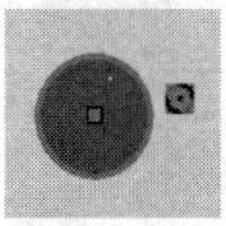
相等：两个或多个圆弧或圆之间	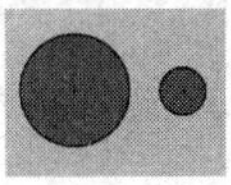	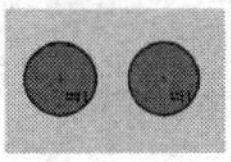			

添加几何关系的方法很简单，在前文中已经提到 SOLIDWORKS 是基于 Windows 基础环境开发的一款软件，所以 SOLIDWORKS 遵循了 Windows 的操作习惯，如在选择对象时按住〈Ctrl〉键可以选择多个元素。SOLIDWORKS 添加几何关系时也可以通过按住〈Ctrl〉键选择需要添加关系的元素，然后在文件窗口的左侧区域属性框中选择需要添加的几何关系，如图 2-6 所示；也可以在选择元素后右击，通过关联工具栏选择需要添加的几何关系，如图 2-7 所示。

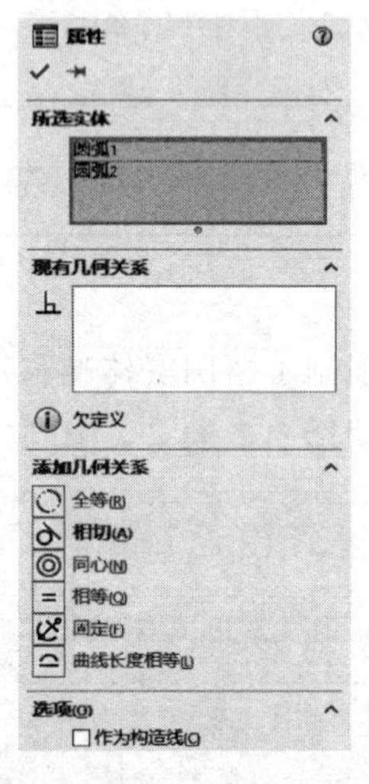

图 2-6　通过属性框添加几何关系

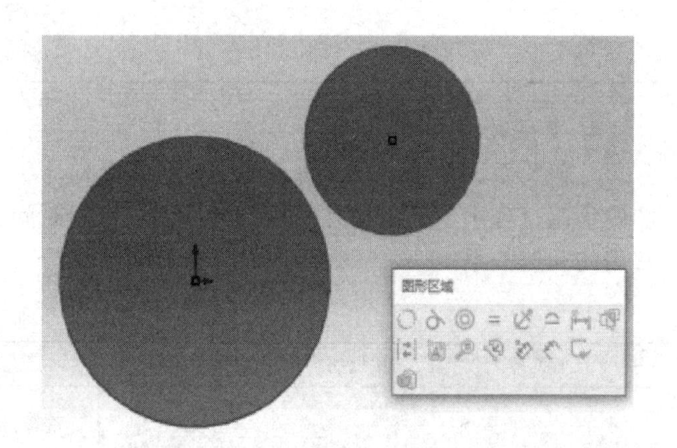

图 2-7　通过关联工具栏添加几何关系

5. 草图状态

每个草图都有一个状态来决定它可否使用，这些状态包括欠定义、完全定义和过定义，如图 2-8（图中水平线为黑色，其余线条均为蓝色）、图 2-9（图中所有线条均为黑色）和图 2-10（图中所有线条均为黄色）所示。

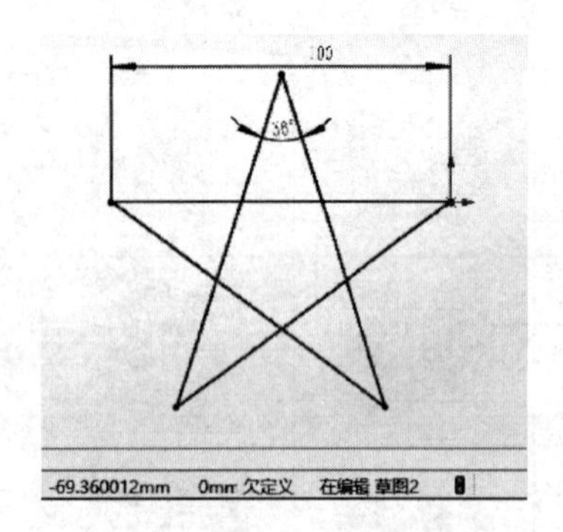

图 2-8　草图状态“欠定义”

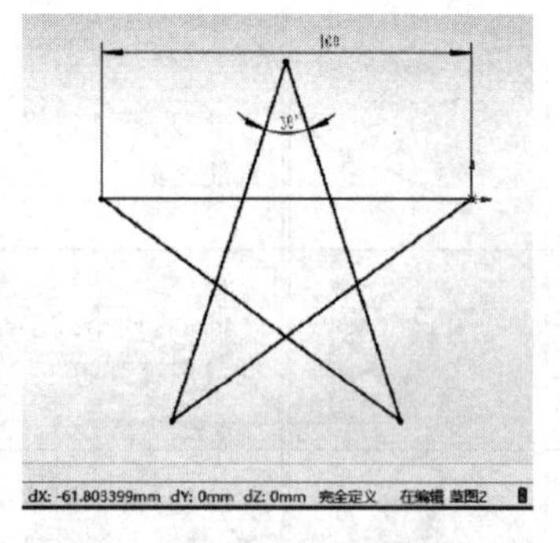

图 2-9　草图状态“完全定义”

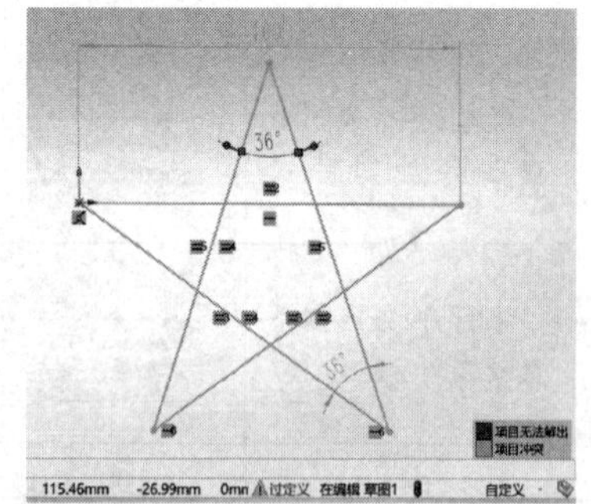

图 2-10　草图状态“过定义”

2.3　草图工具

草图工具用来修改已经创建好的草图几何体，这些工具包括【绘制圆角】、【绘制倒角】、【剪裁】、【延伸】、【等距实体】、【镜像】、【动态镜像】、【线性阵列】和【圆周阵列】等。

1.【绘制圆角】和【绘制倒角】

（1）【绘制圆角】【绘制圆角】工具可以在两个草图实体的交叉处剪裁掉角部，并生成一个切线弧。

首先在打开的草图中，单击【草图】工具栏上的【绘制圆角】，出现【绘制圆角】属性框，在【半径】文本框中输入半径值。选中要圆角化的实体并勾选【保持拐角处约束条件】复选框，如图 2-11 所示，其中深色圆角为预览圆角。然后用户可以通过属性框中的 ✓ 或 ✕ 来保留或取消圆角，也可以在图形区域的右上角选择。

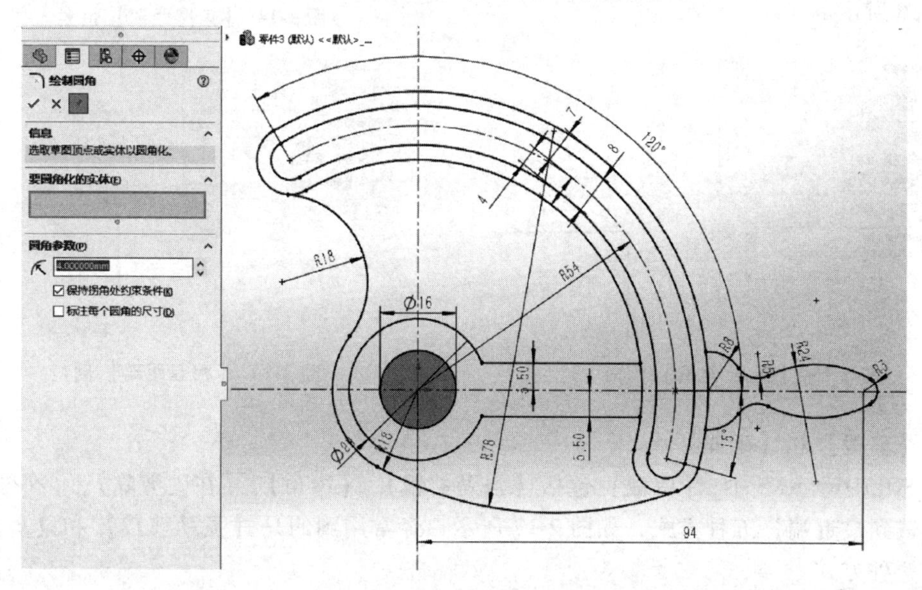

图 2-11　【绘制圆角】属性框

提示：在选择要圆角化的实体时可以选择两条边，也可以直接选中两条直线的交点，如图 2-12 所示。

（2）【绘制倒角】【绘制倒角】工具可以在两个相邻的草图实体间添加倒角。

首先在打开的草图中，单击【草图】工具栏上的【绘制倒角】，出现【绘制倒角】属性框，如图 2-13 所示。可以看出倒角分为【角度距离】、【距离-距离】、【相等距离】三个选项。

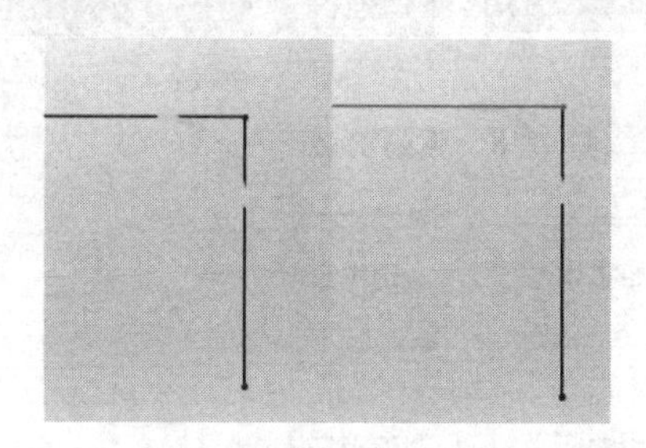

图 2-12　圆角选择方式

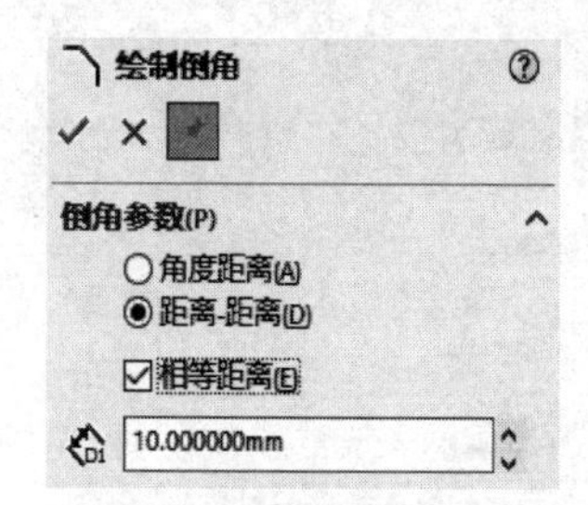

图 2-13　【绘制倒角】属性框

1）【角度距离】：选中【角度距离】，并分别输入距离和角度，然后选中需要做倒角的两条直线（先选择的一条边为长度距离），生成倒角，如图 2-14 所示。

2）【距离-距离】：选中【距离-距离】，并分别输入两个距离，然后选中需要做倒角的两条直线（先选择的一条边为第一个距离），生成倒角，如图 2-15 所示。

3）【相等距离】：选中【距离-距离】并勾选【相等距离】复选框，输入一个距离，然后选中需要做倒角的两条直线，生成倒角，如图 2-16 所示。

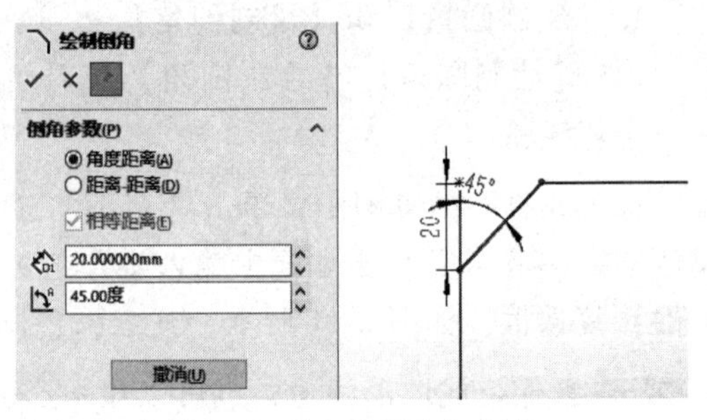

图 2-14 【角度距离】倒角

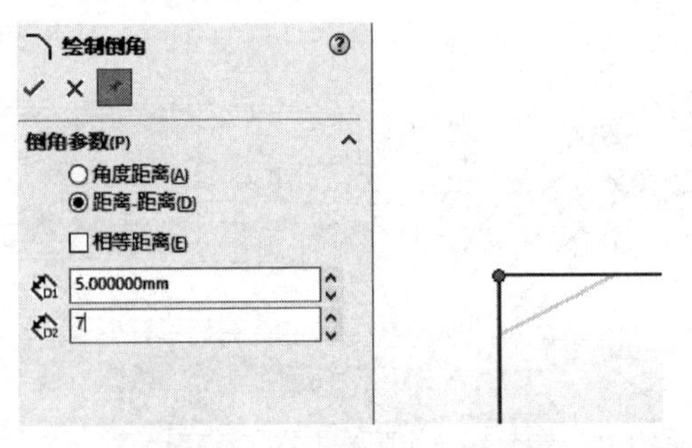

图 2-15 【距离-距离】倒角

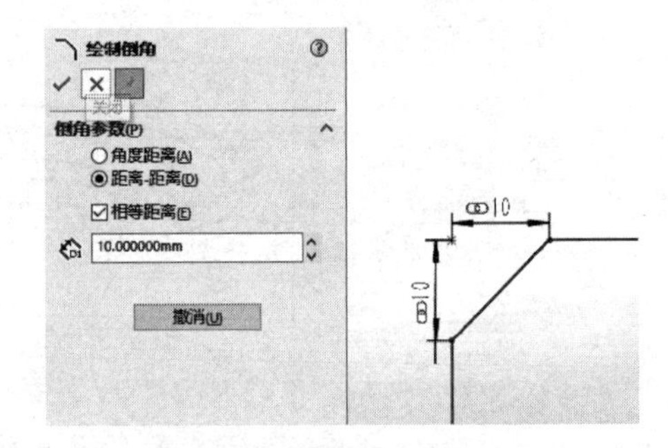

图 2-16 【相等距离】倒角

2.【剪裁】和【延伸】

在 SOLIDWORKS 中，【剪裁】包括【强劲剪裁】、【边角】、【在内剪除】、【在外剪除】和【剪裁到最近端】五种方式，如图 2-17 所示。经常用到的是【强劲剪裁】和【剪裁到最近端】两种方式。

（1）【强劲剪裁】 单击【强劲剪裁】，在图形区域的草图中，按住鼠标左键并移动光标，使其通过需要删除的线段，只要是光标轨迹经过的线段，都会被删除，如图 2-18 所示为剪裁前后的示意图。

【强劲剪裁】不仅有剪裁功能，还具有延伸功能，如图 2-19 所示。

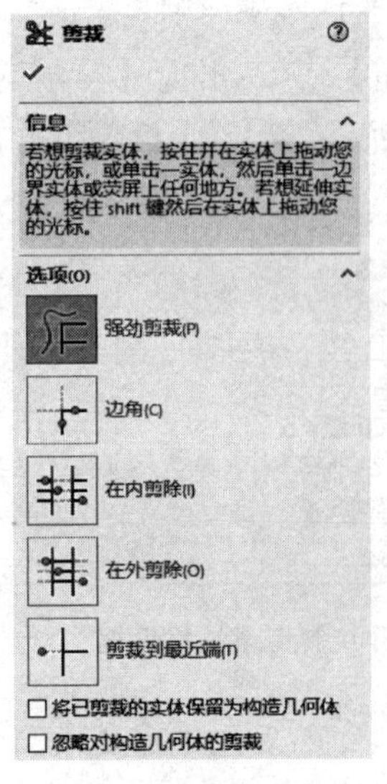

图 2-17 剪裁方式

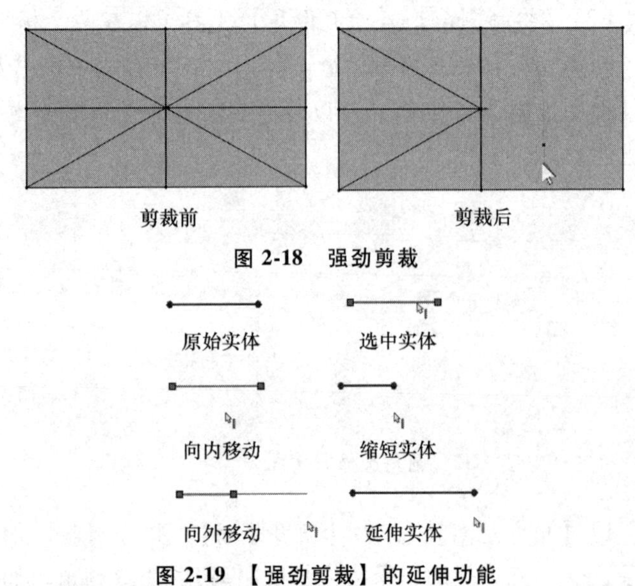

图 2-18 强劲剪裁

图 2-19 【强劲剪裁】的延伸功能

（2）【边角】【边角】用于延伸或剪裁两个草图实体，直到它们在边角处相交。单击【边角】，选择需要结合的两个草图实体（对于十字交叉线段，选择第二个实体时注意选择的线段是保留的部分）。几种常见的边角剪裁形式如图 2-20 ~ 图 2-22 所示。

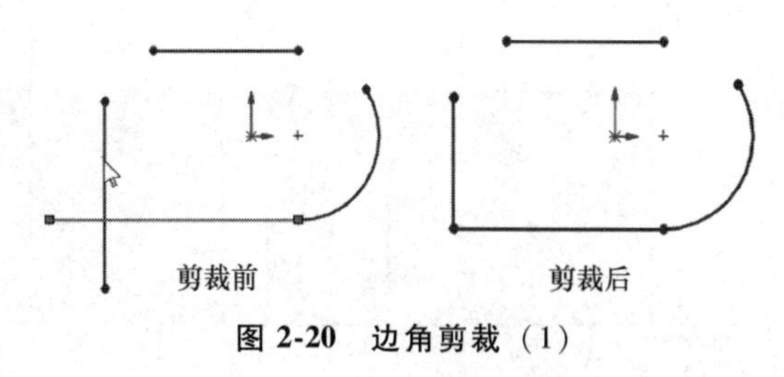

图 2-20　边角剪裁（1）

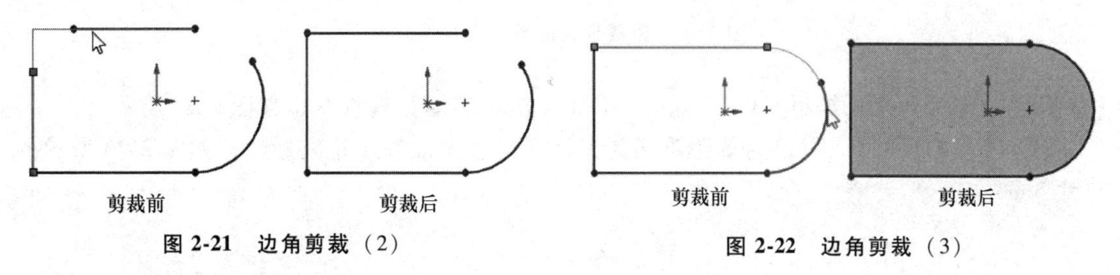

图 2-21　边角剪裁（2）

图 2-22　边角剪裁（3）

（3）【在内剪除】　剪除位于两个边界实体内都相交或全不相交的草图实体。单击【在内剪除】，先选择两个边界草图实体（两条水平线段），然后选择要剪除的草图实体，与边界实体（两条水平线段）仅一边相交的线段将无法剪除，如图 2-23 所示。

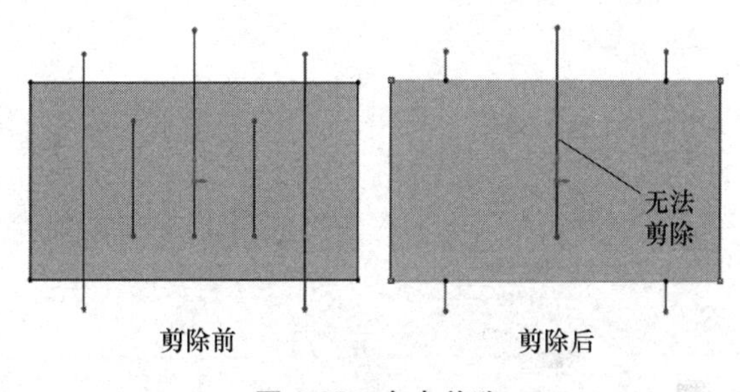

图 2-23　在内剪除

（4）【在外剪除】　剪除位于两个边界实体外打开的草图实体，同时也能延伸位于两个边界实体内打开的草图实体。单击【在外剪除】，先选择两个边界草图实体，然后选择要剪除的草图实体，如图 2-24 所示。

（5）【剪裁到最近端】　单击【剪裁到最近端】，光标变成状，然后单击需要删除的线段，只需要单击实体就可以将其删除至最近的交点，如图 2-25 所示。

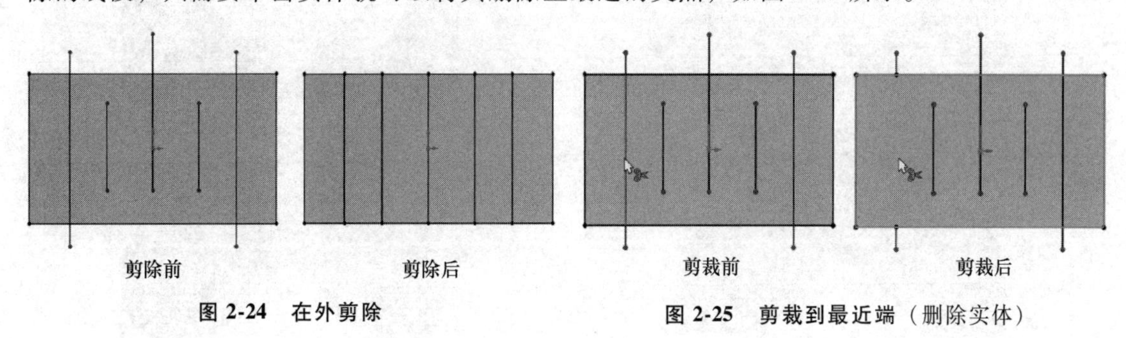

图 2-24　在外剪除

图 2-25　剪裁到最近端（删除实体）

在草图中激活【剪裁到最近端】，单击选取实体端点，移动鼠标可延伸实体，如图 2-26 所示。

3. 【等距实体】

【等距实体】是将已有草图实体沿其法向偏移一段距离。首先在打开的草图中，单击

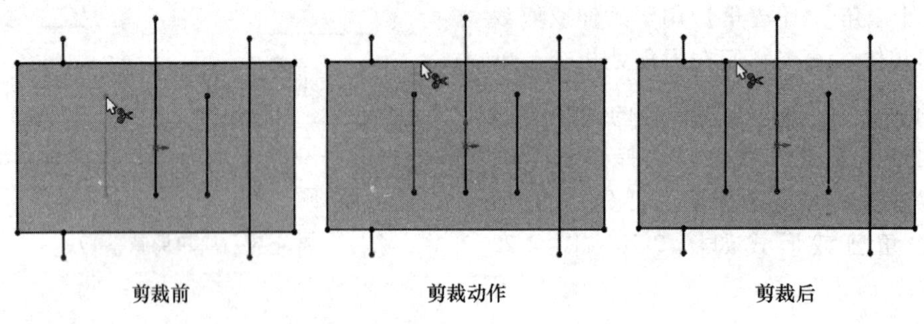

图 2-26　剪裁到最近端（延伸实体）

【草图】工具栏上的【等距实体】，出现【等距实体】属性框，如图 2-27 所示。

（1）【添加尺寸】 可以为等距草图元素选择是否添加等距距离标注，如图 2-28 所示的尺寸 5mm。

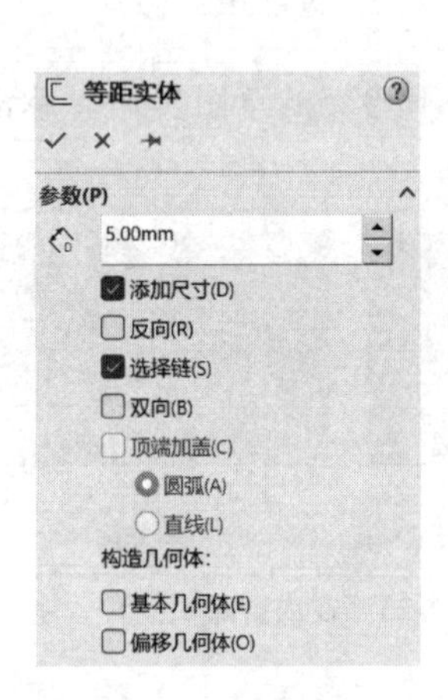

图 2-27　【等距实体】属性框

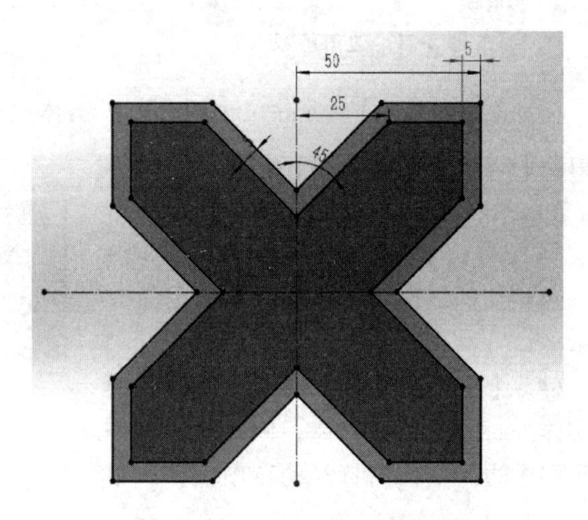

图 2-28　为等距实体添加尺寸

（2）【反向】 可以为等距的草图元素选择偏移方向，如图 2-29 和图 2-30 所示。

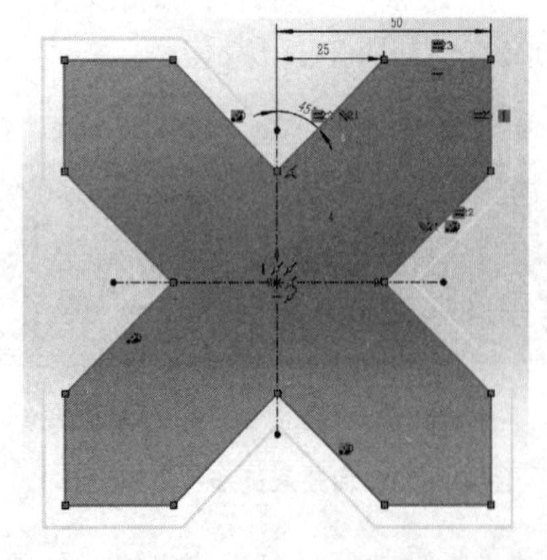

图 2-29　未勾选【反向】复选框的等距实体

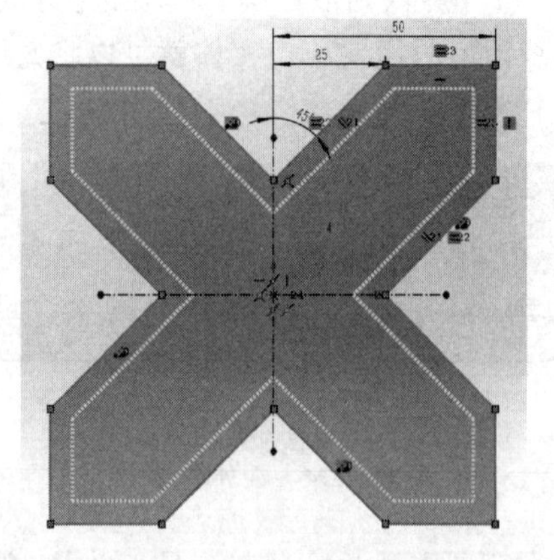

图 2-30　勾选【反向】复选框的等距实体

（3）【选择链】 可以为等距的草图元素选择等距单一元素还是整体相连的元素，如图 2-31 和图 2-32 所示。

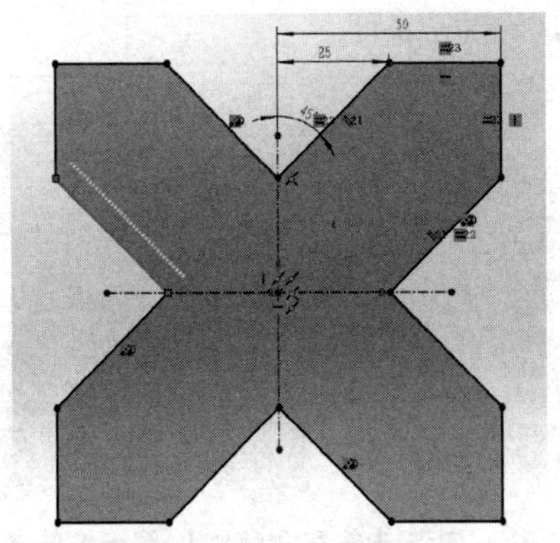

图 2-31　未勾选【选择链】复选框的等距实体

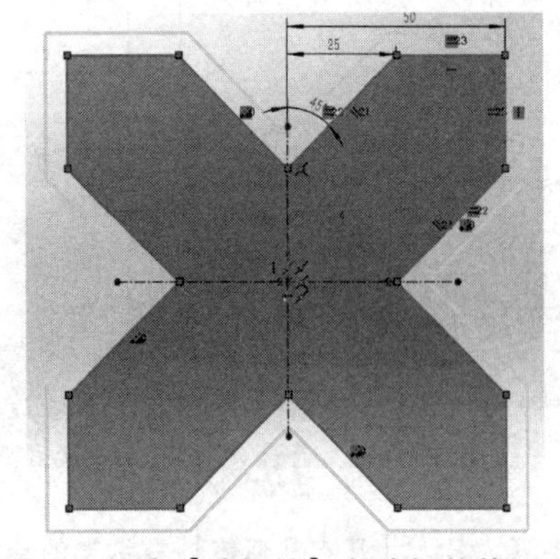

图 2-32　勾选【选择链】复选框的等距实体

（4）【双向】　可以为等距的草图元素选择是否向两侧同时等距，如图 2-33 和图 2-34 所示。

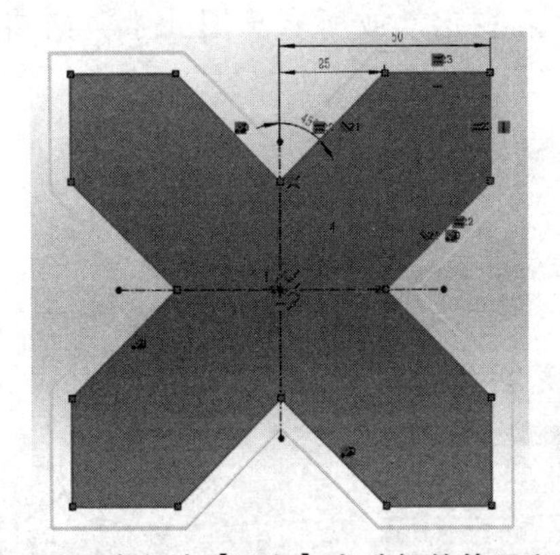

图 2-33　未勾选【双向】复选框的等距实体

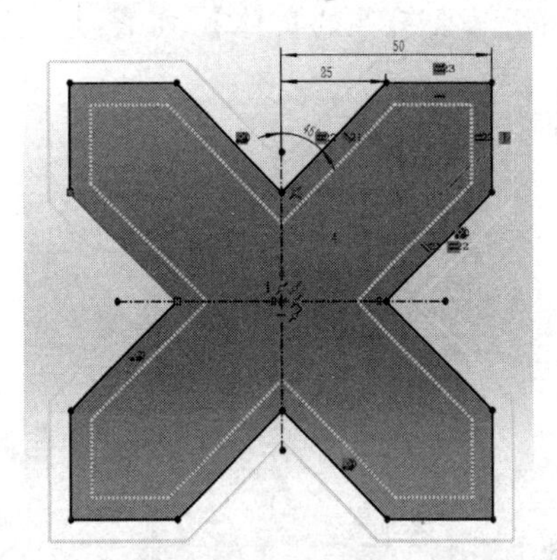

图 2-34　勾选【双向】复选框的等距实体

（5）【顶端加盖】　只有在【双向】复选框勾选且等距草图元素轮廓不闭的情况下才会激活。【顶端加盖】可以将等距元素形成一个封闭的轮廓，可以选择【圆弧】或【直线】形式来封闭轮廓，如图 2-35 和图 2-36 所示。

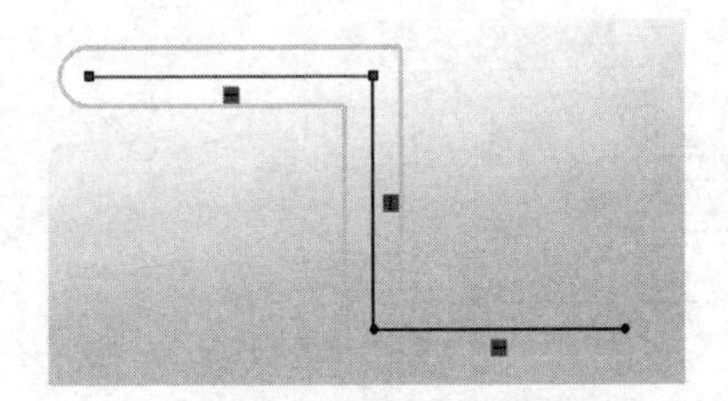

图 2-35　圆弧顶端加盖的等距实体

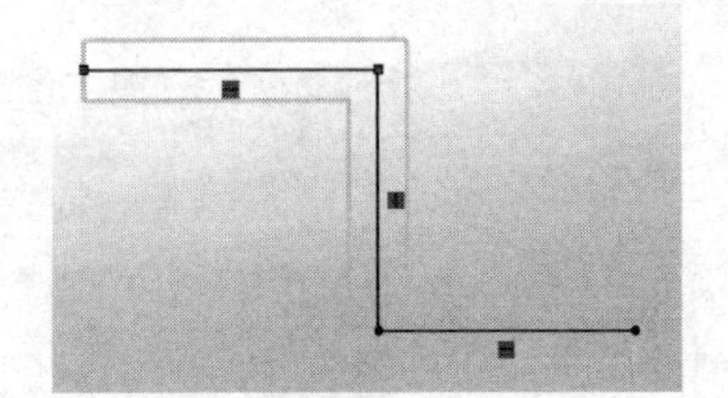

图 2-36　直线顶端加盖的等距实体

（6）【构造几何体】　可以将等距草图元素的源元素制作成构造线，如图 2-37 和图 2-38 所示。

4.【镜像】

【镜像】用来镜像预先绘制好的草图实体。SOLIDWORKS 会在每一对相应的草图点（镜像直线的端点、圆弧的圆心等）之间应用对称关系。如果更改被镜像的草图实体，则其镜像图像也会随之更改。

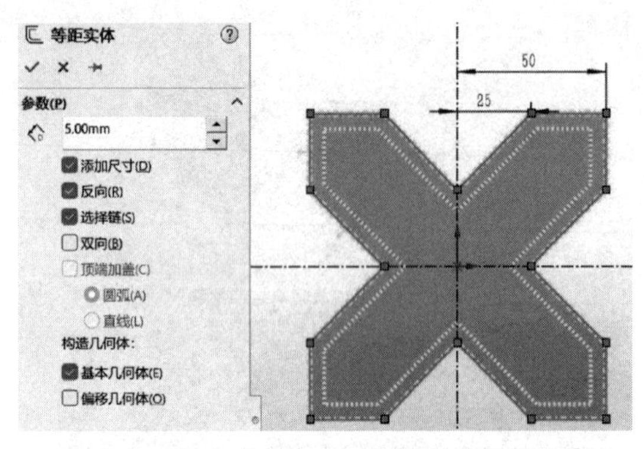

图 2-37　勾选【基本几何体】复选框的草图

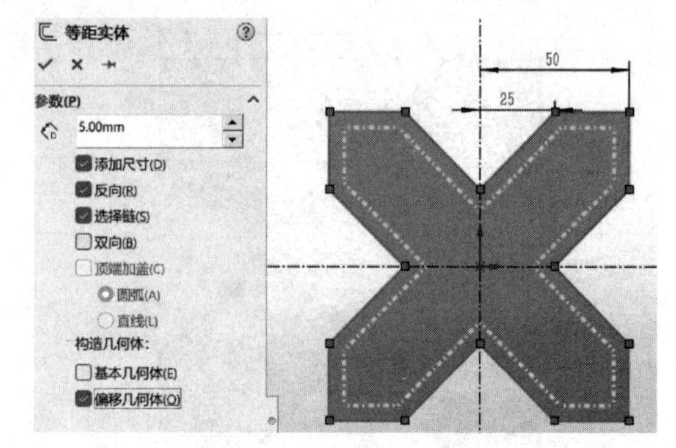

图 2-38　勾选【偏移几何体】复选框的草图

首先在打开的草图中，单击【草图】工具栏上的【镜像】，出现【镜像】属性框，如图 2-39 所示。

激活【要镜像的实体】列表框，选择要镜像的某些元素或所有草图元素，如图 2-40 所示。

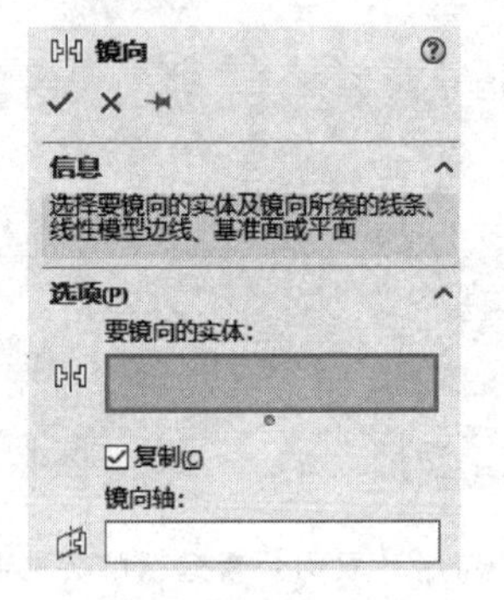

图 2-39　【镜像】属性框

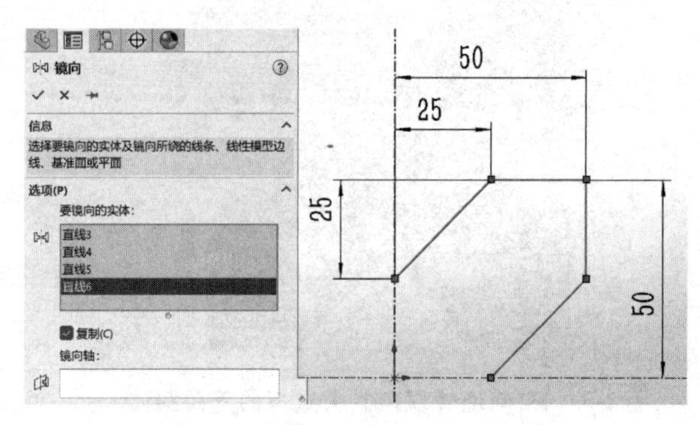

图 2-40　【要镜像的实体】列表框

注：SOLIDWORKS 软件中的“镜向”应为“镜像”。

激活【镜像轴】列表框，选择镜像所绕的任意中心线、直线、模型线性边线或工程图线性边线，如图 2-41 所示，此处选择中心线。

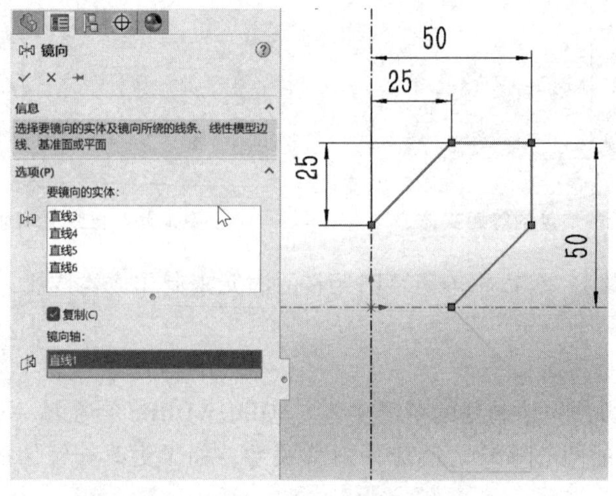

图 2-41　【镜像轴】列表框

勾选【复制】复选框，镜像结果包括源元素和镜像元素，如图 2-42 所示；取消勾选【复制】复选框，镜像结果仅为镜像元素，如图 2-43 所示。

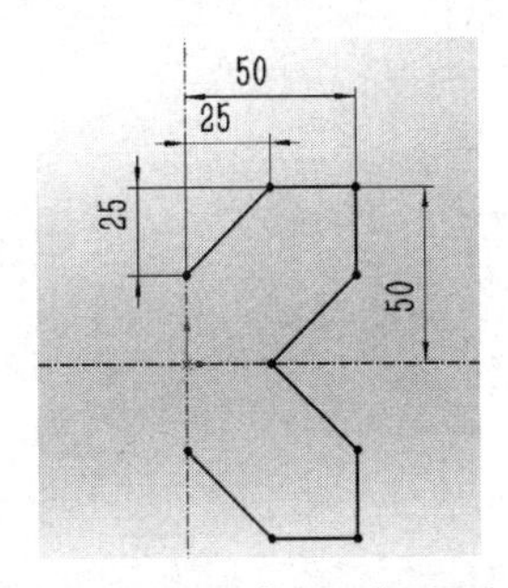

图 2-42 勾选【复制】复选框

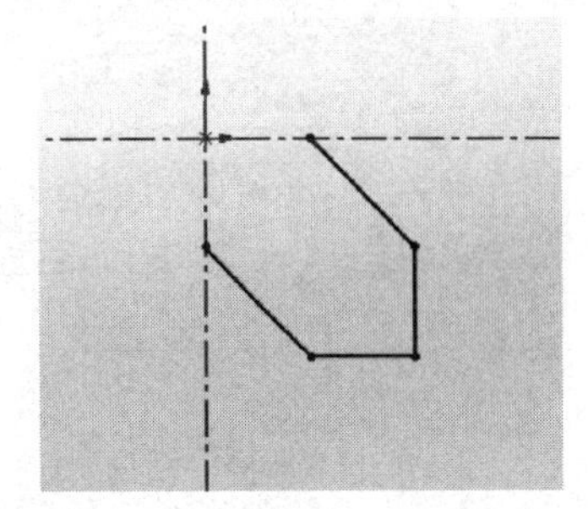

图 2-43 取消勾选【复制】复选框

5. 【动态镜像】

【动态镜像】先选择镜像的【镜像轴】，然后绘制要镜像的草图元素。

首先在打开的草图中，单击【工具】/【草图工具】/【动态镜像】，选择镜像中心线，此时在实体元素的上下方会出现“=”号，然后在对称线的一侧绘制草图元素，草图元素会自动生成对称的图形，如图 2-44 所示。

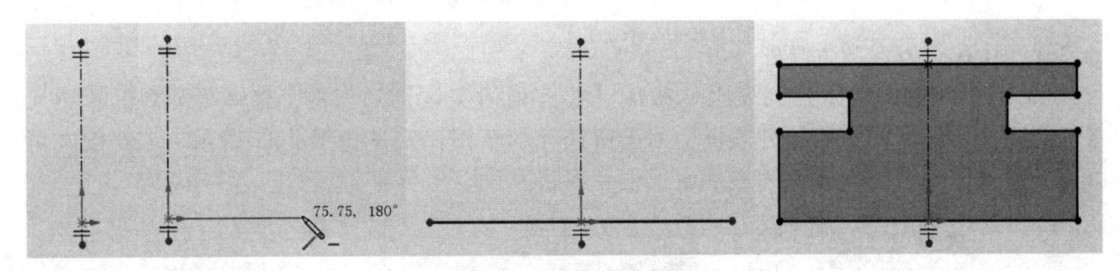

图 2-44 动态镜像过程

6. 【线性阵列】

【线性阵列】可以将草图元素按照一定的规律线性排列。

首先在打开的草图中，单击【草图】工具栏上的【线性阵列】，出现【线性阵列】属性框，如图 2-45 所示。

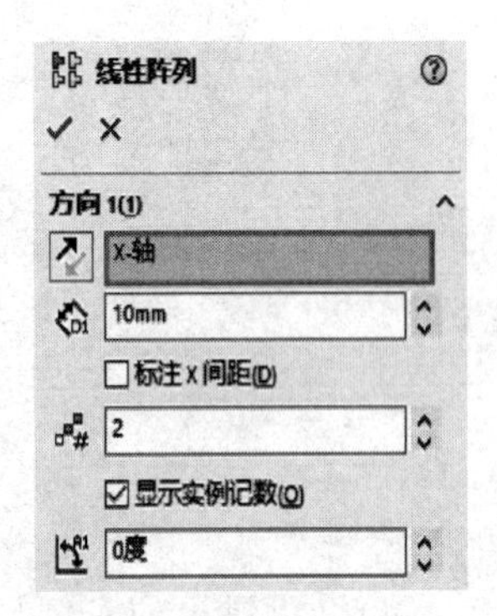

图 2-45 【线性阵列】属性框

（1）【方向 1】选项组

1）【反向】。默认方向为 *X* 轴方向，单击【反向】可以调整阵列元素的方向。

2）【间距】。在【间距】内可以输入阵列元素的距离。勾选【标注 X 间距】复选框可以为阵列好的元素添加上设置好的距离。

3）【实例数】。在【实例数】内可以输入一个数值，这个数值代表了阵列的个数，阵列个数是包括阵列元素在内的个数，如图 2-46 所示。

4）【角度】。在【角度】内输入一个数值可以使阵列元素按照一定的角度阵列，如图 2-47 所示。

（2）【方向 2】选项组 【方向 2】选项组的设置和【方向 1】选项组的设置完全一样，

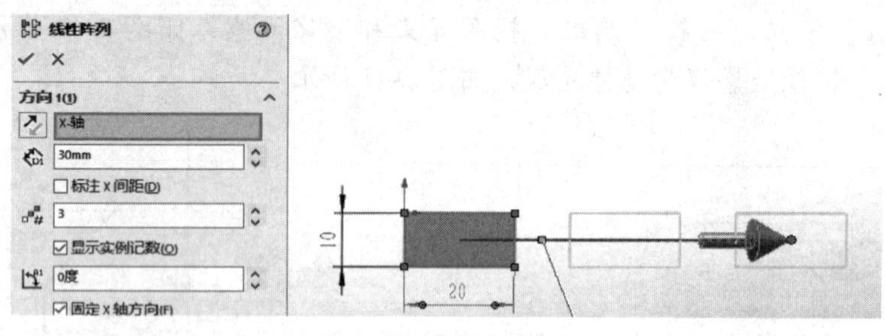

图 2-46　阵列实例数

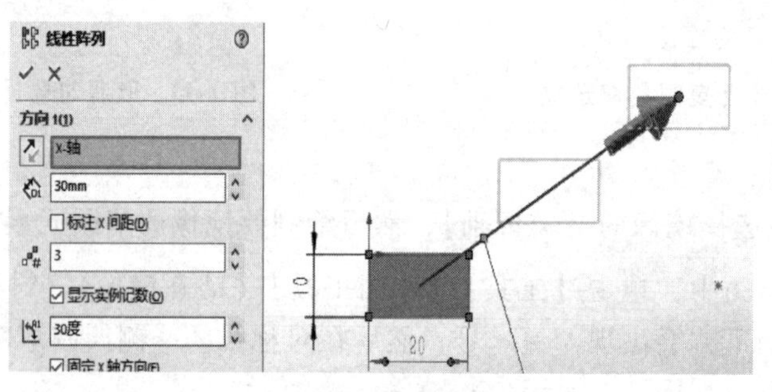

图 2-47　阵列角度

可以让实体在 Y 方向产生阵列。

（3）【要阵列的实体】列表框　激活【要阵列的实体】列表框，选择要阵列的草图元素后会在【要阵列的实体】列表框中列出所选择的草图元素，如图 2-48 所示。如要删减可以直接在【要阵列的实体】列表框中选中并删除。

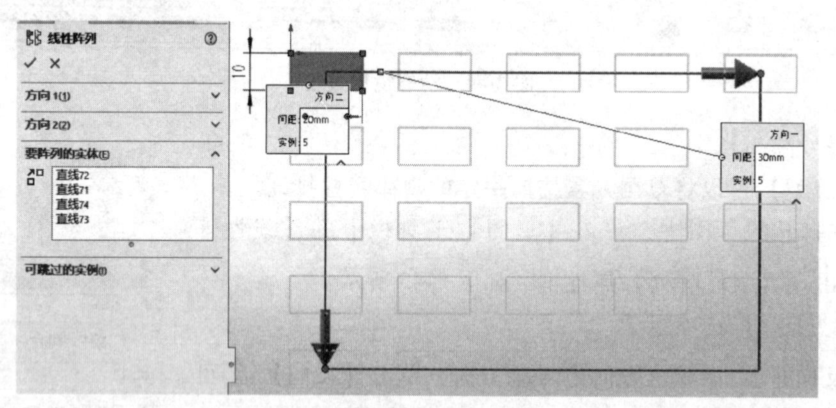

图 2-48　【要阵列的实体】列表框

（4）【可跳过的实例】列表框　激活【可跳过的实例】列表框后可以在草图中选择不需要阵列的草图元素（单击草图元素中心的圆点），如图 2-49 所示；如想将不需要阵列的草图再次显示，可以在【可跳过的实例】列表框中选择需要恢复的实例并消除，如图 2-50 所示。

7.【圆周阵列】

【圆周阵列】可以将草图中的草图元素生成圆周排列。

首先在打开的草图中，单击【草图】工具栏上的【圆周阵列】，出现【圆周阵列】属性框，如图 2-51 所示。

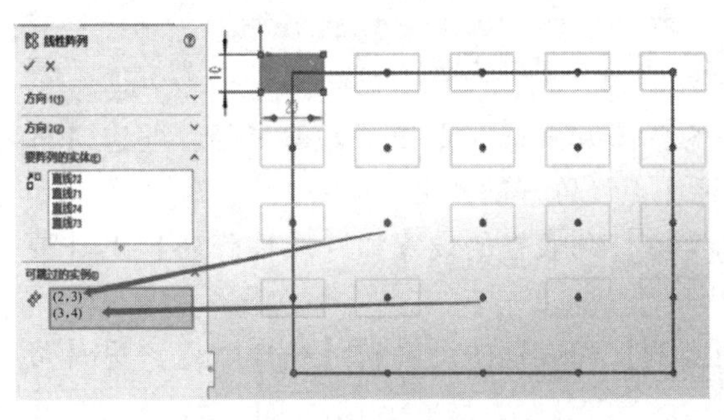

图 2-49　选择可跳过的实例

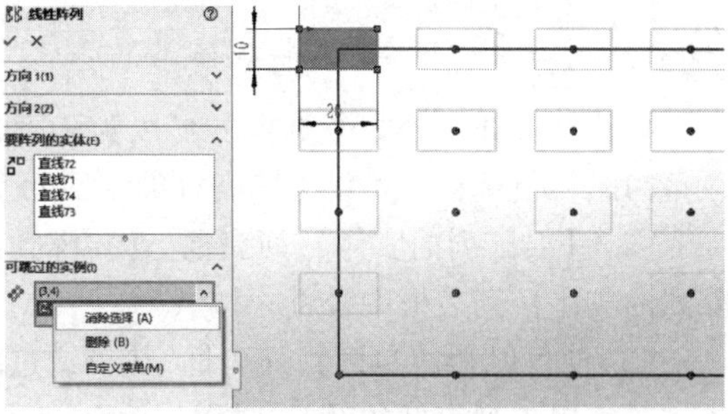

图 2-50　消除可跳过的实例

（1）【参数】选项组

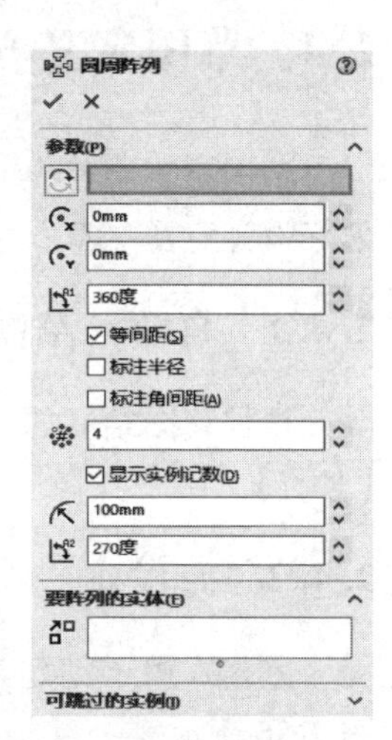

1）【反向】。单击【反向】可以调整阵列元素的方向；激活【反向】后面的选择框，可以选择一个点作为草图圆周阵列的参考中心点，如图 2-52 所示。

2）【中心点 X】。在【中心点 X】内输入数值以定位圆周阵列的中心点或顶点的 X 轴坐标，如图 2-53a 所示。

3）【中心点 Y】。在【中心点 Y】内输入数值以定位圆周阵列的中心点或顶点的 Y 轴坐标，如图 2-53b 所示。

4）【间距】。在【间距】内可以输入阵列草图元素的角度。如果取消勾选【等间距】复选框，则角度值为阵列相邻草图元素之间的角度，如图 2-54 所示；如果勾选【等间距】复选框，则角度值为阵列中第一个和最后一个草图元素之间的角度，如图 2-55 所示。

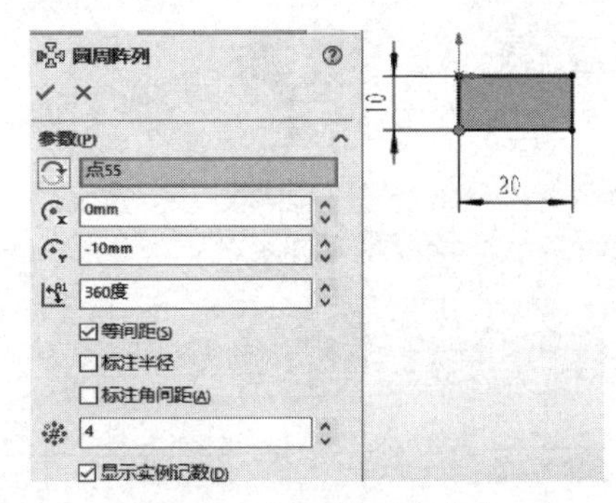

图 2-51　【圆周阵列】属性框

图 2-52　圆周阵列中心点

a) 中心点X　　b) 中心点Y

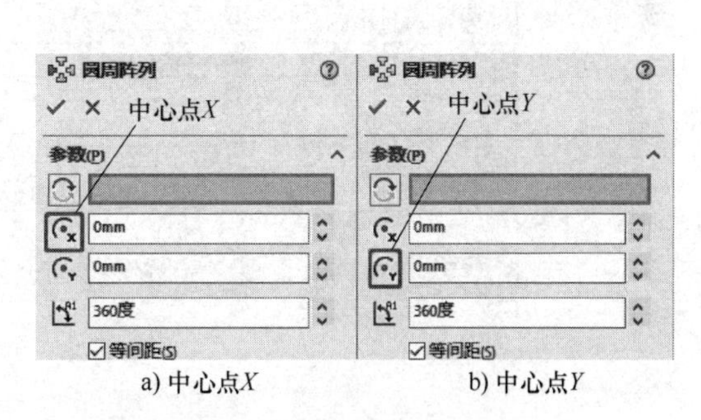

图 2-53　圆周阵列坐标定位中心点

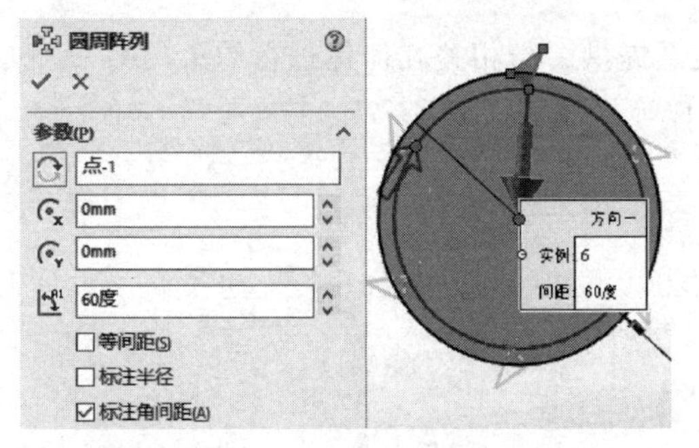

图 2-54　取消勾选【等间距】复选框

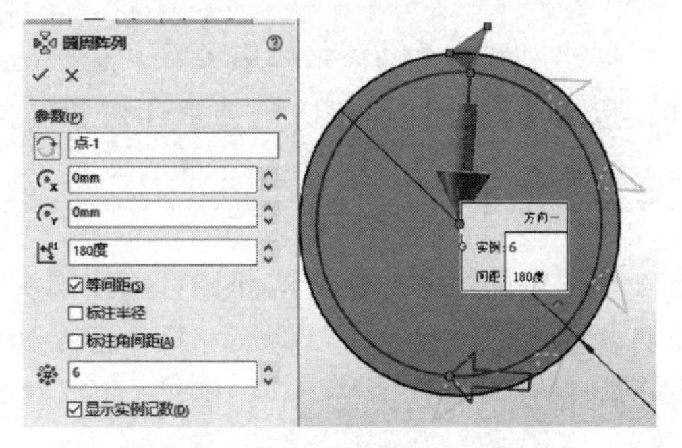

图 2-55　勾选【等间距】复选框

注意 【等间距】复选框和【标注角间距】复选框不能同时勾选。

勾选【标注半径】复选框，可以为阵列好的草图元素标注上设置好的半径。勾选【标注角间距】复选框，可以为阵列好的草图元素标注上设置好的角度。

(2)【要阵列的实体】列表框　【要阵列的实体】列表框的设置和【线性阵列】里【要阵列的实体】列表框的设置一样。

(3)【可跳过的实例】列表框　【可跳过的实例】列表框的设置和【线性阵列】里【可跳过的实例】列表框的设置一样。

2.4　草图定义方式

草图是三维建模的基础，对草图的定义直接表达了设计意图，设计者必须在建模之前考虑好设计意图。草图定义可以通过以下几种方式体现。

2.4.1　自动（草图）几何关系

根据草图绘制的方式，可以加入基本的几何关系，例如【平行】、【垂直】、【水平】和【竖直】等。

2.4.2　方程式

方程式用于创建尺寸之间的代数关系，它提供了一种强制修改模型的外部方法，如图 2-56 所示。

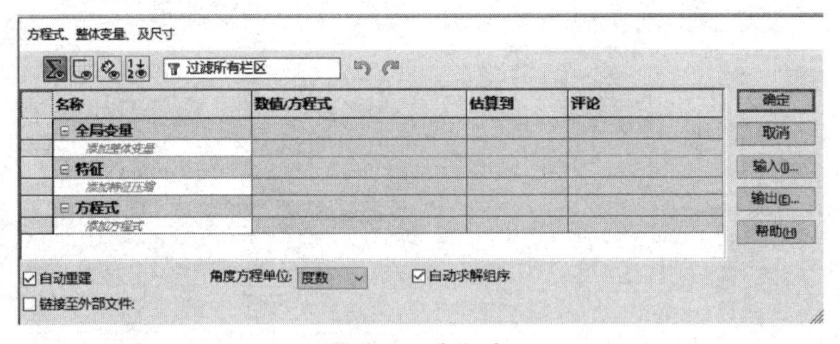

图 2-56　方程式

2.4.3　添加约束关系

创建模型时手动添加约束关系，这些约束关系提供了与相关几何体进行约束的另一种方式，包括【同心】、【相切】、【重合】和【共线】等（见表 2-2）。

2.4.4　尺寸

草图中的尺寸标注方式同样可以体现设计意图。添加的尺寸某种程度上也反映了设计人员打算如何修改尺寸。具体尺寸标注命令如图 2-57 所示。

1. 标注尺寸的方法

单击【草图】工具栏上的【智能尺寸】，鼠标指针变为，即可进行尺寸标注。按

〈Esc〉键，或再次单击【智能尺寸】，可退出尺寸标注。

（1）线性尺寸的标注　线性尺寸一般分为【水平尺寸】、【竖直尺寸】和【基准尺寸】三种。一般使用【智能尺寸】命令，系统会根据鼠标指针位置自动切换三种不同类型。

图 2-57　尺寸标注命令

1）启动【智能尺寸】命令后，移动鼠标到需要标注尺寸的直线位置附近，当指针形状为时，表示系统捕捉到直线，如图 2-58a 所示，单击鼠标选取直线。

2）移动鼠标，将拖出线性尺寸，当尺寸成为如图 2-58b 所示的水平尺寸时，在合适的位置单击鼠标，确定所标注尺寸的位置，同时弹出【修改】对话框。

3）在【修改】对话框中输入尺寸数值，如图 2-58c 所示。

4）单击，完成该线性尺寸的标注，如图 2-58d 所示。

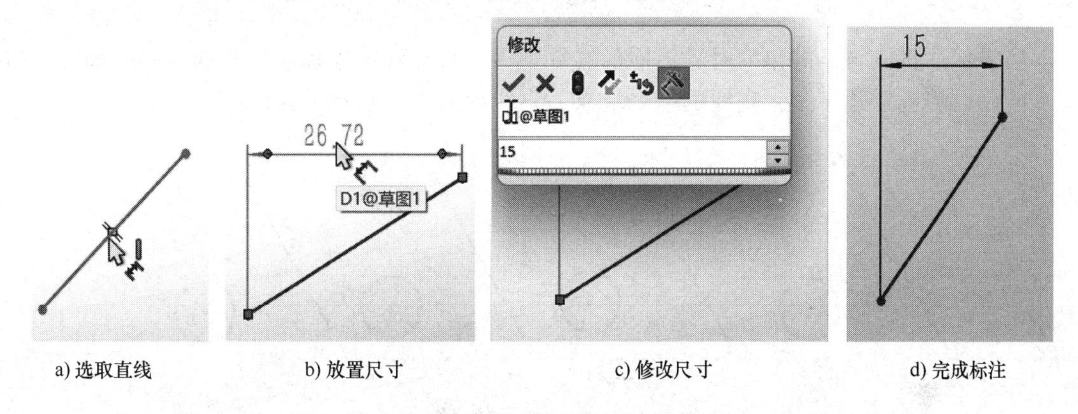

a) 选取直线　b) 放置尺寸　c) 修改尺寸　d) 完成标注

图 2-58　线性尺寸的标注（水平尺寸）

当需标注竖直尺寸或平行尺寸时，只要在选取直线后，移动鼠标拖出竖直或平行尺寸，如图 2-59 所示。

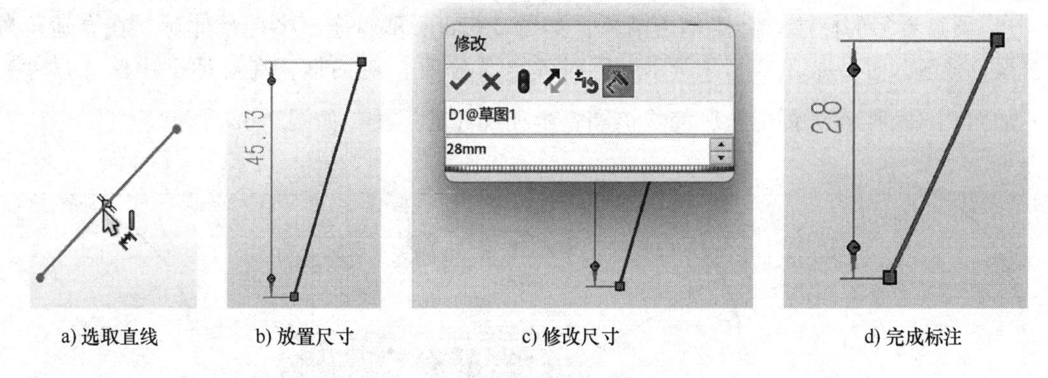

a) 选取直线　b) 放置尺寸　c) 修改尺寸　d) 完成标注

图 2-59　线性尺寸的标注（竖直尺寸）

（2）角度尺寸的标注　角度尺寸分为两种：一种是两直线之间的角度尺寸，另一种是直线与点之间的角度尺寸。

1）启动【智能尺寸】命令后，移动鼠标，分别单击选取需标注角度尺寸的两条边。

2）移动鼠标，拖出角度尺寸，鼠标位置不同，将得到不同的标注形式。

3）单击鼠标，确定角度尺寸的位置，同时弹出【修改】对话框。

4）在【修改】对话框中输入尺寸数值。

5）单击✓，完成该角度尺寸的标注，如图 2-60 所示。

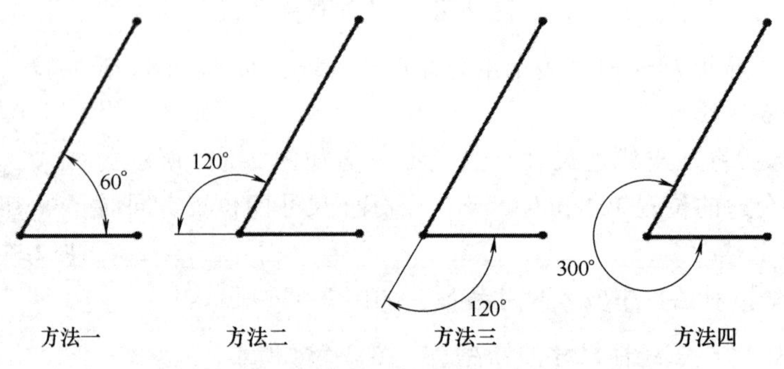

图 2-60　角度的四种标注方法

当需标注直线与点的角度时，不同的选取顺序，会导致尺寸标注形式的不同，如图 2-61 所示。一般的选取顺序是：直线的一个端点→直线的另一个端点→点。

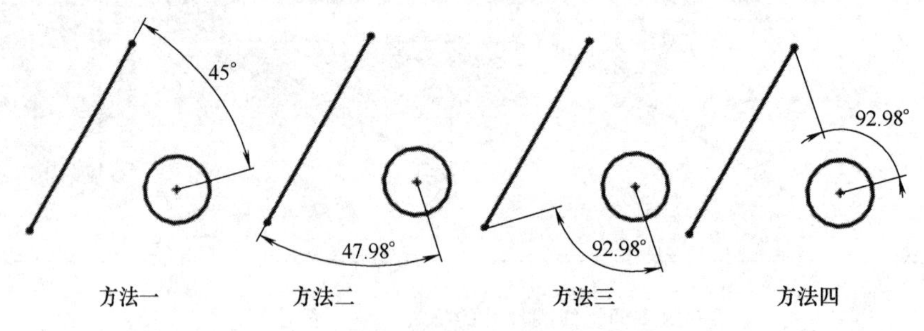

图 2-61　直线与点的角度标注

（3）圆弧尺寸的标注　圆弧尺寸的标注分为标注圆弧半径、标注圆弧弧长和标注圆弧对应弦长的线性尺寸。

1）圆弧半径的标注。直接单击圆弧，如图 2-62a 所示。拖出半径尺寸后，在合适位置单击鼠标放置尺寸，如图 2-62b 所示。同时弹出【修改】对话框，在对话框中输入尺寸数值，如图 2-62c 所示。单击✓，完成该圆弧半径尺寸的标注，如图 2-62d 所示。

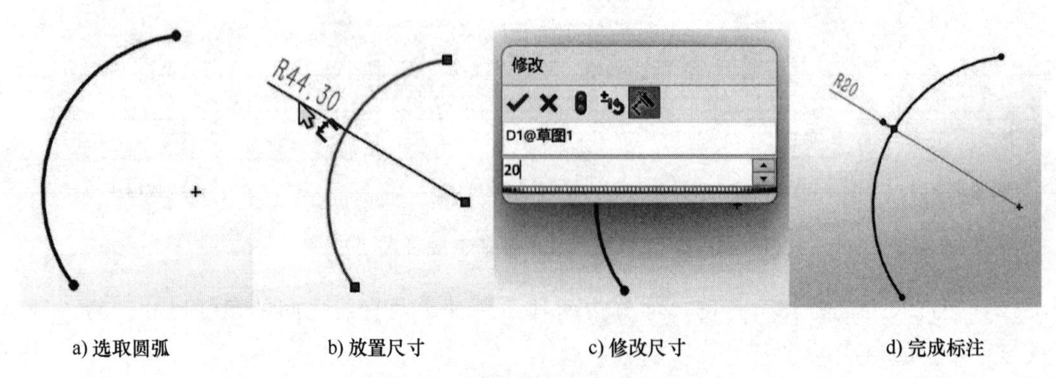

a) 选取圆弧　b) 放置尺寸　c) 修改尺寸　d) 完成标注

图 2-62　圆弧半径的标注

2）圆弧弧长的标注。分别选取圆弧的两个端点，如图 2-63a 所示。再选取圆弧，如图 2-63b 所示，此时，拖出的尺寸即为圆弧弧长。在合适位置单击鼠标，确定尺寸的位置，同时弹出【修改】对话框，在对话框中输入尺寸数值，如图 2-63c 所示。单击 ✓，完成该圆弧弧长尺寸的标注，如图 2-63d 所示。

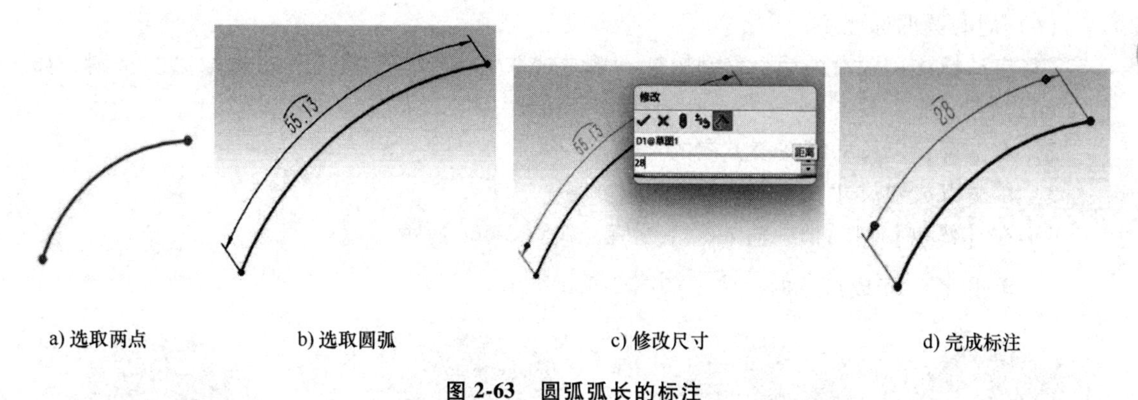

a) 选取两点　　b) 选取圆弧　　c) 修改尺寸　　d) 完成标注

图 2-63　圆弧弧长的标注

3）圆弧对应弦长的标注。分别选取圆弧的两个端点，如图 2-64a 所示。拖出的尺寸即为圆弧对应弦长的线性尺寸，单击鼠标确定尺寸位置，如图 2-64b 所示。同时弹出【修改】对话框，在对话框中输入尺寸数值，如图 2-64c 所示。单击 ✓，完成该圆弧对应弦长的尺寸标注，如图 2-64d 所示。

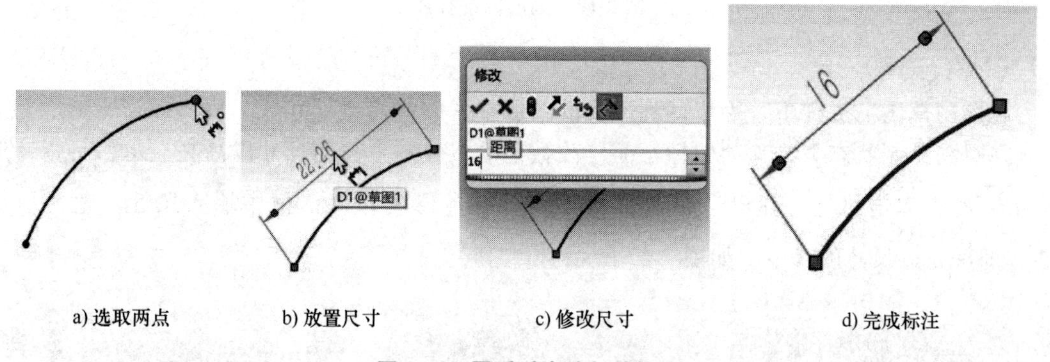

a) 选取两点　　b) 放置尺寸　　c) 修改尺寸　　d) 完成标注

图 2-64　圆弧对应弦长的标注

（4）圆的标注　圆的标注方法和线性尺寸的标注方法一样。

（5）中心距的标注

1）启动标注尺寸命令后，移动鼠标，单击选取需标注中心距尺寸的两个圆，如图 2-65a 所示。

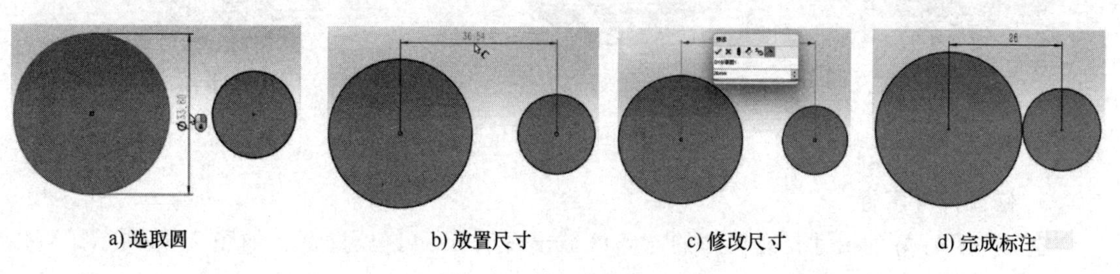

a) 选取圆　　b) 放置尺寸　　c) 修改尺寸　　d) 完成标注

图 2-65　中心距的标注

2）移动鼠标，拖出中心距尺寸，如图 2-65b 所示。单击鼠标，确定中心距尺寸的位置，同时弹出【修改】对话框。

3）在【修改】对话框中输入尺寸数值，如图 2-65c 所示。

4）单击✓，完成该中心距尺寸的标注，如图 2-65d 所示。

（6）同心圆的标注

1）启动标注尺寸命令后，移动鼠标，单击选取第一个圆，然后单击选取第二个圆，如图 2-66a 所示。

2）右击可锁定尺寸线在该方向的位置。

3）单击以放置尺寸，如图 2-66b 所示。

4）在【修改】对话框中输入尺寸数值，如图 2-66c 所示。

5）单击✓，完成尺寸的标注，如图 2-66d 所示。

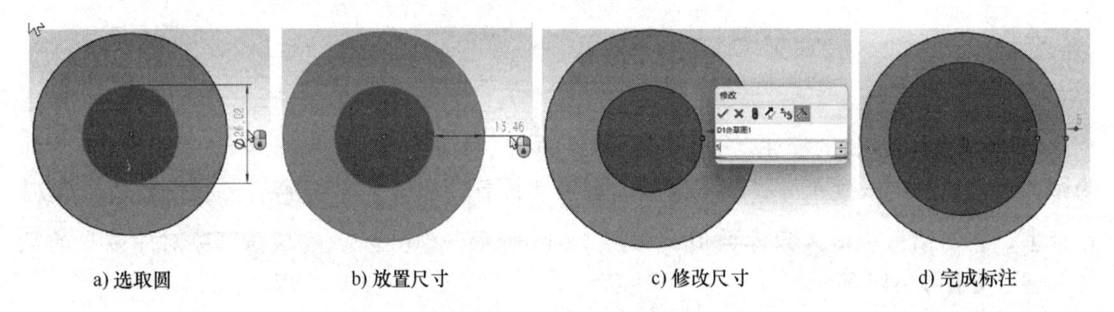

a) 选取圆　b) 放置尺寸　c) 修改尺寸　d) 完成标注

图 2-66　同心圆的标注

2. 修改尺寸

在绘制草图的过程中，为了得到需要的图形常常需要修改尺寸。

在草图绘制状态下，移动鼠标至需修改数值的尺寸附近，当尺寸以高亮显示，且指针形状为时，双击鼠标，弹出【修改】对话框。在【修改】对话框中输入尺寸数值，单击✓，即可完成尺寸的修改，如图 2-67 所示。

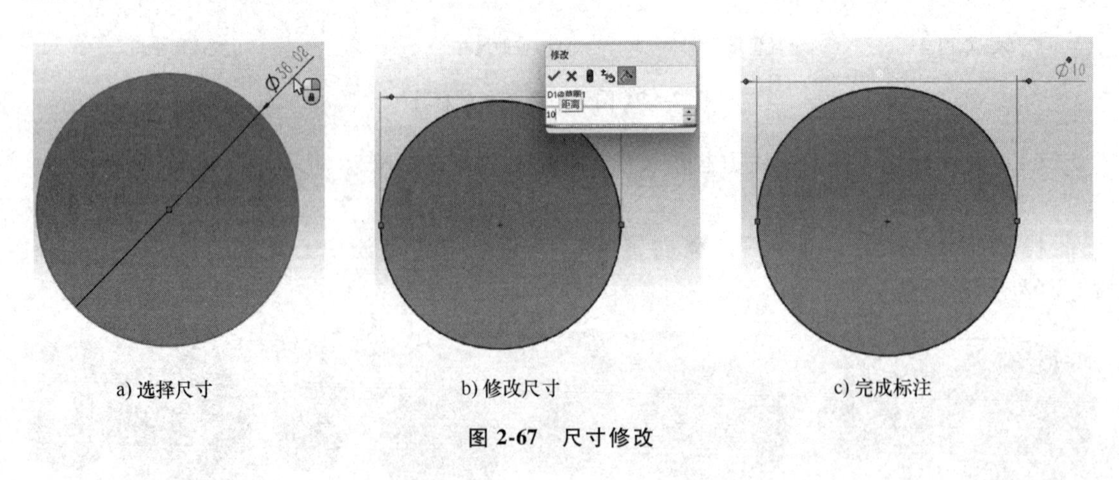

a) 选择尺寸　b) 修改尺寸　c) 完成标注

图 2-67　尺寸修改

3. 修改尺寸属性

选择一标注好的尺寸，在窗口的左侧区域出现【尺寸】属性框，如图 2-68 所示，可以根据要求对尺寸属性进行修改。

4. 草图状态

（1）欠定义 草图定义不充分，欠定义的草图元素是蓝色的（默认设置）。当绘制好草图时，还可以拖动草图元素来更改其形状或位置。在图形窗口中，黑色线条固定到原点，但可拖动蓝色线条。蓝色表示实体未固定，淡蓝色表示实体被选择。在图2-69所示状态栏可以看到当前草图状态。

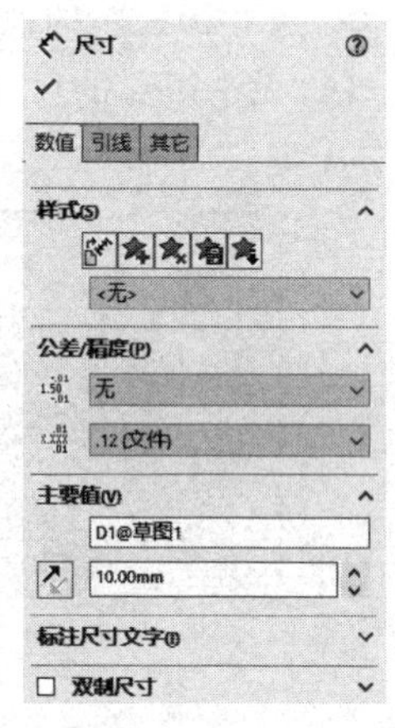

图2-68 【尺寸】属性框

（2）完全定义 草图具有完整的信息，完全定义的草图元素是黑色的（默认设置）。当零件设计成熟，开始加工时，每一个草图元素都应该为完全定义状态。如图2-70所示，添加尺寸到顶部和左侧可固定矩形所有侧边的大小，因为原点固定住了左侧和上方边线的关系。当插入尺寸时，由水平与垂直推算出相对的两条直线段相等，所有实体变成黑色，表示矩形已完全定义。

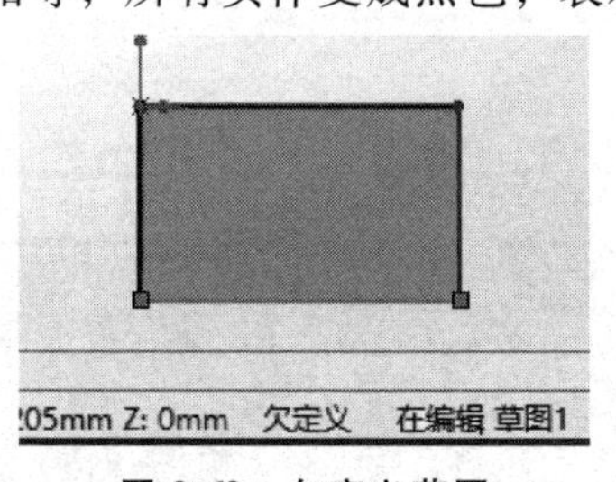

图2-69 欠定义草图

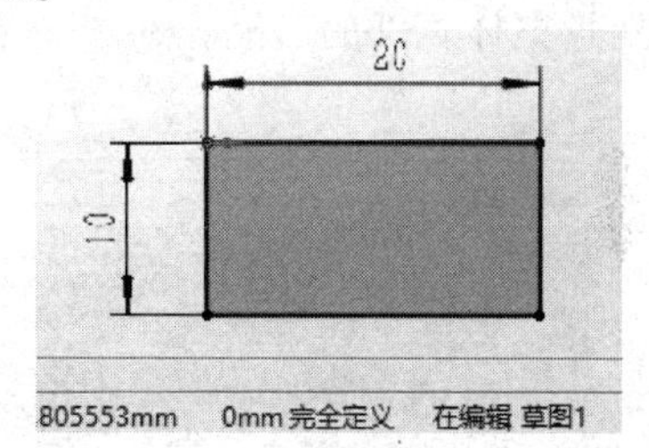

图2-70 完全定义草图

（3）过定义 草图中有重复尺寸或有相冲突的几何关系，过定义的草图元素是黄色的（默认设置）。如图2-71所示，草图存在冗余尺寸，黄色矩形为过定义状态。当插入尺寸时，有两个尺寸驱动同一几何体应为无效，此时会弹出一对话框，提示用户是否将多余尺寸指定为从动。如果将多余尺寸指定为从动，则视图还是完全定义；如果指定为驱动，则视图为过定义。过定义的尺寸将导致草图驱动模型失效，欠定义的尺寸则不能完全表达设计者的设计意图。为避免建模后期出现意想不到的错误，建议每个草图都是完全定义状态。

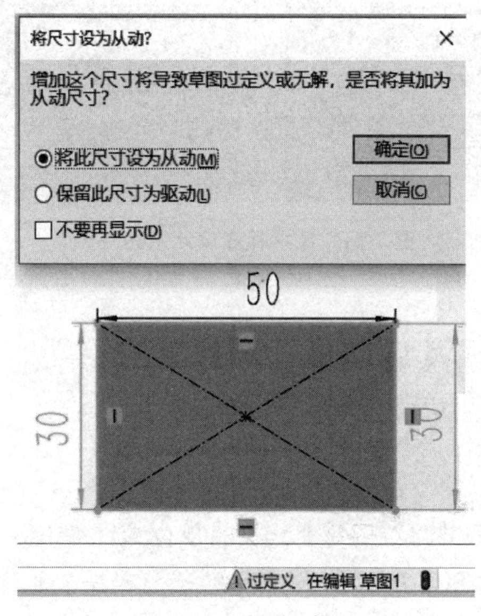

图2-71 过定义草图

5. 尺寸标注中的设计意图

1）无论矩形的尺寸如何变化，两个孔始终与边界保持相应距离，如图 2-72 所示。

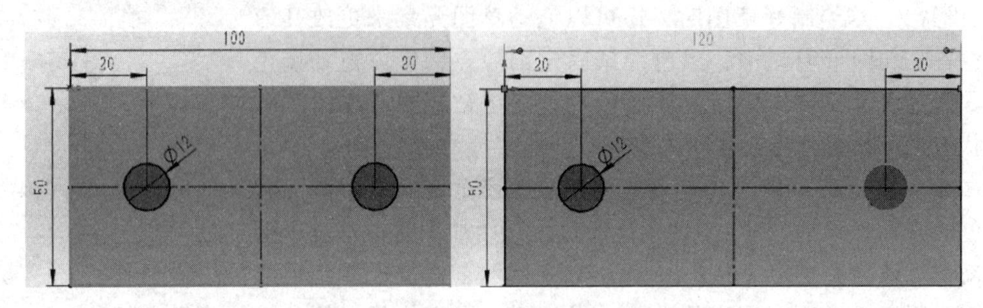

图 2-72 尺寸标注设计意图（1）

2）两个孔以矩形左侧为基准进行标注，尺寸标注将使孔相对于矩形的左侧定位，孔位置不受矩形整体宽度的影响，如图 2-73 所示。

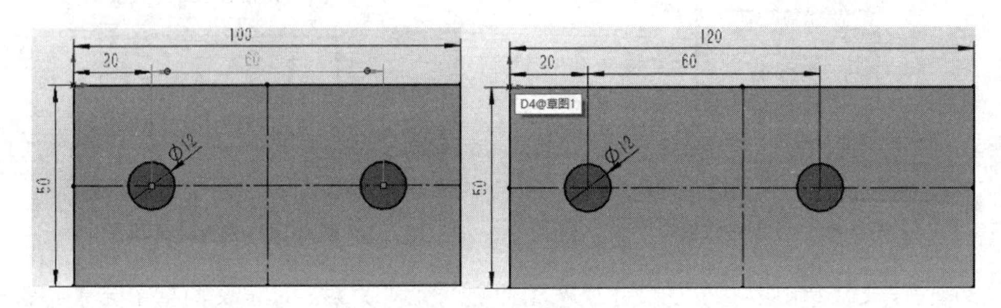

图 2-73 尺寸标注设计意图（2）

3）标注两个孔的中心距，这样的标注方法将保证孔中心之间的距离，如图 2-74 所示。

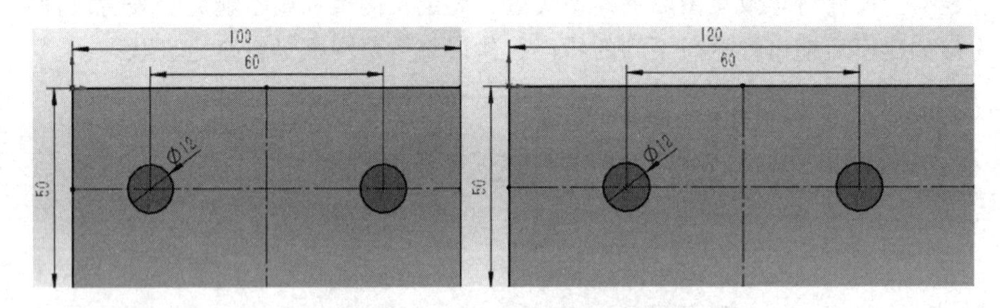

图 2-74 尺寸标注设计意图（3）

2.5 大体轮廓的建立及后期尺寸的标注

2.5.1 示例 1

绘制图 2-75 所示的草图并将草图完全定义，单位为【MMGS（毫米、克、秒）】。

步骤 1 新建零件 在 SOLIDWORKS 中新建一个零件，并将单位设定为【MMGS（毫米、克、秒）】。

步骤2 打开草图 单击【草图绘制】或者从【插入】菜单中选择【草图绘制】来打开草图。打开草图后，SOLIDWORKS 在下方的图形区域提供了三个默认基准面，如图 2-76 所示。

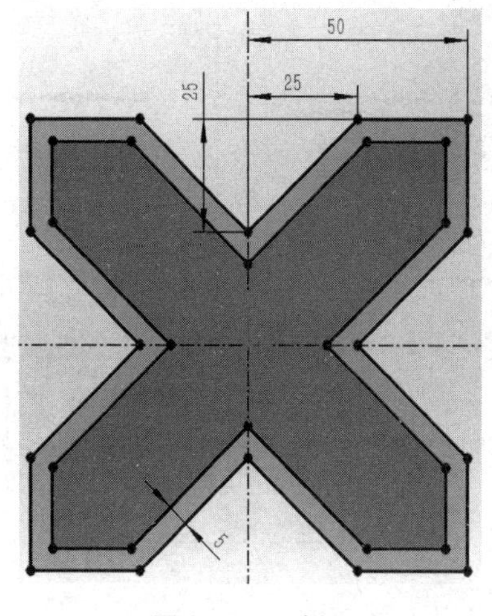

图 2-75　示例 1

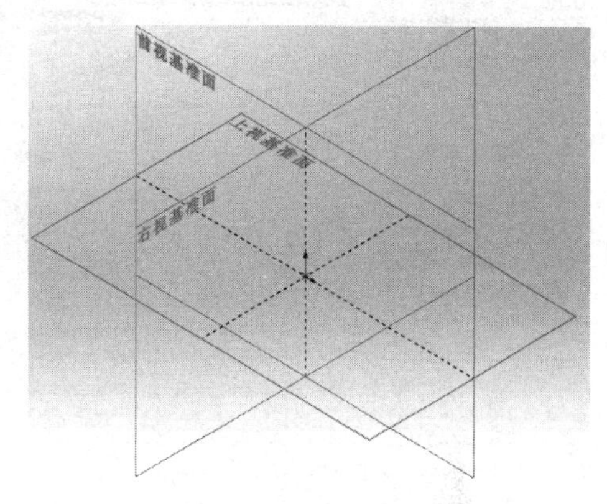

图 2-76　默认绘图基准面

步骤3 选择基准面 选择【前视基准面】，单击即可激活。

将【前视基准面】旋转到与屏幕平行的位置（选择标准视图下的正视于）且符号（此符号为零件模型的原点）为红色，表示草图已处于激活状态，如图 2-77 所示。

步骤4 绘制中心线 单击【中心线】，绘制两条经过原点且有【水平】、【竖直】几何关系的中心线，如图 2-78 所示。

图 2-77　激活后的绘图基准面

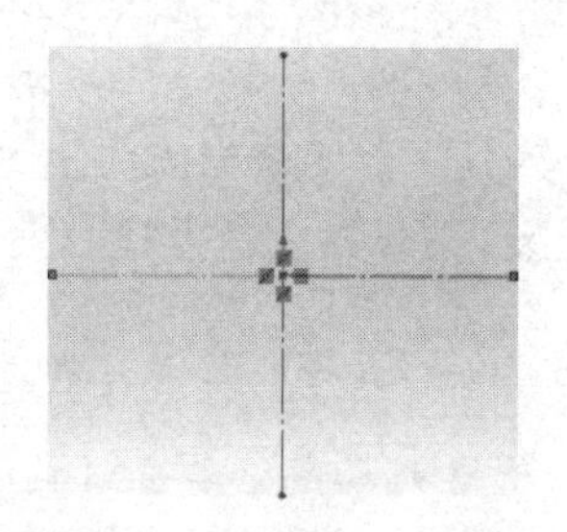

图 2-78　绘制中心线

步骤5 绘制直线 绘制直线时可以最大范围地利用推理线，推理线可以自动捕捉一些几何关系，如—、|、⊥、\\等。

> 提示：SOLIDWORKS 是一款尺寸驱动的软件，几何体的大小是通过为其标注的尺寸来控制的。因此，绘制草图过程中只需绘制近似的大小和形状即可。

首先单击【直线】，并在竖直中心线接近 25mm 处单击，确定直线的起始点；然后将光标移动到坐标（25，50，0）附近处单击确定第二个点；接着将光标移动到坐标（50，50，0）附近处单击确定第三个点，以此类推完成最后两个点，过程如图 2-79 所示。

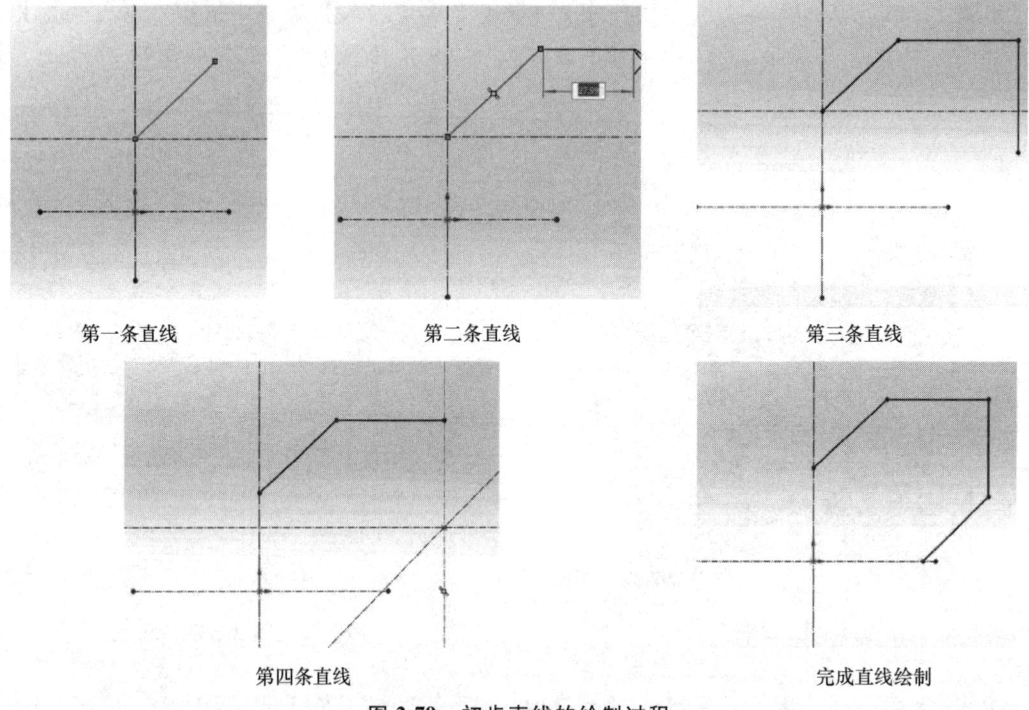

图 2-79 初步直线的绘制过程

提示

绘制几何体的方法有两种：

1）单击—单击。移动光标至欲绘制直线的起点，单击一次鼠标，然后移动光标至欲绘制直线的终点（这时图形区域已经预览出欲绘制的直线），再次单击一次鼠标，则直线绘制完成。

2）单击—拖动。移动光标至欲绘制直线的起点，单击一次鼠标且不松开鼠标左键，然后移动光标至欲绘制直线的终点（这时图形区域已经预览出欲绘制的直线），松开鼠标左键，则直线绘制完成。

步骤 6 标注尺寸 单击【智能标注】，标注出尺寸，如图 2-80 所示，使其完全定义。

步骤 7 阵列草图 单击【圆周阵列】，使用【圆周阵列】属性框阵列已完全定义部分的草图，如图 2-81 所示。结果如图 2-82 所示。

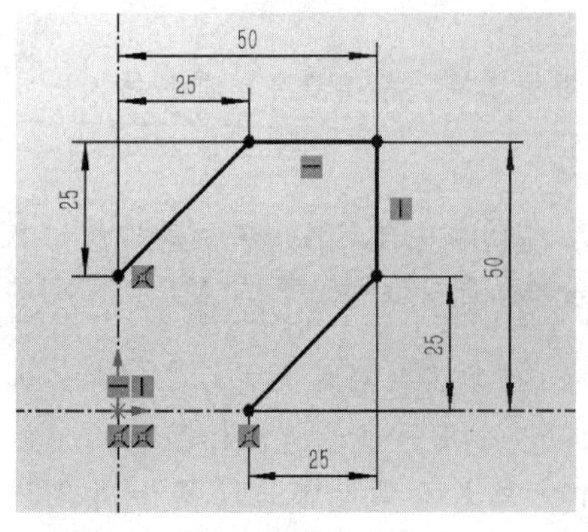

图 2-80 标注尺寸

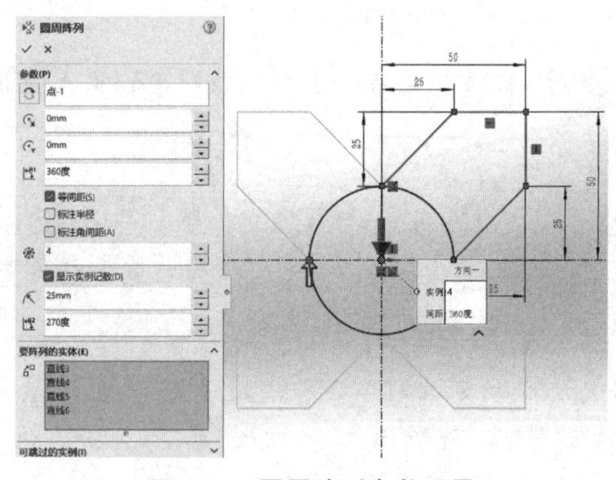

图 2-81 圆周阵列参数设置

步骤 8　等距实体　单击【等距实体】，在【等距实体】属性框中设置参数，如图 2-83 所示。

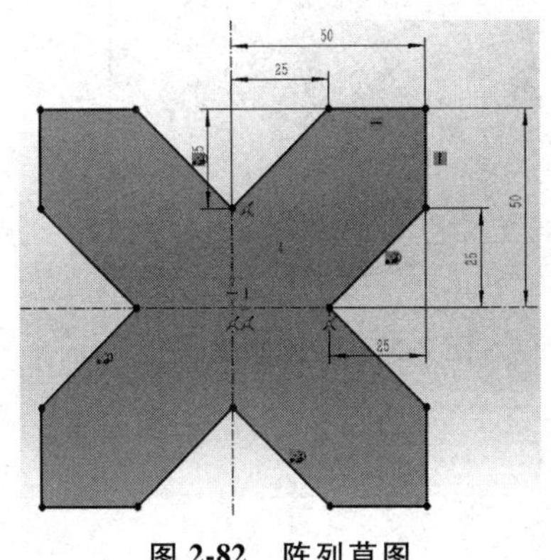

图 2-82　阵列草图

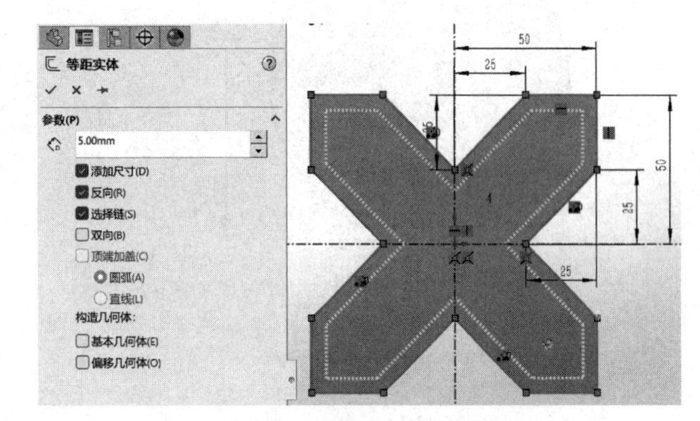

图 2-83　等距实体参数设置

步骤 9　保存并关闭草图　如图 2-84 所示，草图已绘制完成，且草图为完全定义。保存并关闭草图。

2.5.2　示例 2

绘制图 2-85 所示的草图并将草图完全定义，单位为【MMGS（毫米、克、秒）】。

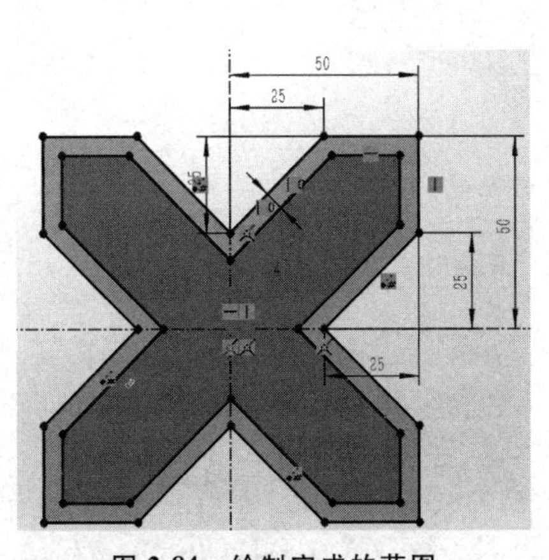

图 2-84　绘制完成的草图

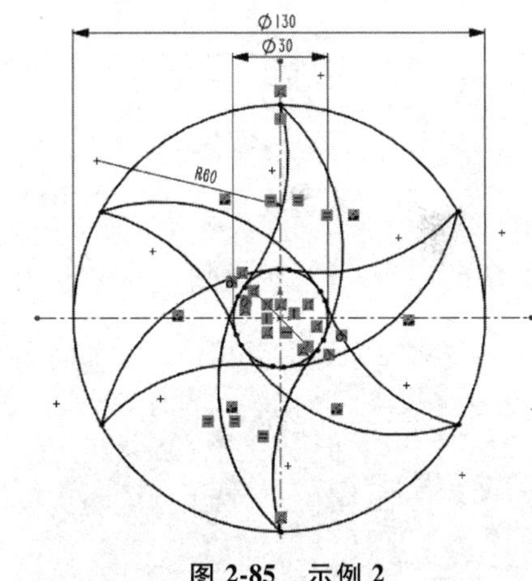

图 2-85　示例 2

步骤 1　绘制中心线　单击【中心线】，绘制两条经过原点且有【水平】、【竖直】几何关系的中心线。

步骤 2　绘制圆　单击【圆】，绘制直径为 130mm 和 30mm 的圆，如图 2-86 所示。

步骤 3　绘制圆弧　单击【三点圆弧】，绘制两条半径为 60mm 的圆弧并正确添加几何关系，如图 2-87 所示。

步骤 4　阵列草图　单击【圆周阵列】，使用【圆周阵列】属性框阵列已完全定义部分的草图，如图 2-88 所示。

步骤 5　添加几何关系　为任意两个边角点和直径为 130mm 的圆添加【使重合】几何关系，使草图完全定义，如图 2-89 所示。

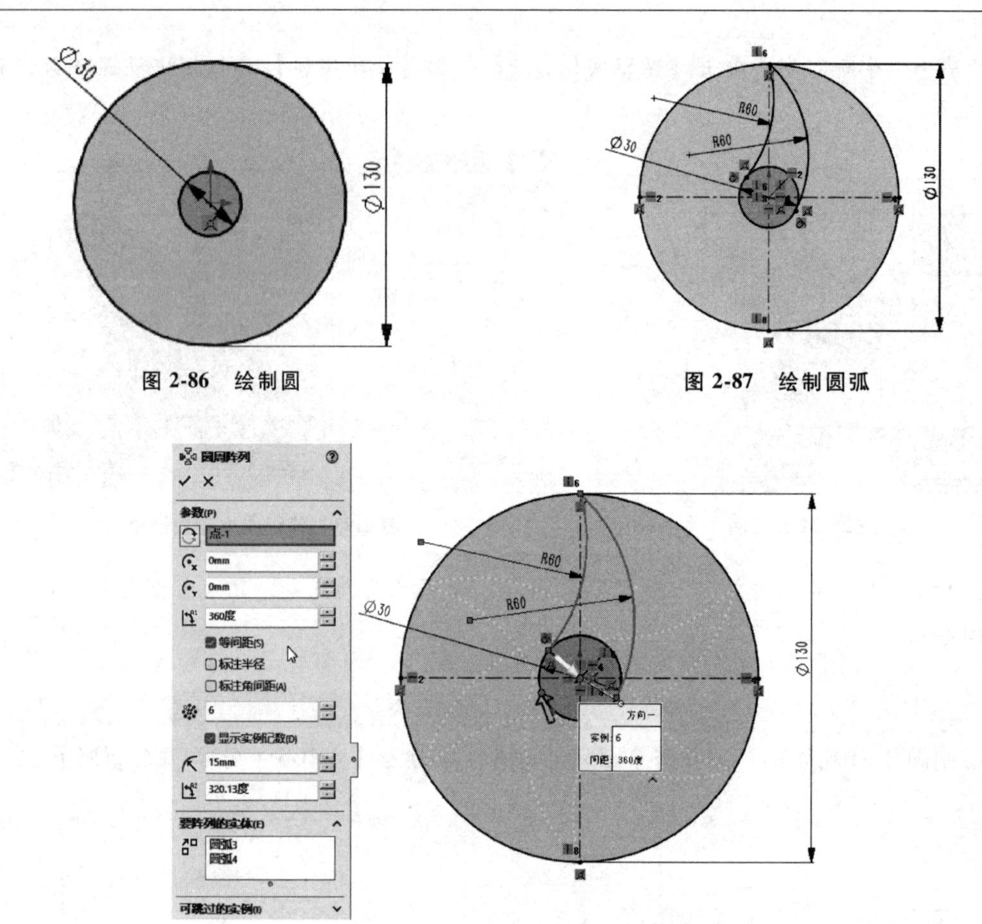

图 2-86　绘制圆

图 2-87　绘制圆弧

图 2-88　圆周阵列参数设置

步骤 6　保存并关闭草图　结果如图 2-90 所示，保存并关闭草图。

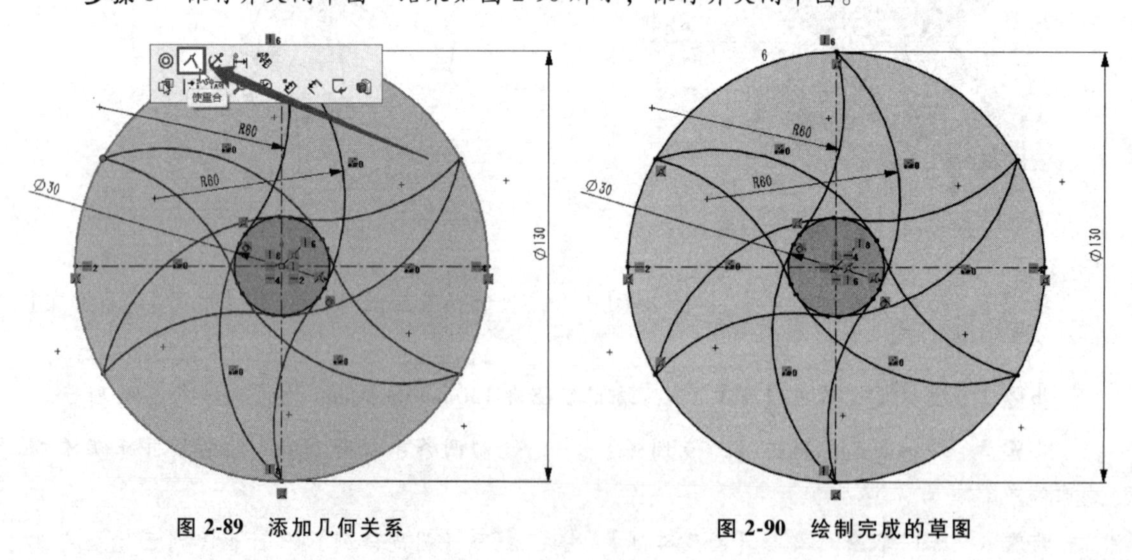

图 2-89　添加几何关系

图 2-90　绘制完成的草图

2.5.3　示例 3

绘制图 2-91 所示的草图并将草图完全定义，单位为【MMGS（毫米、克、秒）】。

步骤1 绘制草图轮廓 使用【直线】和【切线弧】命令绘制出草图的大体轮廓，如图2-92所示。

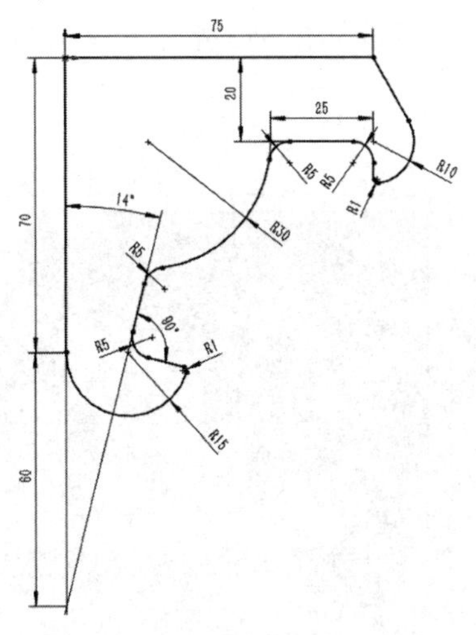

图2-91 示例3

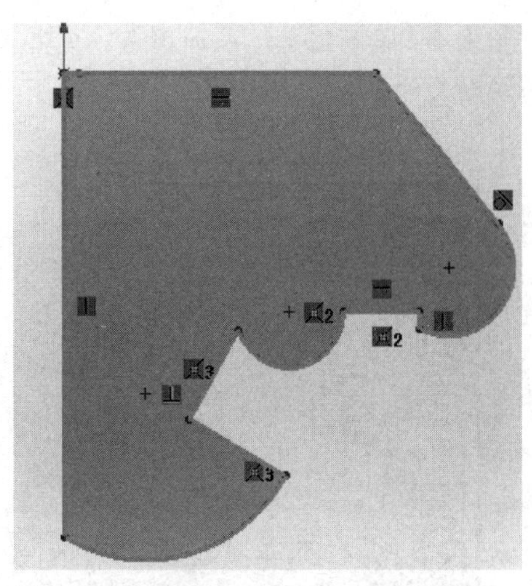

图2-92 直线和切线弧绘制的草图

注意

图是由单独的直线命令绘制而成，在绘图时只需要捕捉图2-92中的几何关系，过多捕捉几何关系会使以后定义几何关系时造成过定义状态。

提示

在绘制直线时有两种方法可以在绘制直线和切线弧之间转换，不需要另外选择【切线弧】命令。

1）在绘制好第一段直线后继续将光标移动至图形区域任意地方再返回至端点（这种方法在同一步骤中只能是由直线转换成切线弧，不能由切线弧再次转换成直线）。

2）在绘制好第一段直线后按一下键盘上的〈A〉键就可以转换成切线弧，再次按〈A〉键时又会将切线弧转换成直线。

绘制切线弧时，SOLIDWORKS会根据光标的移动位置在四个目标区域内智能分析出八种可能性，如图2-93所示。

步骤2 定义几何关系 如图2-94所示定义几何关系。交点可以通过按住〈Ctrl〉键同

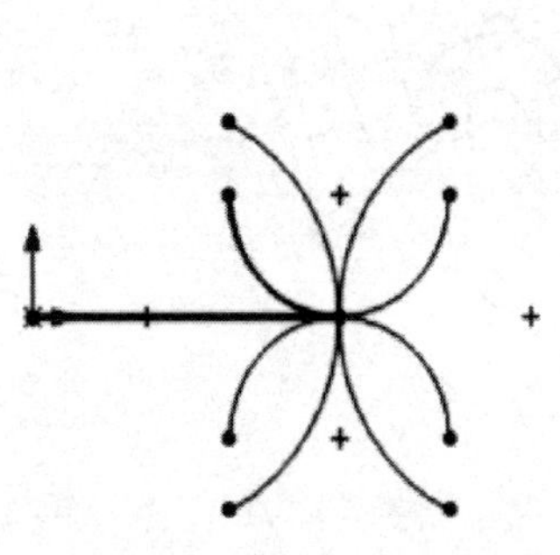

图2-93 切线弧的可能性

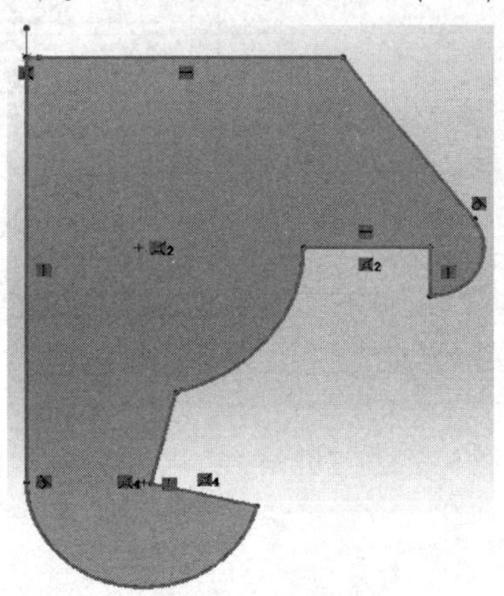

图2-94 定义几何关系

时选择两条角度线再单击【点】命令获得。

步骤 3 标注尺寸 标注尺寸，具体数值如图 2-95 所示。

步骤 4 添加圆角 添加圆角，完善草图，如图 2-96 所示（图中 3 个方框里面的灰色尺寸为从动尺寸）。

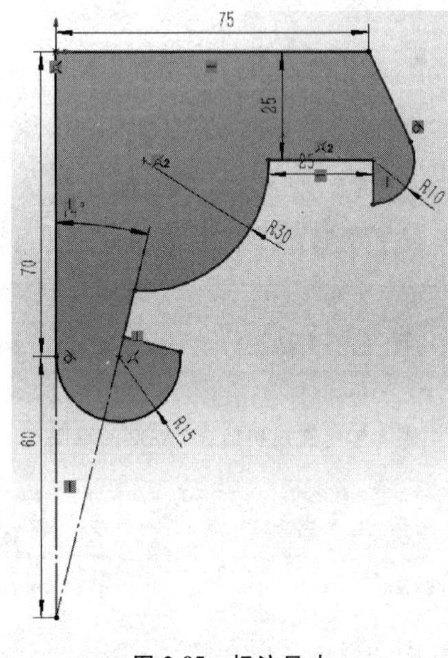

图 2-95 标注尺寸

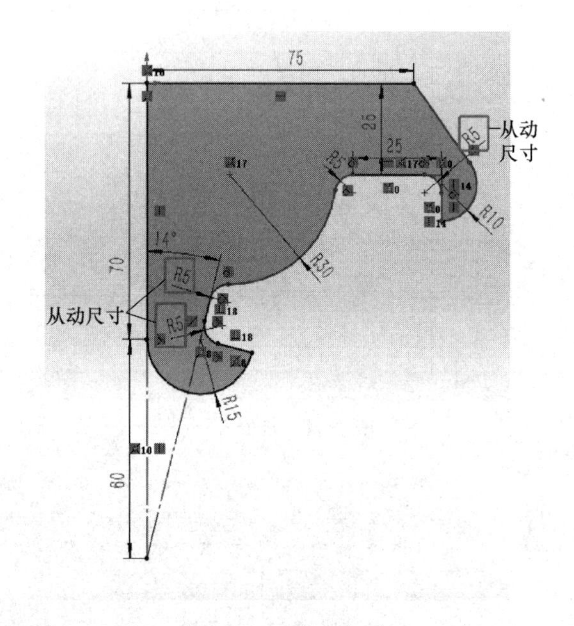

图 2-96 添加圆角

2.5.4 示例 4

绘制图 2-97 所示的草图并将草图完全定义，单位为【MMGS（毫米、克、秒）】。

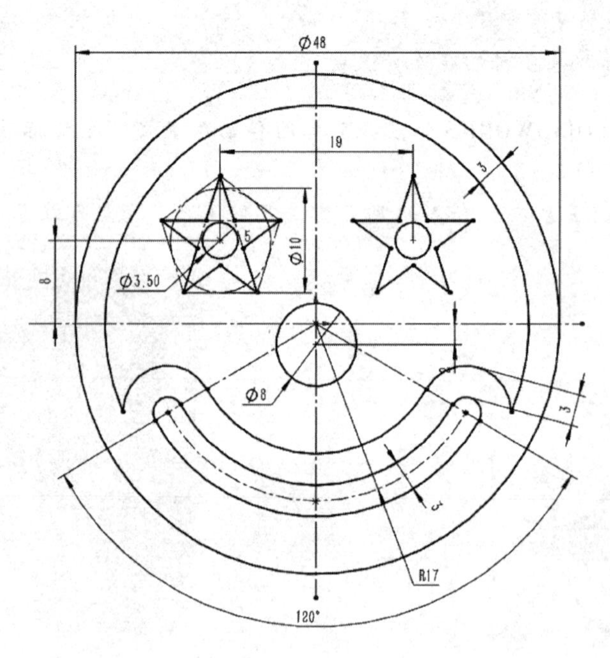

图 2-97 示例 4

步骤1 绘制中心线 单击【中心线】，绘制两条经过原点且有【水平】、【竖直】几何关系的中心线。

步骤2 绘制圆并标注尺寸 单击【圆】，分别绘制出直径为48mm、8mm、3.5mm和3.5mm的圆并标注尺寸使其完全定义，如图2-98所示。

步骤3 绘制另一条中心线 单击【中心线】，绘制120°夹角，且夹角中心线与竖直中心线有对称几何关系。

步骤4 绘制中心点圆弧槽口并标注尺寸 单击【中心点圆弧槽口】，绘制一个以原点为中心点且与两条120°夹角中心线相交的圆弧槽口并标注尺寸，如图2-99所示。

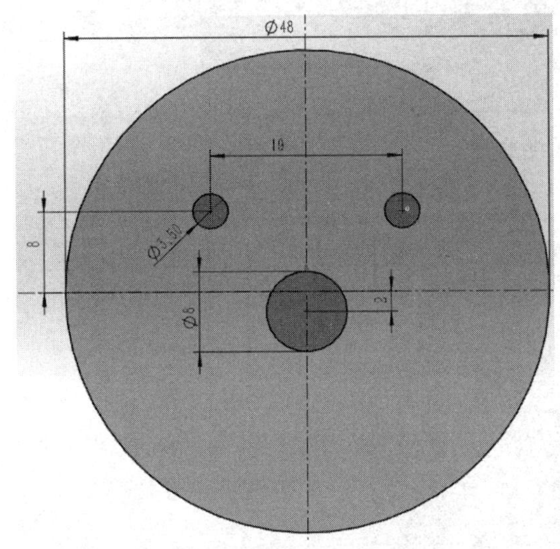

图2-98 绘制圆并标注尺寸

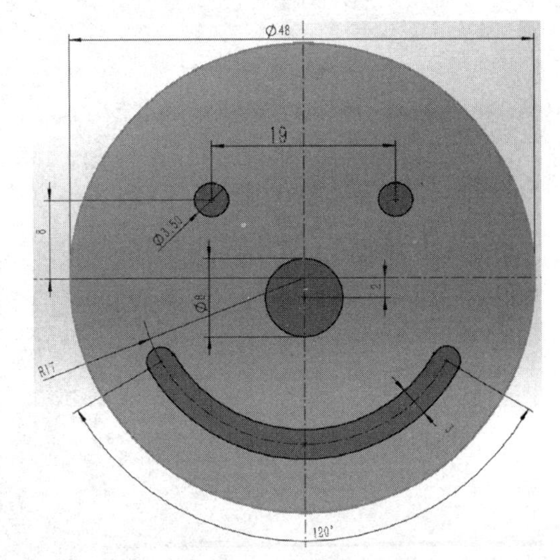

图2-99 绘制中心点圆弧槽口并标注尺寸

步骤5 绘制五角星 如图2-100所示，创建5条相等长度的线段，且每条线段都与直径为3.5mm的圆相切，并添加必要的约束条件，使草图完全定义。

步骤6 剪裁草图 单击【强劲剪裁】，将步骤5中绘制好的五角星中心多余部分直线剪裁，并保持各线段与圆相切且相等的条件，如图2-101所示。

步骤7 镜像实体 单击【镜像实体】，将步骤6中完全定义的草图镜像，如图2-102所示。

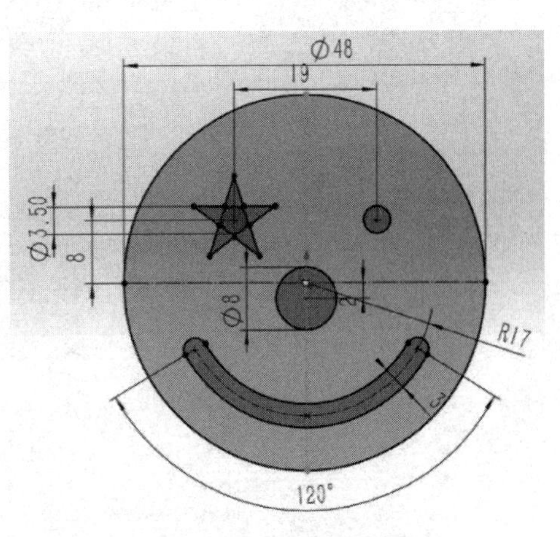

图2-100 绘制五角星

步骤8 等距圆 单击【等距实体】，将【等距距离】设置为3mm并勾选【反向】复选框，等距直径为48mm的圆，如图2-103所示。

步骤9 等距槽口 单击【等距实体】，将【等距距离】设置为3mm，如图2-104所示。

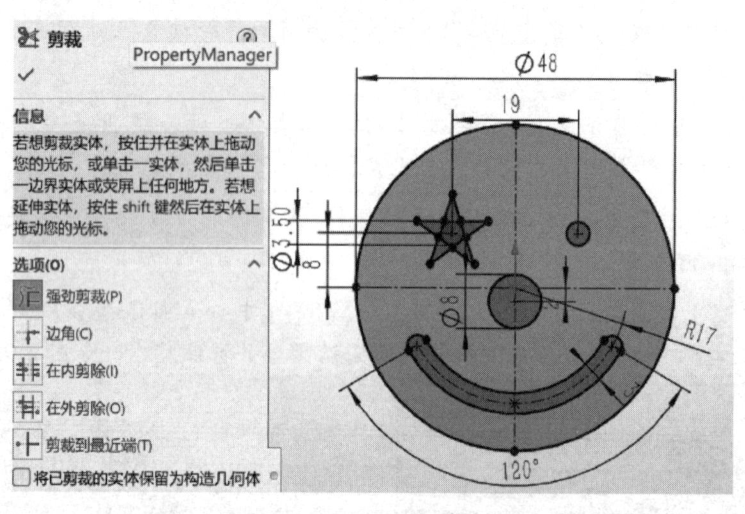

图 2-101 剪裁草图

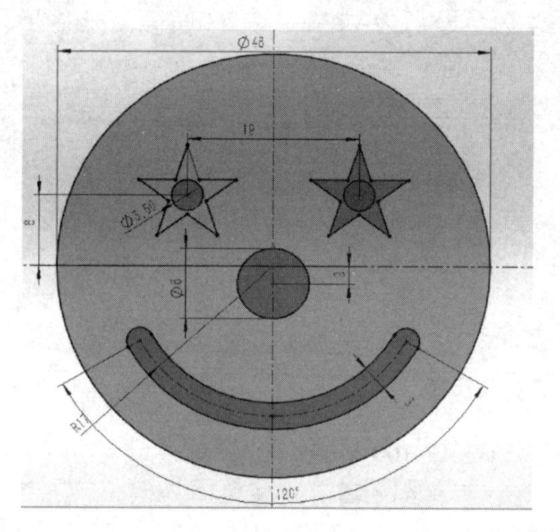

图 2-102 镜像实体

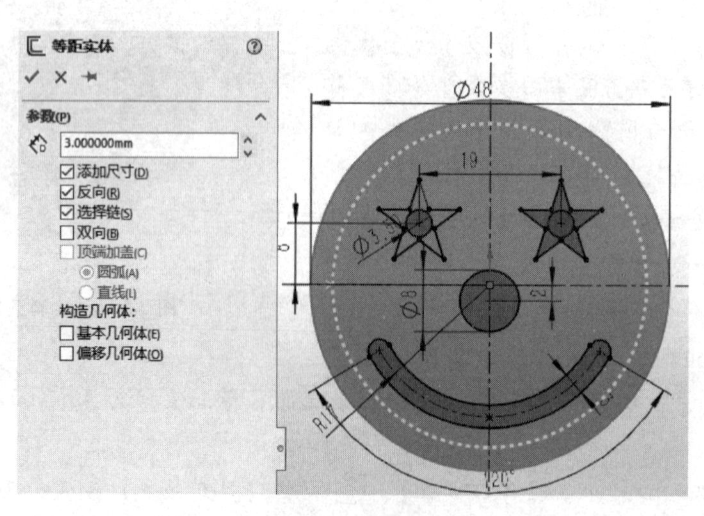

图 2-103 等距圆

步骤 10　剪裁草图　单击【强劲剪裁】，对草图进行剪裁，得到完全定义草图，如图 2-105 所示。

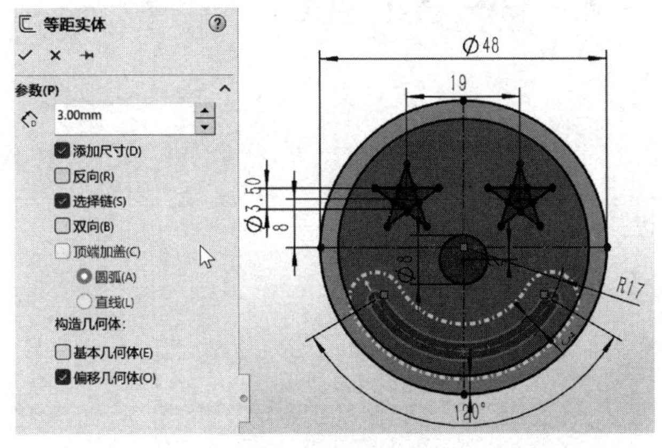

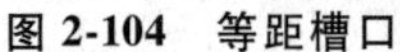

图 2-104　等距槽口

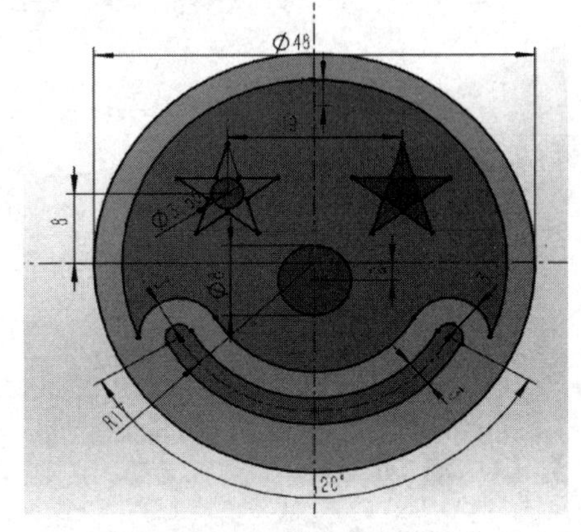

图 2-105　剪裁完成后的草图

2.6　课后练习

1. 建立如图 2-106 所示模型并完全定义草图，单位为【MMGS（毫米、克、秒）】。
2. 建立如图 2-107 所示模型并完全定义草图，单位为【MMGS（毫米、克、秒）】。

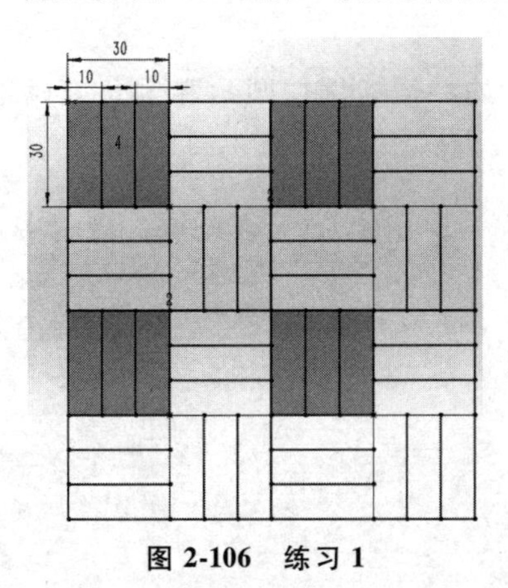

图 2-106　练习 1

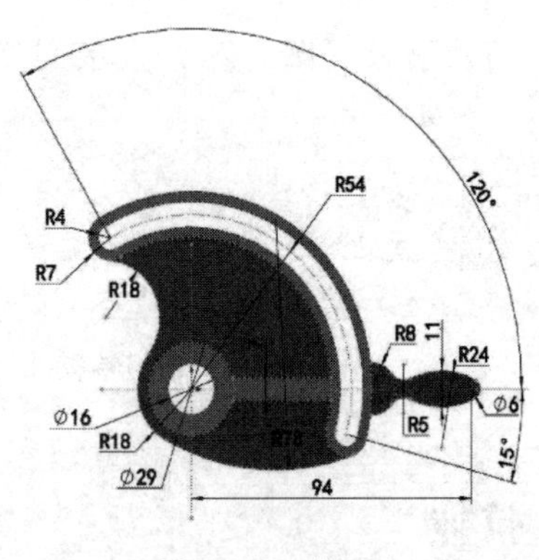

图 2-107　练习 2

第3章　基本特征

【学习目标】

- 了解特征的概念
- 学会创建基准面和基准轴
- 学会机械零件的三维建模

3.1　概述

SOLIDWORKS 中的模型由许多单独的元素组成，这些元素被称为特征。

在进行零件或装配体建模时，SOLIDWORKS 软件使用智能化的、易于理解的几何体（例如凸台、切除、孔、筋、圆角、倒角、拔模等）创建特征，特征被创建后就可以直接应用于零件中。

SOLIDWORKS 中的特征可以分为草图特征和应用特征。

1）草图特征（图 3-1）：基于二维草图的特征。通常该草图可以通过拉伸、旋转、扫描或放样转换为实体。

2）应用特征（图 3-2）：直接创建在实体模型上的特征。例如圆角和倒角就属于这类特征。

图 3-1　草图特征

图 3-2　应用特征

3.2　拉伸

3.2.1　拉伸-拔模

建立如图 3-3 所示名为“拉伸-铣刀刀柄”的模型。

已知：

材料：DIN 钢（刀具制造）。

密度：7740kg/m^3。

单位系统：MMGS。

小数位数：2。

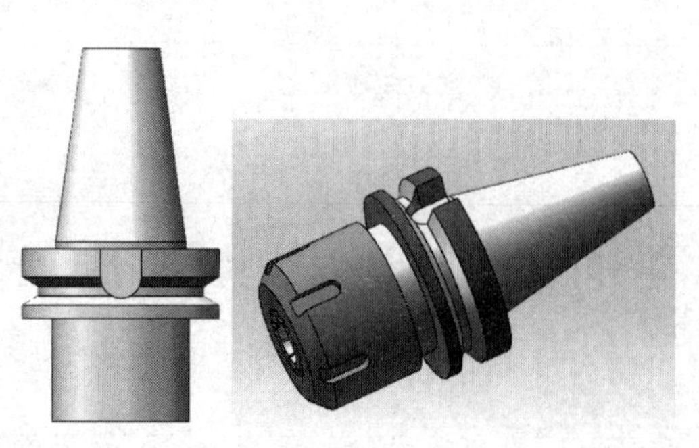

图 3-3　拉伸-铣刀刀柄

步骤 1　分析模型　分析模型需要分两步

考虑：

第一步是模型的摆放，模型的摆放关系到二维出图的视图方向。

第二步是最佳轮廓的选择，如何选择最佳轮廓才能更有效率地完成模型的绘制，并方便于后期的更改和管理。

步骤 2 新建零件 在 SOLIDWORKS 中新建一个零件。

步骤 3 环境设置 在绘图前做好环境设置，单位系统为 MMGS、小数位数为 2。

步骤 4 创建“草图 1” 选择【前视基准面】为草图平面，绘制如图 3-4 所示轮廓，并完全定义草图。单击【退出草图】保存并退出草图。

步骤 5 创建“旋转 1” 预先选择“草图 1”，再单击【旋转凸台/基体】命令，如图 3-5 所示。

选取旋转轴，如图 3-6 所示，编辑完成后单击✔。

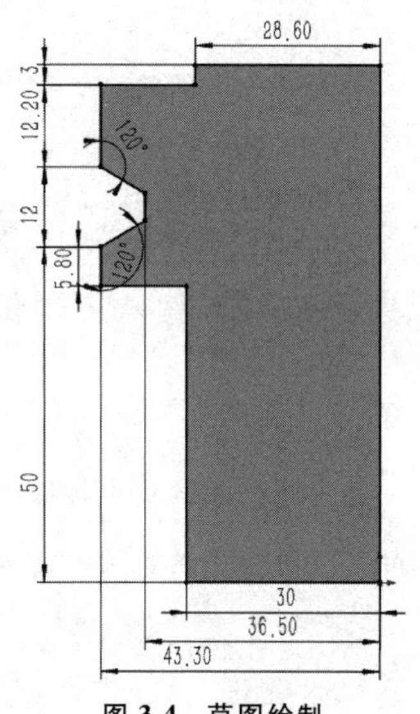

图 3-4 草图绘制

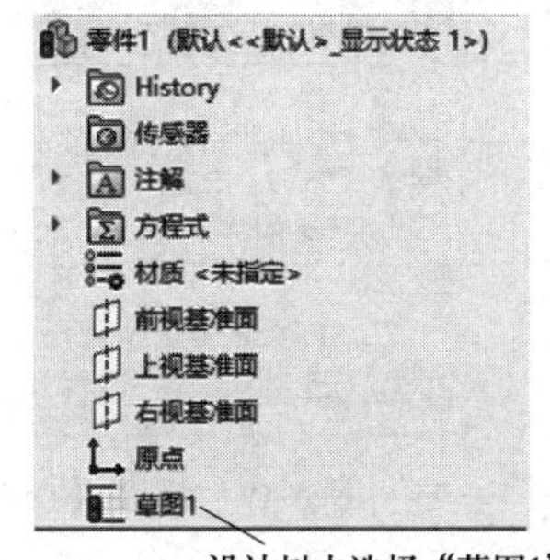

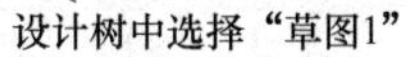

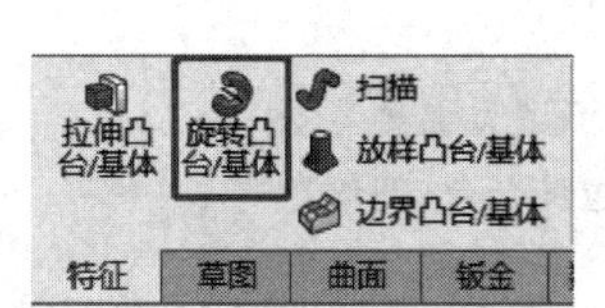

图 3-5 选择“草图 1”进行旋转

步骤 6 创建拉伸凸台 选取如图 3-7 所示平面，右击并选择【草图绘制】。选择图 3-8 所示平面，单击【转换实体引用】。

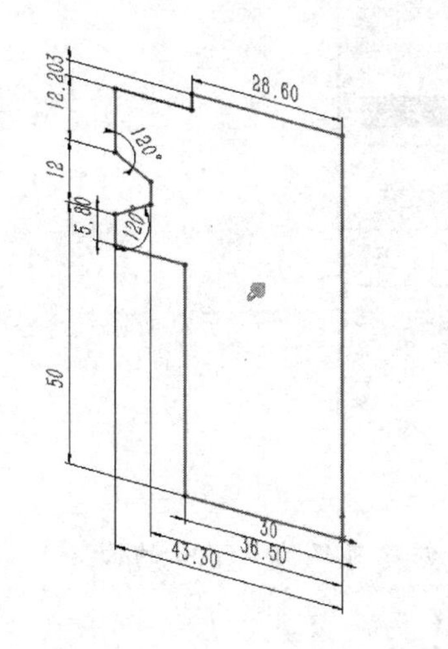

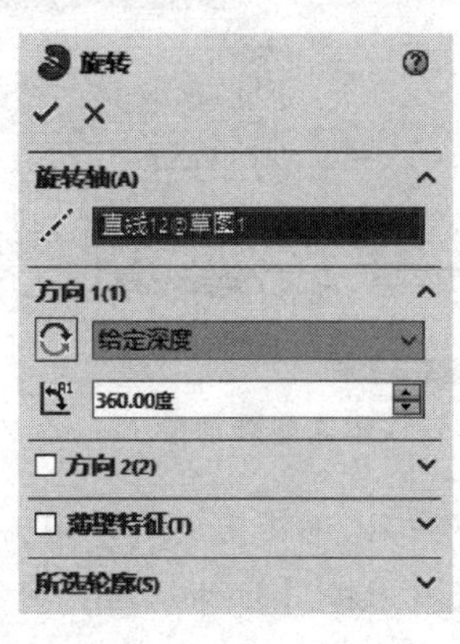

图 3-6 选取旋转轴

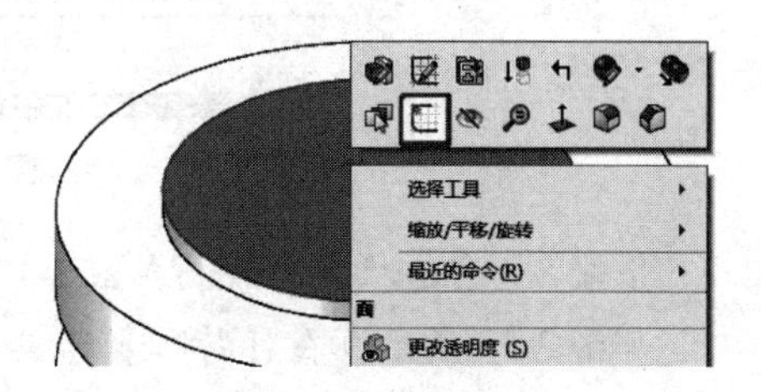

图 3-7 草图绘制

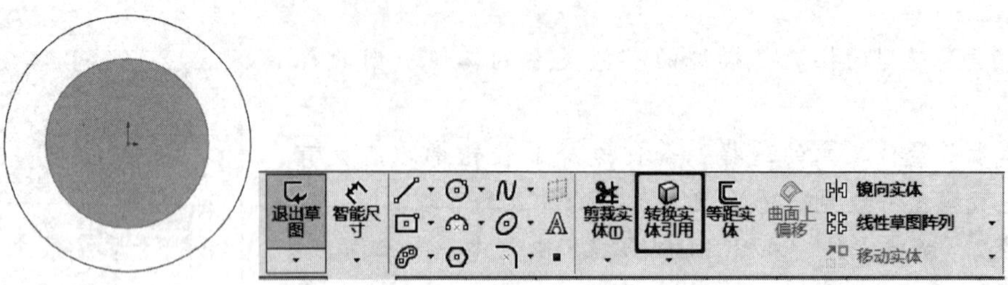

图 3-8 转换实体引用

如图 3-9 所示，选择【拉伸凸台/基体】命令。

在左边的属性框中按图 3-10 所示进行设置，【终止条件】为【给定深度】，【深度】为 83mm，【拔模角度】为 8°，编辑完成后单击✔退出操作。

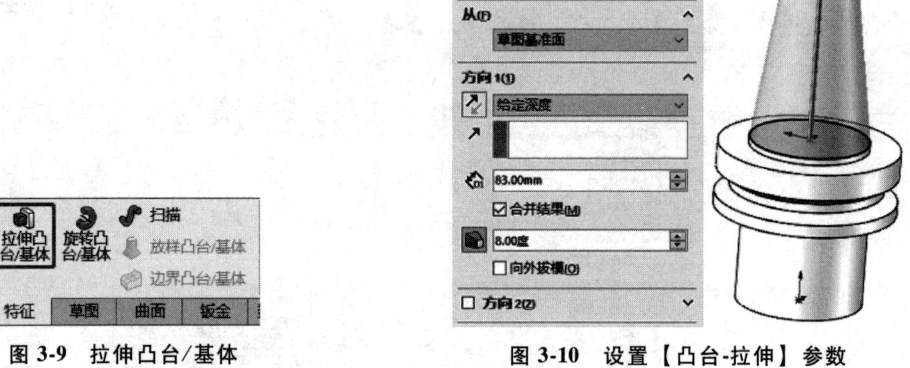

图 3-9 拉伸凸台/基体　　图 3-10 设置【凸台-拉伸】参数

步骤 7 创建旋转切除 在主视图上创建如图 3-11 所示草图，并在【特征】工具栏中选择【旋转切除】命令，切除多余部分。

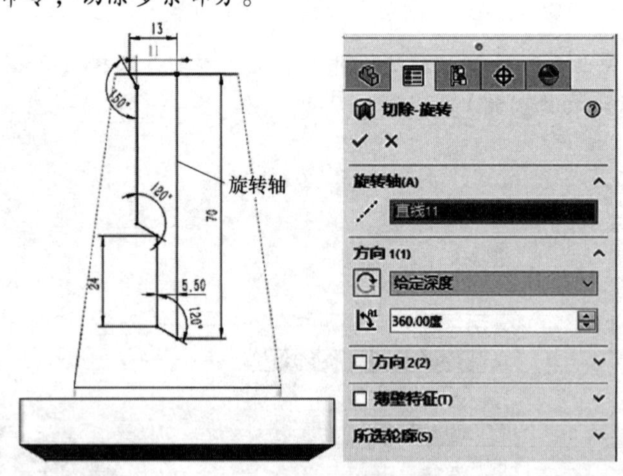

图 3-11 创建旋转切除

步骤 8 创建拉伸切除 在图 3-12 所示的平面上绘制草图，创建直径为 41mm 的圆。

如图 3-13 所示，在【特征】工具栏中选择【拉伸切除】命令。

设置参数，【给定深度】为 36mm，【拔模角度】为 8°，如图 3-14 所示。

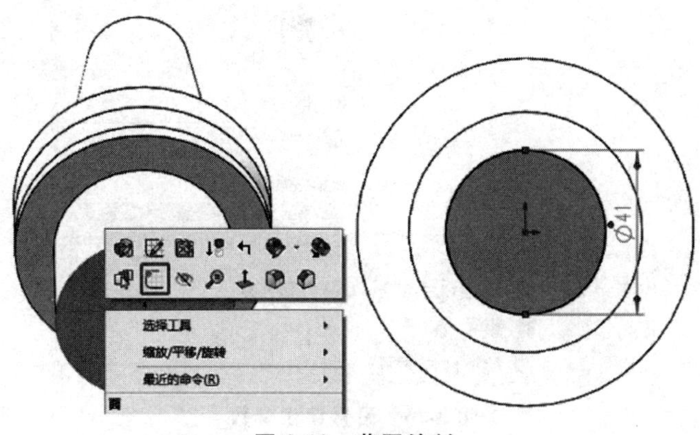

图 3-12　草图绘制

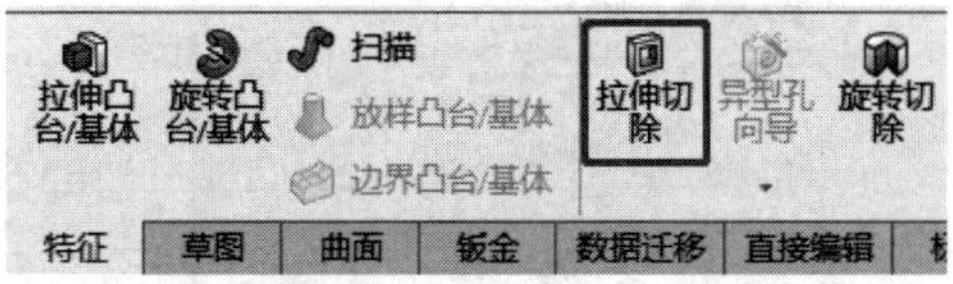

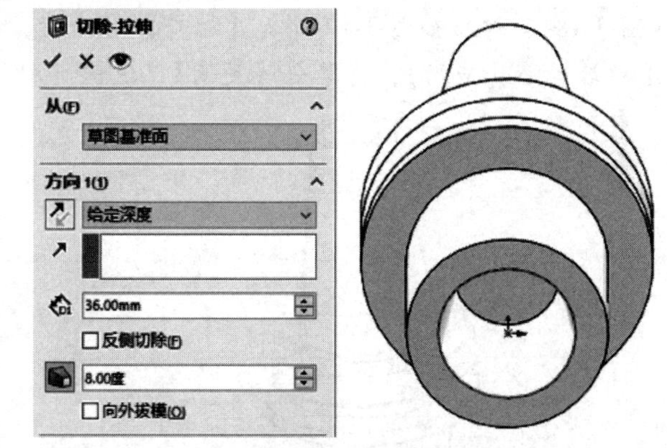

图 3-13 【拉伸切除】命令

图 3-14　设置参数

在主视图中创建如图 3-15 所示草图，选择【拉伸切除】命令，设置【等距】为 30mm，完全贯穿实体。

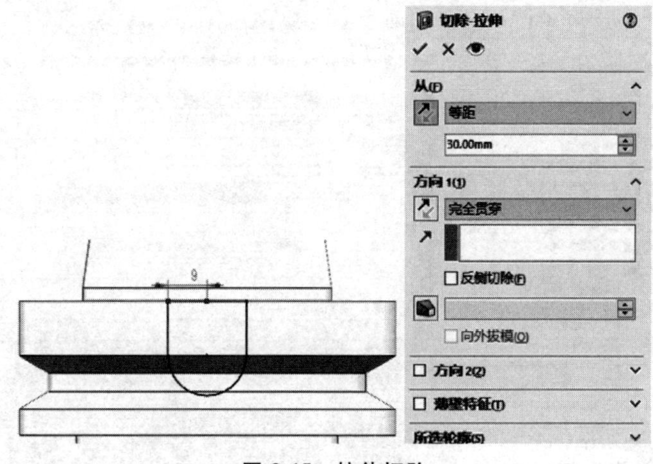

图 3-15　拉伸切除

步骤 9　镜像　在【特征】工具栏中选择【镜像】，基准面为【前视基准面】，特征为"切除-拉伸 2"（即上一步的切除操作），如图 3-16 所示。

步骤 10　完成模型　完成模型创建，如图 3-17 所示。

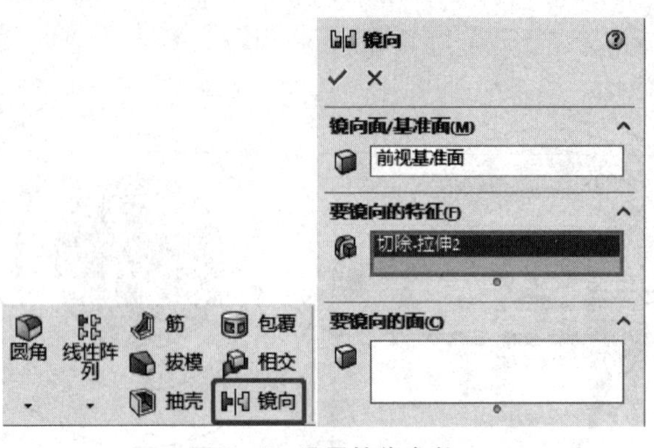

图 3-16 设置镜像参数

步骤 11 编辑材料 在设计树中右击【材质〈未指定〉】，选择【编辑材料】（图 3-18），弹出如图 3-19 所示【材料】对话框，在材料库中找到【DIN 钢（刀具制造）】，选中后单击【应用】，再单击【关闭】，退出【材料】对话框。

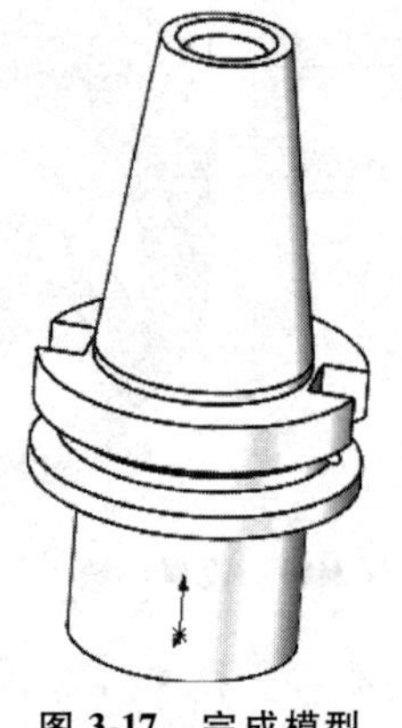

图 3-17 完成模型

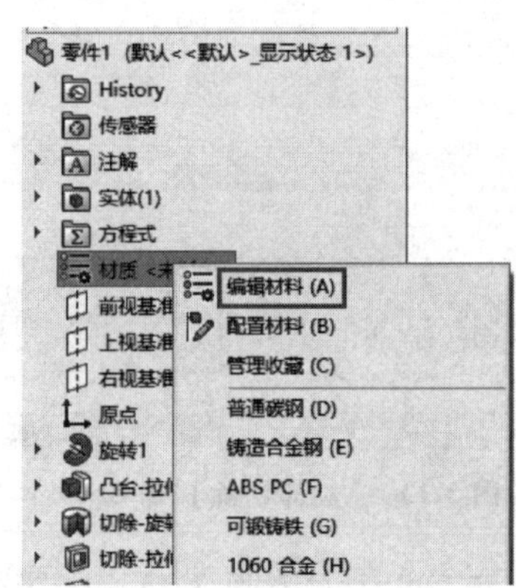

图 3-18 编辑材料

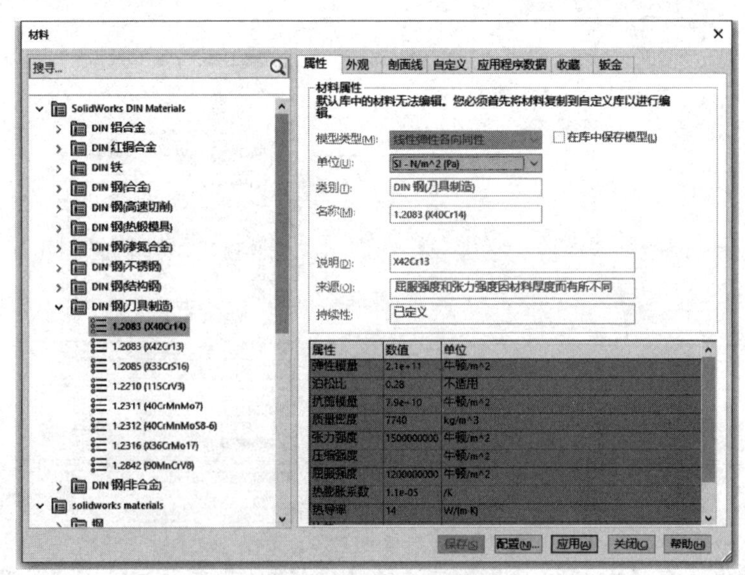

图 3-19 【材料】对话框

步骤 12 保存并关闭模型 将模型命名为“拉伸-铣刀刀柄”，保存并关闭模型。

3.2.2　拉伸-薄壁特征

建立如图 3-20 所示名为“薄壁特征-支架”的模型。

已知：

材料：1060 合金。

密度：2700kg/m^3。

单位系统：MMGS。

小数位数：2。

步骤 1　分析模型　首先对模型进行分析。

步骤 2　新建零件　在 SOLIDWORKS 中新建一个零件。

步骤 3　环境设置　在绘图前做好环境设置，单位系统为 MMGS、小数位数为 2。

步骤 4　创建“草图 1”　选择【前视基准面】为草图平面，并绘制图 3-21 所示草图，标注圆直径为 60mm，编辑完成后保存并退出草图。

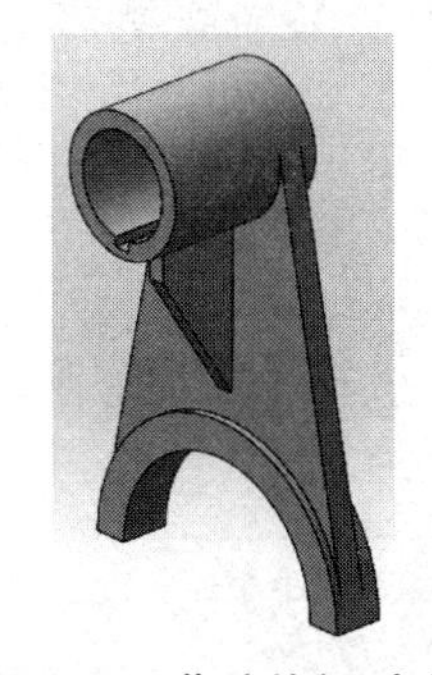

图 3-20　薄壁特征-支架

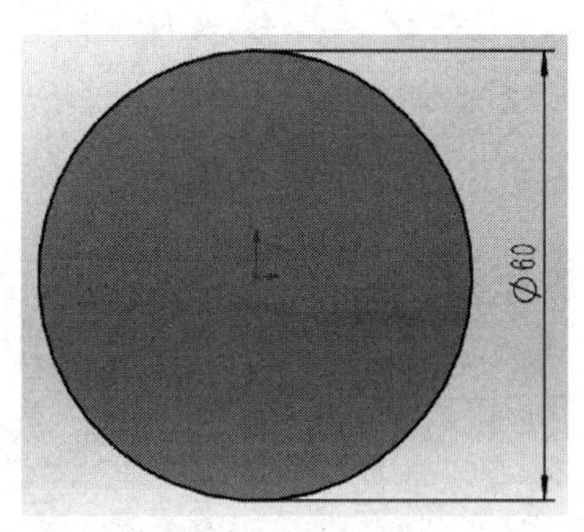

图 3-21　草图绘制

步骤 5　创建“拉伸-薄壁 1”　选择【拉伸凸台/基体】，在设计树中选择要拉伸的“草图 1”（或直接在图形区域单击草图几何体来选择草图），并按图 3-22 所示进行设置（【终止条件】为【给定深度】，【深度】为 100mm，薄壁特征类型为【单向】，【厚度】为 10mm），编辑完成后单击✔退出操作。

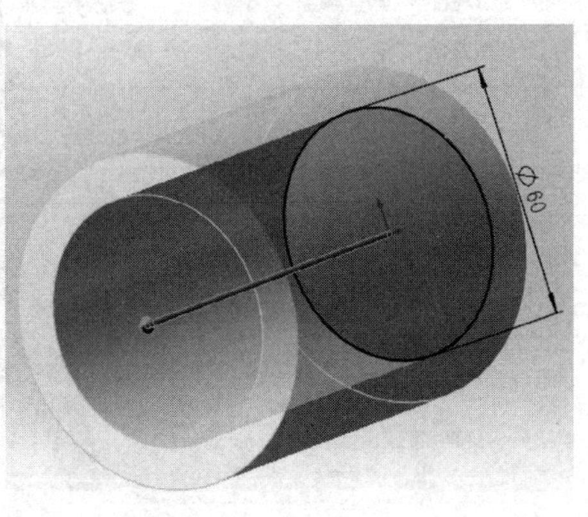

图 3-22　设置“拉伸-薄壁 1”参数

步骤 6 创建"切除-拉伸 1" 选择【拉伸切除】命令，并按图 3-23 所示在左边的属性框中完成编辑，编辑完成后单击✔退出操作。

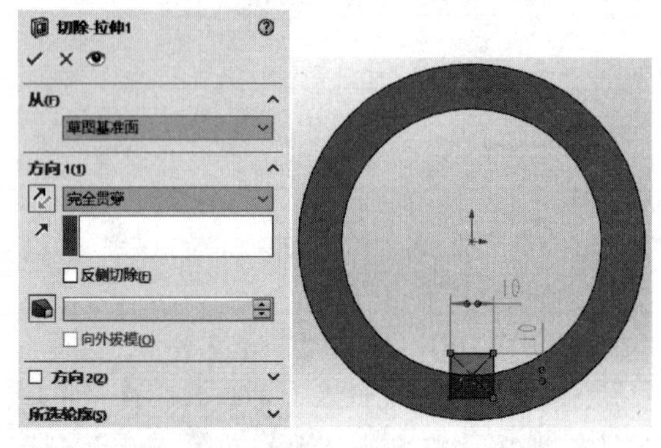

图 3-23 设置"切除-拉伸 1"参数

步骤 7 创建"凸台-拉伸 2" 选择【拉伸凸台/基体】命令，设置【给定深度】为 30mm，如图 3-24 所示。

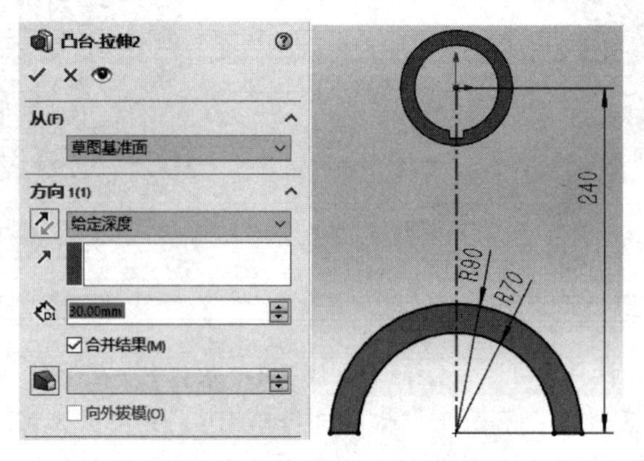

图 3-24 设置"凸台-拉伸 2"参数

步骤 8 创建"凸台-拉伸 3" 在主视图绘制如图 3-25 所示草图，选择【拉伸凸台/基体】命令，设置【等距】为 10mm，【给定深度】为 15mm。

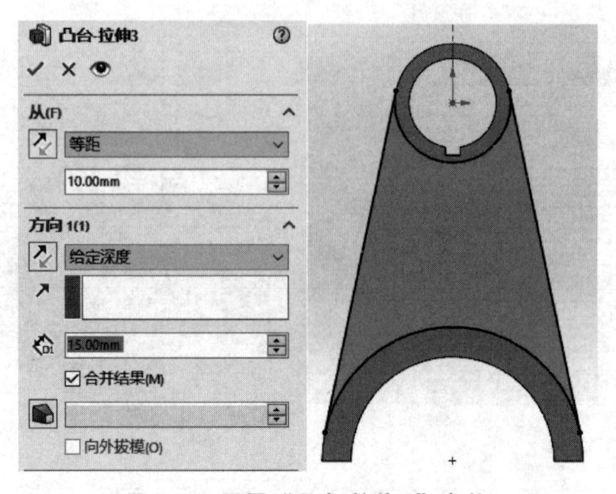

图 3-25 设置"凸台-拉伸 3"参数

步骤 9 创建“筋” 在右视基准面绘制如图 3-26 所示草图，选择【筋】命令，设置为两侧对称，【厚度】为 10mm，勾选【反转材料方向】复选框。

步骤 10 编辑材料 指定材料为“1060 合金”（图 3-27）。

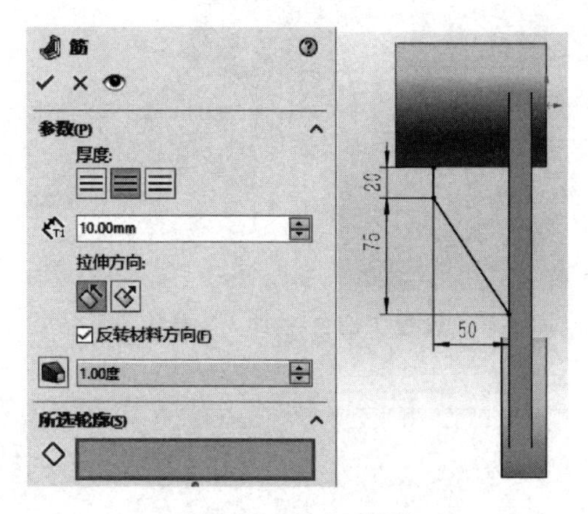

图 3-26 创建“筋”

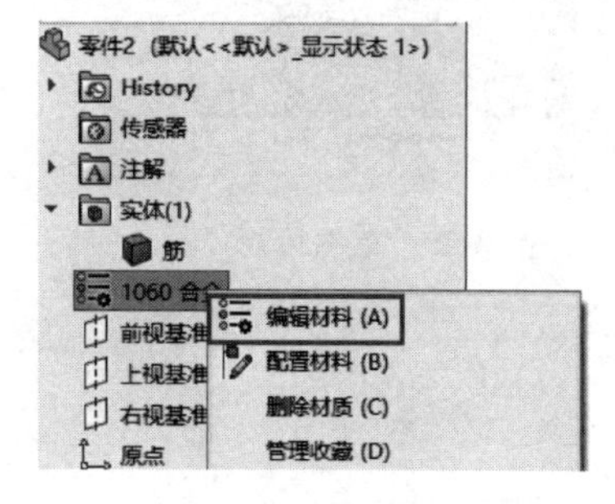

图 3-27 编辑材料

步骤 11 保存并关闭模型 将模型命名为“薄壁特征-支架”，保存并关闭模型。

3.2.3 拉伸-方向

建立如图 3-28 所示名为“拉伸-铸件”的模型。

已知：$A=40$，$B=11$，$C=28$。

材料：1060 合金。

密度：2700kg/m^3。

单位系统：MMGS。

小数位数：2。

步骤 1 分析模型 首先对模型进行分析。

步骤 2 新建零件 在 SOLIDWORKS 中新建一个零件。

步骤 3 环境设置 在绘图前做好环境设置，单位系统为 MMGS、小数位数为 2。

步骤 4 创建“草图 1” 选择【前视基准面】为草图平面，绘制图 3-29 所示图形，并完全定义草图，保存后退出。

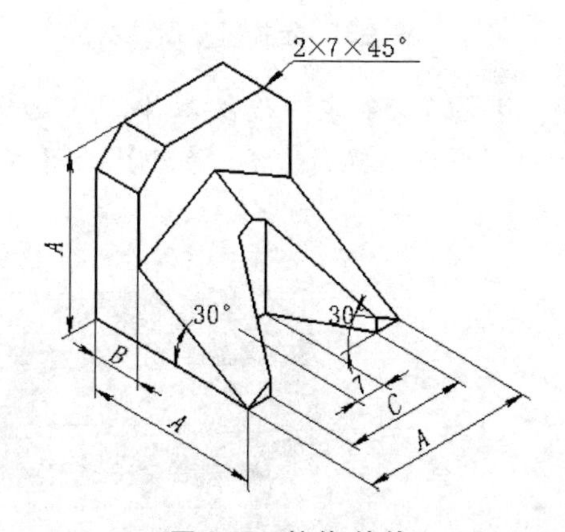

图 3-28 拉伸-铸件

步骤 5 创建“凸台-拉伸 1” 选择【拉伸凸台/基体】，在左边的属性框中按图 3-30 所示设置完成编辑（【终止条件】为【给定深度】，【深度】为 40mm），单击✔退出。

步骤 6 创建“草图 2” 右击图 3-31 所示平面，并在关联工具栏中找到【草图绘制】，以该平面作为草图平面进行草图绘制。

绘制图 3-32 所示封闭轮廓，并完全定义草图，保存后退出。

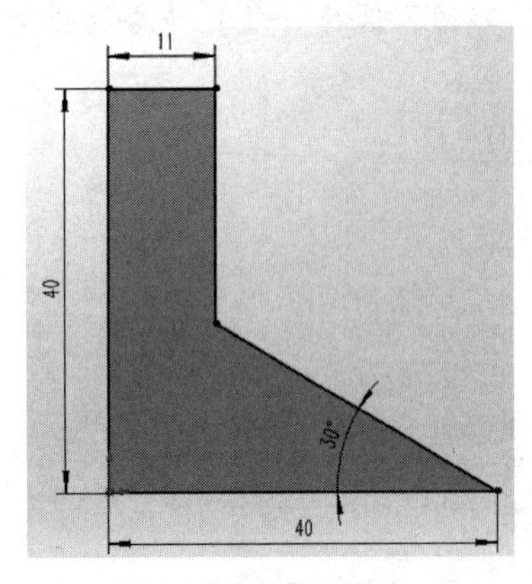

图 3-29　草图绘制

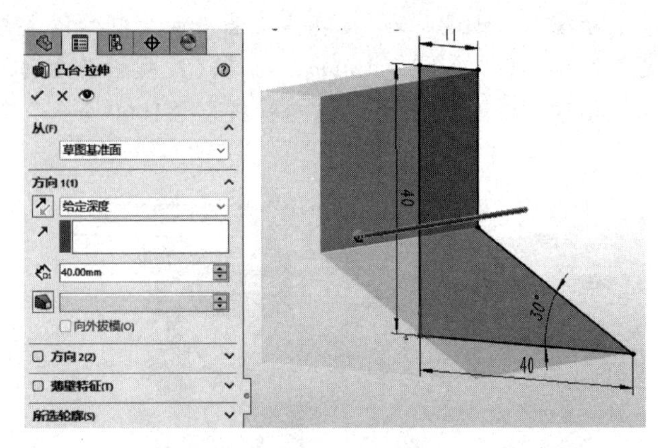

图 3-30　设置“凸台-拉伸 1”参数

图 3-31　选择【草图绘制】

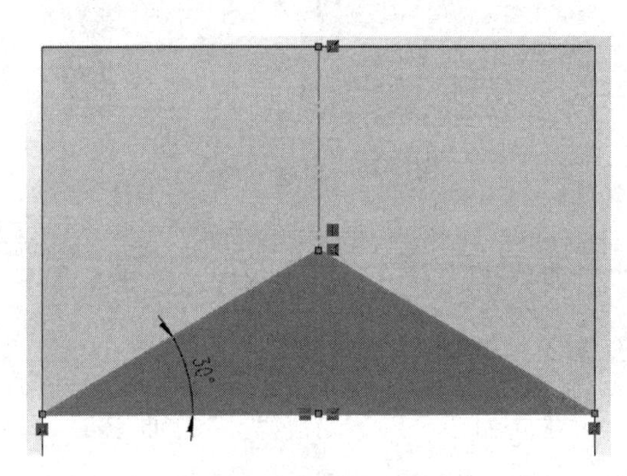

图 3-32　草图绘制

步骤 7　创建“凸台-拉伸 2”　选择【拉伸凸台/基体】，在左边的属性框中按图 3-33 所示设置完成编辑（【终止条件】为【成形到一顶点】，【拉伸方向】为指定的斜边线）。单击 ✔ 退出。

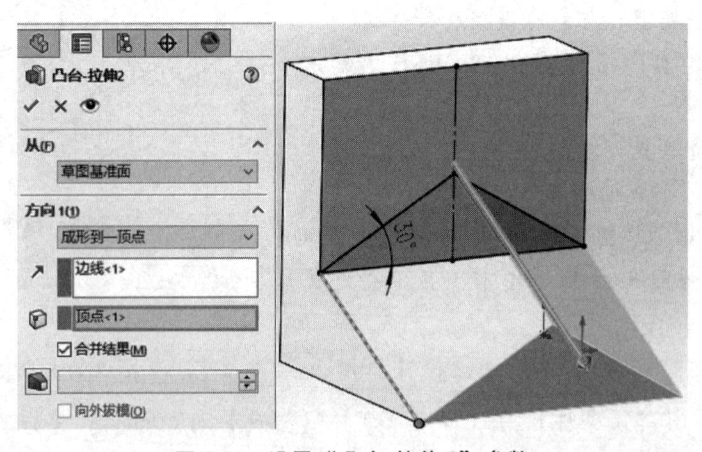

图 3-33　设置“凸台-拉伸 2”参数

注意

【拉伸方向】可以通过模型边线来驱动，也可以通过一个辅助草图直线来驱动。

步骤8 创建“倒角1” 单击【圆角】/【倒角】命令，按图3-34所示设置完成编辑，其他设置为默认，并单击✔退出。

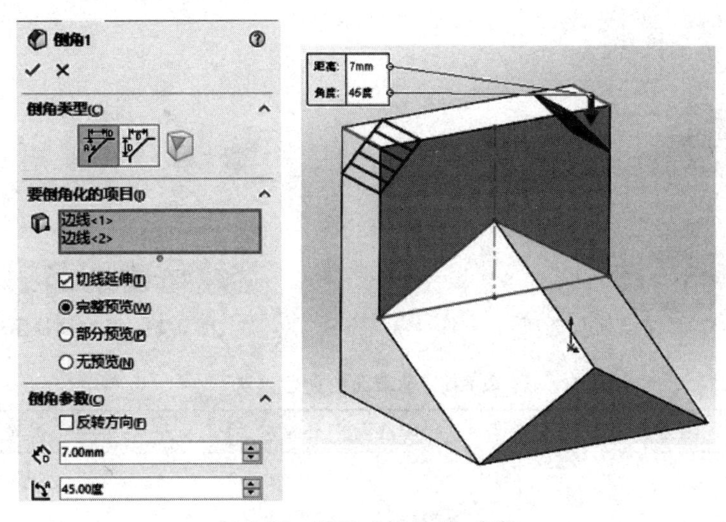

图3-34 设置“倒角1”参数

步骤9 创建“草图3” 选择图3-35所示面为草图平面。

绘制图3-36所示的封闭轮廓，并完全定义草图，保存后退出（可通过添加【对称】几何关系或使用【镜像】来绘制）。

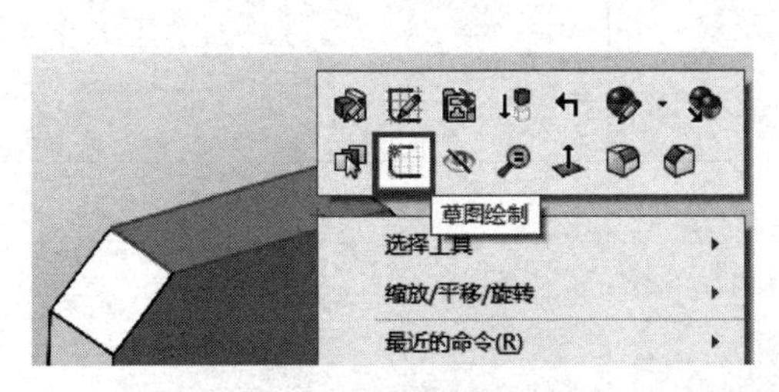

图3-35 选择草图平面

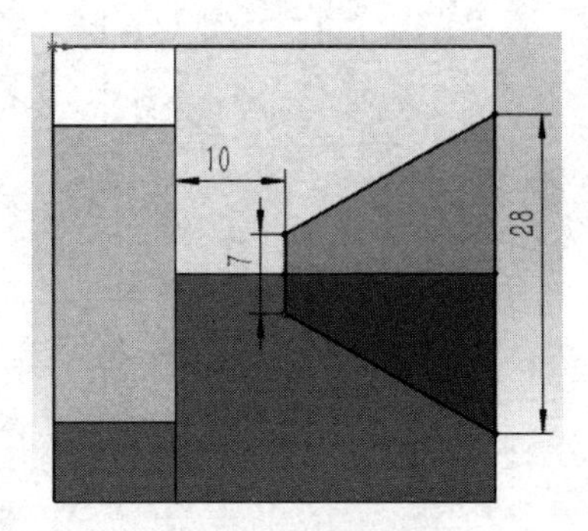

图3-36 草图绘制

步骤10 创建“拉伸-切除1” 预先在设计树中选中“草图3”，单击【拉伸切除】，在属性框中设置【终止条件】为【完全贯穿】，单击✔退出。

步骤11 编辑材料 指定材料为“1060合金”。

步骤12 保存并关闭模型 将模型命名为“拉伸-铸件”，保存并关闭模型。

3.3 参考几何体

3.3.1 基准面的创建

当现有的基准面不能作为参考时，可以使用不同的元素（如基准面、平面、边、点、曲面和草图几何元素）创建一个基准面，单击【参考几何体】/【基准面】即可进行操作，如

图 3-37 所示。如果所选条件不能构建一个有效基准面，则会显示如图 3-38 所示的提示信息。表 3-1 是使用不同方法创建基准面的一些示例。

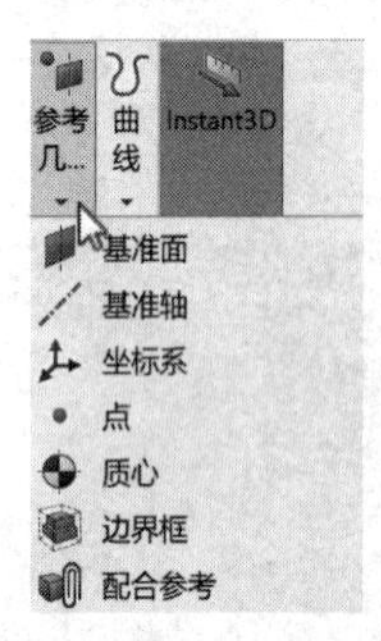

图 3-37 【基准面】选项

图 3-38 基准面提示信息

表 3-1 基准面的创建方法

分类	操作方法	参数设置	图例
偏移距离	选择一个现有的基准面或选择模型的一个表面，然后输入一个距离值	基准面 信息 完全定义 第一参考 面<1> 平行 垂直 重合 90.00度 50.00mm 反转等距 1 两侧对称	
与面角度	选择模型的一个表面，同时选择一条边或轴，然后输入角度值	基准面 信息 完全定义 第一参考 边线<1> 垂直 重合 投影 第二参考 面<2> 平行 垂直 重合 36.00度 反转等距 1 10.00mm 两侧对称	

（续）

分类	操作方法	参数设置	图例
三点重合	分别在三个参考选项里选取三个点	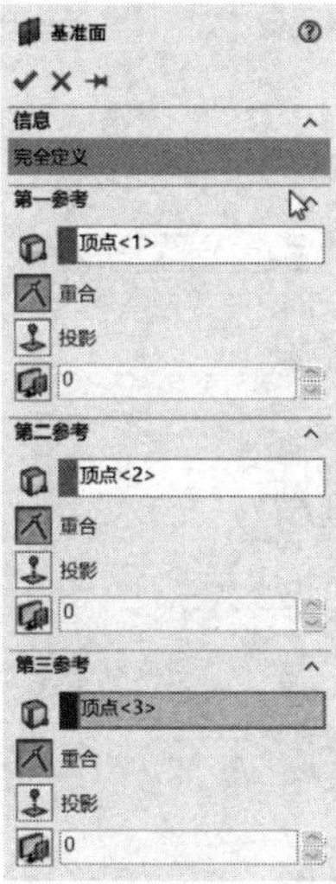 基准面 信息 完全定义 第一参考 顶点<1> 重合 投影 0 第二参考 顶点<2> 重合 投影 0 第三参考 顶点<3> 重合 投影 0	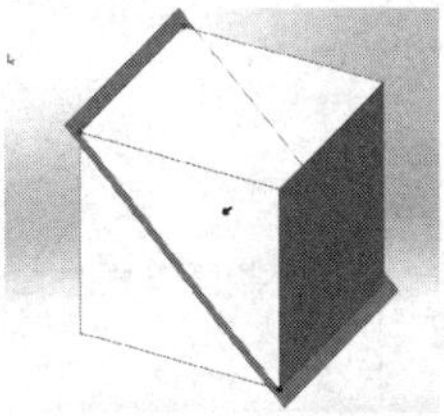
单个边线和点重合	选择一条边线和一个点	 基准面 信息 完全定义 第一参考 边线<1> 垂直 重合 投影 第二参考 顶点<3> 重合 投影 0	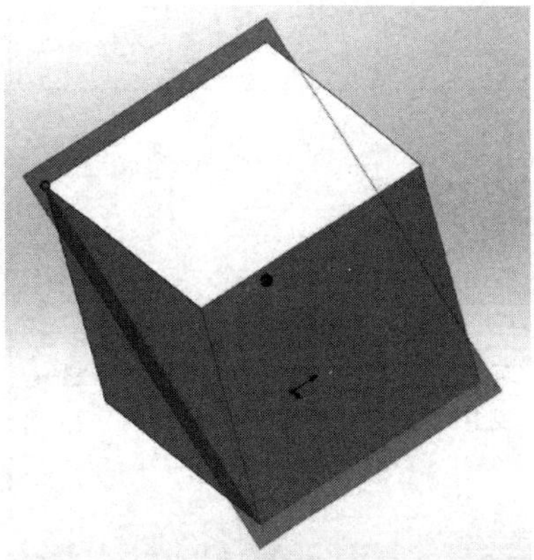
与面平行且与点重合	选择一个平面和一个点	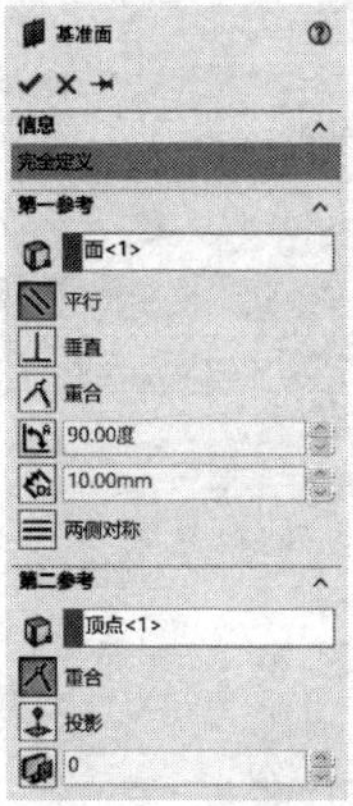 基准面 信息 完全定义 第一参考 面<1> 平行 垂直 重合 90.00度 10.00mm 两侧对称 第二参考 顶点<1> 重合 投影 0	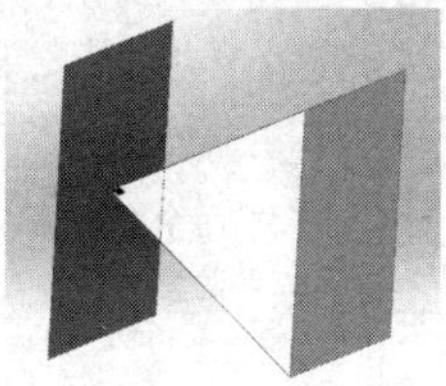

（续）

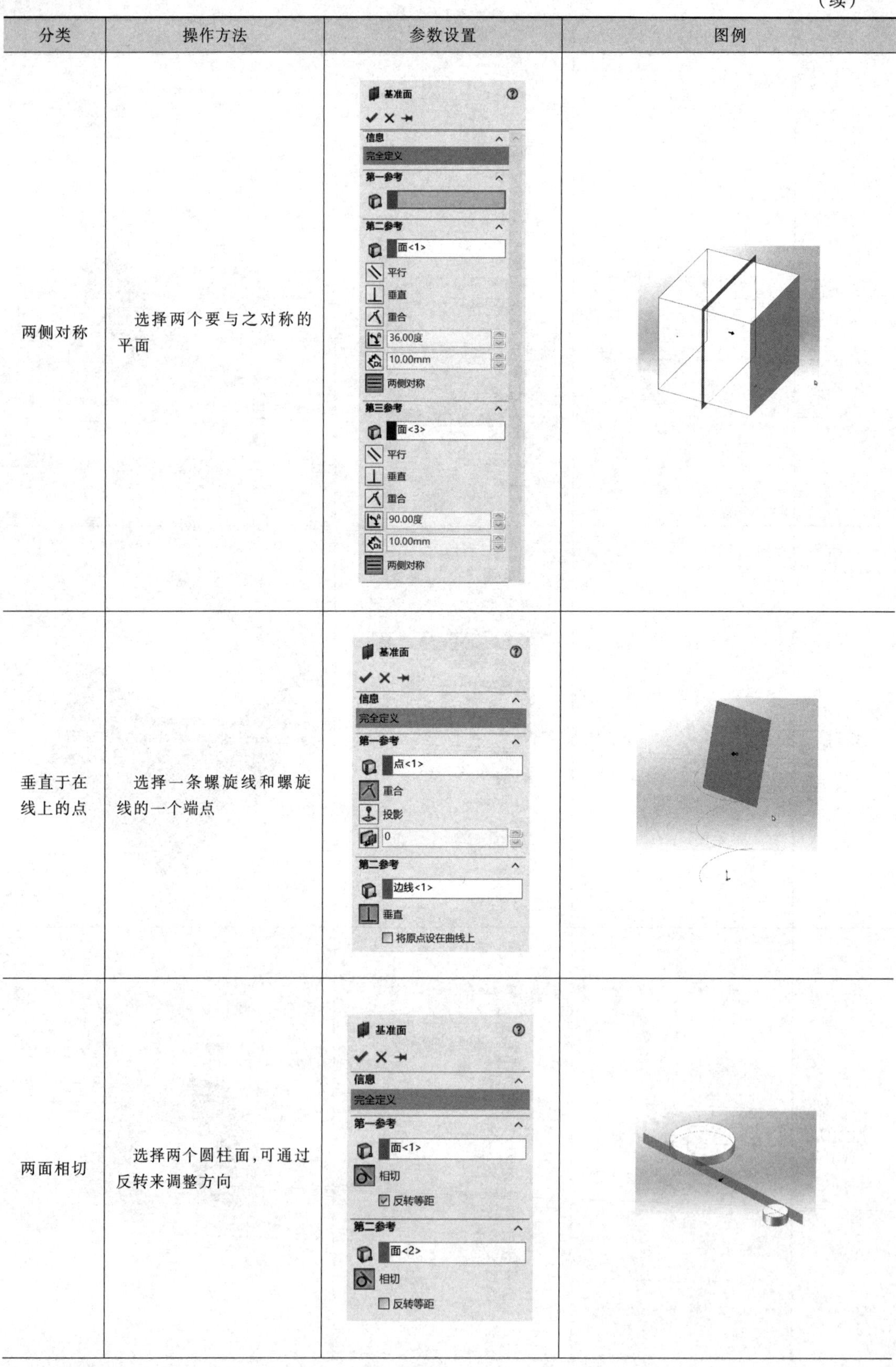

分类	操作方法	参数设置	图例
两侧对称	选择两个要与之对称的平面		
垂直于在线上的点	选择一条螺旋线和螺旋线的一个端点		
两面相切	选择两个圆柱面，可通过反转来调整方向		

（续）

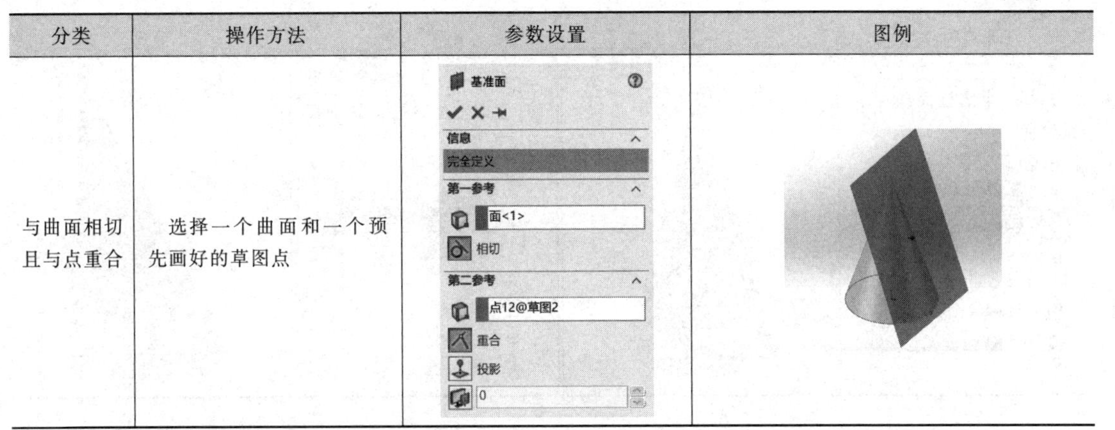

分类	操作方法	参数设置	图例
与曲面相切且与点重合	选择一个曲面和一个预先画好的草图点		

3.3.2　基准轴的创建

基准轴可以在 FeatureManager 设计树上进行重命名、选取并调整大小。单击【参考几何体】/【基准轴】即可进行基准轴的创建，如图 3-39 所示。表 3-2 是基准轴的创建方法。

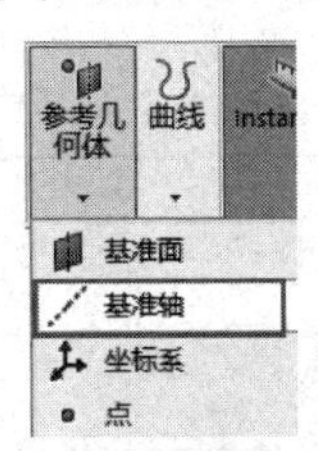

图 3-39 【基准轴】选项

表 3-2 基准轴的创建方法

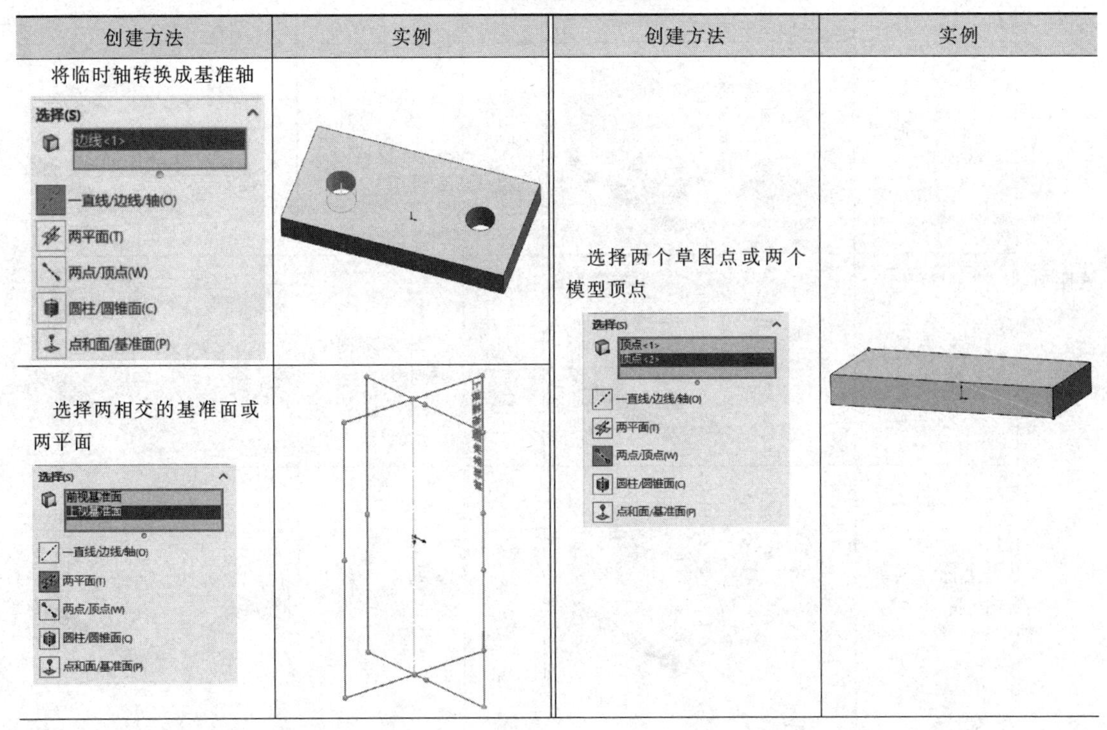

创建方法	实例	创建方法	实例
将临时轴转换成基准轴		选择两个草图点或两个模型顶点	
选择两相交的基准面或两平面			

（续）

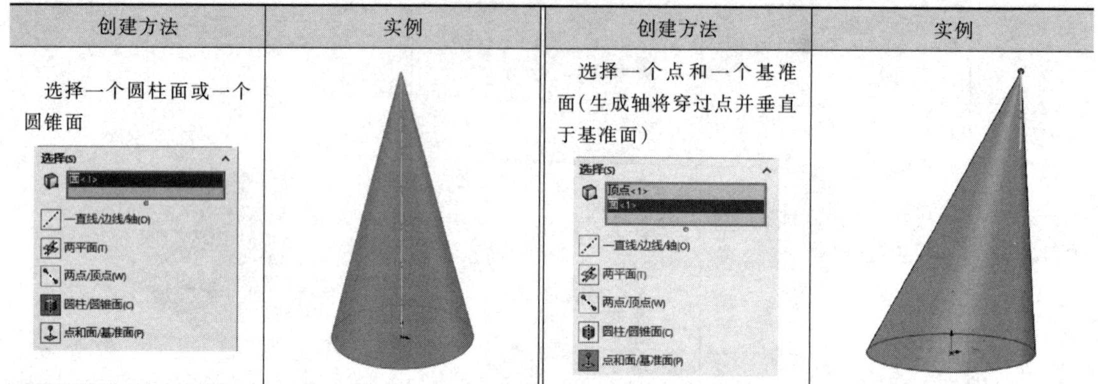

创建方法	实例	创建方法	实例
选择一个圆柱面或一个圆锥面		选择一个点和一个基准面（生成轴将穿过点并垂直于基准面）	

3.4 阵列

当创建特征的多个实例时，使用阵列是最好的方法。表 3-3 列出了阵列的各种类型及其典型应用。

表 3-3　阵列类型及其典型应用

阵列类型	典型应用	图例	阵列类型	典型应用	图例
线性	一个方向等距阵列		镜像	根据指定平面镜像阵列	
	两个方向等距阵列		表格驱动	基于坐标系下 XY 方向的表格阵列	
	只阵列源的双向阵列		草图驱动	基于草图点阵列	
	去除一些实例的阵列		曲线驱动	基于曲线几何路径阵列	

（续）

阵列类型	典型应用	图例	阵列类型	典型应用	图例
圆周	关于中心的等间距圆形阵列		曲线驱动	基于投影曲线路径阵列	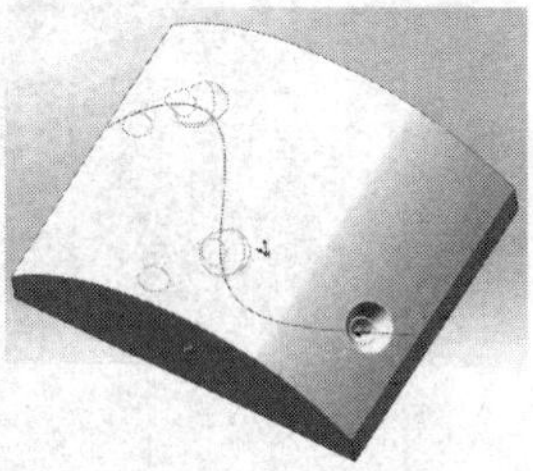
	去除一些实例的圆形阵列或小于 360° 范围内的阵列	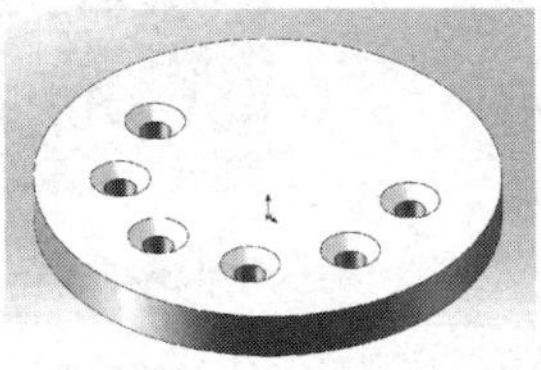	填充	基于同一面的实例阵列	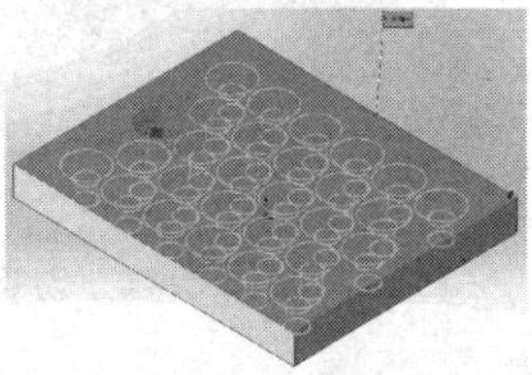
曲线驱动	基于完全圆周路径阵列	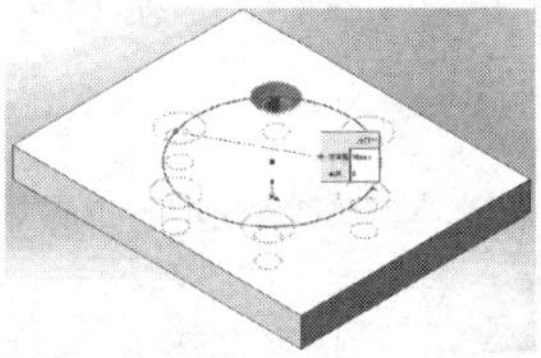		基于同一面其他特征阵列	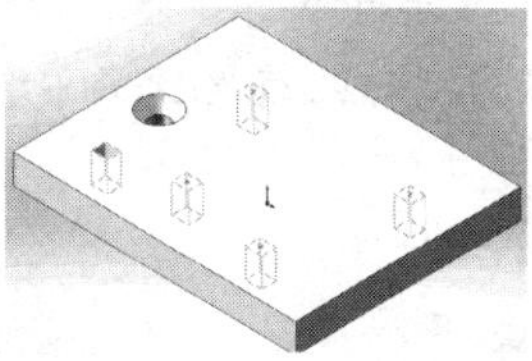

（1）源　源是被阵列的几何体，可以是一个或多个特征、实体或者面。

（2）实例　实例是源通过阵列创建的“复制品”。它由源派生并且随着源的变化而变化。

3.4.1　线性阵列

建立如图 3-40 所示名为“小车底板”的模型。

已知：

材料：1060 合金。

密度：2700kg/m^3。

单位系统：MMGS。

小数位数：2。

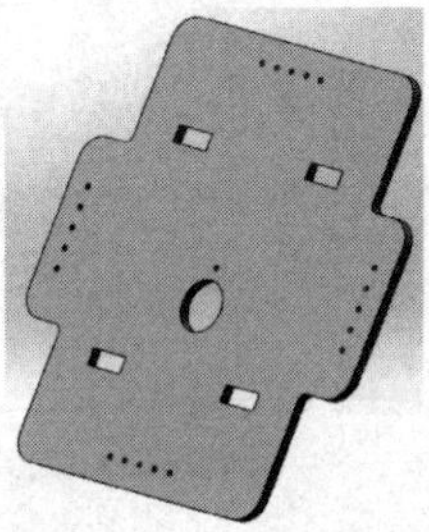

图 3-40　小车底板

步骤 1　分析模型　首先对模型进行分析。

步骤 2　新建零件　在 SOLIDWORKS 中新建一个零件。

步骤 3　环境设置　在绘图前做好环境设置，单位系统为 MMGS、小数位数为 2。

步骤 4　创建“草图 1”　选择【前视基准面】为草图平面并绘制图 3-41 所示图形，完全定义草图后保存并退出。

步骤 5　创建“凸台-拉伸 1”　选择【拉伸凸台/基体】拉伸“草图 1”，【深度】为 5mm，完成编辑后单击✔退出。

步骤 6　创建“草图 2”　选择图 3-42 所示平面为草图平面并绘制图示图形，尺寸为 26mm×10mm，完全定义草图后保存并退出。

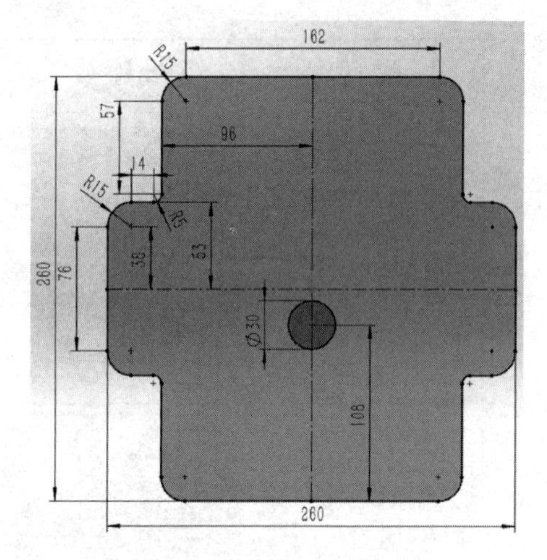

图 3-41　创建“草图 1”

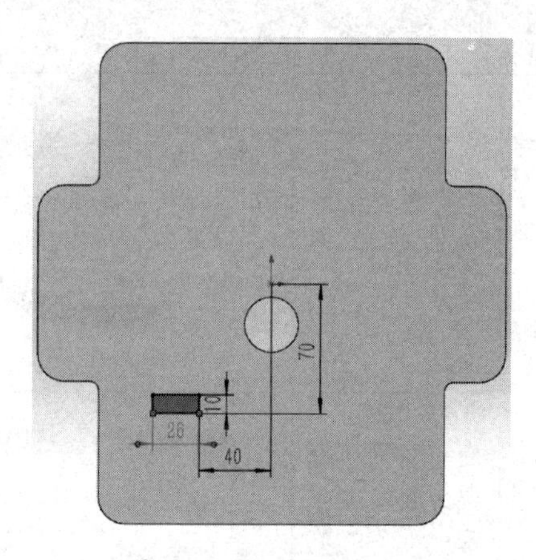

图 3-42　创建“草图 2”

步骤 7　创建“切除-拉伸 1”　选择【拉伸切除】拉伸“草图 2”，按图 3-43 所示设置进行编辑，【终止条件】为【给定深度】，【深度】为 5mm，编辑完成后单击✔退出。

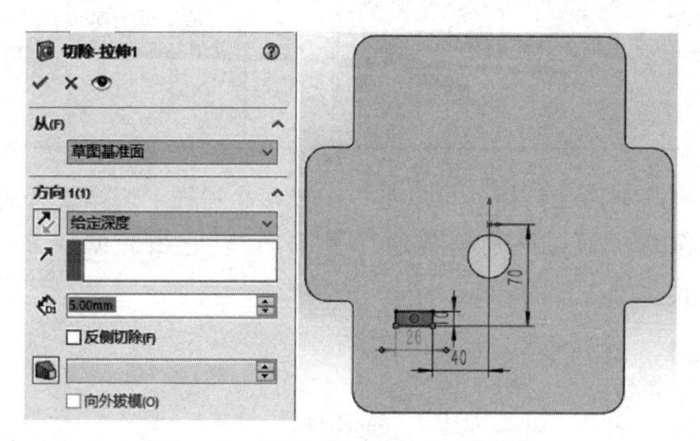

图 3-43　设置“切除-拉伸 1”参数

步骤 8　创建“线性阵列”　如图 3-44 所示，创建“线性阵列”。

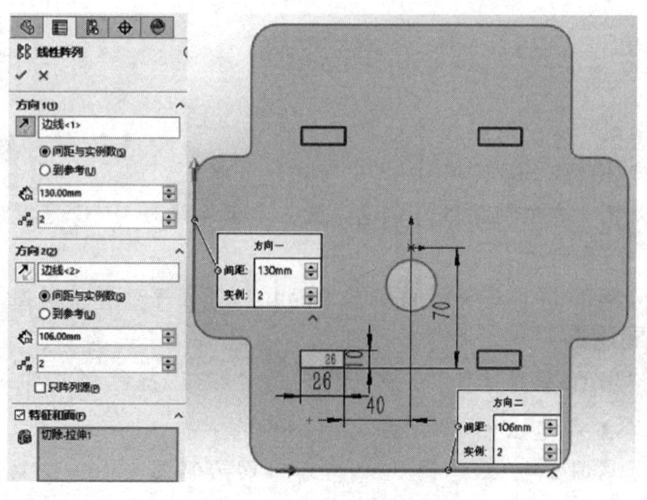

图 3-44　创建“线性阵列”

步骤 9 创建“草图 3” 创建直径为 3.2mm 的圆，如图 3-45 所示。

步骤 10 创建“切除-拉伸 2” 选择【拉伸切除】拉伸“草图 3”，按图 3-46 所示进行编辑，【终止条件】为【给定深度】，【深度】为 5mm，编辑完成后单击✔退出。

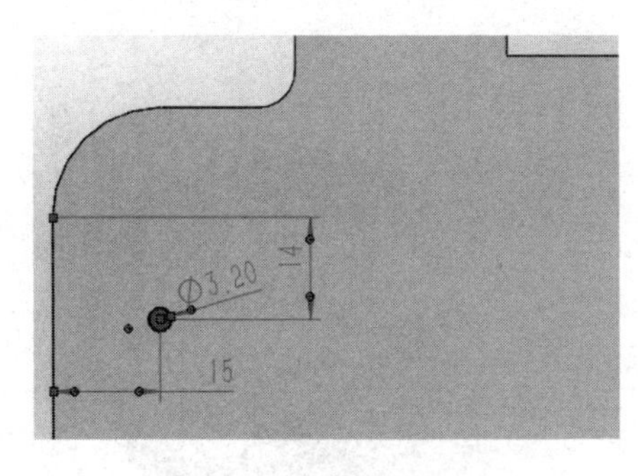

图 3-45 创建“草图 3”

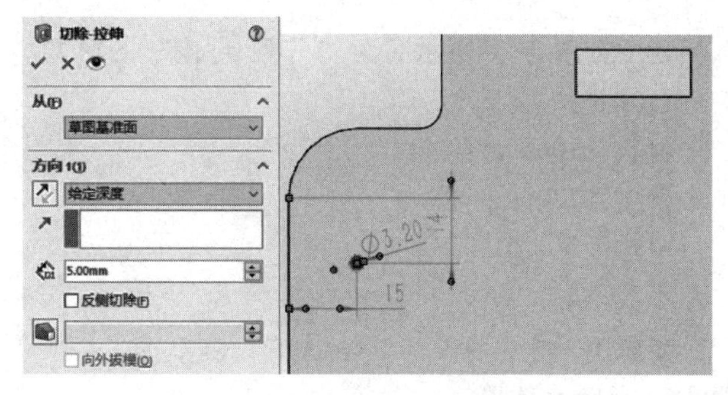

图 3-46 创建“切除-拉伸 2”

步骤 11 创建“线性阵列 2” 选择【线性阵列】并按图 3-47 所示进行编辑，选择“边线〈1〉”为【方向 1】并设定【间距】为 12mm，【实例数】为 5 个，【要阵列的特征】选择设计树中的“切除-拉伸 2”，完成编辑后单击✔退出。

步骤 12 创建“草图 4” 在需要打孔的位置画点，如图 3-48 所示。

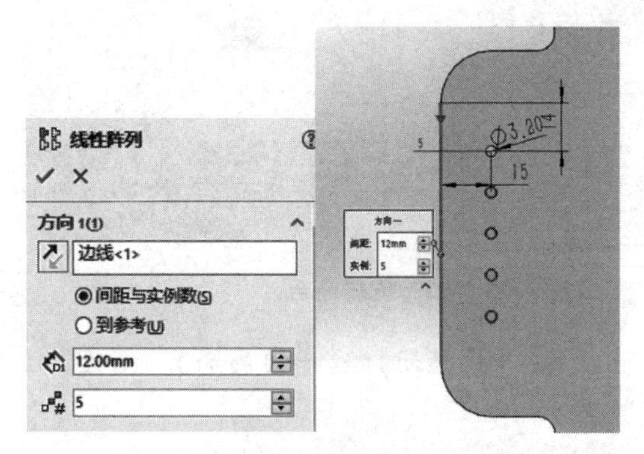

图 3-47 设置“线性阵列 2”参数

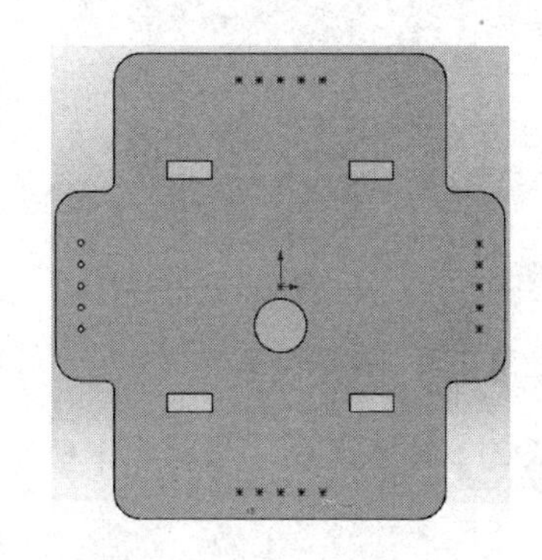

图 3-48 创建“草图 4”

步骤 13 创建“由草图驱动的阵列” 选择“草图 4”，特征选择“切除-拉伸 2”，如图 3-49 所示。

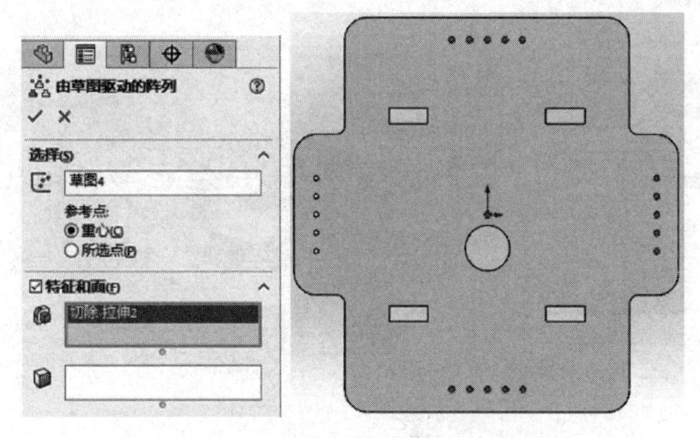

图 3-49 创建“由草图驱动的阵列”

步骤 14 编辑材料 指定材料为“1060 合金”。

步骤 15 保存并关闭模型 将模型命名为“小车底板”，保存并关闭模型。

3.4.2 圆周阵列

建立如图 3-50 所示名为“阵列-封盖”的模型。

已知：

材料：1060 合金。

密度：2700kg/m³。

单位系统：MMGS。

小数位数：2。

步骤 1 创建草图 选择【前视基准面】，创建并绘制如图 3-51 所示的草图。

步骤 2 创建旋转凸台 旋转凸台与基体，效果如图 3-52 所示。

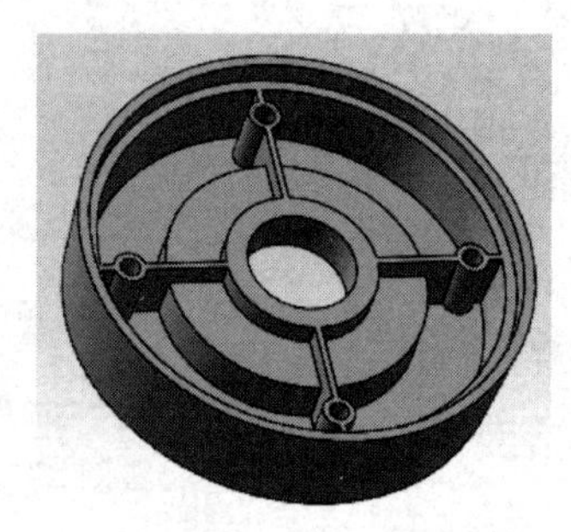

图 3-50 阵列-封盖

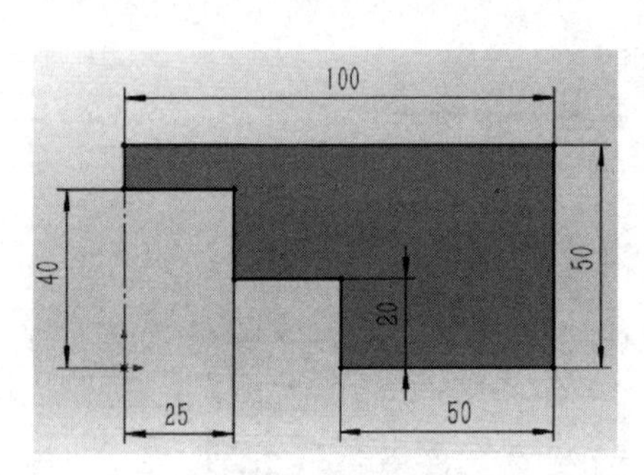

图 3-51 草图绘制

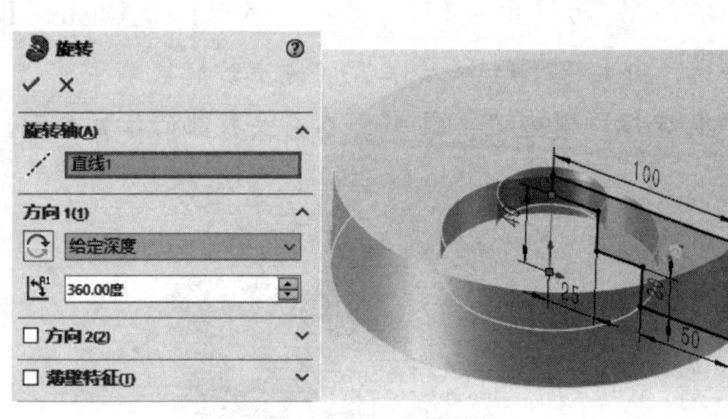

图 3-52 旋转凸台

步骤 3 创建拔模 拔模（【中性面】选择下底面，【拔模面】选择圆周面），如图 3-53 所示。

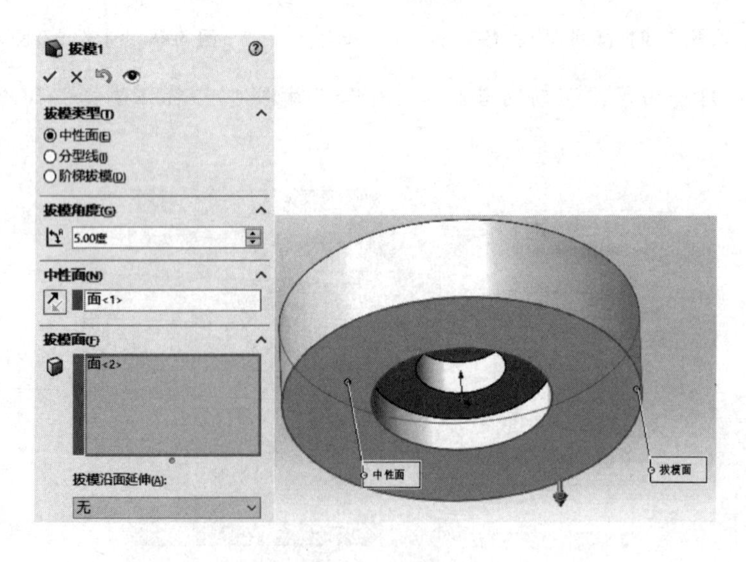

图 3-53 拔模

步骤 4 创建抽壳 抽壳（【抽壳面】选择上平面和下底小圆平面），如图 3-54 所示。

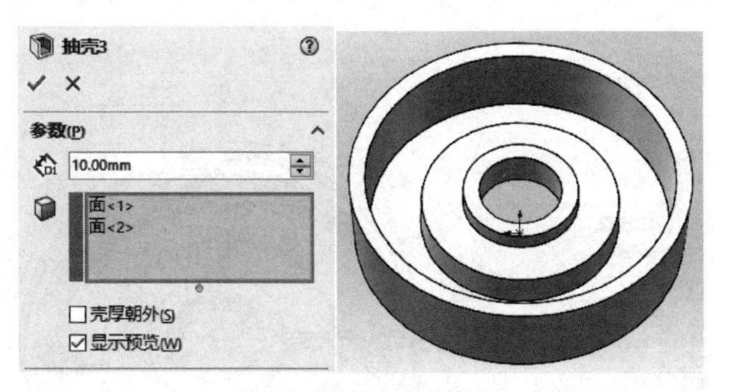

图 3-54 抽壳

步骤 5 创建草图 选择【前视基准面】，单击【正视于】，创建并绘制草图，如图 3-55 所示。

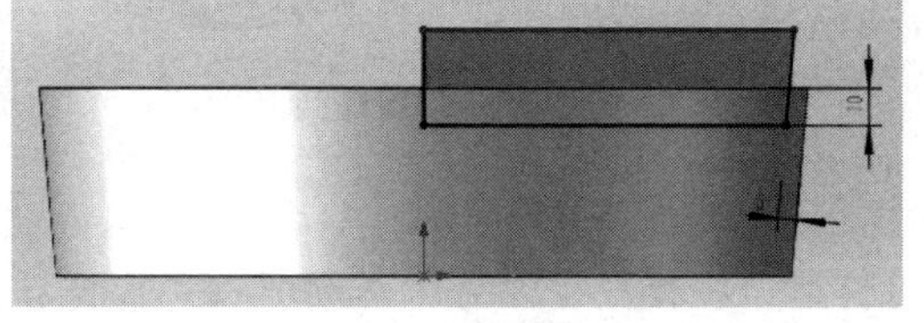

图 3-55 草图绘制

步骤 6 创建旋转切除 旋转切除，效果如图 3-56 所示。

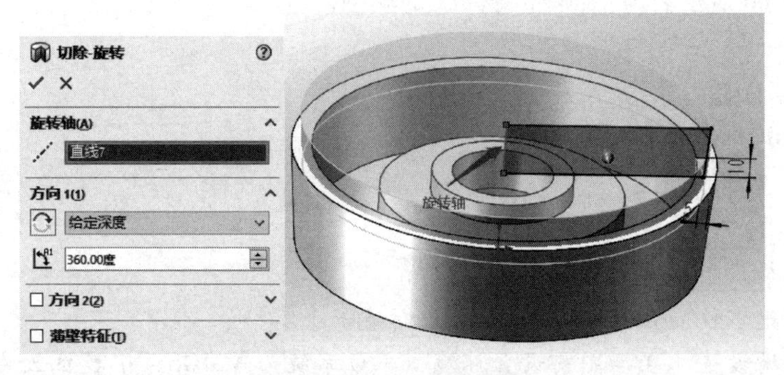

图 3-56 旋转切除

步骤 7 草图绘制 选择第二台阶平面，单击【正视于】，创建并绘制如图 3-57 所示的草图。

步骤 8 创建筋 创建筋特征，如图 3-58 所示。

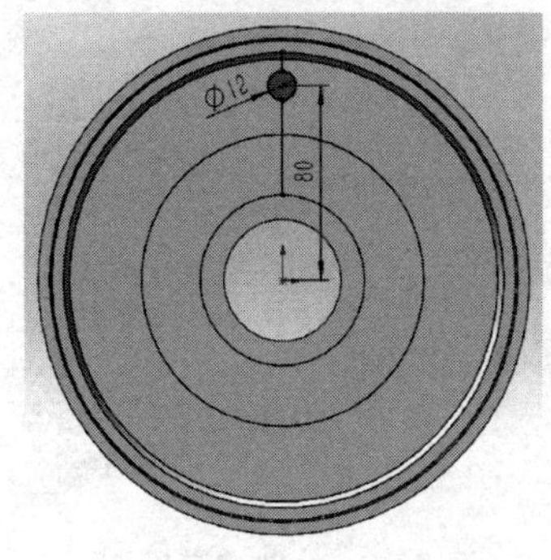

图 3-57 草图绘制

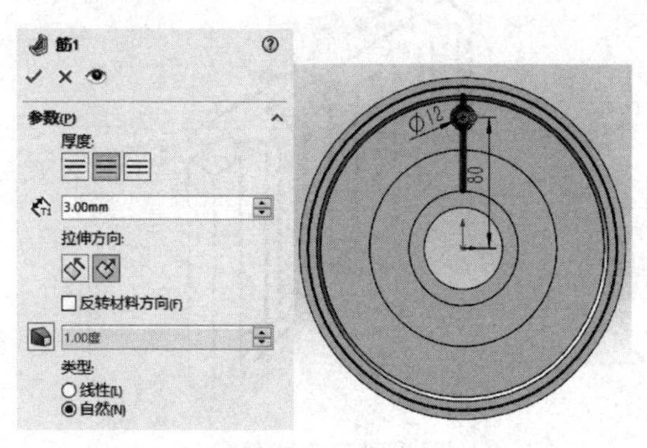

图 3-58 创建筋

步骤 9 创建圆周阵列 圆周阵列筋，预览效果如图 3-59 所示。

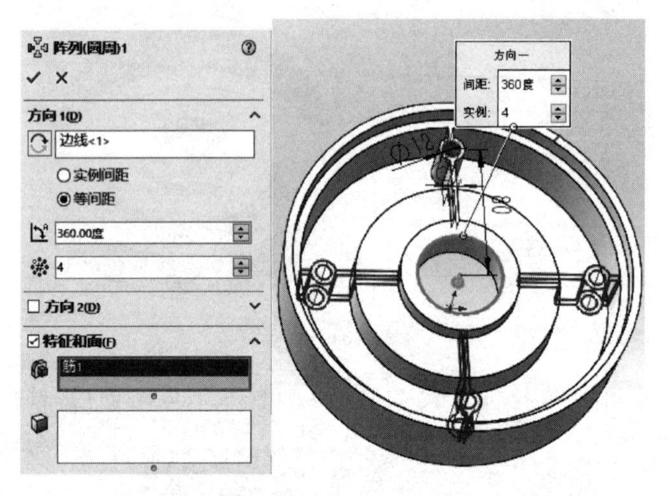

图 3-59 圆周阵列

步骤 10 编辑材料 指定材料为“1060 合金”。

步骤 11 保存并关闭模型 将模型命名为“阵列-封盖”，保存并关闭模型。

3.4.3 草图驱动阵列

建立如图 3-60 所示名为“阵列-铸件”的模型。

已知：

材料：1060 合金。

密度：2700kg/m^3。

单位系统：MMGS。

小数位数：2。

步骤 1 分析模型 首先对模型进行分析。

步骤 2 新建零件 在 SOLIDWORKS 中新建一个零件。

步骤 3 环境设置 在绘图前设置环境，单位系统为 MMGS、小数位数为 2。

步骤 4 绘制“草图 1” 选择【前视基准面】作为草图平面，绘制图 3-61 所示的封闭轮廓，完全定义草图后保存并退出。

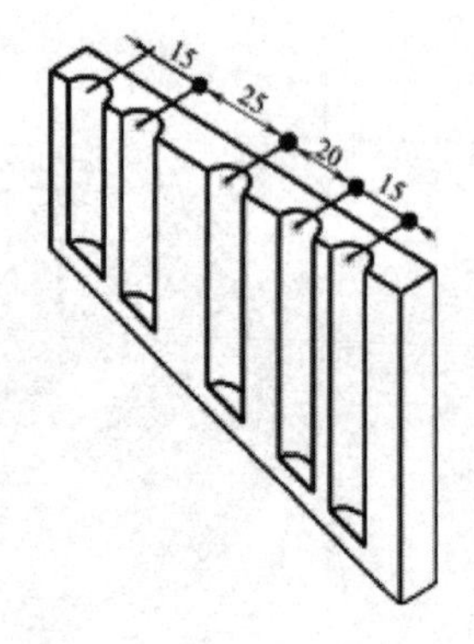

图 3-60 阵列-铸件

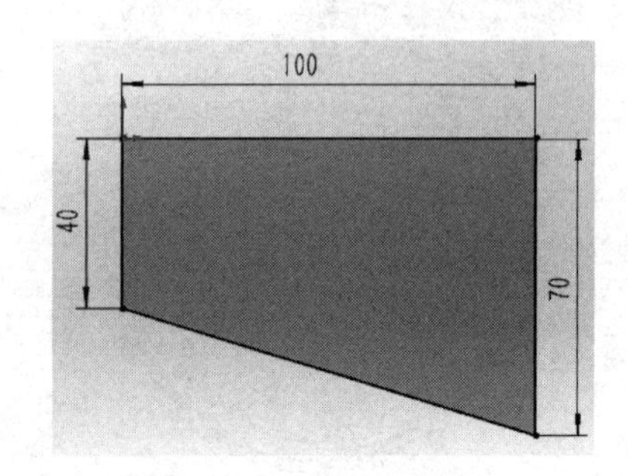

图 3-61 绘制“草图 1”

步骤5 创建“凸台-拉伸1” 选择【拉伸凸台/基体】拉伸“草图1”，设置【两侧对称】，【深度】为10mm，完成后单击✓退出。

步骤6 绘制“草图2”并创建“切除-拉伸1” 选择【拉伸切除】并选择图3-62所示平面作为草图平面来绘制草图，该草图圆的圆心与边线【重合】。完全定义草图后保存并退出。

在【切除-拉伸】属性框中按图3-63所示进行参数设置。【终止条件】为【到离指定面指定的距离】，选择图示斜面为【面/平面】，【等距距离】为10mm。完成后单击✓退出。

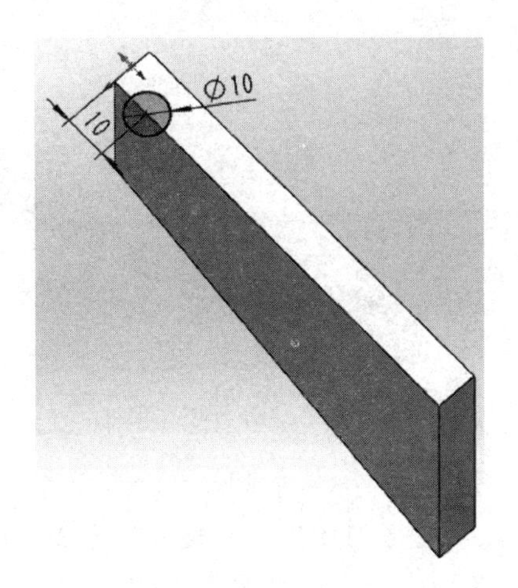

图3-62 绘制“草图2”

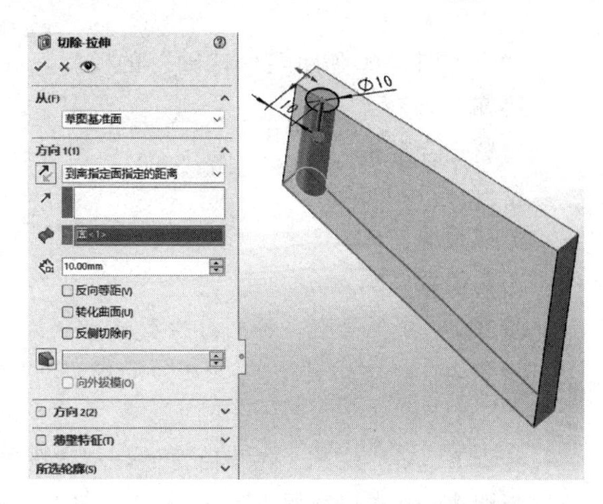

图3-63 设置“切除-拉伸1”参数

步骤7 绘制“草图3” 选择图3-64所示模型表面为草图平面，绘制四个点，所有点均添加与边线【重合】的几何关系，完全定义草图后保存并退出。

步骤8 创建“草图阵列1” 单击【线性阵列】/【由草图驱动的阵列】，在属性框中按图3-65所示进行参数设置。【参考草图】选择“草图3”，【参考点】选择【重心】，【要阵列的特征】选择“切除-拉伸1”。完成后单击✓退出。

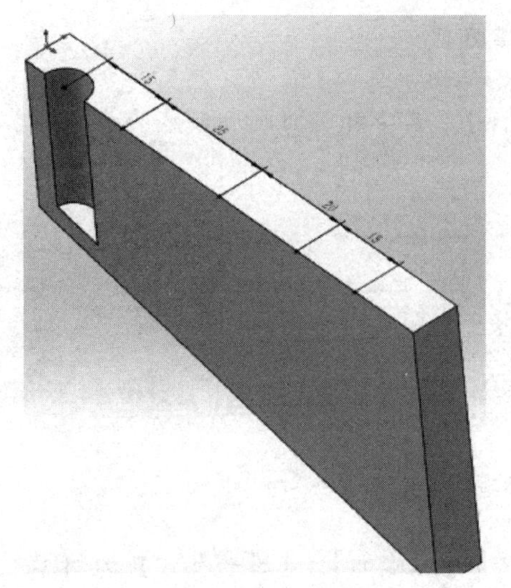

图3-64 绘制“草图3”

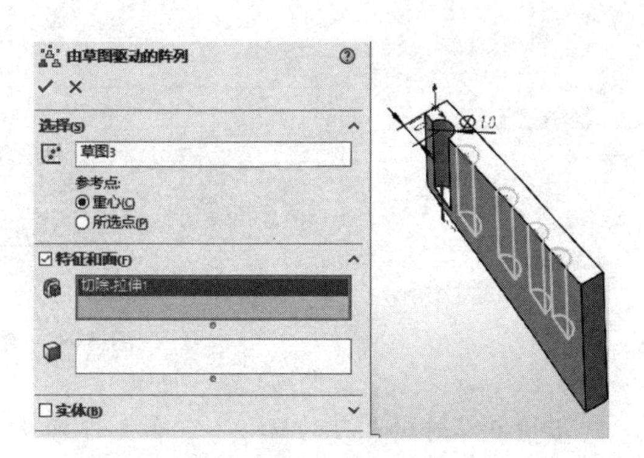

图3-65 设置“草图阵列1”参数

步骤 9 编辑“草图阵列 1” 右击设计树中的“草图阵列 1”，选择【编辑特征】，在属性框中找到【选项】，勾选【几何体阵列】复选框，完成后单击✓退出，对比阵列的结果。

步骤 10 编辑材料 指定材料为“1060 合金”。

步骤 11 保存并关闭模型 将模型命名为“阵列-铸件”，保存并关闭模型。

3.5 旋转

建立如图 3-66 所示名为“轴”的模型。

已知：

材料：合金钢。

密度：7700kg/m^3。

单位系统：MMGS。

小数位数：2。

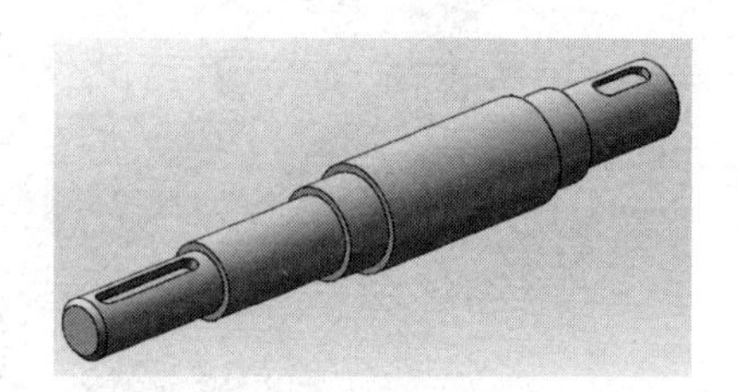

图 3-66 轴

步骤 1 分析模型 首先对模型进行分析。

步骤 2 新建零件 在 SOLIDWORKS 中新建一个零件。

步骤 3 环境设置 在绘图前做好环境设置，单位系统为 MMGS、小数位数为 2。

步骤 4 创建“草图 1” 选择【前视基准面】为草图平面，绘制如图 3-67 所示的草图，标注尺寸使草图完全定义。

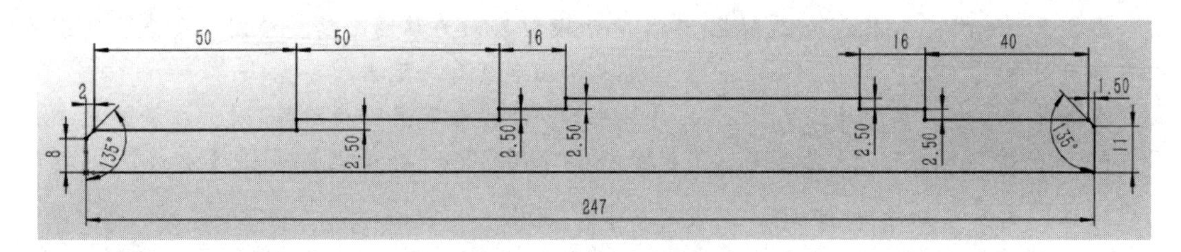

图 3-67 创建“草图 1”

步骤 5 创建“旋转 1” 单击【旋转凸台/基体】，选择图 3-68 所示轴线为旋转轴。

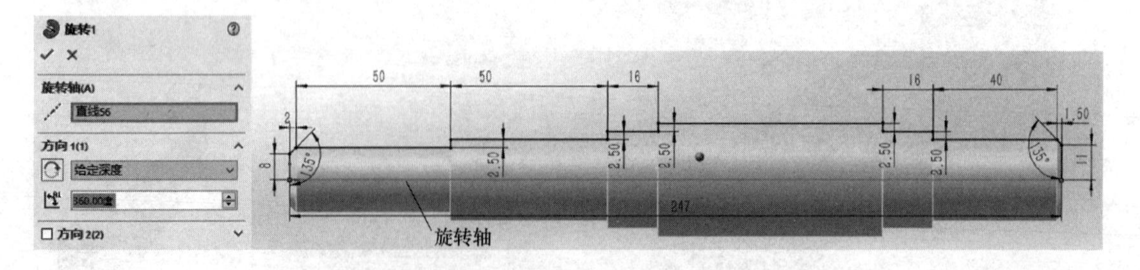

图 3-68 创建“旋转 1”

步骤 6 创建“基准面 2” 单击【参考几何体】/【基准面】，【第一参考】为【前视基准面】，距离设置为 12.5mm，如图 3-69 所示。

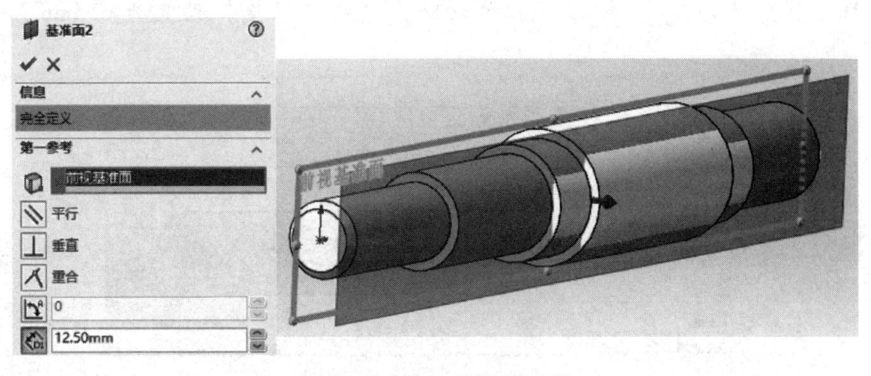

图 3-69　创建“基准面 2”

步骤 7　创建“草图 2”　选择“基准面 2”并绘制图 3-70 所示草图，标注尺寸使草图完全定义。

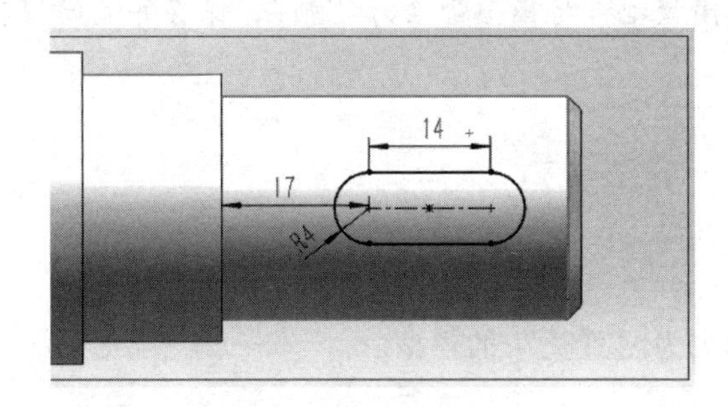

图 3-70　创建“草图 2”

步骤 8　创建“切除-拉伸 1”　拉伸切除，【给定深度】设置为 3mm，如图 3-71 所示。

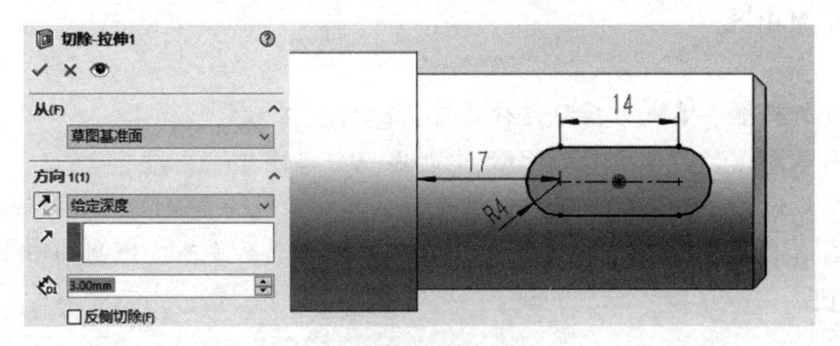

图 3-71　创建“切除-拉伸 1”

步骤 9　创建“草图 3”　选择“基准面 2”并绘制如图 3-72 所示草图，标注尺寸使草图完全定义。

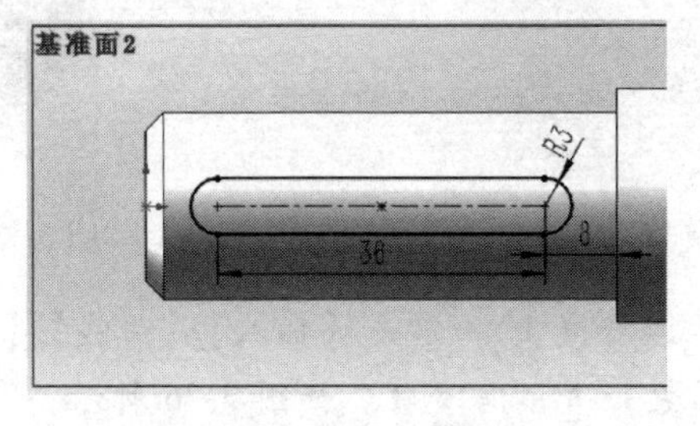

图 3-72　创建“草图 3”

步骤 10 创建“切除-拉伸 2” 拉伸切除，【给定深度】设置为 6.5mm，如图 3-73 所示。

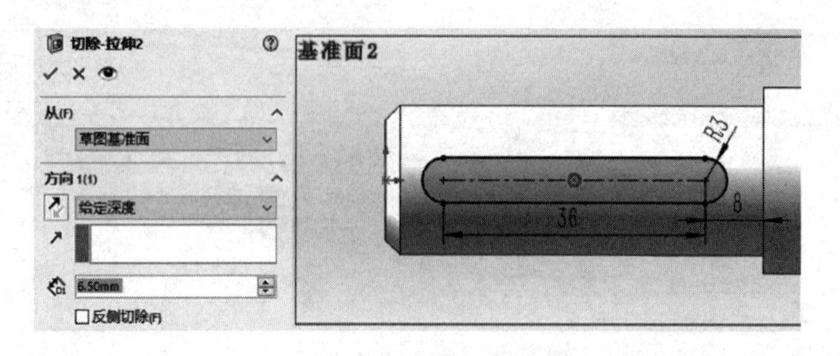

图 3-73 创建“切除-拉伸 2”

步骤 11 编辑材料 指定材料为“合金钢”。

步骤 12 保存并关闭模型 将模型命名为“轴”，保存并关闭模型。

3.6 扫描

3.6.1 扫描-弹簧

建立如图 3-74 所示名为“弹簧”的模型。

已知：

材料：普通碳钢。

密度：7800kg/m^3。

单位系统：MMGS。

小数位数：2。

步骤 1 分析模型 首先对模型进行分析。

步骤 2 新建零件 在 SOLIDWORKS 中新建一个零件。

步骤 3 环境设置 在绘图前做好环境设置，单位系统为 MMGS，小数位数为 2。

步骤 4 创建“草图 1” 选择【上视基准面】作为草图平面，绘制如图 3-75 所示轮廓，并完全定义草图。

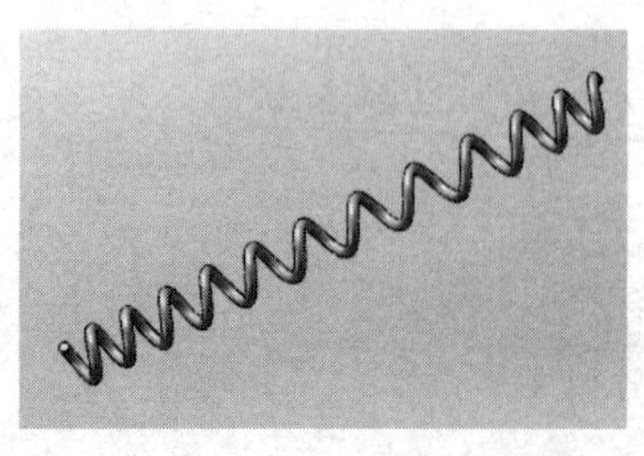

图 3-74 弹簧

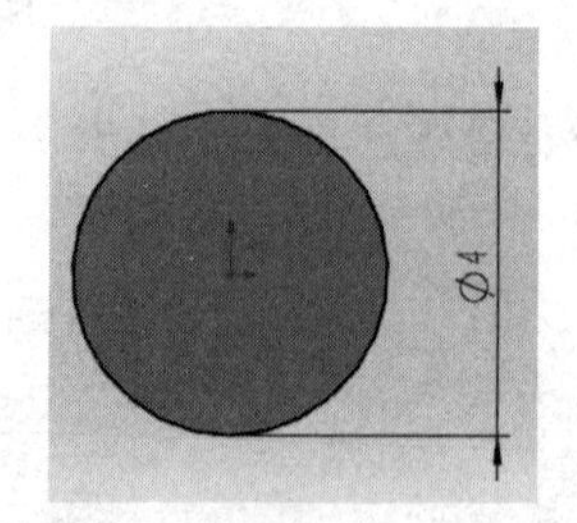

图 3-75 创建“草图 1”

步骤 5 插入“螺旋线/涡状线 1” 单击【插入】/【曲线】/【螺旋线/涡状线】在【定义方式】中，选择【螺距和圈数】并填写参数，如图 3-76 所示。

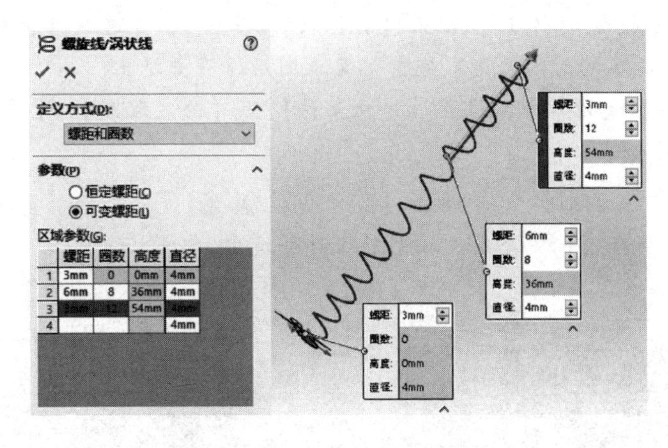

图 3-76　插入“螺旋线/涡状线 1”

步骤 6　创建“扫描 1”　选择【扫描】命令，并在【扫描】属性框中按图 3-77 所示进行设置，选择【圆形轮廓】，【路径】选择“螺旋线/涡状线 1”，【直径】设置为 1mm，其他设置保持默认值。

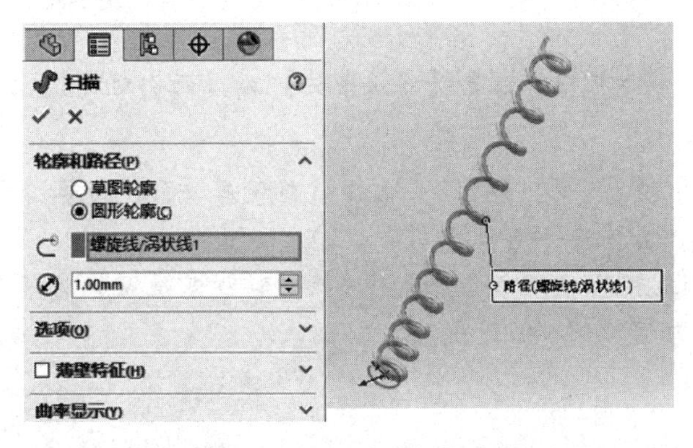

图 3-77　设置“扫描 1”参数

步骤 7　编辑材料　指定材料为“普通碳钢”。

步骤 8　保存并关闭模型　将模型命名为“弹簧”，保存并关闭模型。

3.6.2　扫描-引导线

建立如图 3-78 所示名为“扫描-铸件”的模型。

已知：

材料：1060 合金。

密度：2700kg/m^3。

单位系统：MMGS。

小数位数：2。

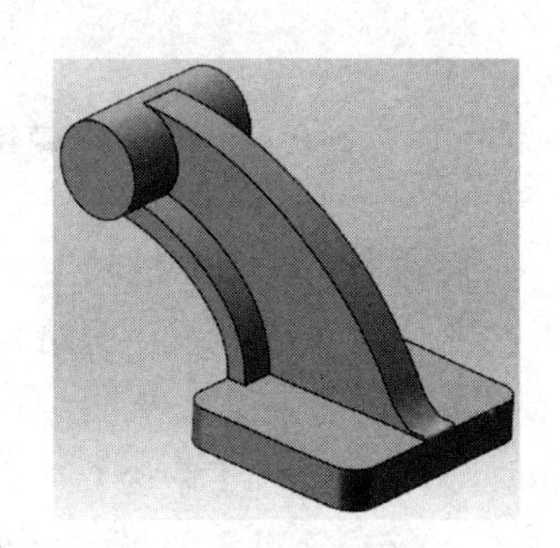

图 3-78　扫描-铸件

步骤 1　分析模型　首先对模型进行分析。

步骤 2　新建零件　在 SOLIDWORKS 中新建一个零件。

步骤 3　环境设置　在绘图前做好环境设置，单位系统为 MMGS，小数位数为 2。

步骤 4 创建“凸台-拉伸 1” 单击【拉伸凸台/基体】，并选择【上视基准面】为草图平面，绘制图 3-79 所示的封闭轮廓，完全定义草图后保存并退出。

在【凸台-拉伸】属性框中，设置【终止条件】为【给定深度】，【深度】为 15mm，完成编辑后单击✔退出。

步骤 5 创建“凸台-拉伸 2” 单击【拉伸凸台/基体】，并选择【前视基准面】为草图平面，绘制图 3-80 所示圆，完全定义草图后保存并退出。

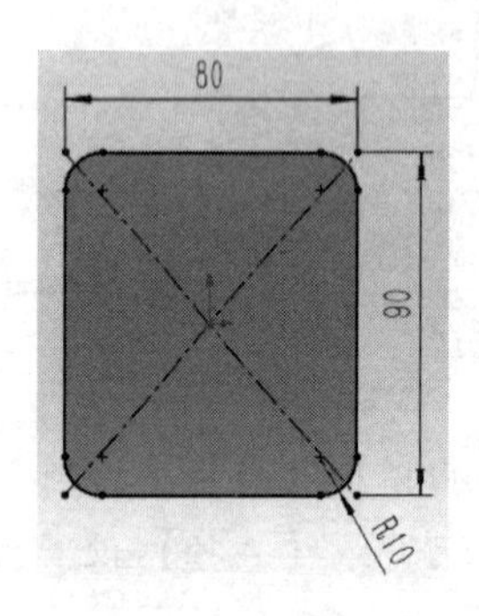

图 3-79 草图绘制

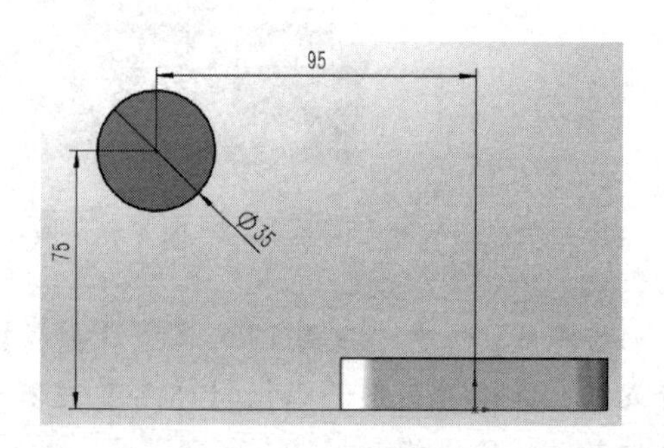

图 3-80 绘制圆

在【凸台-拉伸】属性框中，设置【终止条件】为【两侧对称】，【深度】为 60mm，完成编辑后单击✔退出。

步骤 6 创建“扫描 1”的“路径” 选择【前视基准面】为草图平面，绘制图 3-81 所示图形，完全定义草图后保存并退出。

步骤 7 创建“扫描 1”的“引导线” 选择【前视基准面】为草图平面，绘制图 3-82 所示图形，完全定义草图后保存并退出。

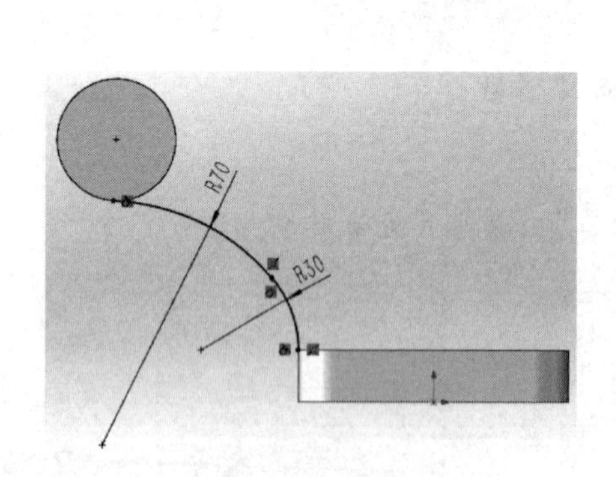

图 3-81 “路径”草图绘制

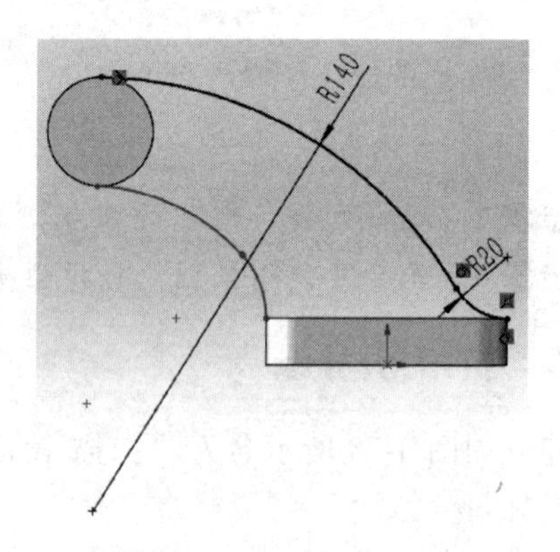

图 3-82 “引导线”草图绘制

步骤 8 创建“扫描 1”的“轮廓” 选择图 3-83 所示模型表面为草图平面，绘制图示封闭轮廓，该轮廓基于构造线对称，构造线为穿过原点的水平直线（除构造线的长度尺寸未定义，其余均需定义）。

添加第一个【穿透】几何关系。如图 3-84 所示，选择当前草图的“点”（构造线的一端点）和“草图 3”的“圆弧”（“路径”草图中连接“轮廓”处的几何体），并在左边的属性框中添加【穿透】的几何关系。

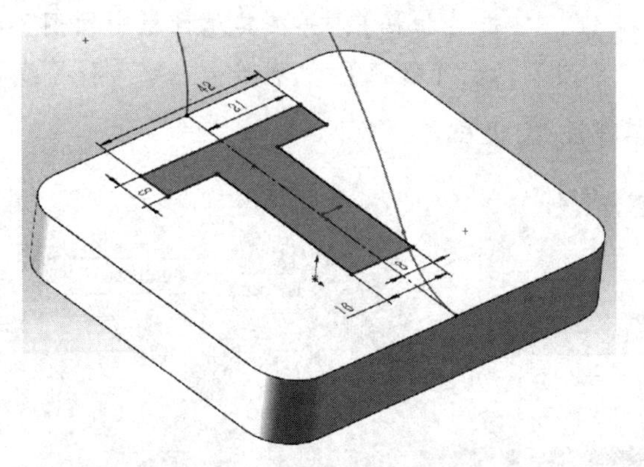

图 3-83 “轮廓”草图绘制

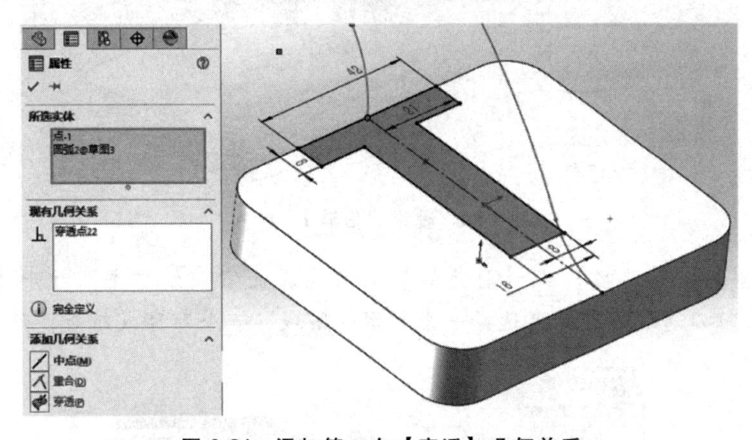

图 3-84 添加第一个【穿透】几何关系

添加第二个【穿透】几何关系。如图 3-85 所示，选择当前草图的“点”（构造线的另一端点）和“草图 4”的“圆弧”（“引导线”草图中连接“轮廓”处的几何体），并在左边的属性框中添加【穿透】的几何关系。完成编辑后保存并退出草图。

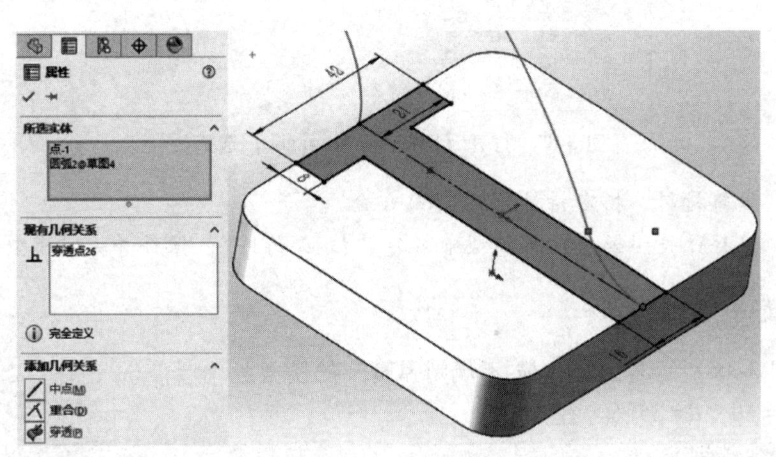

图 3-85 添加第二个【穿透】几何关系

提示 

在使用“引导线”时需要注意，随引导线变化的轮廓定型尺寸，在添加【穿透】几何关系前不可将其完全定义，否则轮廓将不能随引导线而变化。

步骤 9 创建“扫描 1” 单击【扫描】，并在其属性框中按图 3-86 所示进行编辑。选择“草图 5”为【轮廓】、“草图 3”为【路径】、“草图 4”为【引导线】、【轮廓方位】为【随路径变化】，完成编辑后单击✔退出。

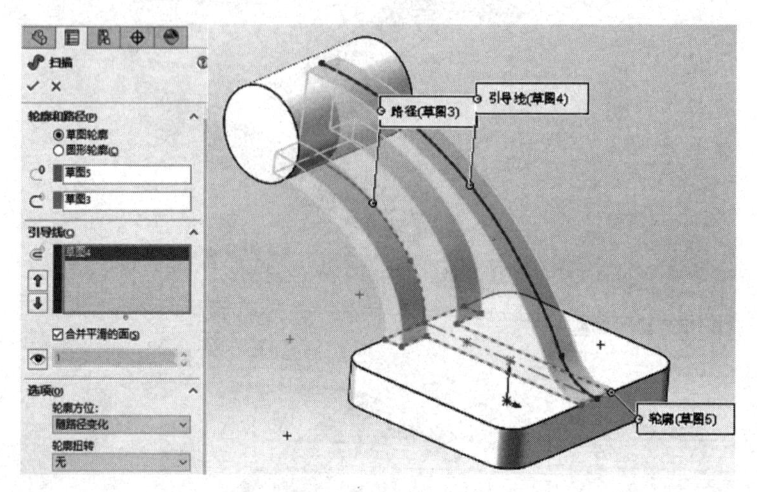

图 3-86 设置“扫描 1”参数

在选择【轮廓】、【路径】或【引导线】时可在界面空白处右击，打开【SelectionManager】选择器，可以通过该选择器选择一个封闭的区域、一个开环或组等，如图 3-87 所示。

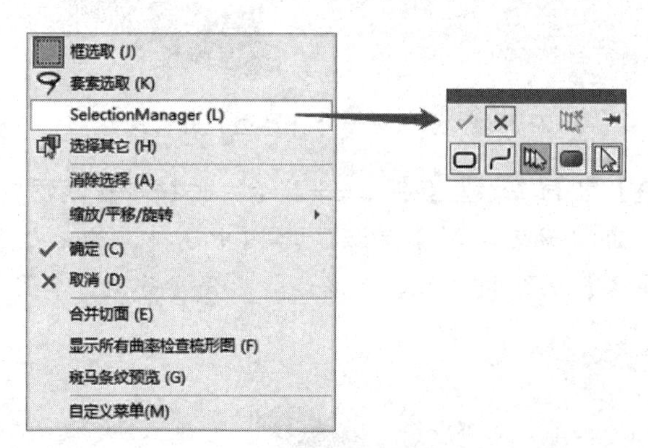

图 3-87 打开【SelectionManager】选择器

步骤 10 编辑材料 指定材料为“1060 合金”。

步骤 11 保存并关闭模型 将模型命名为“扫描-铸件”，保存并关闭模型。

3.6.3 扫描-不规则弹簧

建立如图 3-88 所示名为“扫描-不规则弹簧”的模型。

已知：$A=60$，$B=35$（半径）。

材料：铸造碳钢。

密度：7800kg/m^3。

单位系统：MMGS。

小数位数：2。

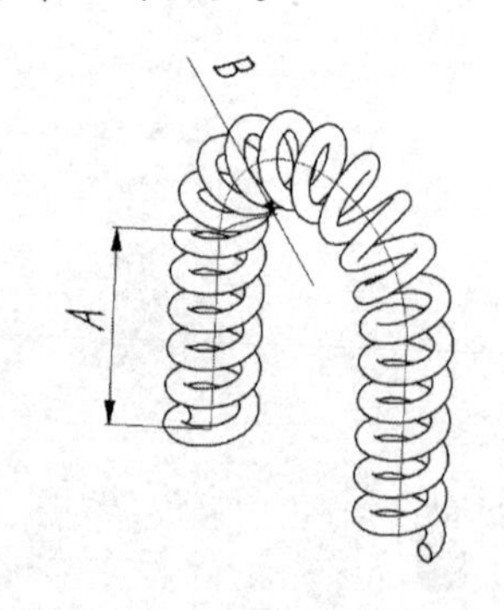

图 3-88 扫描-不规则弹簧

步骤 1 分析模型 首先对模型进行分析。

步骤2 新建零件 在SOLIDWORKS中新建一个零件。

步骤3 环境设置 在绘图前设置环境，单位系统为MMGS、小数位数为2。

步骤4 创建路径 选择【前视基准面】作为草图平面，绘制如图3-89所示的轮廓，完全定义草图后保存并退出。

步骤5 创建轮廓 选择【前视基准面】作为草图平面，绘制如图3-90所示的轮廓，完全定义草图后保存并退出。

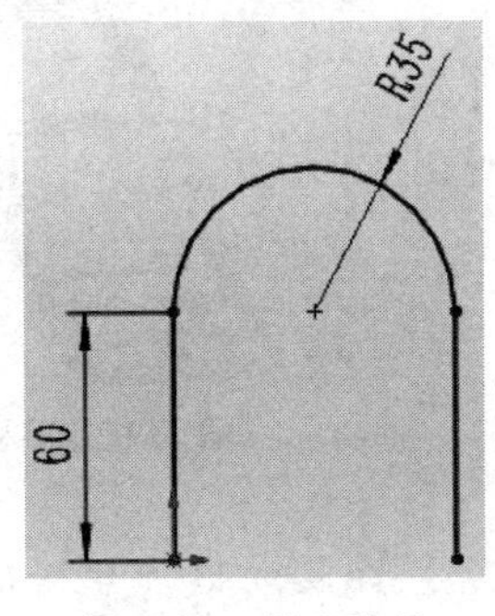

图3-89 创建路径

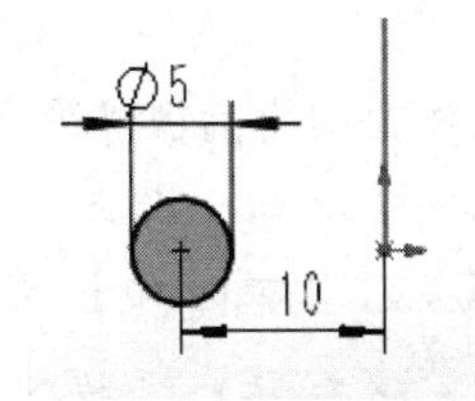

图3-90 创建轮廓

步骤6 创建“扫描1” 单击【扫描】，在其属性框中按图3-91所示进行参数设置。【轮廓】选择“草图13”，【路径】选择“草图12”，【轮廓方位】为【随路径变化】，【轮廓扭转】为【指定扭转值】，【扭转控制】为【圈数】，【圈数】为20。完成后单击✓退出。

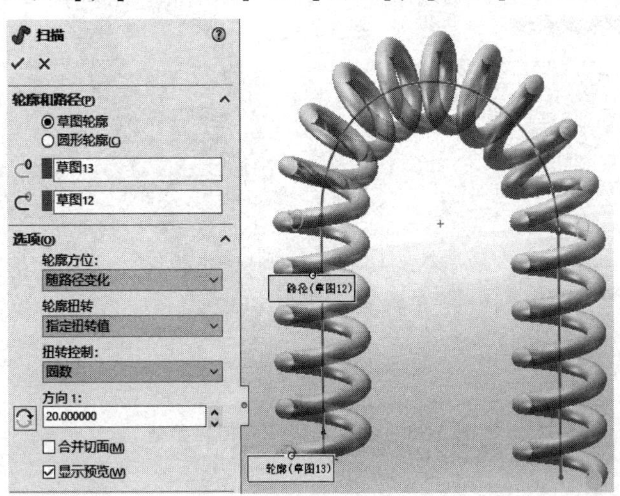

图3-91 设置“扫描1”参数

步骤7 编辑材料 指定材料为“铸造碳钢”。

步骤8 保存并关闭模型 将模型命名为“扫描-不规则弹簧”，保存并关闭模型。

3.7 拔模和拔模分析

3.7.1 概述

铸造成形和注射成形的零件都需要拔模，其应用之一是可使模具零件更容易脱出模具。

拔模分析工具用来检查拔模应用到零件上的情况。有了拔模分析，用户可核实拔模角度，检查面内的角度变化，以及找出零件的分型面、浇注面和出坯面。

3.7.2 应用

在前面的学习中，介绍了在使用【拉伸】时可以进行拔模，在后续的学习中，介绍了【筋】命令也可以进行拔模，或者可以直接在现有的零件上插入拔模。

图 3-92 手机壳

下面打开图 3-92 所示名为“手机壳”的零件，使用【拔模】和【拔模分析】来编辑模型，使该模具零件更容易脱出模具。

已知：拔模方向为前视基准面。

步骤 1 拔模分析 单击【拔模分析】，按图 3-93 所示进行参数设置。【拔模方向】选择【前视】，方向指向模型（可通过单击来改变），【拔模角度】为 3°，勾选【面分类】复选框。如有需要可通过【颜色设定】来更改面分类的显示颜色或通过单击来显示或隐藏面。完成后单击退出。

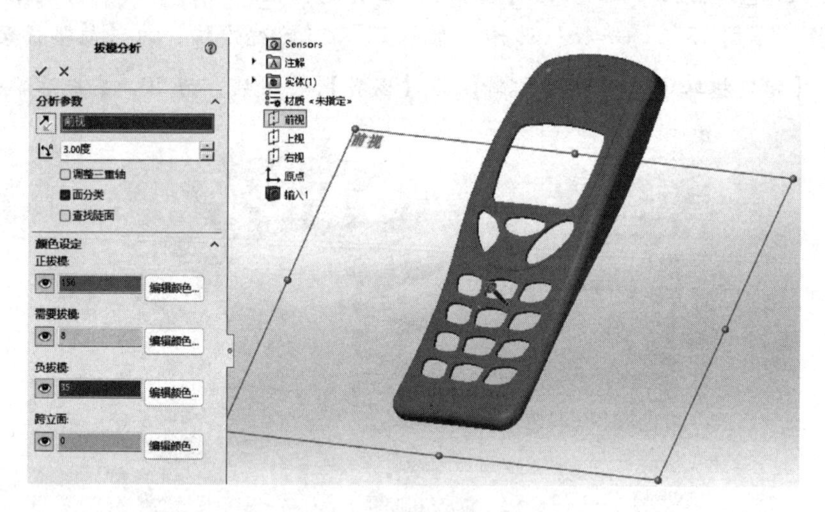

图 3-93 设置【拔模分析】参数

步骤 2 分析结果 通过【拔模分析】可知，相对于前视基准面共有 156 个【正拔模】、8 个【需要拔模】、35 个【负拔模】。由于每种面的颜色是不一样的，所以十分方便查看。

步骤 3 添加“拔模”特征 选择【拔模】，按图 3-94 所示进行参数设置。选择【手工】，【拔模类型】为【中性面】，【拔模角度】为 1°，【中性面】为【前视】，【拔模方向】可通过单击来更改，在【拔模面】中选择需要拔模的 8 个面（默认为黄色）。完成后单击退出。

步骤 4 查看结果 此时前面通过【拔模分析】得到的 8 个需要拔模面现已符合拔模分析的边界设定。再次单击【拔模分析】关闭分析结果。

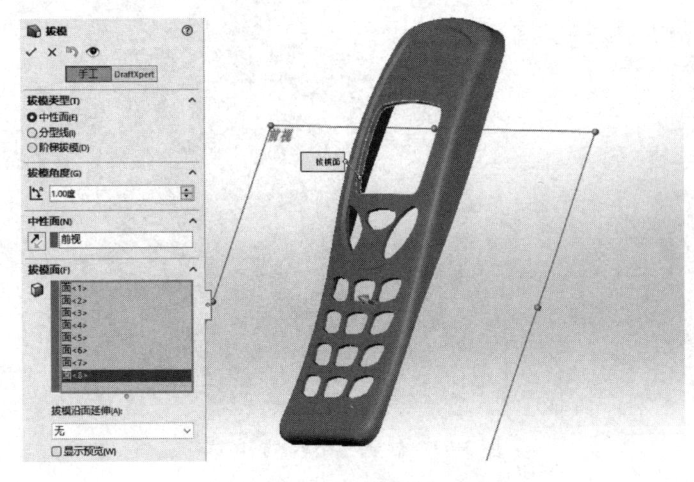

图 3-94 设置“拔模”参数

3.8 抽壳和筋

3.8.1 抽壳-阀体

建立如图 3-95 所示名为“阀体”的模型。

已知：

材料：普通碳钢。

密度：7800kg/m^3。

单位系统：MMGS。

小数位数：2。

步骤 1 分析模型 首先对模型进行分析。

步骤 2 新建零件 在 SOLIDWORKS 中新建一个零件。

步骤 3 环境设置 在绘图前做好环境设置，单位系统为 MMGS、小数位数为 2。

步骤 4 创建“草图 1” 按图 3-96 所示创建“草图 1”。

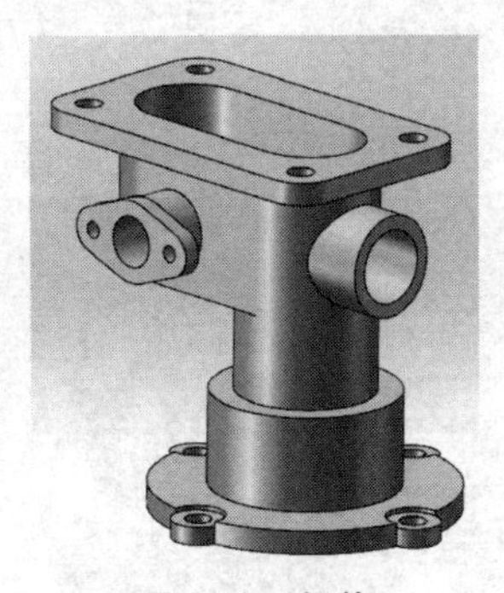

图 3-95 阀体

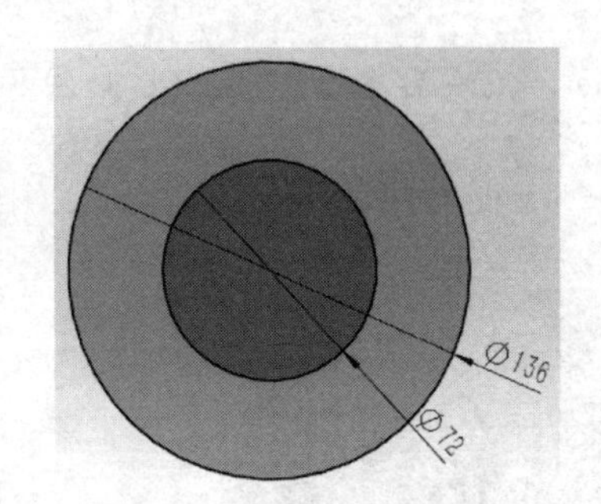

图 3-96 创建“草图 1”

步骤 5 创建“凸台-拉伸 1” 选择【拉伸凸台/基体】拉伸“草图 1”，【给定深度】为 10mm，完成后单击 ✓ 退出，如图 3-97 所示。

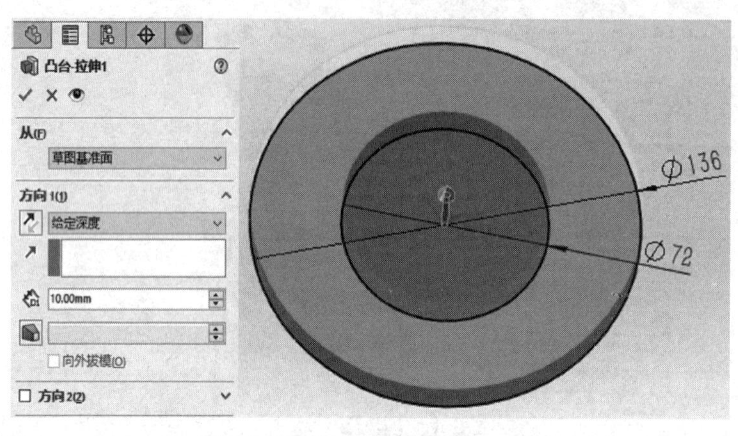

图 3-97　创建“凸台-拉伸 1”

步骤 6　创建“凸台-拉伸 2”　选择零件上表面，单击【草图绘制】，选择内侧圆弧，单击【转换实体引用】，拉伸高度为 35mm，取消勾选【合并结果】复选框，如图 3-98 所示。

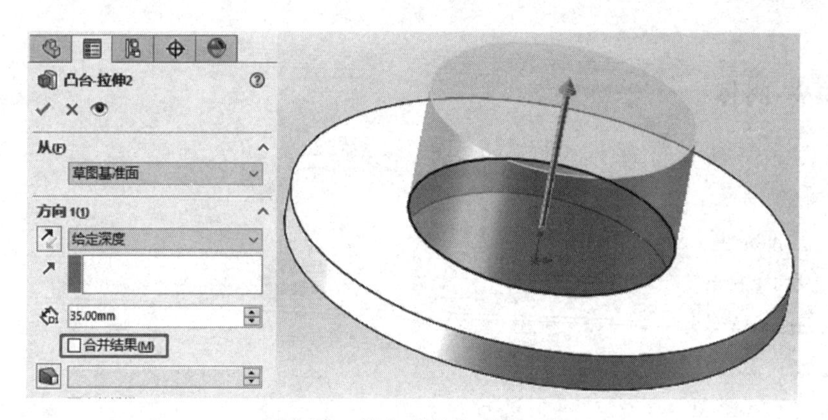

图 3-98　创建“凸台-拉伸 2”

步骤 7　创建“草图 2”　选择实体上表面，单击【草图绘制】，绘制直径为 50mm 的圆，如图 3-99 所示。

步骤 8　创建“凸台-拉伸 3”　选择【拉伸凸台/基体】拉伸“草图 2”，【给定深度】为 50mm，完成后单击 ✓ 退出，如图 3-100 所示。

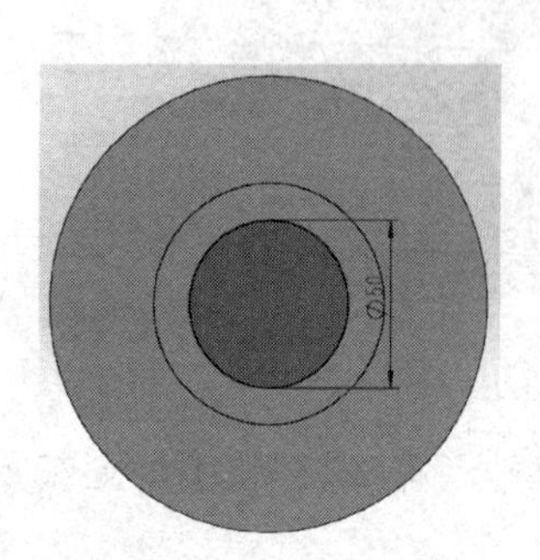

图 3-99　创建“草图 2”

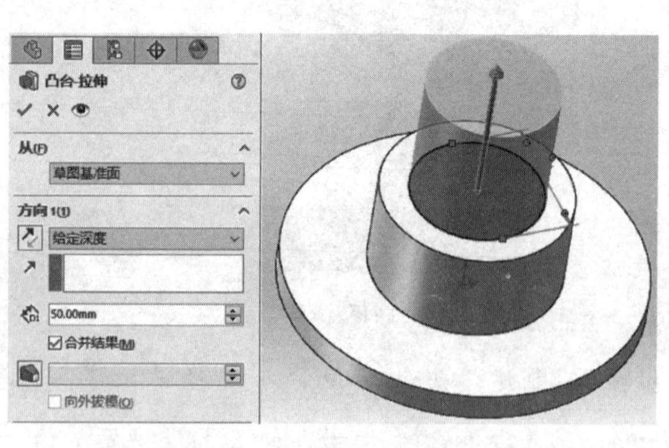

图 3-100　创建“凸台-拉伸 3”

步骤 9　创建"草图 3"　选择实体上表面，单击【草图绘制】，绘制如图 3-101 所示的直槽口。

步骤 10　创建"凸台-拉伸 4"　选择【拉伸凸台/基体】拉伸"草图 3"，【给定深度】为 64mm，完成后单击✓退出，如图 3-102 所示。

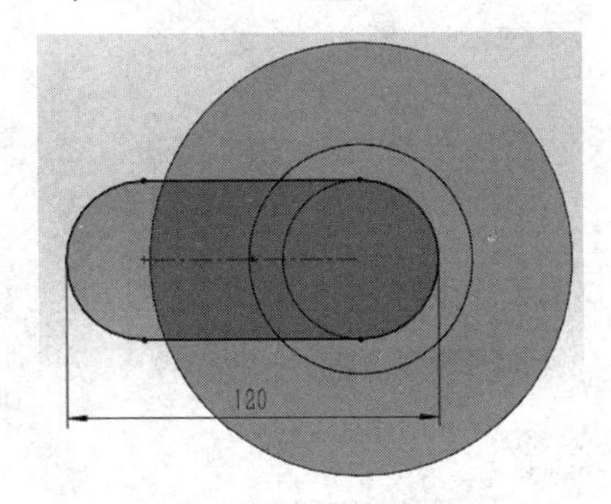

图 3-101　创建"草图 3"

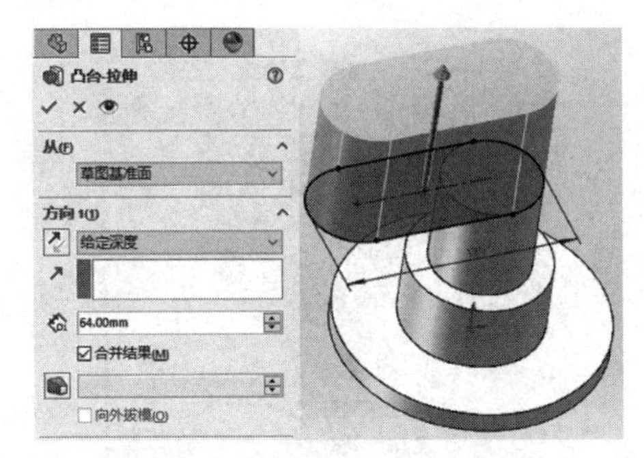

图 3-102　创建"凸台-拉伸 4"

步骤 11　创建"草图 4"　选择"凸台-拉伸 4"直槽口侧面，单击【草图绘制】，绘制直径为 22mm 的圆并完全定义草图，如图 3-103 所示。

步骤 12　创建"凸台-拉伸 5"　选择【拉伸凸台/基体】拉伸"草图 4"，【给定深度】为 32mm，完成后单击✓退出，如图 3-104 所示。

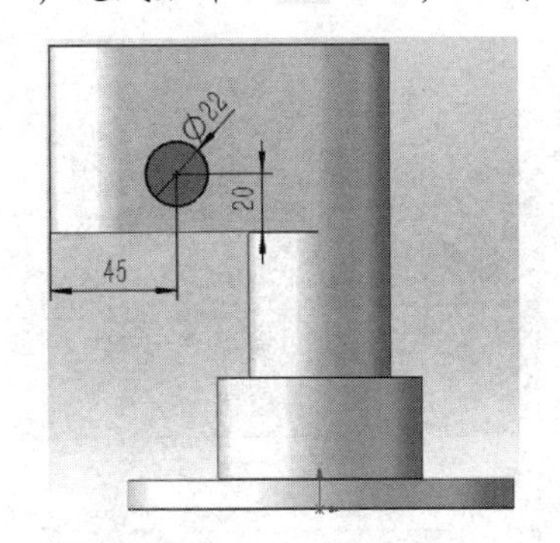

图 3-103　创建"草图 4"

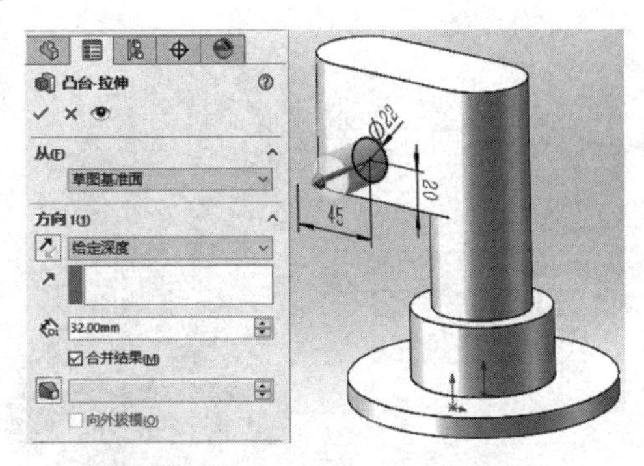

图 3-104　创建"凸台-拉伸 5"

步骤 13　创建"草图 5"　选择【右视基准面】，单击【草图绘制】，绘制直径为 32mm 的圆，如图 3-105 所示。

步骤 14　创建"凸台-拉伸 6"　选择【拉伸凸台/基体】拉伸"草图 5"，【给定深度】为 50mm，完成后单击✓退出，如图 3-106 所示。

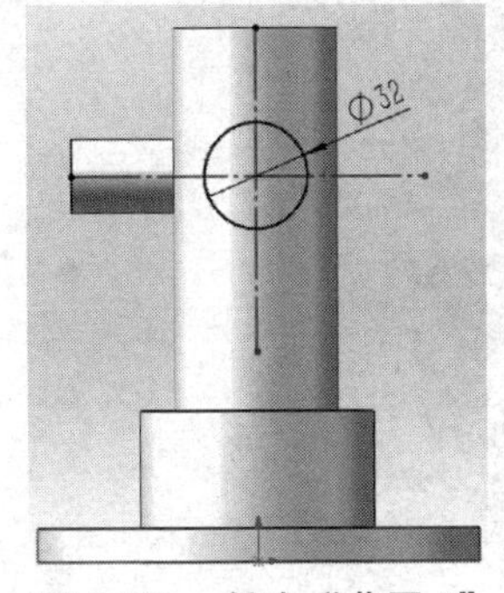

图 3-105　创建"草图 5"

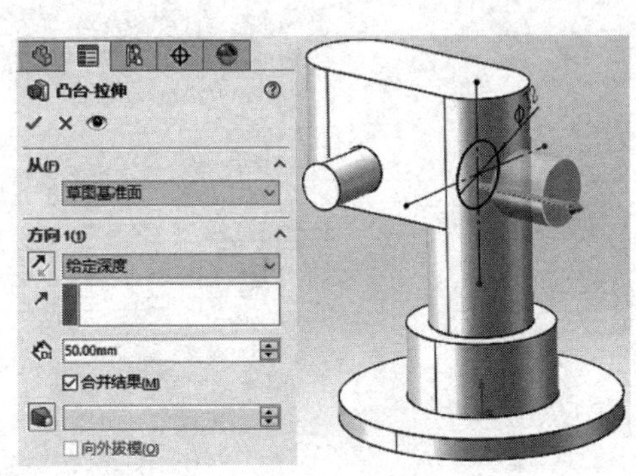

图 3-106　创建"凸台-拉伸 6"

步骤 15 隐藏实体 隐藏底部的大圆实体，如图 3-107 所示。

步骤 16 创建“抽壳” 选中 4 个蓝色面，单击【抽壳】，厚度为 6mm，如图 3-108 所示。

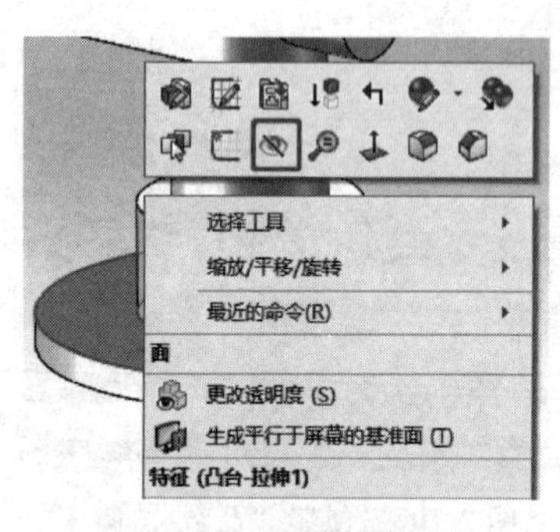

图 3-107 隐藏底部实体

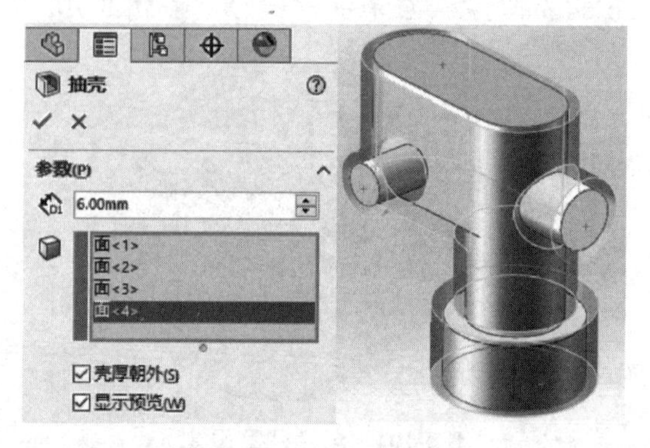

图 3-108 创建“抽壳”

步骤 17 创建“组合” 显示底部实体，选择并且组合两个实体，如图 3-109 所示。

步骤 18 创建“草图 6” 选择实体顶面，单击【草图绘制】，绘制如图 3-110 所示的中心矩形。选择直槽口内圈边线，单击【转换实体引用】，标注尺寸，使草图完全定义。

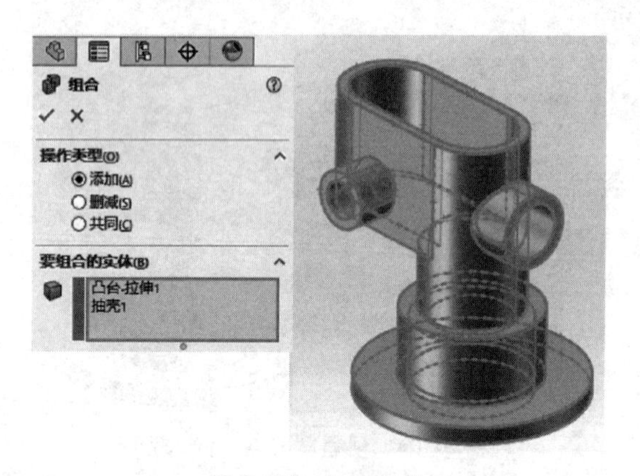

图 3-109 组合实体

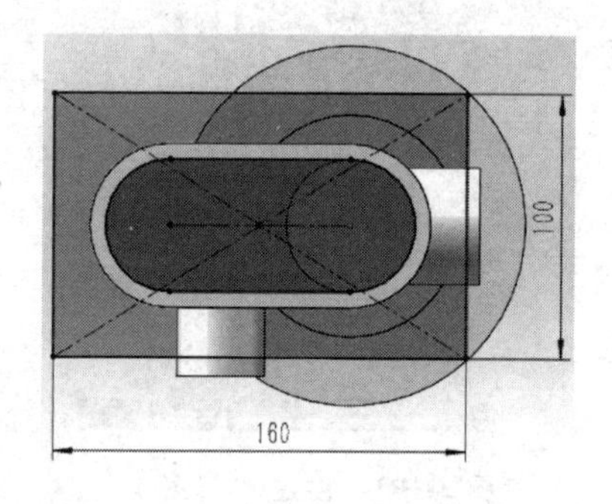

图 3-110 创建“草图 6”

步骤 19 创建“凸台-拉伸 7” 选择【拉伸凸台/基体】拉伸“草图 6”，方向向下，【给定深度】为 10mm，完成后单击✓退出，如图 3-111 所示。

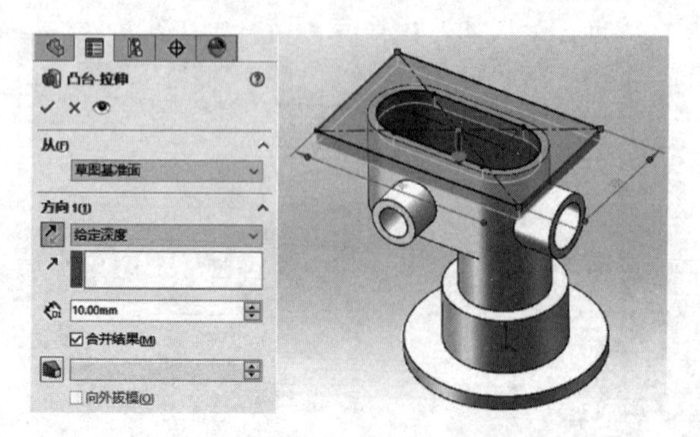

图 3-111 创建“凸台-拉伸 7”

步骤 20 创建“圆角” 选择【圆角】命令，圆角半径为 16mm，选择顶部凸台的四条边线，如图 3-112 所示 。

步骤 21 创建“草图 7” 选择实体顶面，单击【草图绘制】，绘制如图 3-113 所示的圆，标注尺寸，使草图完全定义。

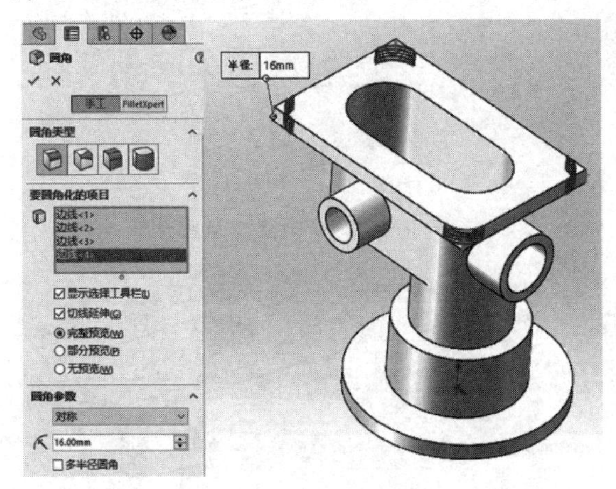

图 3-112 创建“圆角”

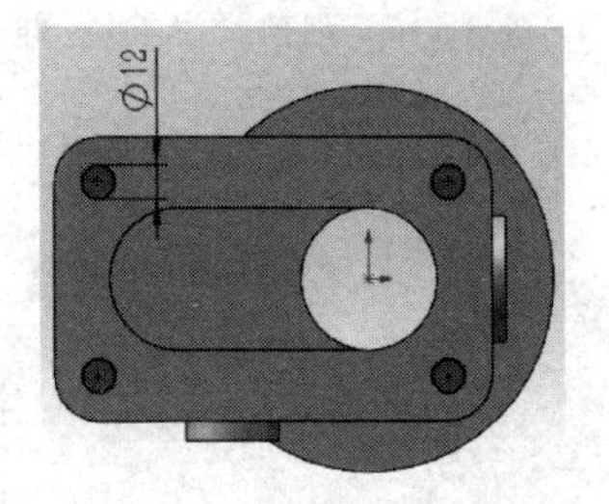

图 3-113 创建“草图 7”

步骤 22 创建“切除-拉伸 1” 选择【拉伸切除】,【给定深度】为 10mm，如图 3-114 所示。

步骤 23 创建“草图 8” 选择右侧圆环端面，单击【草图绘制】，绘制如图 3-115 所示草图，标注尺寸，使草图完全定义。

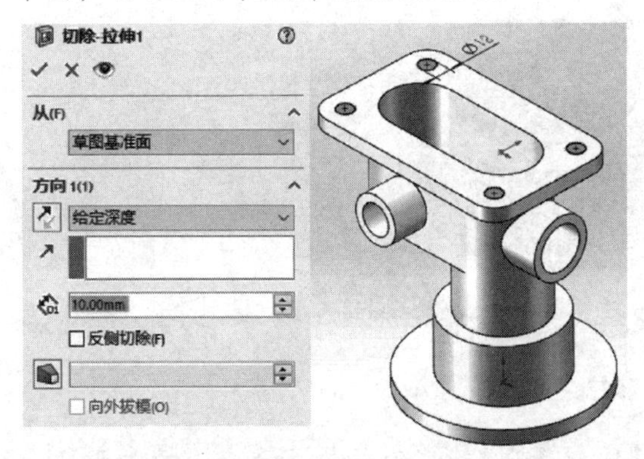

图 3-114 创建“切除-拉伸 1”

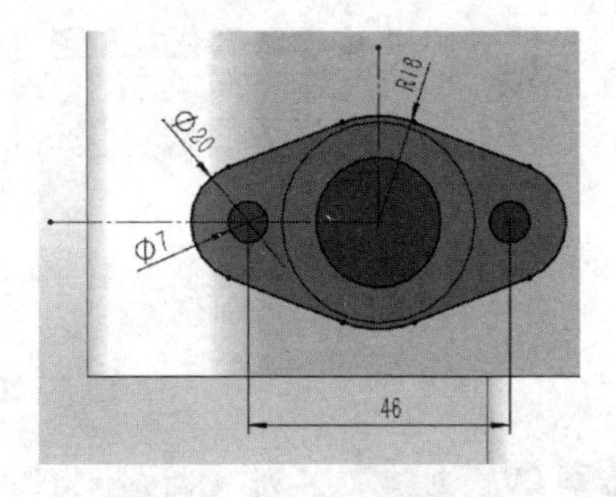

图 3-115 创建“草图 8”

步骤 24 创建“凸台-拉伸 8” 选择【拉伸凸台/基体】拉伸“草图 8”，选择反向，【深度】为 8mm，完成后单击✓退出，如图 3-116 所示。

步骤 25 创建“草图 9” 选择【上视基准面】，单击【草图绘制】，绘制如图 3-117 所示的圆。

步骤 26 创建“凸台-拉伸 9” 选择【拉伸凸台/基体】拉伸“草图 9”，【给定深度】为 10mm，完成后单击✓退出，如图 3-118 所示。

步骤 27 创建“切除-拉伸 2” 选择“草图 9”，单击【转换实体引用】。单击【拉伸切除】,【给定深度】为 2mm，如图 3-119 所示。

步骤 28 创建“切除-拉伸 3” 在上一步创建的平面上绘制直径为 12mm 的圆，单击【拉伸切除】，选择【完全贯穿】，如图 3-120 所示。

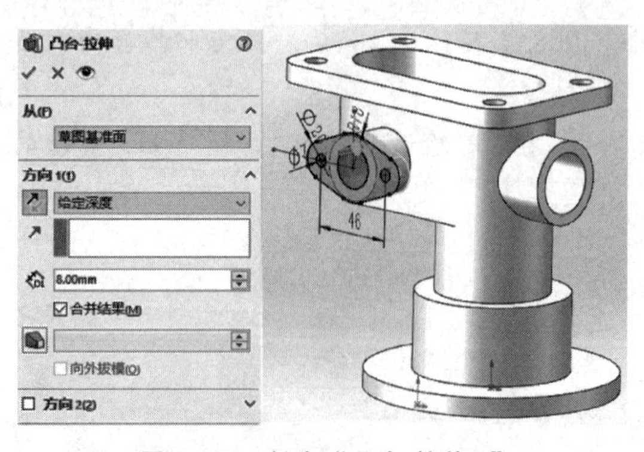

图 3-116　创建“凸台-拉伸 8”

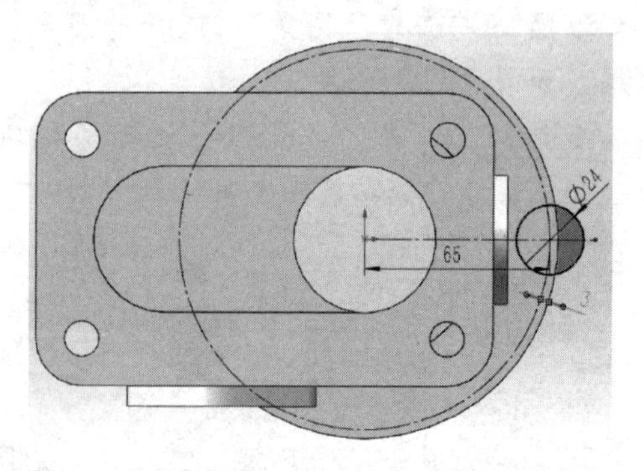

图 3-117　创建“草图 9”

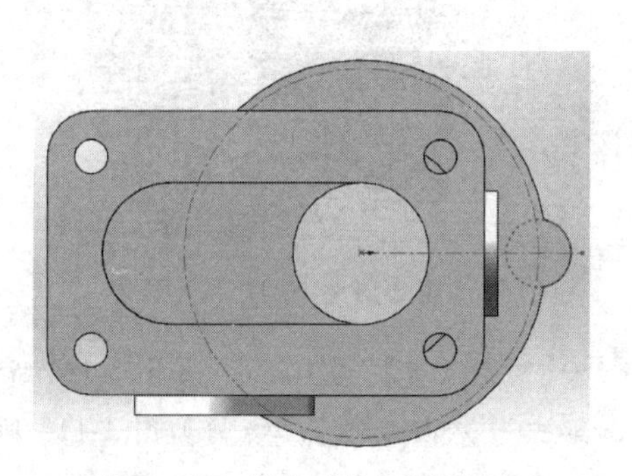

图 3-118　创建“凸台-拉伸 9”

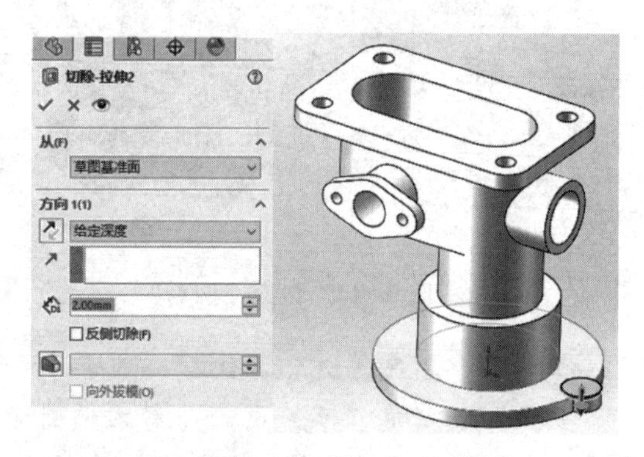

图 3-119　创建“切除-拉伸 2”

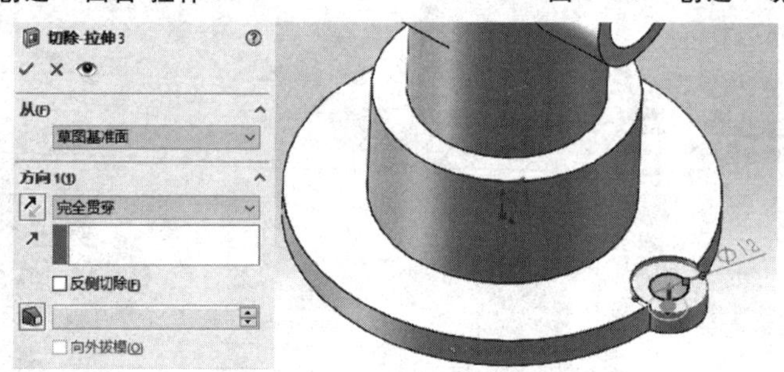

图 3-120　创建“切除-拉伸 3”

步骤 29　创建“阵列（圆周）1”　单击【圆周阵列】，实例数为 4 个。选择步骤 26~步骤 28 创建的拉伸和切除特征，如图 3-121 所示。

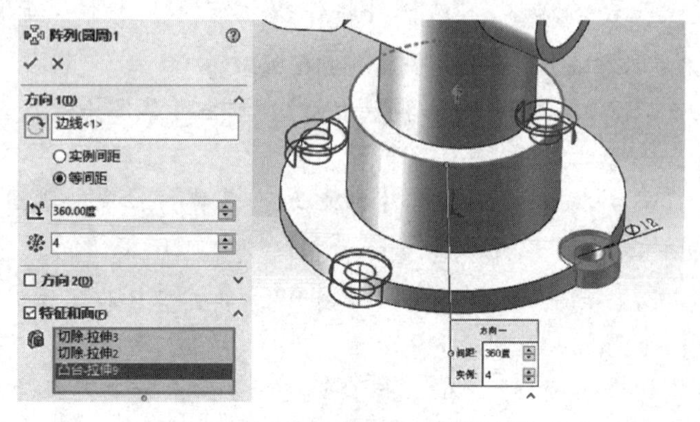

图 3-121　创建“阵列（圆周）1”

步骤 30 编辑材料 指定材料为“普通碳钢”。

步骤 31 保存并关闭模型 将模型命名为“阀体”，保存并关闭模型。

3.8.2 筋-法兰

建立如图 3-122 所示名为“法兰”的模型。

已知：

材料：合金钢。

密度：7700kg/m^3。

单位系统：MMGS。

小数位数：2。

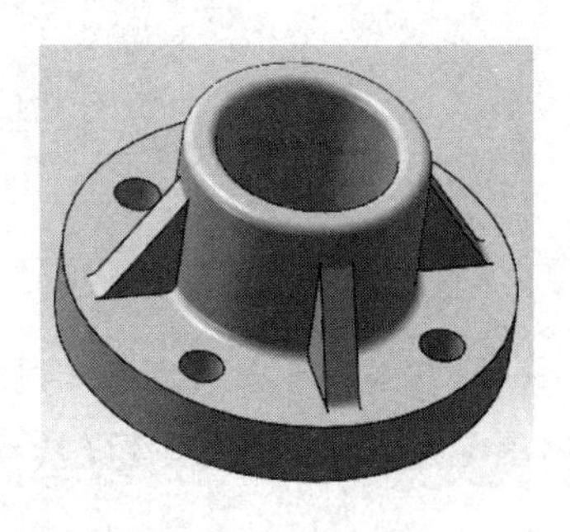

图 3-122 法兰

步骤 1 分析模型 首先对模型进行分析。

步骤 2 新建零件 在 SOLIDWORKS 中新建一个零件。

步骤 3 环境设置 在绘图前做好环境设置，单位系统为 MMGS、小数位数为 2。

步骤 4 创建“草图 1” 选择【上视基准面】为草图平面，绘制图 3-123 所示草图，完全定义后保存并退出草图。

步骤 5 创建“旋转” 单击【旋转凸台/基体】，【旋转轴】选择中间点画线，如图 3-124 所示。

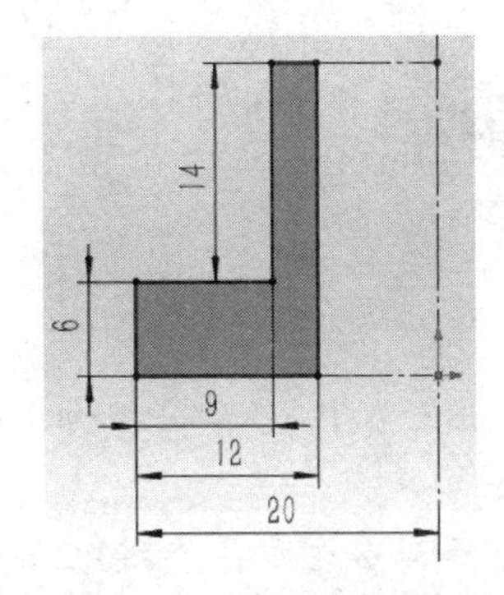

图 3-123 创建“草图 1”

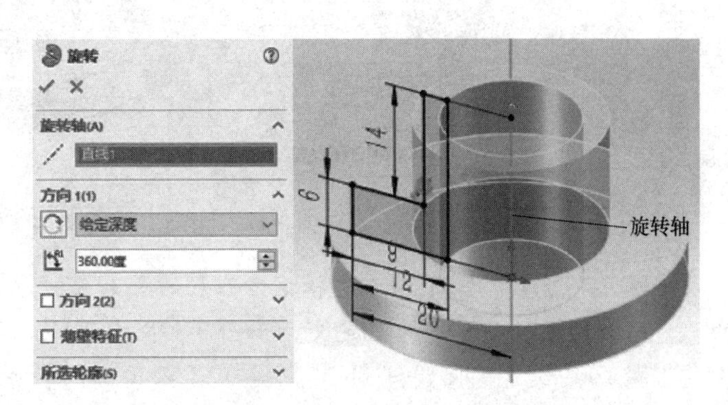

图 3-124 创建“旋转”

步骤 6 创建“草图 2” 选择【前视基准面】，绘制如图 3-125 所示草图，添加约束，使草图完全定义。

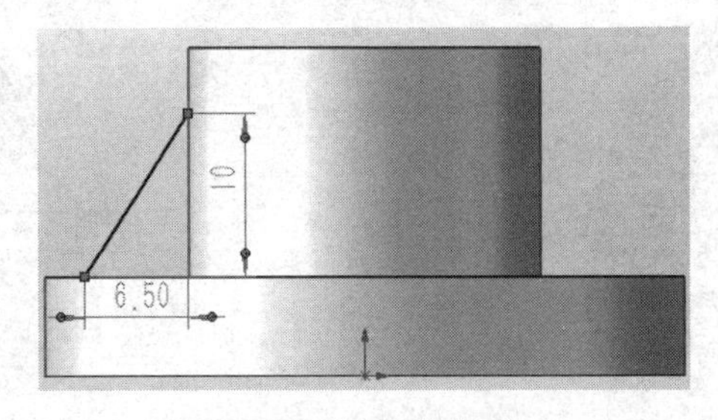

图 3-125 创建“草图 2”

步骤 7 创建“筋” 选择【筋】命令，选择【两侧对称】，厚度为 3mm，调整拉伸方向后单击 ✓，如图 3-126 所示。

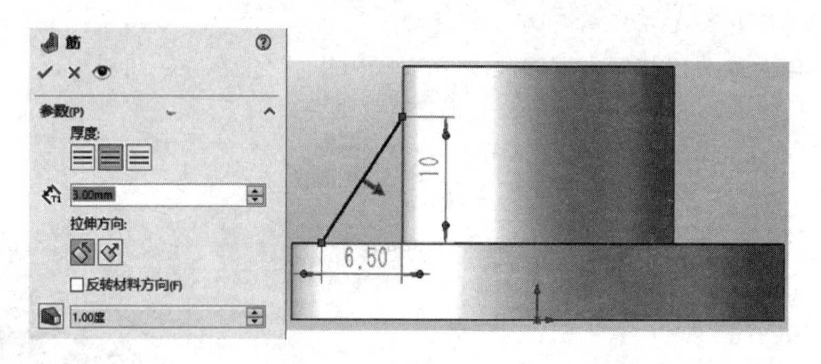

图 3-126 创建“筋”

步骤 8 创建“圆周阵列 1” 单击【圆周阵列】，边线选择圆台边线，阵列数为 4，特征选择“筋”，如图 3-127 所示。

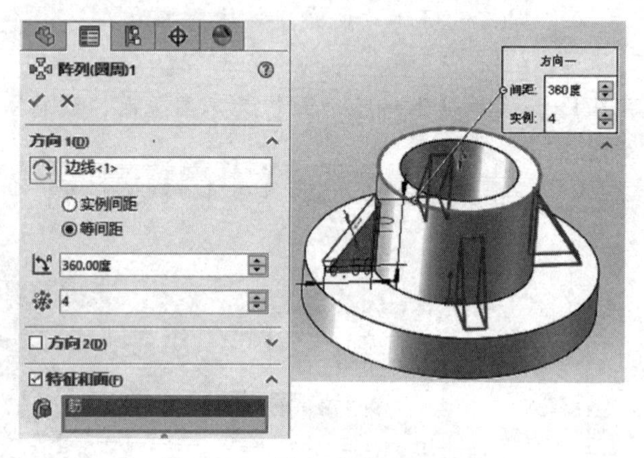

图 3-127 创建“圆周阵列 1”

步骤 9 创建“草图 3” 选择下方圆柱的上表面，单击【草图绘制】，绘制直径为 4mm 的圆，添加约束，使草图完全定义，如图 3-128 所示。

步骤 10 创建“圆周阵列 2” 单击【圆周阵列】，方向选择圆台边线，阵列数为 4，【要阵列的实体】选择圆弧，如图 3-129 所示。

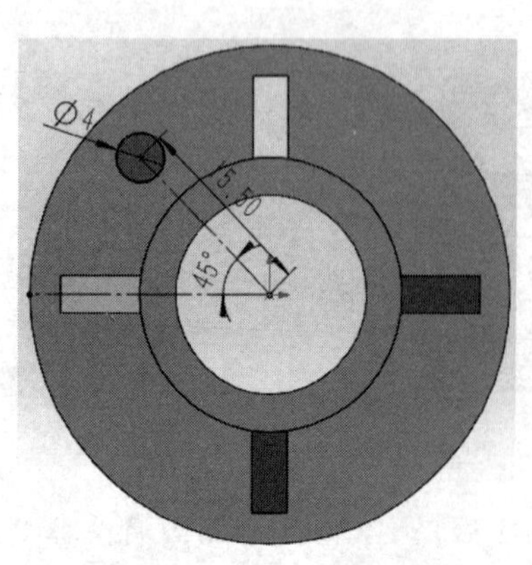

图 3-128 创建“草图 3”

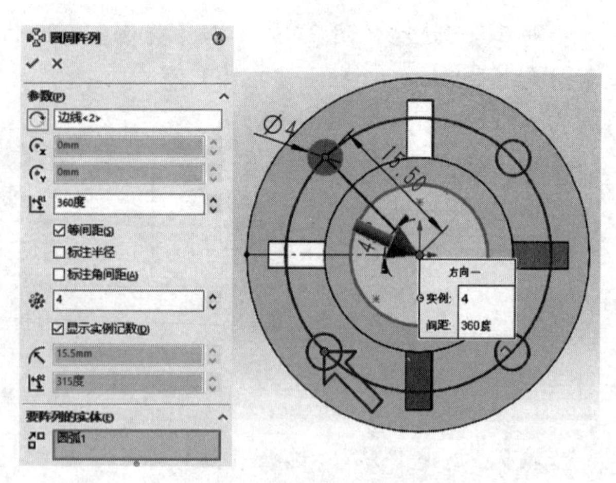

图 3-129 创建“圆周阵列 2”

步骤 11　创建“切除-拉伸”　单击【拉伸切除】，选择【完全贯穿】，如图 3-130 所示。

步骤 12　创建“圆角 2”　单击【圆角】，【要圆角化的项目】选择如图 3-131 所示的边线。

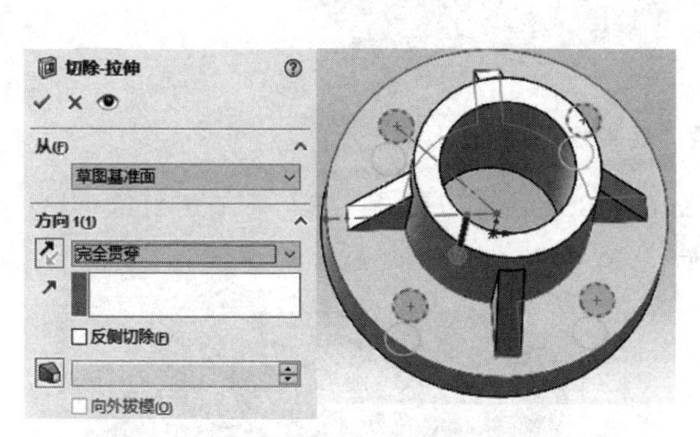

图 3-130　创建“切除-拉伸”

图 3-131　创建“圆角 2”

步骤 13　编辑材料　指定材料为“合金钢”。

步骤 14　保存并关闭模型　将模型命名为“法兰”，保存并关闭模型。

3.9　放样

3.9.1　放样-漏斗

建立如图 3-132 所示名为“放样-漏斗”的模型。

已知：

材料：ABS。

密度：1020kg/m^3。

单位系统：MMGS。

小数位数：2。

步骤 1　分析模型　首先对模型进行分析。

步骤 2　新建零件　在 SOLIDWORKS 中新建一个零件。

步骤 3　环境设置　在绘图前设置环境，单位系统为 MMGS、小数位数为 2。

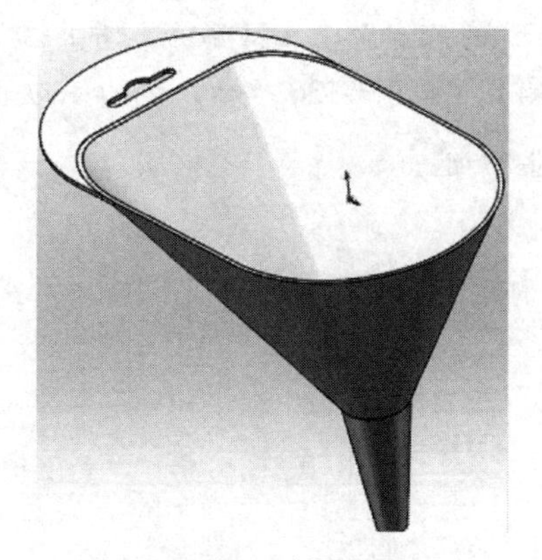

图 3-132　放样-漏斗

步骤 4　创建“基准面 1”　单击【参考几何体】/【基准面】，创建一个平行于上视基准面的基准面。在【第一参考】中选择【上视基准面】，设定【距离】为 80mm，选择【等轴测】，如图 3-133 所示，方向不对时可通过勾选【反转等距】复选框来进行调整，完成后单击✓退出。

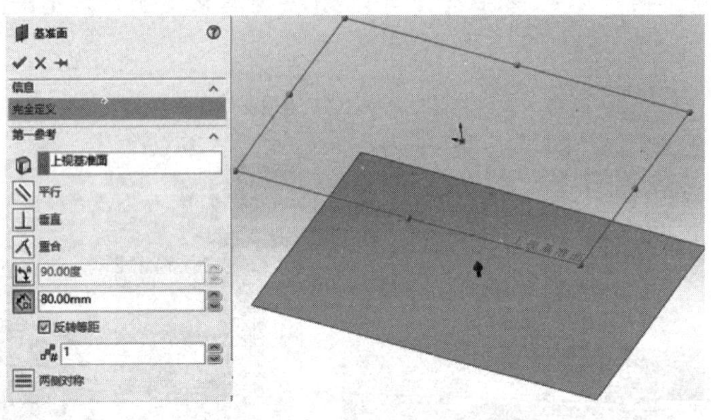

图 3-133 设置“基准面 1”参数

步骤 5 创建放样轮廓 1（“草图 1”） 选择【上视基准面】作为草图平面绘制图 3-134 所示的封闭轮廓，完全定义草图后保存并退出。

步骤 6 创建放样轮廓 2（“草图 2”） 选择“基准面 1”作为草图平面，从原点绘制一个直径为 25mm 的圆，完全定义草图后保存并退出。其中尺寸 25 和 40 定义的弧为椭圆弧。

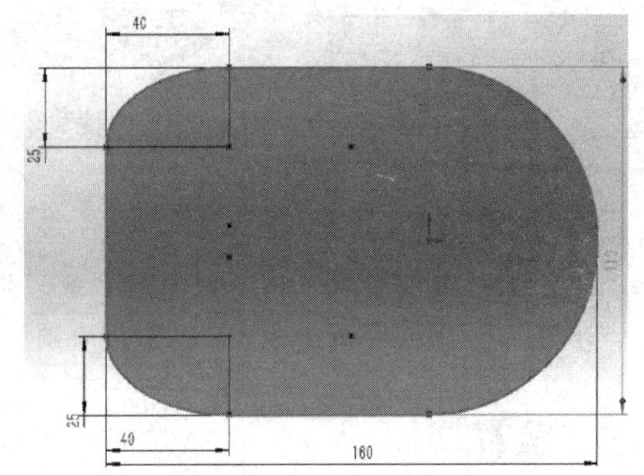

图 3-134 创建放样轮廓 1

步骤 7 创建“放样 1” 单击【放样凸台/基体】，在其属性框中激活【轮廓】列表框，并在设计树中选择“草图 1”和“草图 2”为放样轮廓，其他采用默认设置，如图 3-135 所示，完成后单击✓退出。

步骤 8 创建“基准面 2” 单击【参考几何体】/【基准面】，创建一个平行于“基准面 1”的基准面。在【第一参考】中选择“基准面 1”，设定【距离】为 50mm，选择【等轴测】，如图 3-136 所示，方向不对时可通过勾选【反转等距】复选框来进行调整，完成后单击✓退出。

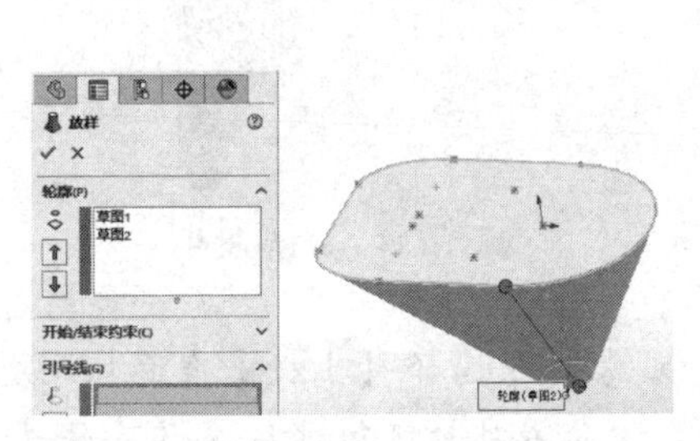

图 3-135 创建“放样 1”

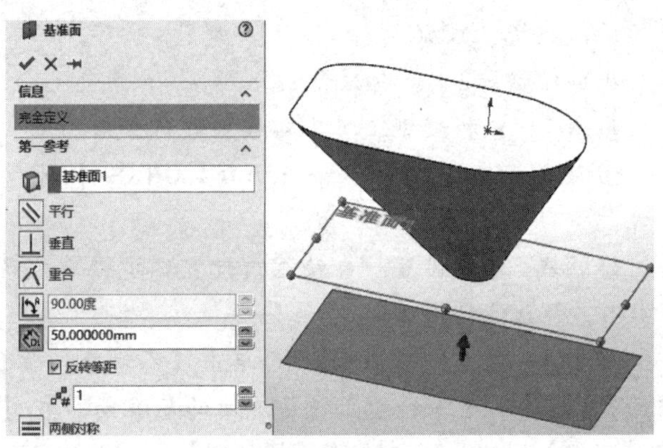

图 3-136 设置“基准面 2”参数

步骤 9　创建放样轮廓 3（“草图 3”）　选择“基准面 2”作为草图平面，从原点绘制一个直径为 11mm 的圆，完全定义草图后保存并退出。

步骤 10　创建“放样 2”　单击【放样凸台/基体】，在其属性框中激活【轮廓】列表框，并在图形界面对应地选择“草图 3”和“边线〈1〉”几何体为放样轮廓（选择“边线〈1〉”时需要注意，可通过右击界面空白处，使用【SelectionManager】选择器的【选择组】来添加），其他为默认设置，如图 3-137 所示。完成后单击✓退出。

提示　为什么要说“在图形界面对应地选择轮廓的几何体”？如果不对应地选择，其接头将会出现图 3-138 所示情况，有时还会导致模型扭曲，直接放样失败。这种情况就需要通过手动拖动接头来调整放样外形。

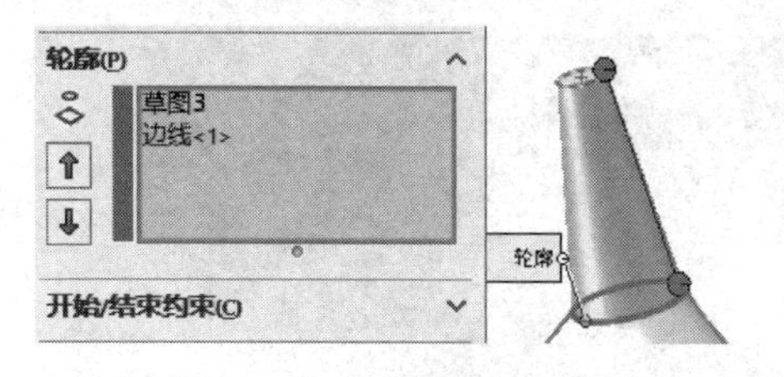

图 3-137　选择放样轮廓

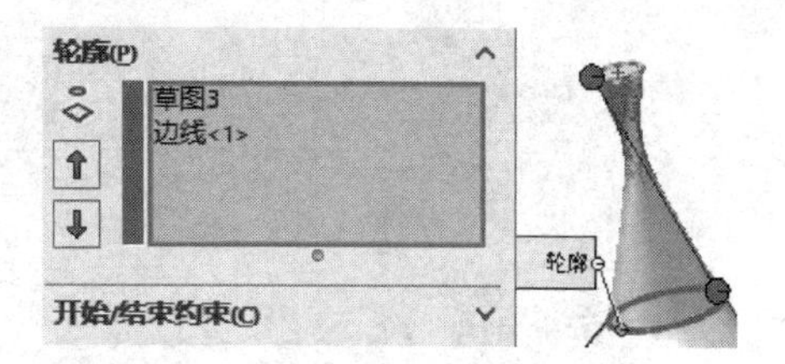

图 3-138　接头不对齐影响放样结果

步骤 11　创建“抽壳 1”　选择【抽壳】，在【参数】中设置【厚度】为 1.5mm，选择图 3-139 所示的两面为【移除的面】，完成后单击✓退出。

步骤 12　创建“凸台-拉伸 1”　选择【拉伸凸台/基体】，并选择上视基准面作为草图平面，绘制图 3-140 所示封闭轮廓（建议除了半径为 55mm 的圆弧外，其余几何体均使用【转换实体引用】来绘制），完全定义草图后保存并退出。

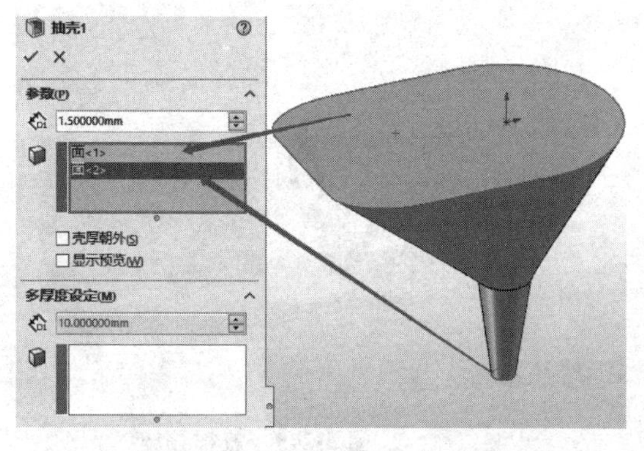

图 3-139　设置“抽壳 1”参数

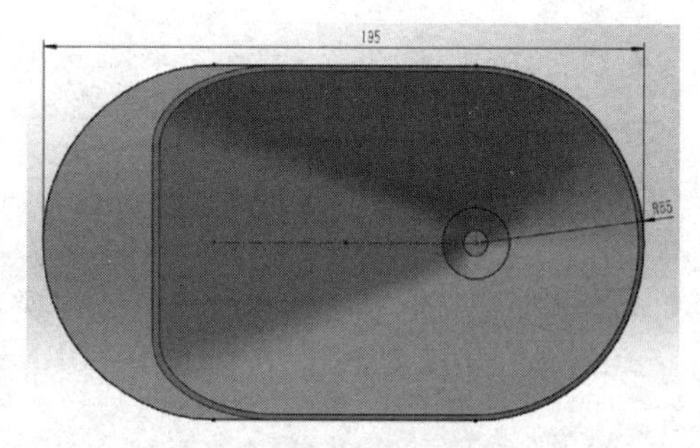

图 3-140　绘制“草图 4”

如图 3-141 所示，设置【终止条件】为【给定深度】，【深度】为 1.5mm，勾选【合并结果】复选框，注意拉伸方向，完成后单击✓退出。

步骤 13　创建“切除-拉伸 1”　选择【拉伸凸台/基体】，并选择上视基准面作为草图平面，绘制图 3-142 所示封闭轮廓，完全定义草图后保存并退出。

在【切除-拉伸】属性框中设置【终止条件】为【成形到下一面】，注意拉伸方向，完成后单击✓退出。

步骤 14　编辑材料　指定材料为“ABS”。

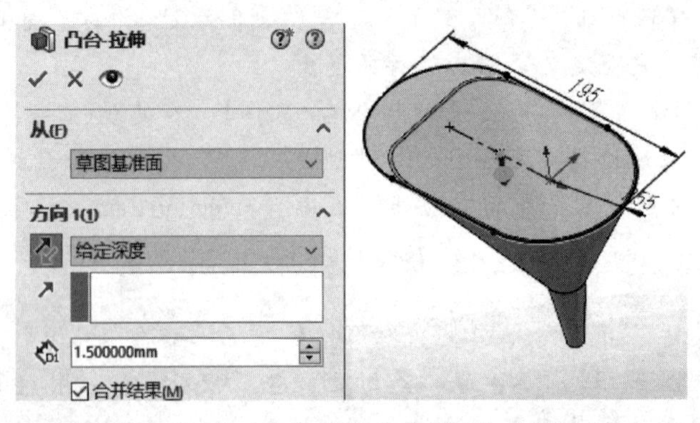

图 3-141 设置“凸台-拉伸 1”参数

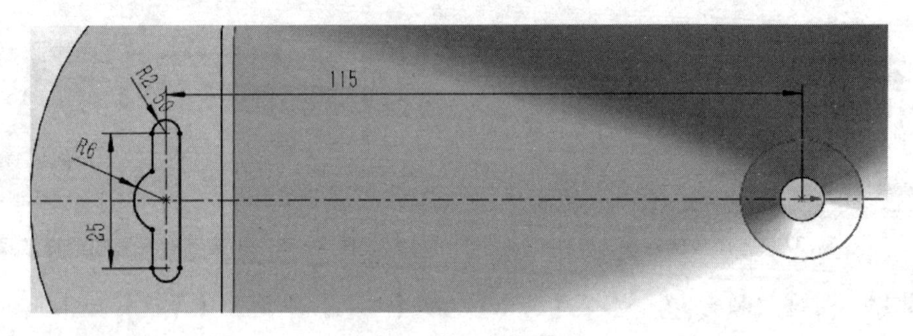

图 3-142 绘制“草图 5”

步骤 15 保存并关闭模型 将模型命名为“放养-漏斗”，保存并关闭模型。

3.9.2 放样-铸件

建立如图 3-143 所示名为“放样-铸件”的模型。

已知：

材料：1060 合金。

密度：2700kg/m^3。

单位系统：MMGS。

小数位数：2。

步骤 1 分析模型 首先对模型进行分析。

步骤 2 新建零件 在 SOLIDWORKS 中新建一个零件。

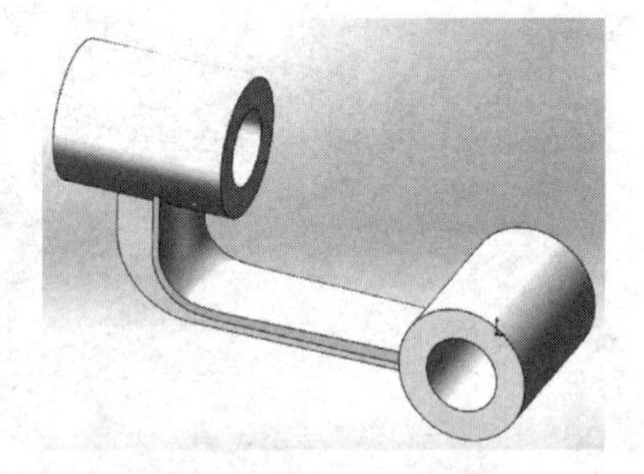

图 3-143 放样-铸件

步骤 3 环境设置 在绘图前设置环境，单位系统为 MMGS、小数位数为 2 。

步骤 4 绘制“草图 1” 选择前视基准面作为草图平面，绘制如图 3-144 所示封闭轮廓，完全定义草图后保存并退出。

步骤 5 创建“凸台-拉伸 1” 选择【拉伸凸台/基体】拉伸“草图 1”，设定【终止条件】为【两侧对称】，【深度】为 60mm，完成后单击 ✓ 退出。

步骤 6 绘制“草图 2” 选择右视基准面作为草图平面，绘制如图 3-145 所示草图，完全定义草图后保存并退出。

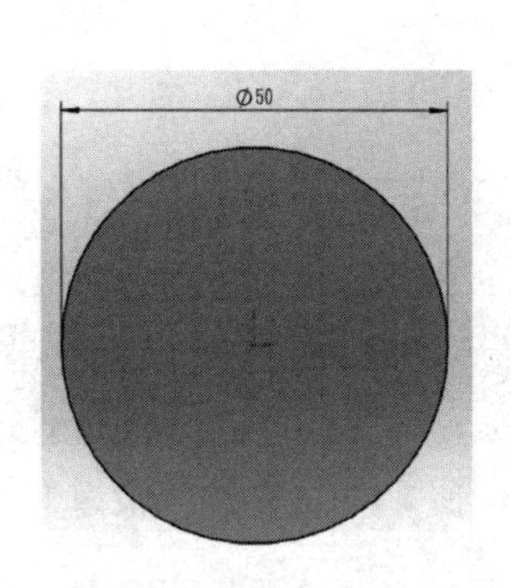

图 3-144 绘制“草图 1”

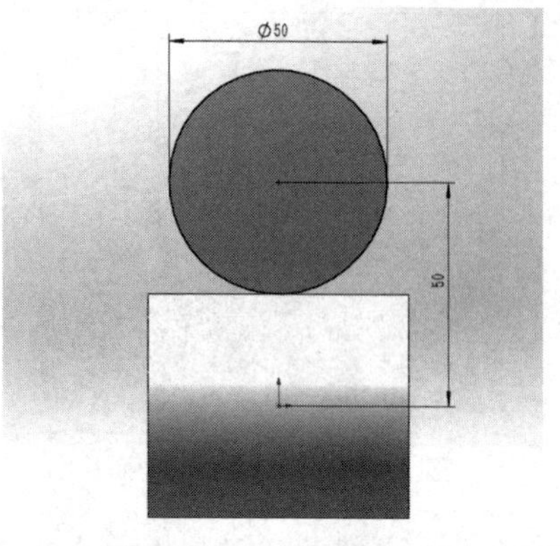

图 3-145 绘制“草图 2”

步骤 7 创建“凸台-拉伸 2” 选择【拉伸凸台/基体】拉伸“草图 2”，将模型定义为【等轴测】，设定【开始条件】为【等距】（若方向不对可通过单击改变），【距离】为 100mm。设定【终止条件】为【给定深度】（若方向不对可通过单击改变），【深度】为 60mm，如图 3-146 所示，完成后单击退出。

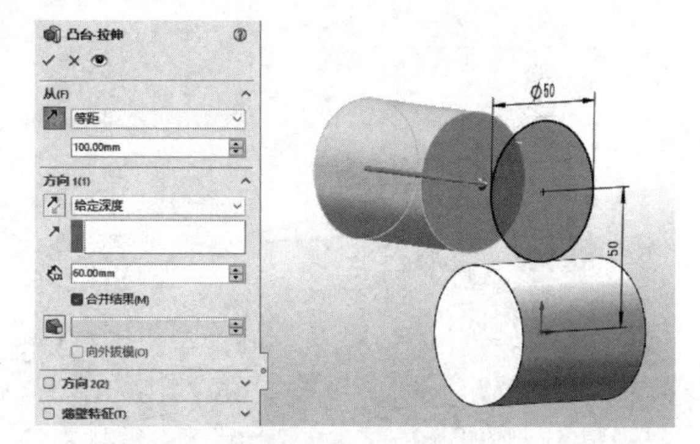

图 3-146 设置“凸台-拉伸 2”参数

步骤 8 创建“基准面 1” 单击【参考几何体】/【基准面】，创建一个平行于上视基准面的基准面。在【第一参考】里选择【上视基准面】，设定【距离】为 50mm，选择【等轴测】，如图 3-147 所示，方向不对时可通过勾选【反转等距】复选框来进行调整，完成后单击退出。

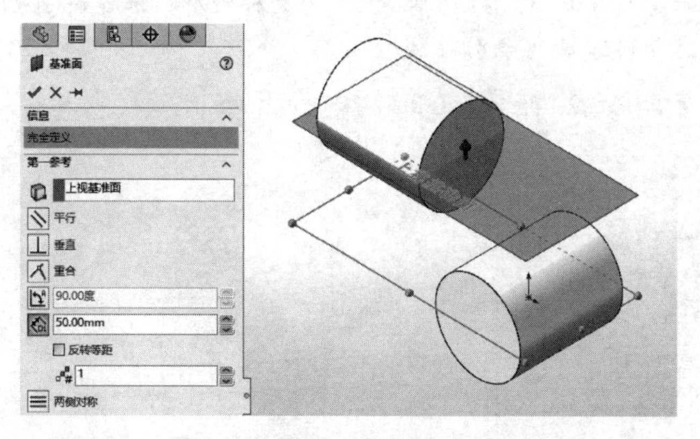

图 3-147 设置“基准面 1”参数

步骤 9 创建放样轮廓 1 选择“基准面 1”作为草图平面，绘制如图 3-148 所示草图，完全定义草图后保存并退出。

步骤 10 创建放样轮廓 2 选择右视基准面作为草图平面，绘制如图 3-149 所示草图，完全定义草图后保存并退出。

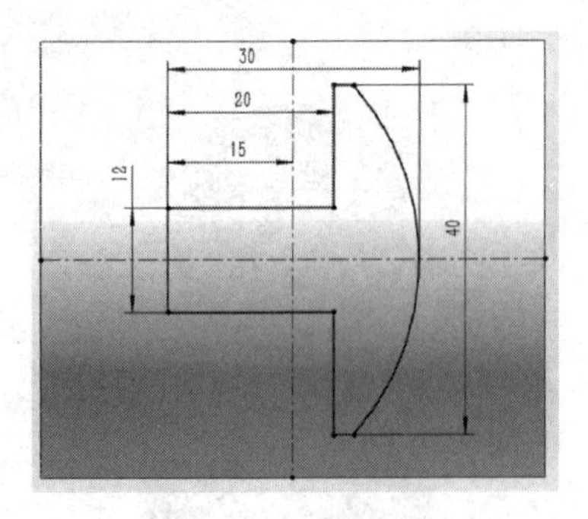

图 3-148　创建放样轮廓 1

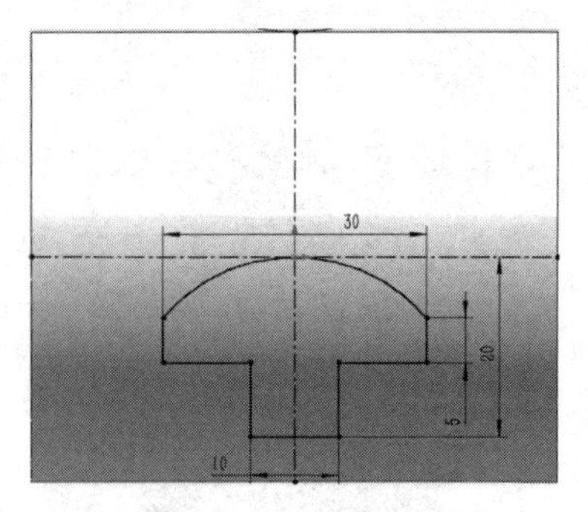

图 3-149　创建放样轮廓 2

步骤 11　创建放样引导线　选择前视基准面作为草图平面，绘制如图 3-150 所示草图。两条引导线共 4 个顶点分别与放样轮廓 1 和放样轮廓 2 添加【穿透】几何关系，完全定义草图后保存并退出。

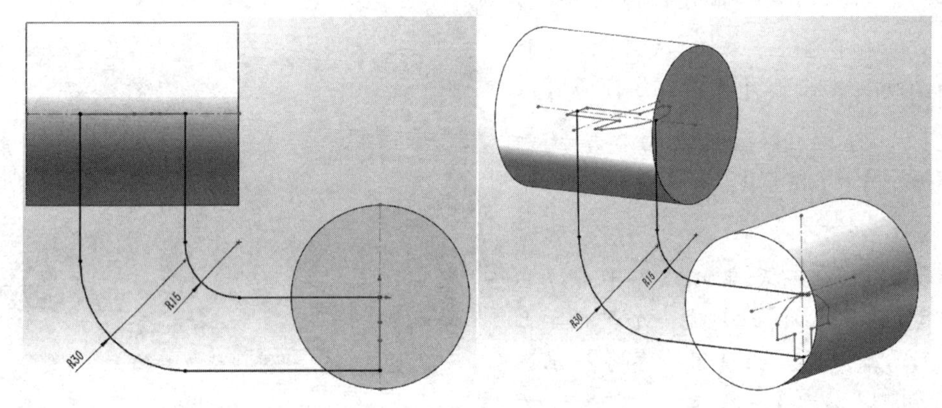

图 3-150　创建放样引导线

步骤 12　创建“放样 1”　选择【放样凸台/基体】，在其属性框中激活【轮廓】列表框，并在设计树中选择“草图 3”和“草图 4”为放样轮廓。选择【引导线】，使用【SelectionManager】选择器分别选择两条引导线“开环〈1〉”和“开环〈2〉”，如图 3-151 所示，其他为默认设置，完成后单击 ✓ 退出。

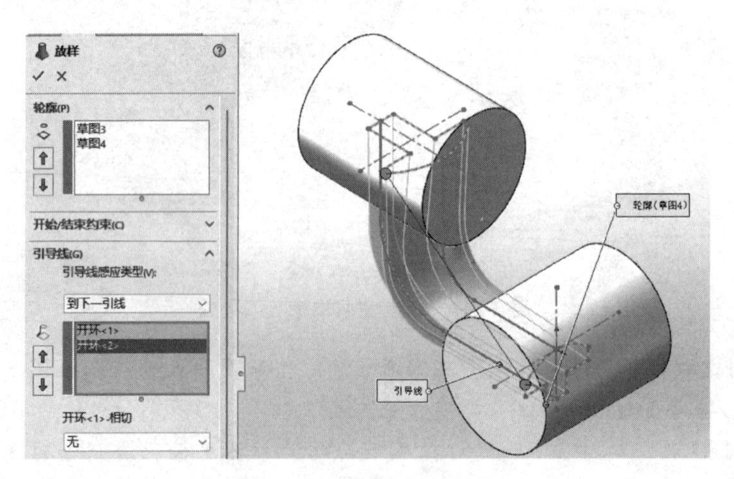

图 3-151　创建“放样 1”

步骤 13　创建“切除-拉伸 1”　选择图 3-152 所示模型表面为草图平面，绘制一个直径为 28mm 的同心圆，完全定义草图后保存并退出。在【切除-拉伸】属性框中设置【终止条件】为【成形到下一面】，其他为默认设置，完成后单击✓退出。

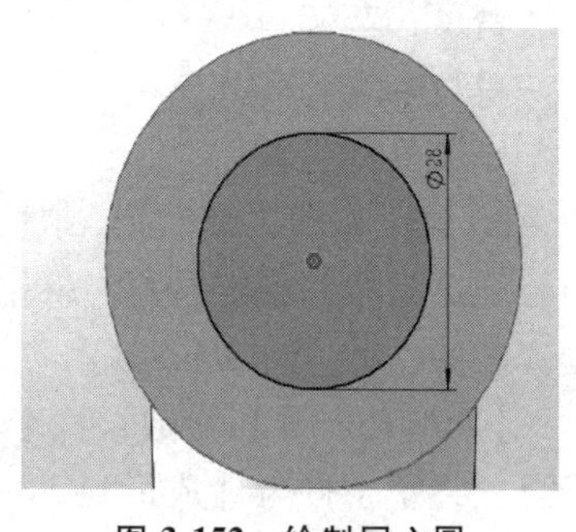

图 3-152　绘制同心圆

步骤 14　创建“切除-拉伸 2”　同“切除-拉伸 1”一样，选择另一个圆柱的表面作为草图平面，绘制一个直径为 28mm 的同心圆，完全定义草图后保存并退出。在【切除-拉伸】属性框中设置【终止条件】为【成形到下一面】，其他为默认设置，完成后单击✓退出。

步骤 15　编辑材料　指定材料为“1060 合金”。

步骤 16　保存并关闭模型　将模型命名为“放样-铸件”，保存并关闭模型。

3.10　课后练习

1. 使用【拉伸】建立如图 3-153 所示的三角星模型。设置文档属性，识别正确的草图平面，应用正确的草图与特征工具，并指定材料。根据提供的信息计算零件的总质量、体积和质心的位置。

已知：$A=100$（直径），$B=80$（直径），拔模角度为 50°。

材料：6061 合金。

密度：2700kg/m^3。

单位系统：MMGS。

小数位数：2。

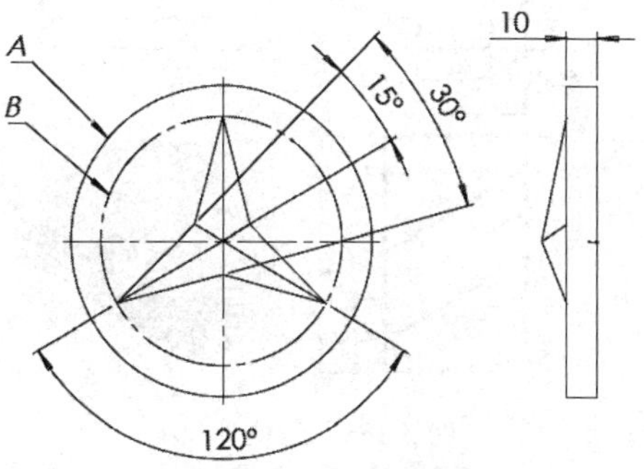

图 3-153　三角星模型

2. 建立如图 3-154 所示模型。设置文档属性，识别正确的草图平面，应用正确的草图与特征工具，并指定材料。根据提供的信息计算零件的总质量、体积和质心的位置。

已知：$A=100$，$B=50$，$C=60$，$D=25$。

材料：6061 合金。

密度：2700kg/m^3。

单位系统：MMGS。

小数位数：2。

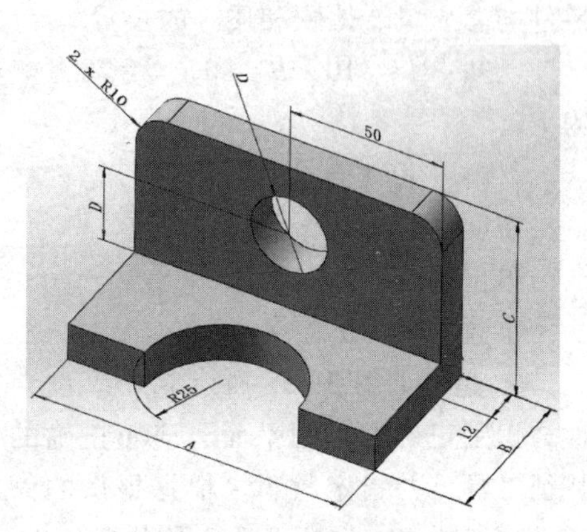

图 3-154　练习 2 模型

3. 建立如图 3-155 所示结构件。设置文档属性，识别正确的草图平面，应用正确的草图与特征工具，并指定材料。根据提供的信息计算零件的总质量、体积和质心的位置。

已知：$A=80$，$B=25$，$C=25$，$D=30$，$E=50$。

材料：6061 合金。

密度：2700kg/m^3。

单位系统：MMGS。

小数位数：2。

4. 建立如图 3-156 所示结构件。设置文档属性，识别正确的草图平面，应用正确的草图与特征工具，并指定材料。根据提供的信息计算零件的总质量、体积和质心的位置。

已知：$A=70$，$B=50$。

【异型孔向导】参数：柱形沉头孔、Ansi Metric 标准、六角螺栓、M10 大小、【正常】配合、终止条件为【成形到下一面】，其他为默认设置。

材料：6061 合金。

密度：2700kg/m^3。

单位系统：MMGS。

小数位数：2。

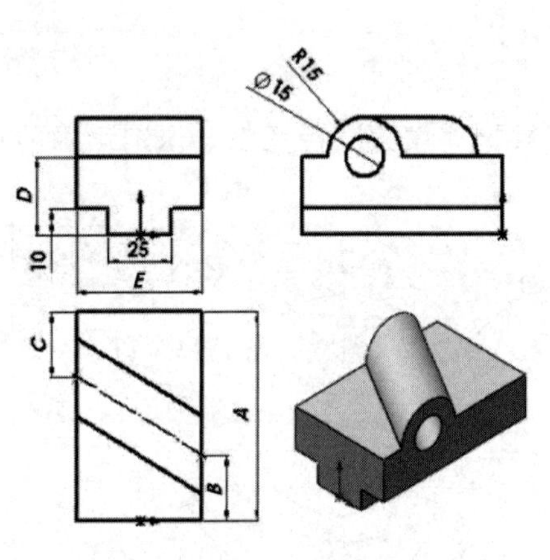

图 3-155　结构件（1）

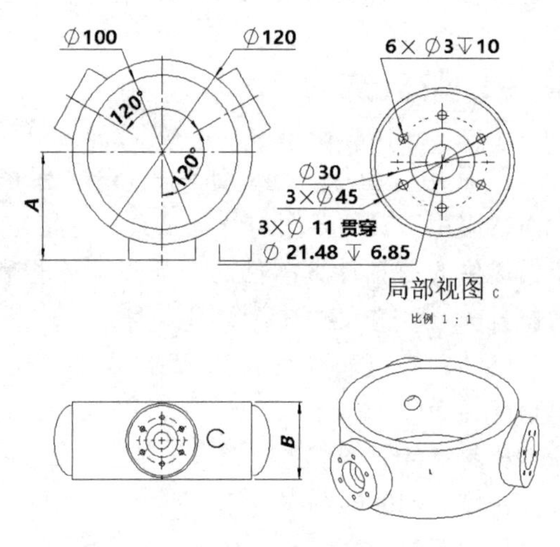

图 3-156　结构件（2）

5. 建立如图 3-157 所示铸件。设置文档属性，识别正确的草图平面，应用正确的草图与特征工具，并指定材料。根据提供的信息计算零件的总质量、体积和质心的位置。

已知：$A=110$，$B=80$，$C=70$，未注圆角为 $R5$。

材料：6061 合金。

密度：2700kg/m^3。

单位系统：MMGS。

小数位数：2。

6. 建立如图 3-158 所示轮子。设置文档属性，识别正确的草图平面，应用正确的草图与特征工具，并指定材料。根据提供的信息计算零件的总质量、体积和质心的位置。

已知：$A=40$，$B=29$，$C=40$（半径）。

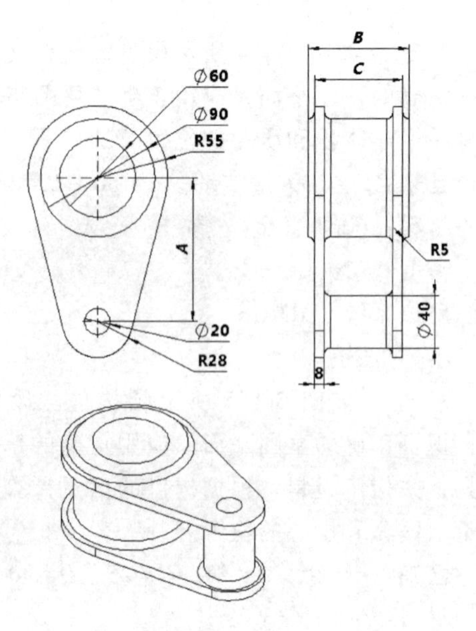

图 3-157　铸件（1）

材料：6061合金。

密度：2700kg/m^3。

单位系统：MMGS。

小数位数：2。

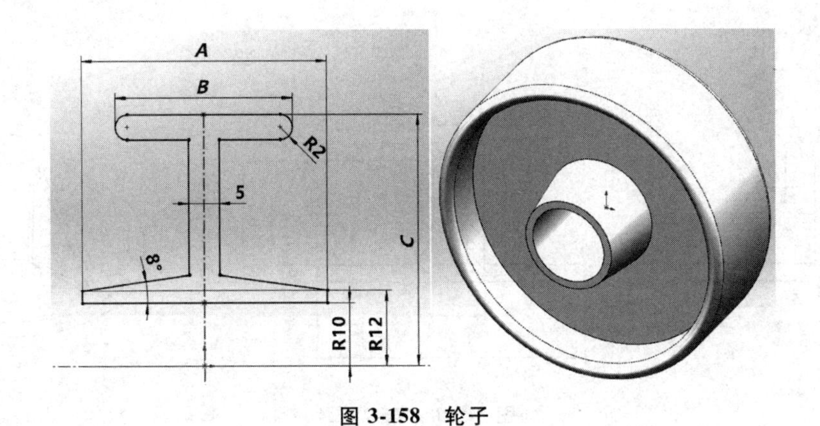

图3-158　轮子

7. 建立如图3-159所示扣环。设置文档属性，识别正确的草图平面，应用正确的草图与特征工具，并指定材料。根据提供的信息计算零件的总质量、体积和质心的位置。

已知：$A=120$，$B=80$，$C=160$，$D=45°$。

材料：6061合金。

密度：2700kg/m^3。

单位系统：MMGS。

小数位数：2。

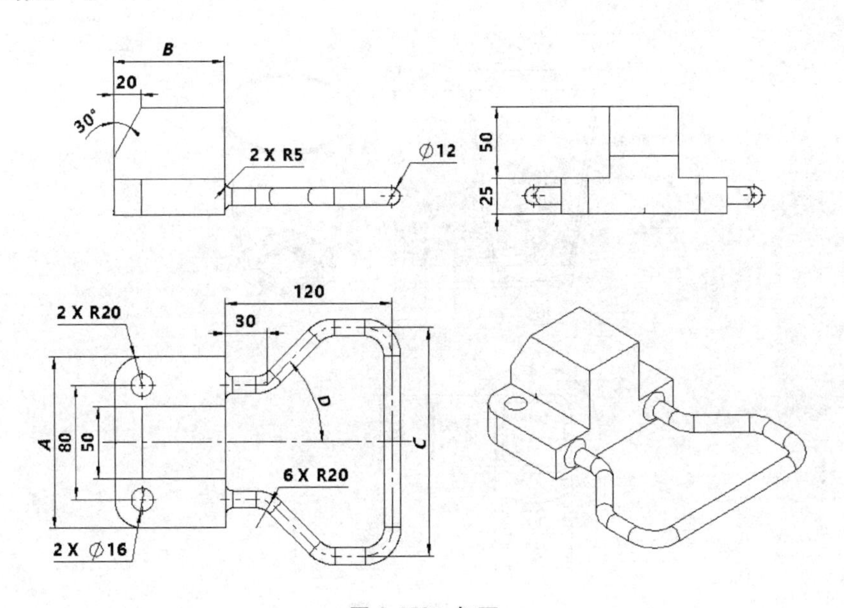

图3-159　扣环

8. 建立如图3-160所示铸件。设置文档属性，识别正确的草图平面，应用正确的草图与特征工具，并指定材料。根据提供的信息计算零件的总质量、体积和质心的位置。

已知：$A=80$（直径），$B=20$（直径），$C=35$，使用【FilletXpert】（圆角专家）并选择

所有凹陷边线倒 $R1$ 圆角。

材料：6061 合金。

密度：$2700kg/m^3$。

单位系统：MMGS。

小数位数：2。

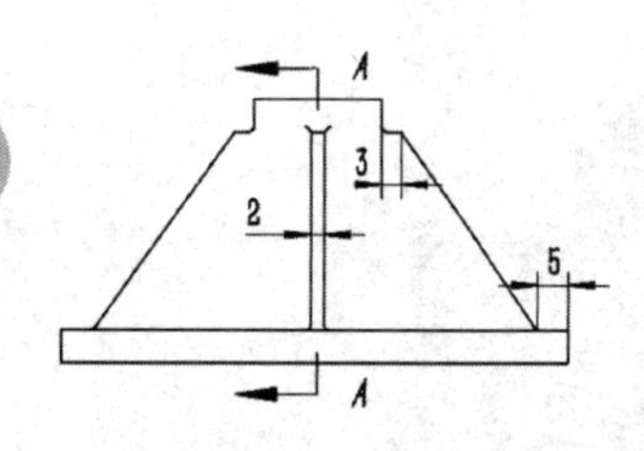

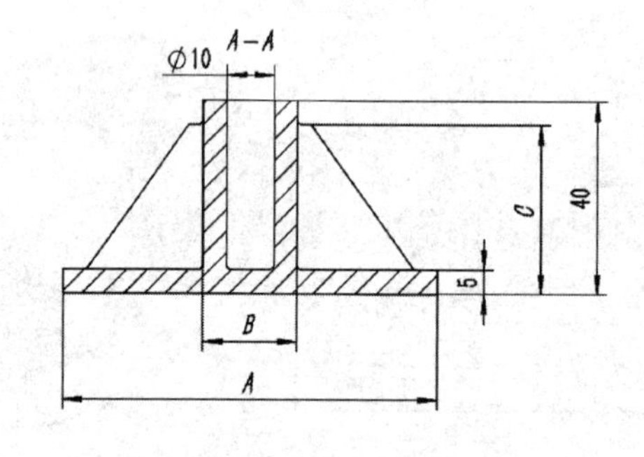

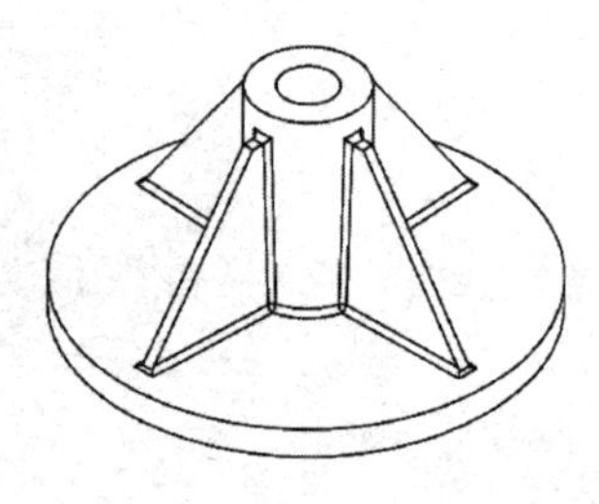

图 3-160　铸件（2）

9. 建立如图 3-161 所示茶杯。设置文档属性，识别正确的草图平面，应用正确的草图与特征工具，并指定材料。根据提供的信息计算零件的总质量、体积和质心的位置。

已知：$A=100$，$B=40$，$C=70$（直径）。

材料：玻璃。

密度：$2457.60kg/m^3$。

单位系统：MMGS。

小数位数：2。

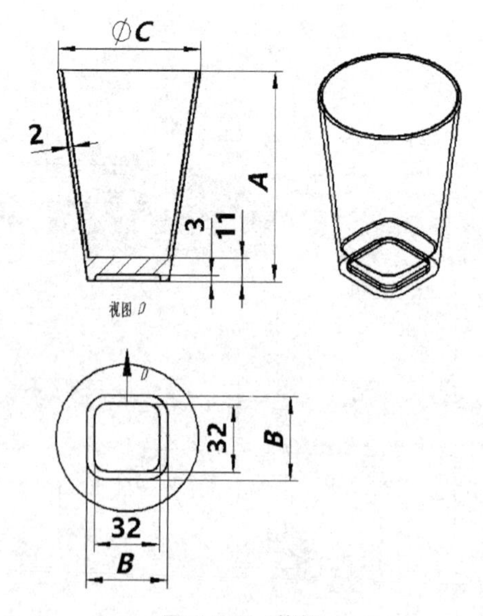

图 3-161　茶杯

第4章　装　配　体

【学习目标】

- 了解装配体的概念及设计方案
- 掌握自底向上和自顶向下的装配体建模方法
- 学会制作装配体爆炸视图

4.1　概述

装配体是由许多零部件组成的复杂装配体。这些零部件可以是零件、组件或其他装配体，称为子装配体。添加零部件到装配体，在装配体和零部件之间生成连接，当 SOLIDWORKS 打开装配体时，将查找零部件文件以在装配体中显示，零部件中的更改会自动反映在装配体中。

装配体文件的扩展名为“*.sldasm”。欲从零件生成装配体，可在标准工具栏中单击【从零件/装配体制作装配体】，或者单击【文件】/【从零件制作装配体】。装配体会与插入零部件 PropertyManager 同时打开。在图形区域中单击零件可以将零件添加到装配体。SOLIDWORKS 装配体中会使第一个插入的零部件固定。

4.2　装配体设计方案

在 SOLIDWORKS 装配体中有四种设计方案：自底向上的装配体建模、自顶向下的装配体建模、布局设计、智能零部件设计。本章将介绍自底向上的装配体建模和自顶向下的装配体建模。

4.3　自底向上的装配体建模

自底向上的装配体建模是通过加入已有零件并调整其方向来创建的。零件在装配体中以零部件的形式加入，在零部件之间创建配合，可以调整其在装配体中的方向和位置。

1）配合关系。指零部件的表面或边与基准面、其他的表面或边的约束关系。

2）自由度。空间中未受约束的刚性实体具有六个自由度，即三个平移自由度和三个旋转自由度，表示可沿其 X、Y、Z 轴移动并绕其 X、Y、Z 轴旋转，如图 4-1 所示。

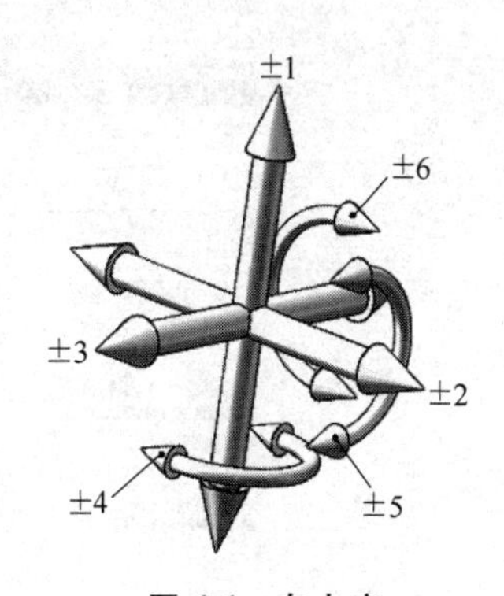

图 4-1　自由度

4.3.1 操作流程

1. 创建一个新的装配体

创建装配体的方法和创建零件的方法相同。

2. 添加第一个零部件

可以采用几种方法向装配体中添加零部件，可从打开的零件窗口或 Windows 资源管理器中拖放到装配体文件中。

3. 放置第一个零部件

在装配体中加入第一个零部件时，该零部件会自动地被设为固定状态，其他零部件可以在加入后再定位。

4. 装配体的设计树及符号

在装配体中，装配体的设计树包含大量的符号、前缀和后缀，它们提供关于装配体和其中零部件的信息。

5. 零部件间的配合关系

用配合来使零部件相对于其他部件定位，配合关系限制了零部件的自由度。

6. 子装配体

在当前的装配体中既可以新建一个装配体，也可以插入一个装配体。系统把子装配体当作一个零部件来处理。

4.3.2 装配过程

装配图 4-2 所示的“装载机”装配体。

图 4-2 “装载机”装配体

步骤 1 创建装配体 打开 SOLIDWORKS 并新建一个装配体文件。

步骤 2 插入第一个零部件 在【插入零部件】属性框中单击【浏览】，在弹出的【打开】对话框中选择“装载机”文件夹中的“后体”零部件，勾选【图形预览】复选框，单击✓以放置零部件，如图 4-3 所示。

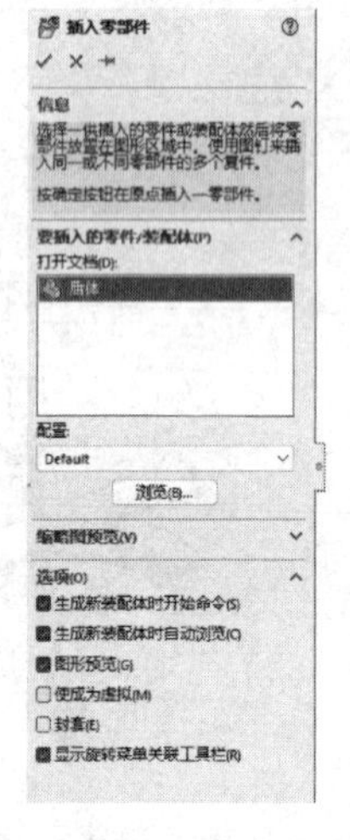

图 4-3 插入“后体”零部件

提示 单击界面任何一处即可将模型放置到装配体中，这里请勿进行此操作。

在装配体中插入的第一个零部件会自动添加一个【固定】配合 (固定)，此零部件的自由度均被固定，无法进行移动和旋转，可通过右击选择【浮动】来解除固定。直接单击 ✓ 以放置零部件是要将零部件的坐标系和装配体的坐标系重合，所以通常第一个插入装配体中的零部件往往是基座、箱体之类的重要组成部件。

步骤 3 插入“前体”零部件 单击菜单栏的【插入】/【零部件】/【现有零件/装配体】，或者直接单击【特征】工具栏中的【装配体】/【插入零部件】。在左边【插入零部件】属性框中单击【浏览】，在弹出的【插入零部件】对话框中选择“装载机”文件夹中的“前体”零部件，单击【打开】并插入装配体中，此时在图形界面任意一处单击可将“前体”零部件放置到装配体中，如图 4-4 所示。

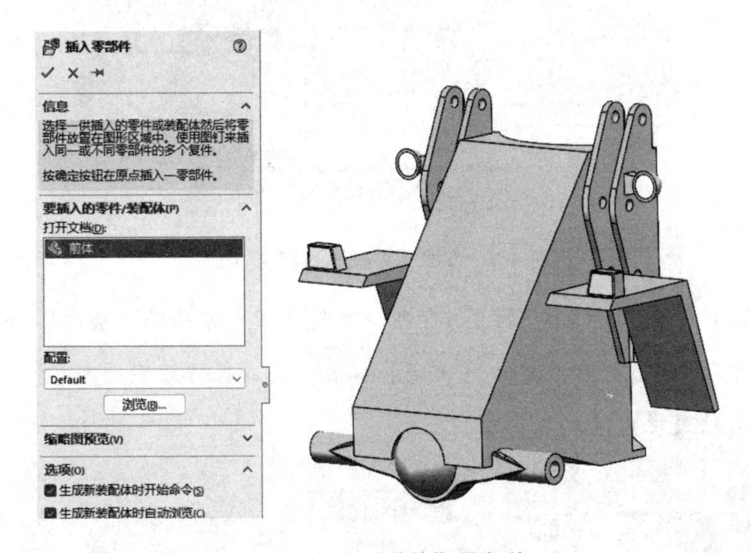

图 4-4 插入“前体”零部件

步骤 4 装配零部件 第二个插入装配体中的零部件将不会被添加【固定】配合，此时的零部件将具有六个自由度，可通过鼠标轻松地控制零部件的移动和旋转。

1）左键：选择模型的一个面，按住左键并移动鼠标，便可移动零部件。

2）右键：选择模型的一个面，按住右键并移动鼠标，便可旋转零部件。

3）中键：按住中键并移动鼠标，便可旋转整个装配体。

移动和旋转零部件还可通过【特征】工具栏中的【装配体】/【移动零部件】来实现。

在装配零部件之前需要了解整个装配体中各零部件之间的连接关系，然后再进行装配。此外，在装配时，需要将零部件放置到合适的位置再进行装配，这样便于后期添加配合。

步骤 5 添加【重合】配合 单击菜单栏中的【插入】/【配合】，或者直接单击【特征】工具栏中的【装配体】/【配合】，分别选择“前体”和“后体”零件的一个面，此时软件会默认为【重合】配合，如图 4-5 所示。如果需要添加平行或其他配合，则直接在属性框中选择即可。完成操作后单击 ✓。

注意 此时并没有退出【配合】命令。

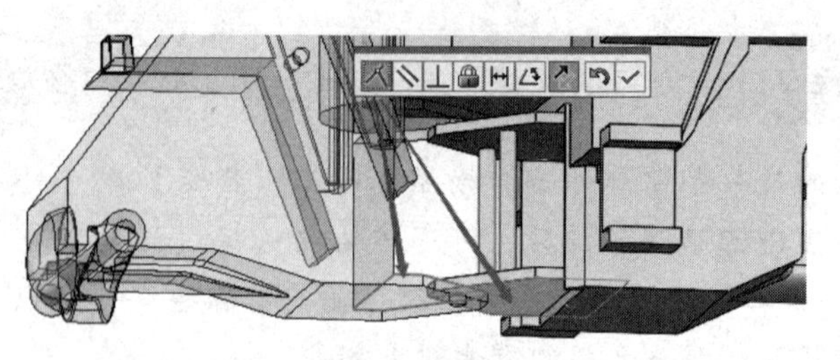

图 4-5　添加【重合】配合（1）

步骤 6　添加【同轴心】配合　在没有退出【配合】命令的情况下，按图 4-6 所示各选择“前体”和“后体”零部件的一个圆柱孔面，此时软件会默认为【同轴心】配合，完成操作后单击✓。

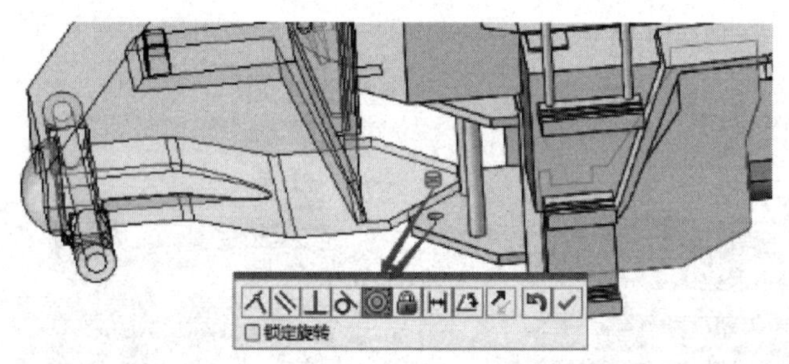

图 4-6　添加【同轴心】配合（1）

步骤 7　添加【重合】配合　按图 4-7 所示在设计树中各选择“前体”和“后体”零部件的右视基准面，此时软件会默认为【重合】配合，完成操作后单击✓。

再次单击✓便可退出【配合】命令。

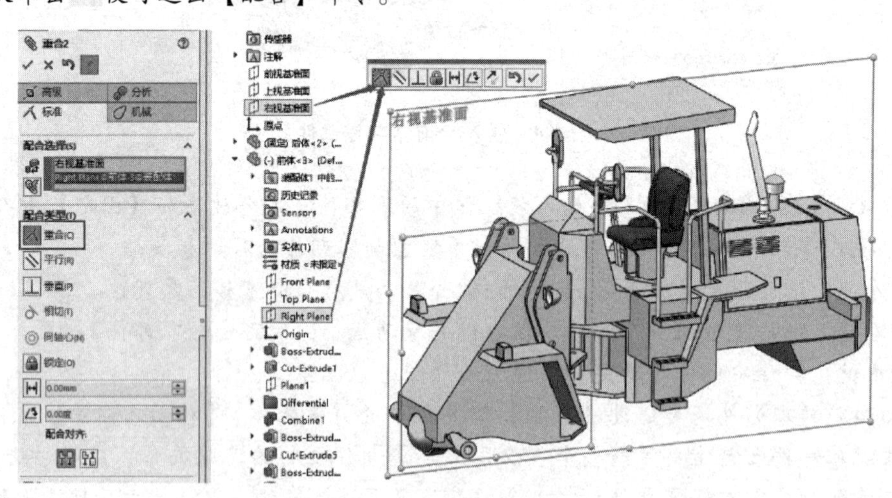

图 4-7　添加【重合】配合（2）

步骤 8　查看配合　单击设计树中【配合】前面的▾便可预览装配体中所有添加过的配合，如图 4-8 所示，也可通过右击配合对其进行编辑。

如果需要查看某一个零部件的所有配合，可通过在设计树中右击该零部件并单击【查看配合】，如图 4-9 所示，即可在弹出的对话框中看到所有的配合。

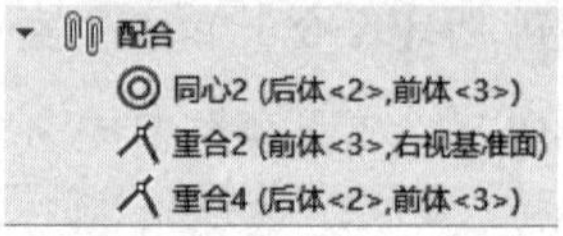

配合
同心2 (后体<2>,前体<3>)
重合2 (前体<3>,右视基准面)
重合4 (后体<2>,前体<3>)

图 4-8　【配合】设计树

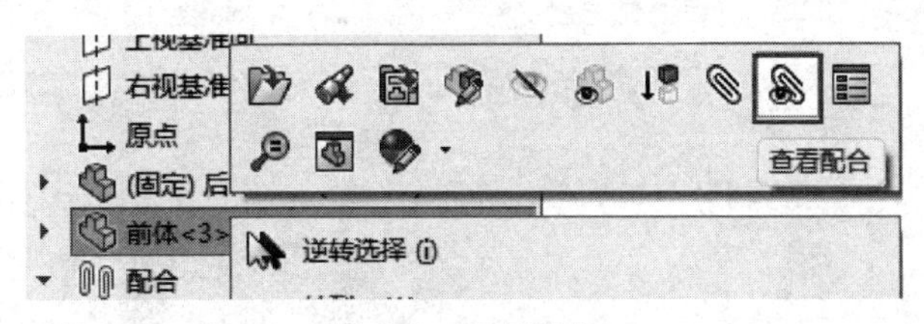

图 4-9 查看配合

步骤 9 插入“差动”零部件 单击【特征】工具栏中的【装配体】/【插入零部件】，在左边【插入零部件】属性框中单击【浏览】，在弹出的对话框中选择“装载机”文件夹中的“差动”零部件，单击【打开】并插入装配体中，此时在图形界面任意一处单击可将“差动”零部件放置到装配体中，如图 4-10 所示。

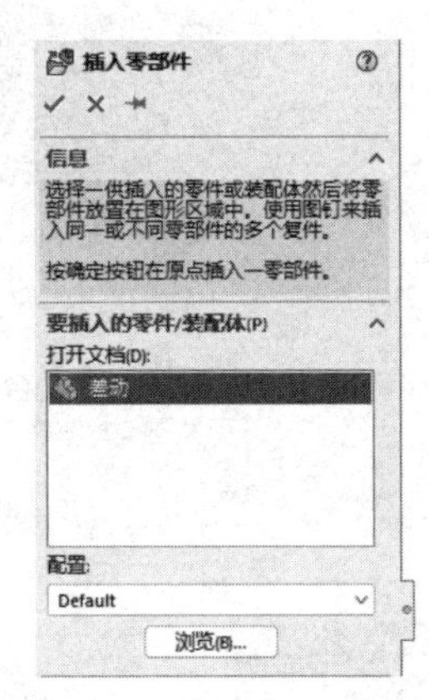

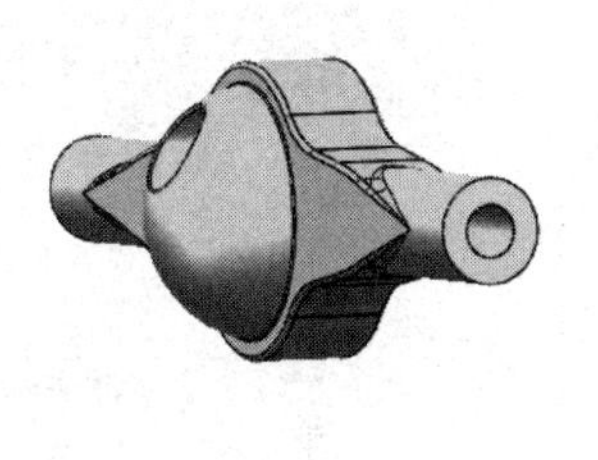

图 4-10 插入“差动”零部件

步骤 10 添加【重合】配合 单击【特征】工具栏中的【装配体】/【配合】，按图 4-11 所示选择“后体”和“差动”零部件的一个面，此时软件会默认为【重合】配合。如果默认不是【重合】配合。可手动选择【重合】。完成操作后单击✓，无须退出【配合】命令。

步骤 11 添加【同轴心】配合 按图 4-12 所示在设计树中选择“后体”和“差动”零部件的一个圆柱孔面，此时软件会默认为【同轴心】配合，完成操作后单击✓。

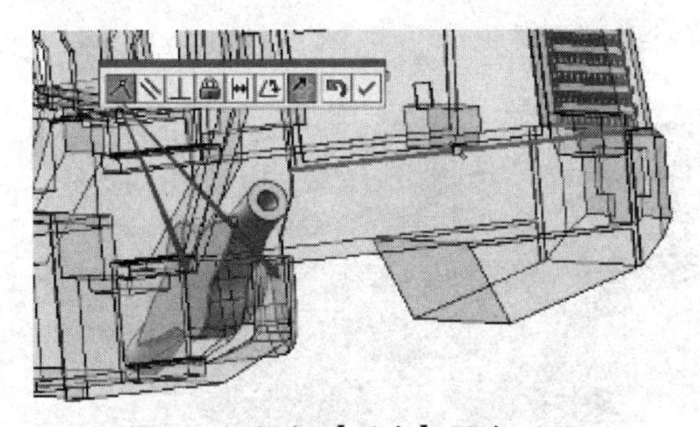

图 4-11 添加【重合】配合（3）

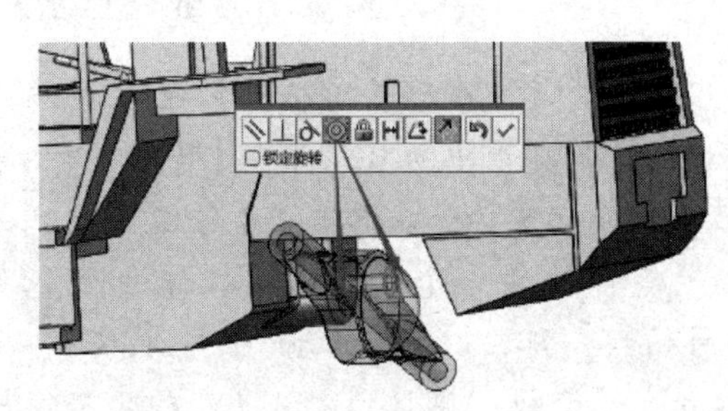

图 4-12 添加【同轴心】配合（2）

步骤 12 添加【重合】配合 按图 4-13 所示在设计树中各选择“后体”和“差动”零部件的右视基准面，此时软件会默认为【重合】配合，完成操作后单击✓。

再次单击✓退出【配合】命令。

步骤 13 插入“车轮组”装配体 单击【特征】工具栏中的【装配体】/【插入零部件】，在左边【插入零部件】属性框中单击【浏览】，在弹出的对话框中选择“装载机”文件夹中的“车轮组”装配体，单击【打开】并插入装配体中，此时在图形界面任意一处单击将“车轮组”装配体放入，如图 4-14 所示。

被插入装配体中的装配体称为子装配体。

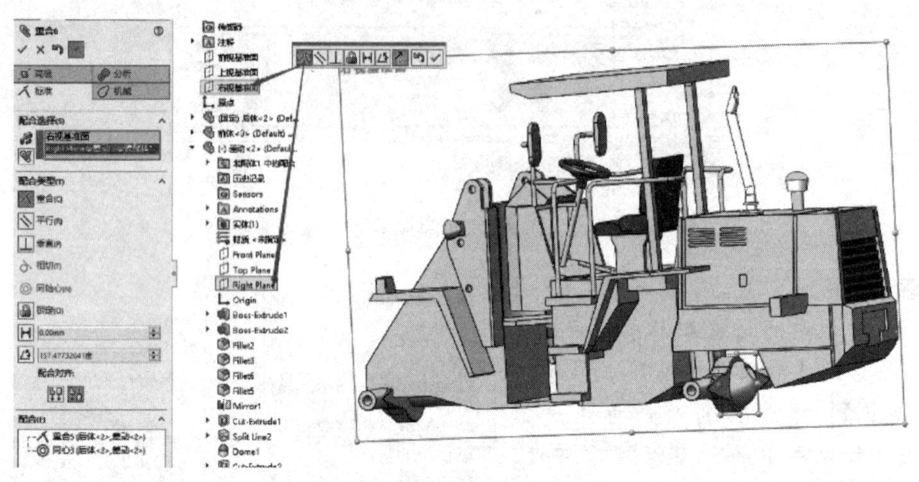

图 4-13　添加【重合】配合（4）

图 4-14　插入“车轮组”装配体

步骤 14　添加【同轴心】配合　单击【特征】工具栏中的【装配体】/【配合】，按图 4-15 所示选择子装配体“车轮组”和“差动”零部件的一个面，此时软件会默认为【同轴心】配合。如果默认不是【同轴心】配合，可手动选择【同轴心】。完成操作后单击✓，无须退出【配合】命令。

图 4-15　添加【同轴心】配合（3）

步骤 15　添加【重合】配合　按图 4-16 所示在设计树中选择子装配体“车轮组”和“差动”零部件的右视基准面，此时会默认为【重合】配合，完成操作后单击✓。

再次单击✓退出【配合】命令。此时的子装配体“车轮组”还剩下一个旋转自由度，可通过单击拖动来进行旋转。

步骤 16　复制子装配体“车轮组”　在装配体设计树中找到子装配体“车轮组”，按住<Ctrl>键并拖动该子装配体到模型界面，复制一个子装配体，如图 4-17 所示。

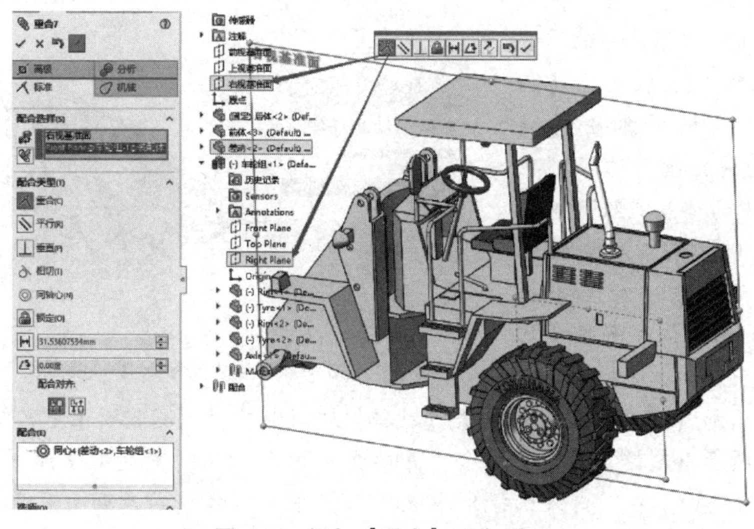

图 4-16　添加【重合】配合（5）

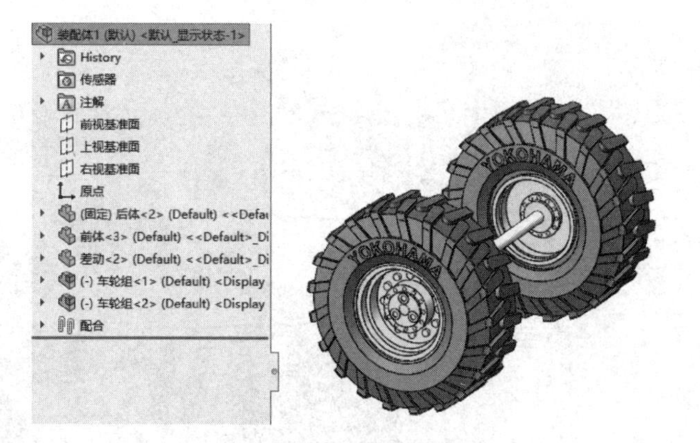

图 4-17　复制子装配体“车轮组”

步骤 17　装配子装配体“车轮组”　使用步骤 14 和步骤 15 的方法装配复制的子装配体“车轮组”，将其与零部件“前体”分别添加【同轴心】和【重合】配合，使其只剩下一个旋转自由度，如图 4-18 所示。

图 4-18　装配子装配体“车轮组”

步骤 18 插入子装配体“装载组” 单击【特征】工具栏中的【装配体】/【插入零部件】，在左边【插入零部件】属性框中单击【浏览】，在弹出的对话框中选择“装载机”文件夹中的“装载组”装配体，单击【打开】并插入装配体中，在图形界面任意一处单击将“装载组”装配体放入，如图 4-19 所示。

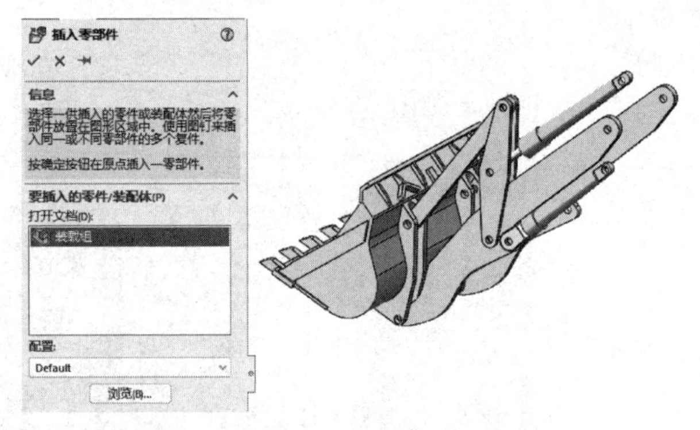

图 4-19 插入子装配体“装载组”

步骤 19 添加【宽度】配合 单击【特征】工具栏中的【装配体】/【配合】，在属性框的【高级】选项卡中选择【宽度】配合，并按图 4-20 所示在【宽度选择】中选择零件“动臂”前后两对称平面，在【薄片选择】中选择零部件“前体”前后两对称平面，完成操作后单击✓。

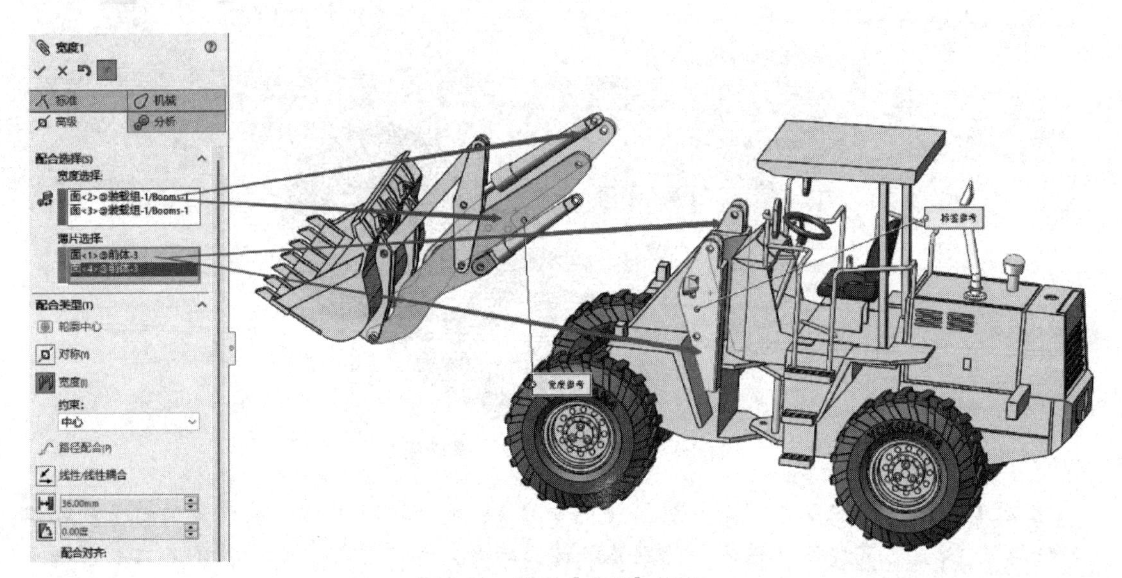

图 4-20 添加【宽度】配合

步骤 20 将【刚性】变为【柔性】 被插入装配体中的子装配体“装载组”存在自由度，使用【移动零部件】移动该子装配体时会发现无法操作，这是由于当子装配体插入装配体中时会默认视为一个刚性体。可在设计树中右击该子装配体，选择【零部件属性】 (图 4-21)，在弹出的【配置特定属性】对话框中选择【柔性】(图 4-22)，将刚性体 变为柔性体 。

图 4-21 零部件属性　　　　图 4-22 将【刚性】变为【柔性】

步骤 21　添加【同轴心】配合　按图 4-23 所示选择零件“动臂”的孔面和零部件“前体”的孔面，此时会默认为【同轴心】配合，完成操作后单击✓。

步骤 22　添加【同轴心】配合　按图 4-24 所示选择零部件“前体”的孔面和零件“摇臂气缸”的孔面，此时会默认为【同轴心】配合，完成操作后单击✓。

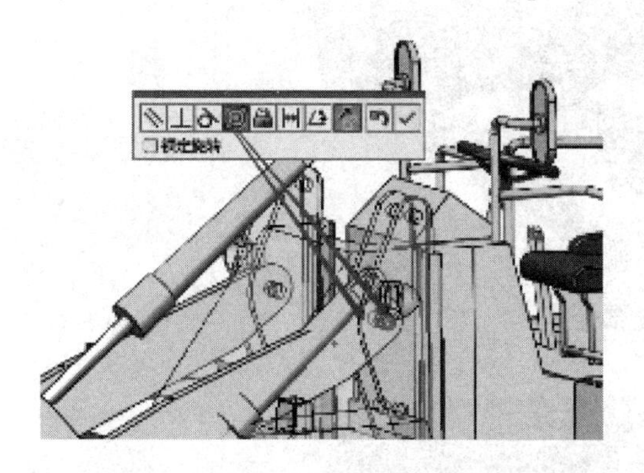

图 4-23　添加【同轴心】配合（4）

图 4-24　添加【同轴心】配合（5）

步骤 23　添加【同轴心】配合　按图 4-25 所示选择零部件“前体”的孔面和零件“动臂油缸”的孔面，此时会默认为【同轴心】配合，完成操作后单击✓。

再次单击✓，退出【配合】命令。

步骤 24　打开子装配体　在设计树中右击子装配体“装载组”，选择【打开子装配体】，如图 4-26 所示。

图 4-25　添加【同轴心】配合（6）

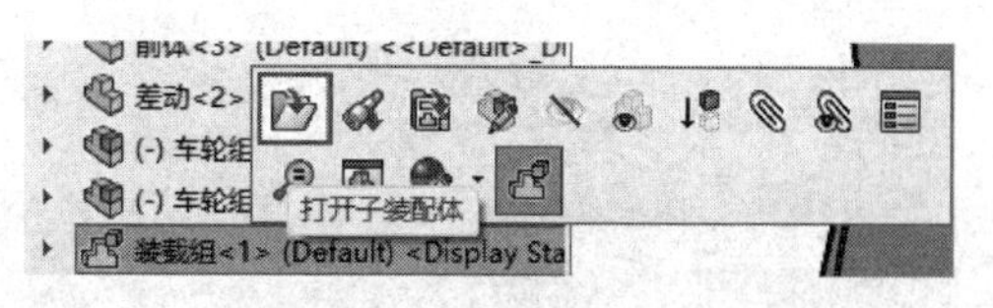

图 4-26　打开子装配体

步骤 25　创建镜像零部件　单击【特征】工具栏中的【装配体】/【线性零部件阵列】/【镜像零部件】，在左边设计树中选择右视基准面为【镜像基准面】，如图 4-27 所示，在【要镜像的零部件】列表框中选择要镜像的零部件，此处选择除“动臂”和“铲头”之外的所有零部件，编辑完成后单击➡，接着单击✓完成操作。

装配体中被镜像过来的零部件会保持原有零部件的自由度和约束关系，如图 4-28 所示。完成操作后保存并关闭文件。

步骤 26　插入零部件　回到大装配体中，单击【特征】工具栏中的【装配体】/【插入零部件】，在左边【插入零部件】属性框中单击【浏览】，在弹出的对话框中选择“装载机”文件夹中的“螺钉”文件，单击【打开】并插入装配体中，在图形界面任意一处单击将其放入。

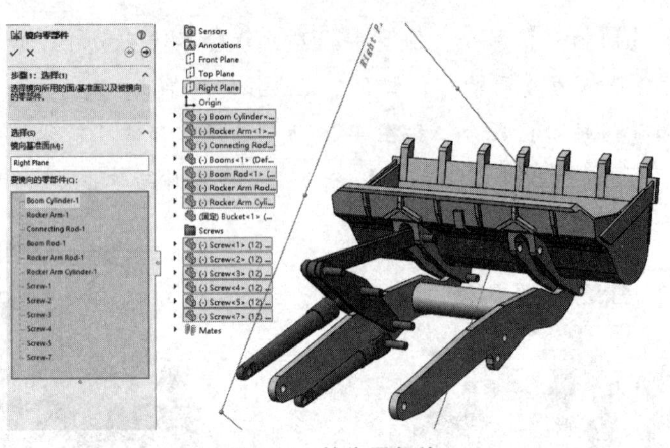

图 4-27　镜像零部件

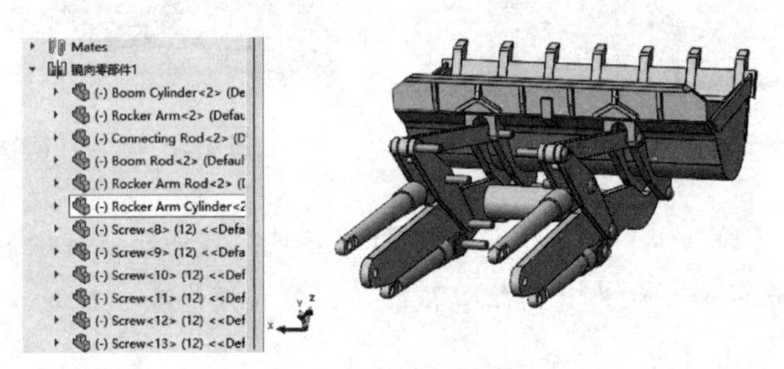

图 4-28　镜像完成

步骤 27　添加【重合】配合　单击【特征】工具栏中的【装配体】/【配合】按图 4-29 所示各选择“前体”和“螺钉”零部件的一个面，此时软件会默认为【重合】配合，完成操作后单击✓。

步骤 28　添加【同轴心】配合　按图 4-30 所示选择零部件“前体”的孔面和零件“螺钉”的圆柱面，此时会默认为【同轴心】配合，完成操作后单击✓。

图 4-29　添加【重合】配合（6）

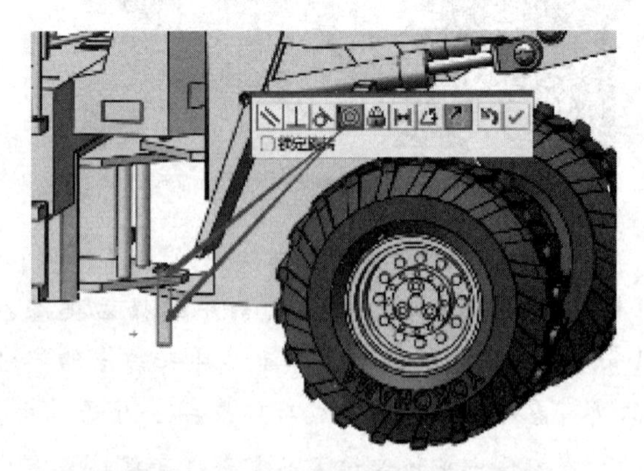

图 4-30　添加【同轴心】配合（7）

步骤 29　复制零部件　在设计树中找到零件“螺钉”，按住〈Ctrl〉键同时拖动零件，将其拖入图形界面中以复制一个新“螺钉”。或者使用【插入零部件】重新插入一次。

步骤 30　切换配置　在设计树中找到步骤 29 复制的零件“螺钉”后右击，选择【零部件属性】，并按图 4-31 所示，在【配置特定属性】对话框中将【所参考的配置】从

"7"切换到"12"，完成操作后单击【确定】。不同配置代表不同长度的零部件。

图 4-31　切换配置

步骤 31　添加【重合】配合　单击【特征】工具栏中的【装配体】/【配合】按图 4-32 所示选择零部件"前体"和零件"螺钉"的一个面，并选择【重合】配合，完成操作后单击✓。

步骤 32　添加【同轴心】配合　按图 4-33 所示选择零部件"前体"的孔面和零件"螺钉"（配置 B）的圆柱面，并选择【同轴心】配合，完成操作后单击✓。

再次单击✓退出【配合】命令。

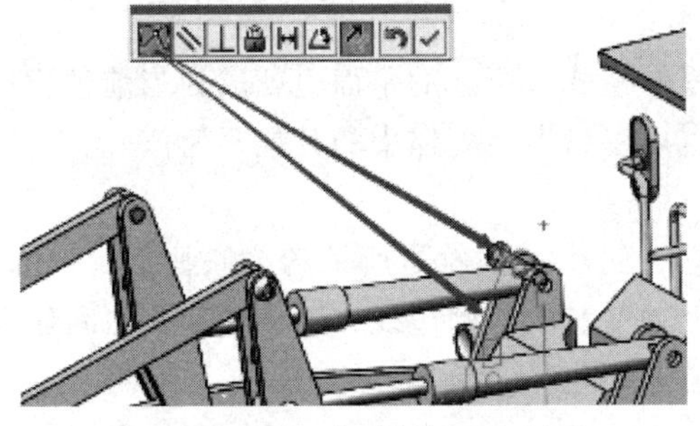

图 4-32　添加【重合】配合（7）

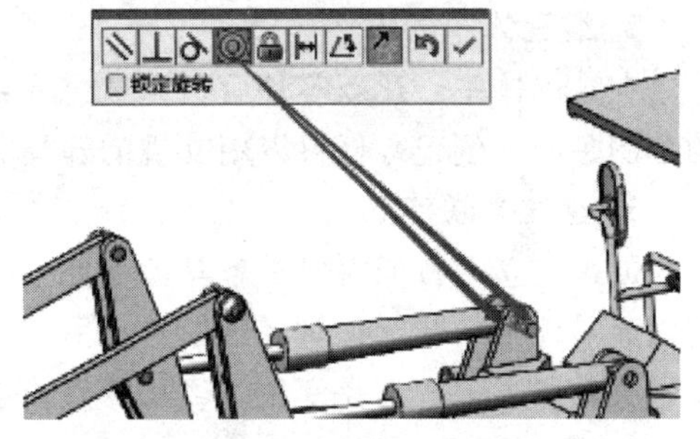

图 4-33　添加【同轴心】配合（8）

步骤 33　装配剩下的螺钉　重复步骤 29~步骤 32，添加剩下的两个螺钉，如图 4-34 所示。

图 4-34　装配剩下的螺钉

步骤 34　镜像装配体　参照步骤 25 创建图 4-35 所示装配体，镜像步骤 29 和步骤 33 所创建的三个螺钉。完成操作后单击✓。

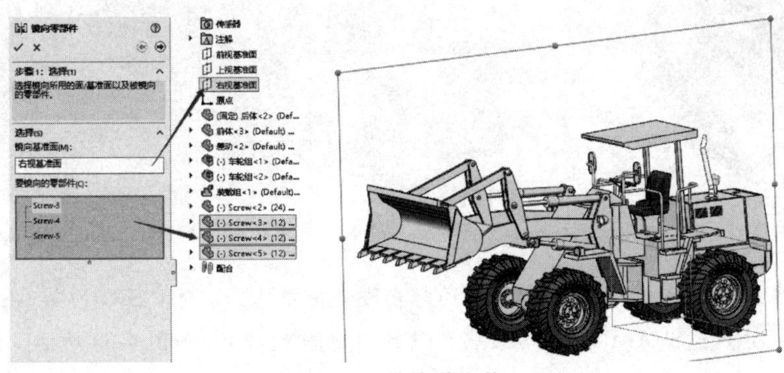

图 4-35　镜像装配体

步骤 35 保存并关闭装配体文件

4.4 自顶向下的装配体建模

自顶向下的装配体建模利用自顶向下的方法设计装配体，设计人员可以从一个空的装配体开始，也可以从一个已经完成并插入装配体中的零件开始设计其他零件。

4.4.1 操作流程

1. 在装配体中添加新零件

如果用户需要在装配体中创建一个新零件，首先需要对零件命名并选择一个平面，这个平面将被用作新零件的前视基准面。

2. 装配体中的零件建模

在装配体中创建新零件后，系统进入到编辑零件模式，所选的平面也就成为当前被激活的草图平面。创建零件可以用常规的建模方法，也可以参考装配体中的其他几何体。

3. 建立关联特征

如果建立的特征需要参考其他零件中的几何体，这个特征就是所谓的关联特征。例如，在创建零件中的装配孔时，可以参考另一个零件上轴的装配外圆边线，并在轴和孔之间建立关联关系。当轴的直径变化时，孔的直径也会相应地变化。

4. 断开外部参考

在装配体中建立虚拟零部件和特征时，会建立很多外部参考。本章将介绍如何断开外部参考，并保持零件完整的方法。

4.4.2 装配过程

步骤 1 打开装配体 打开装配体“Cut saw”，如图 4-36 所示。

步骤 2 打开工程图 打开工程图“Mechanisms Layout”，选择工程图纸中所有内容（快捷键〈Ctrl+A〉），然后复制（快捷键〈Ctrl+C〉），如图 4-37 所示。

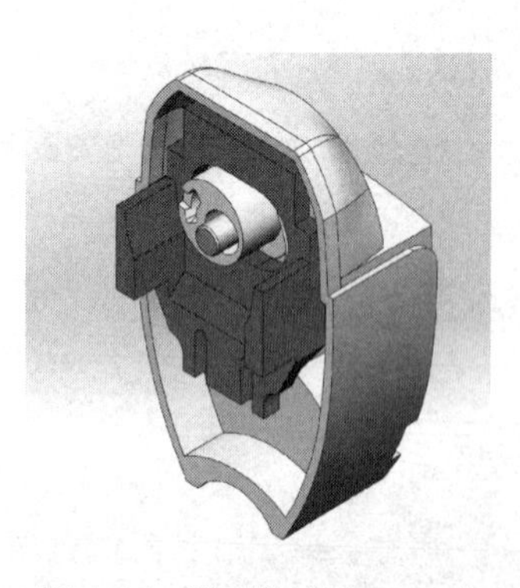

图 4-36 装配体“Cut saw”

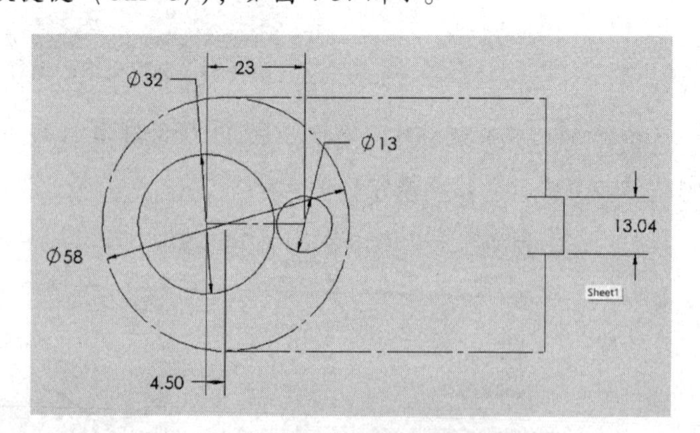

图 4-37 工程图“Mechanisms Layout”

步骤 3 隐藏零部件 按住〈Ctrl〉键同时在设计树中选择零件“SW0903A GEAR DRIVE-1”和零件“GEAR DRIVE SHAFT”，然后右击，选择【逆转选择】，如图 4-38 所示。然后右击被选择的零件，选择【隐藏零部件】，将这些零件全部隐藏，如图 4-39 所示。

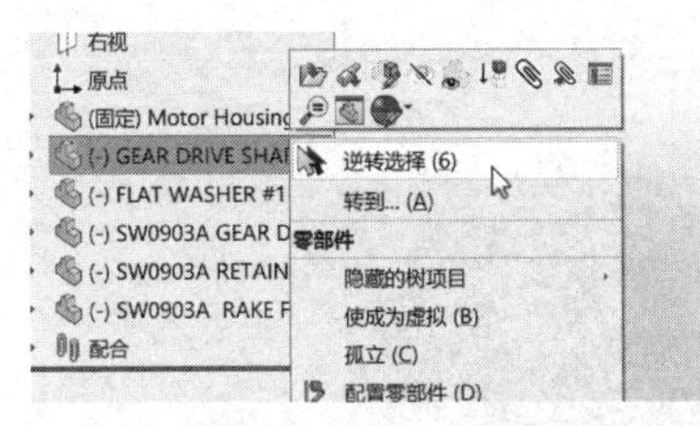

图 4-38 逆转选择

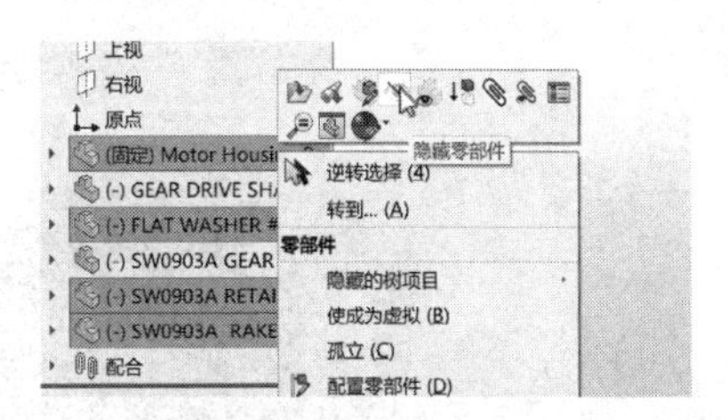

图 4-39 隐藏零部件

步骤 4 查看隐藏效果 隐藏零部件后将显示图 4-40 所示效果。被隐藏的零件在设计树中的符号也将呈白色显示。

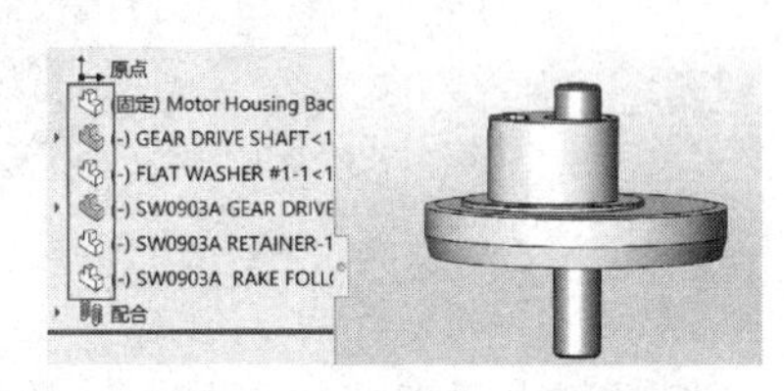

图 4-40 查看隐藏效果

步骤 5 插入新零件 单击【特征】工具栏中的【插入零部件】/【新零件】。此时将鼠标放在空白区域，将会显示为✓，在左下角将会提示“请选择放置新零件的面或基准面”，将鼠标放置到一个面上时将会显示为▣。选择图 4-41 所示面为“新零件”的草图平面，该面将成为“新零件”的前视基准面，此时将会出现在草图绘制状态下。

步骤 6 粘贴工程图 将工程图“Mechanisms Layout”中复制的图形使用快捷键〈Ctrl+V〉粘贴到新零件的图形区域，如图 4-42 所示。

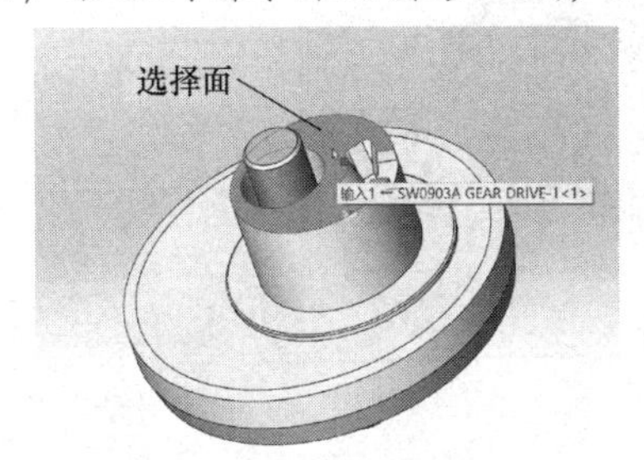

图 4-41 选择面

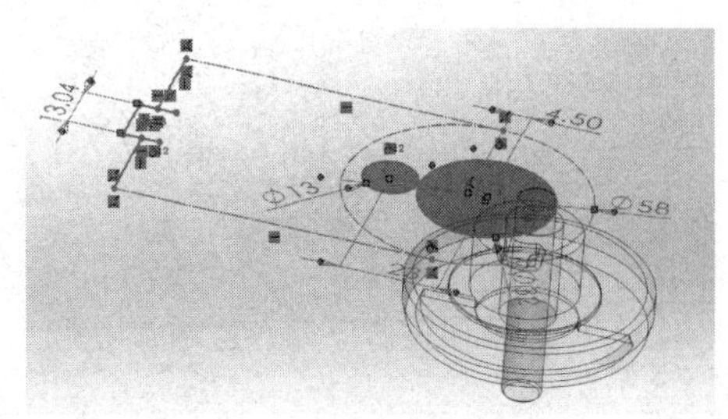

图 4-42 粘贴工程图

步骤 7 更改透明度 粘贴完成后整个图形区域会看上去很乱、不清楚。单击【草图】工具栏中的【装配体透明度】，并选择【迫使透明】，如图 4-43 所示。

图 4-43 更改透明度

步骤 8 添加【同心】几何关系 按住〈Ctrl〉键选择图 4-44 所示两圆边线，并添加【同心】几何关系。

步骤 9 添加【平行】几何关系 选择图 4-45 所示两条边线，并添加【平行】几何关系。

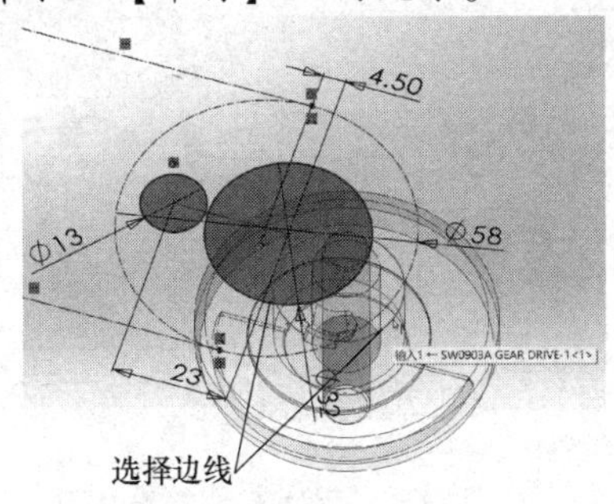

图 4-44 添加【同心】几何关系

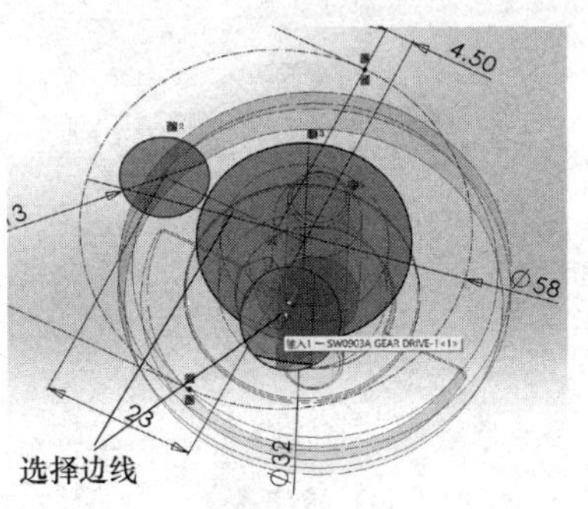

图 4-45 添加【平行】几何关系

步骤 10 绘制直线 绘制图 4-46 所示两条直线，并剪裁多余的轮廓。

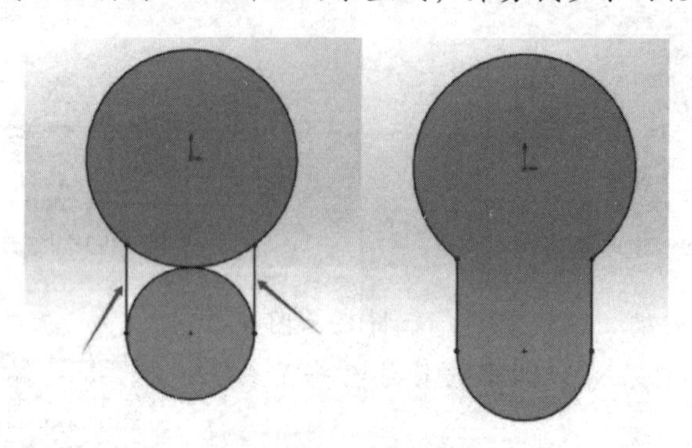

图 4-46 绘制直线

步骤 11 转换实体引用 选择图 4-47 所示圆柱面，并使用【特征】工具栏中的【转换实体引用】/【交叉曲线】，也可在菜单栏中单击【工具】/【草图工具】/【交叉曲线】，将其外形轮廓转换到草图平面。完成绘制后保存并退出草图。

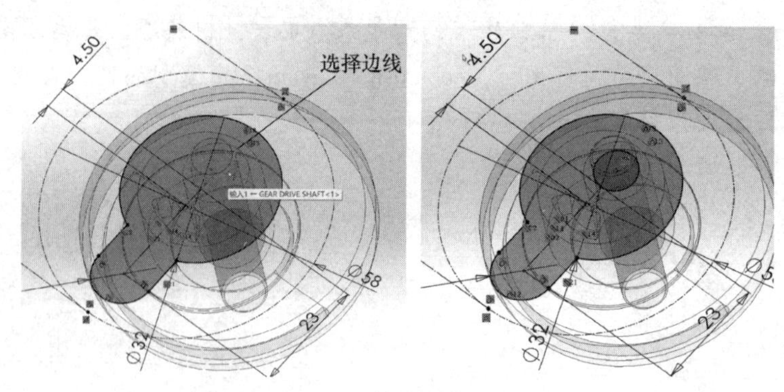

图 4-47 转换实体引用

步骤 12 拉伸实体 在【特征】工具栏中单击【拉伸凸台/基体】，拉伸上一步骤绘制的草图轮廓，也可预先选中草图再单击【拉伸凸台/基体】。在【凸台-拉伸】属性框中进行设置，【方向 1】给定深度为 2mm，【方向 2】给定深度为 3mm，所选轮廓如图 4-48 所示。完成编辑后单击✔退出。

步骤 13 退出零件编辑状态 完成拉伸操作后，此时并没有回到装配体中。单击图 4-49 所示的，退出零件编辑状态，回到装配体中。

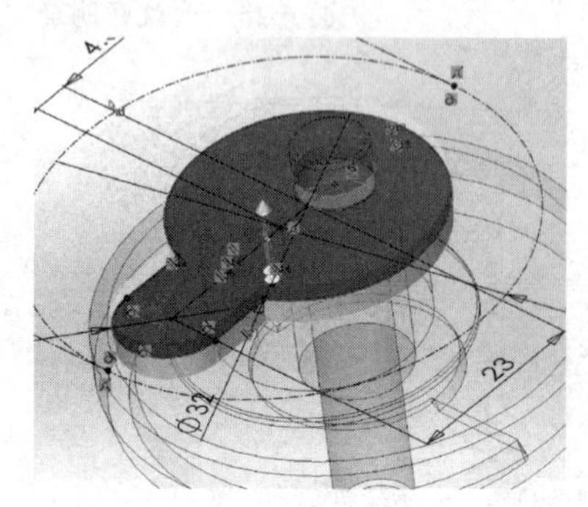

图 4-48 拉伸实体

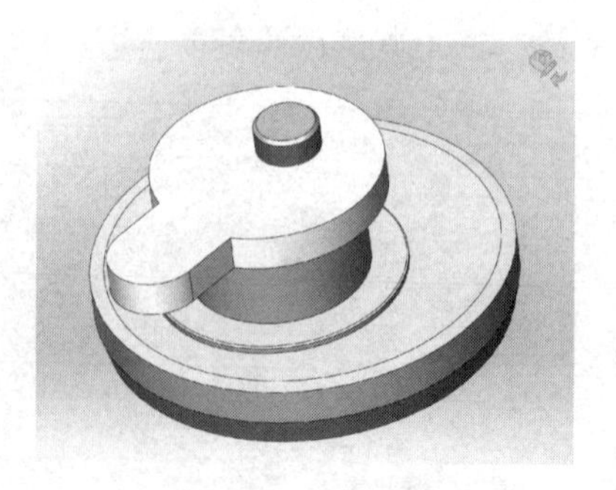

图 4-49 退出零件编辑状态

步骤 14　重命名新零件　在设计树中选中新建的新零件名称，通过使用快捷键〈F2〉将其更名为“Design”。

步骤 15　静态干涉检查　单击【特征】工具栏中的【干涉检查】，在其属性框中右击【所选零部件】中的零部件“Cut saw”，选择【删除】，删除该零部件，如图 4-50 所示。然后选择图 4-51 所示的三个零部件，单击【计算】，将会在【结果】中显示计算结果，如图 4-52 所示。

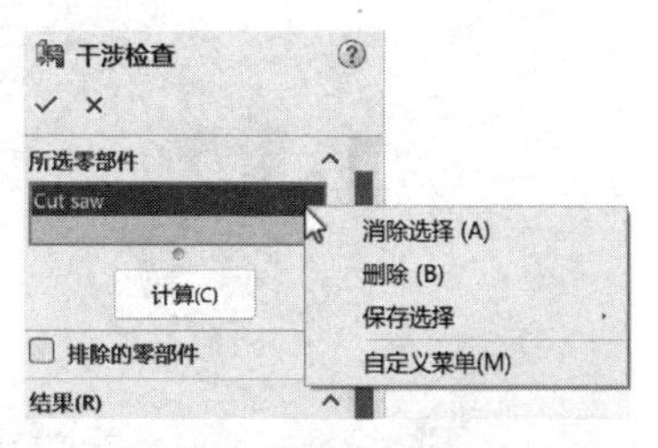

图 4-50　删除“Cut saw”

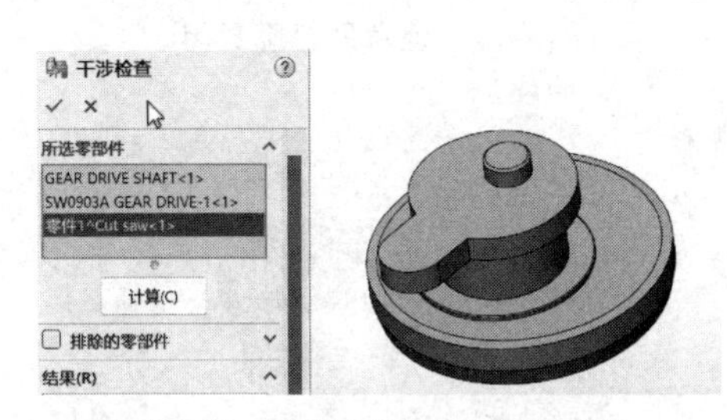

图 4-51　选择干涉检查的零部件

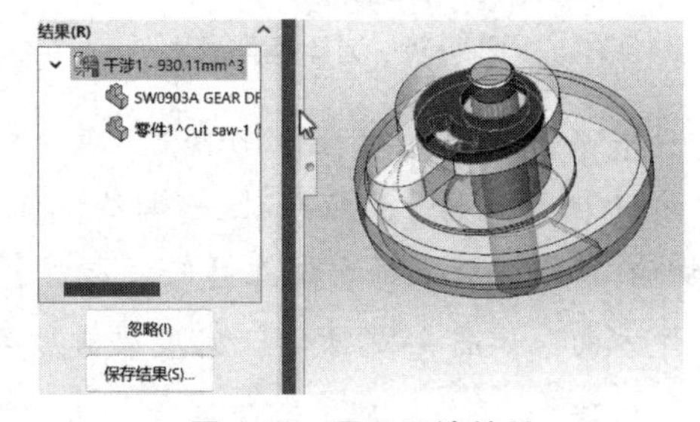

图 4-52　显示干涉结果

步骤 16　分析干涉结果　通过干涉检查，发现这三个零部件间存在一个干涉，图 4-52 中的深色区域为干涉区域，干涉零件为“SW0903A GEAR DRIVE-1”和新建的零件“Design”。

通过分析可知，在创建零件“Design”拉伸时，【方向 2】的 3mm 处和零件“SW0903A GEAR DRIVE-1”发生了干涉。

步骤 17　编辑零件“Design”　右击设计树中的零件“Design”，选择【编辑零件】，如图 4-53 所示，此时会进入零件编辑状态。

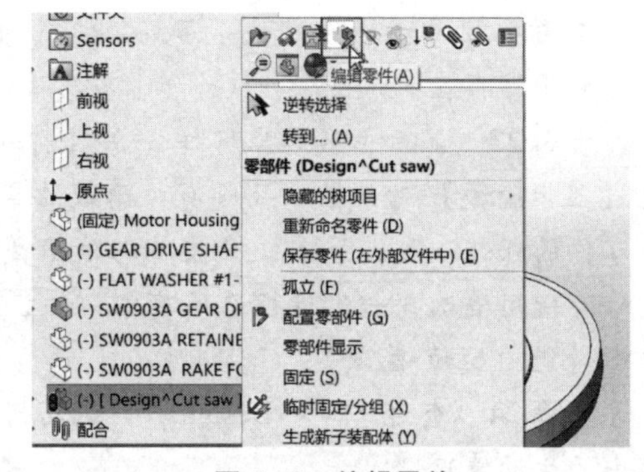

图 4-53　编辑零件

步骤 18　选择草图平面　单击【特征】工具栏中的【草图绘制】，然后右击图 4-54 所示区域，选择【选择其他】，并选择图 4-55 所示面为草图平面。

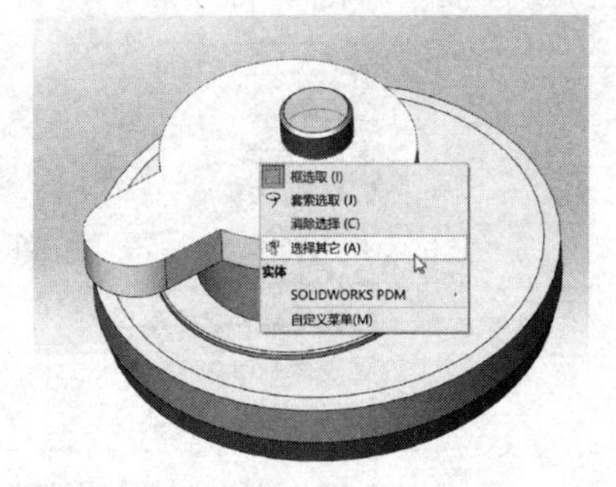

图 4-54　通过【选择其他】选择看不到的面

注：SOLIDWORKS 软件中的“其它”应为“其他”。

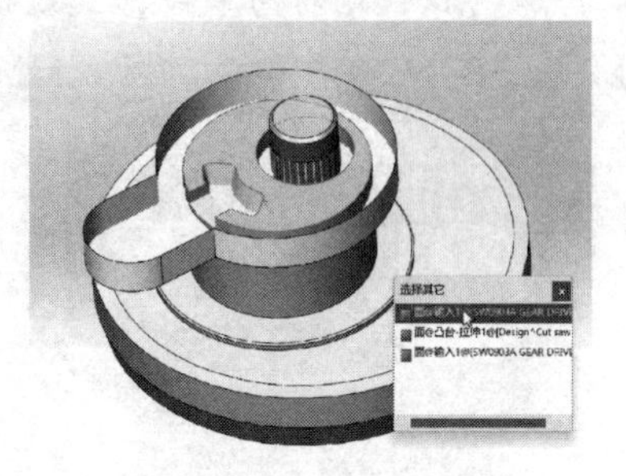

图 4-55　选择面

步骤 19　绘制草图　单击【特征】工具栏中的【转换实体引用】，选择图 4-56 所示模型表面，将其轮廓转换实体到该草图平面，如图 4-57 所示。完成绘制后保存并退出草图。

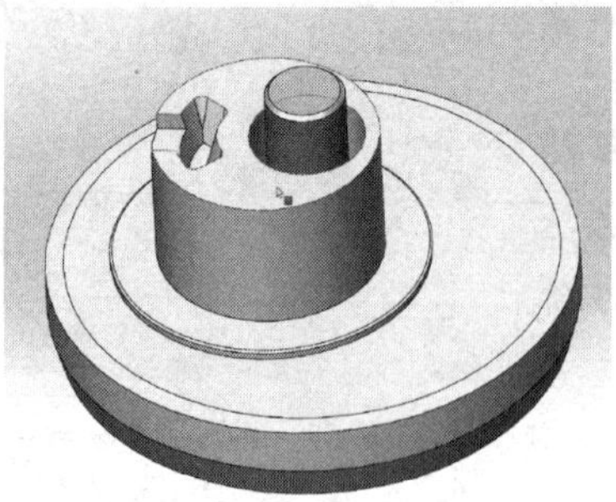

图 4-56 选择模型表面

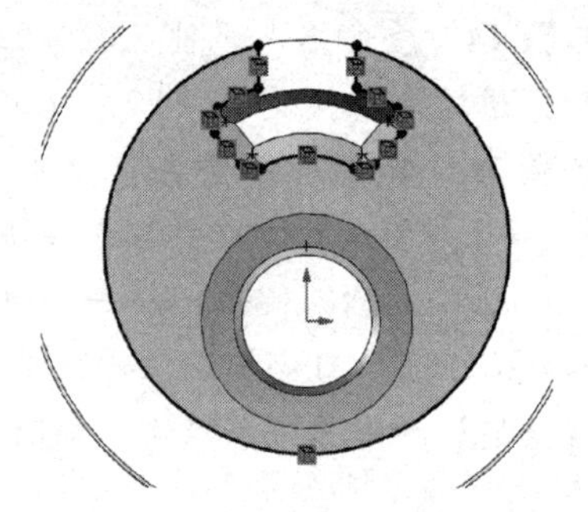
图 4-57 使草图轮廓封闭

步骤 20 创建“拉伸-切除” 单击【特征】工具栏中的【拉伸切除】，拉伸上一步绘制的草图轮廓。在【切除-拉伸】属性框中设置【给定深度】为 3mm，注意拉伸方向，如图 4-58 所示。完成编辑后单击✓退出。

步骤 21 退出零件编辑状态 单击，退出零件编辑状态，回到装配体中。

步骤 22 再次进行静态干涉检查 重复步骤 15，再次检查图 4-52 中的三个零件是否还存在干涉。结果表明已经无干涉存在。

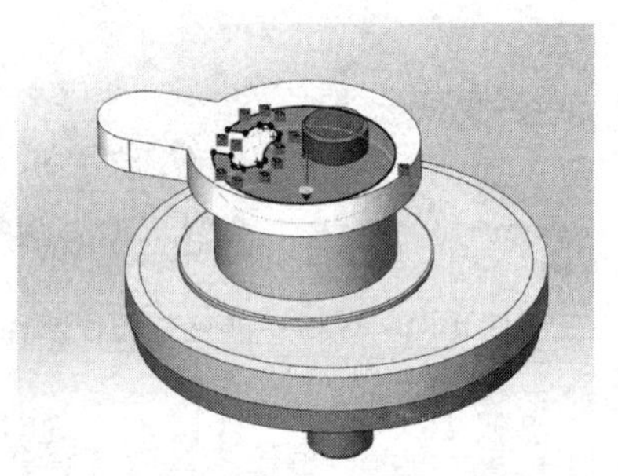
图 4-58 创建“拉伸-切除”

步骤 23 显示隐藏的零部件 在【特征】工具栏中单击【显示隐藏的零部件】，会出现【显示隐藏】对话框，且所有被隐藏的零部件将显示出来，如图 4-59 所示。此时只需单击零件的任何一处，该零件将被“取消隐藏”。

可使用框选，一次性框选所有零部件，此时所有被隐藏的零部件均被“取消隐藏”，并单击【退出显示-隐藏】。

步骤 24 查看零件“Design”的运动情况 单击并拖动零件“Design”，查看其在装配体中的运动情况。

步骤 25 动态干涉检查 单击【特征】工具栏中的【移动零部件】，在其属性框中选择【选项】中的【碰撞检查】，在【检查范围】中选择【所有零部件之间】，并勾选【碰撞时停止】和【仅被拖动的零件】复选框，其他设置为默认值，如图 4-60 所示。

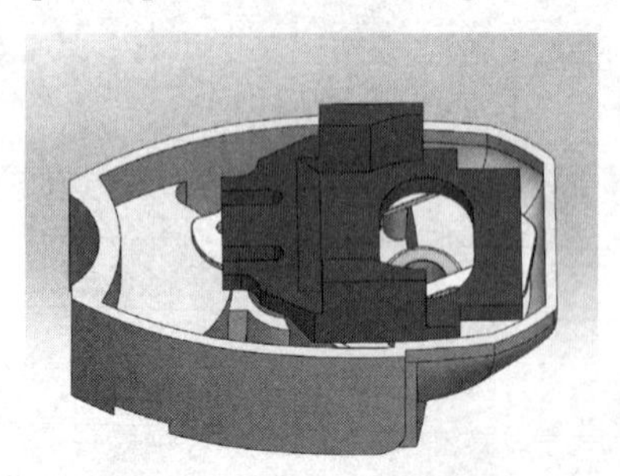
图 4-59 显示隐藏的零部件

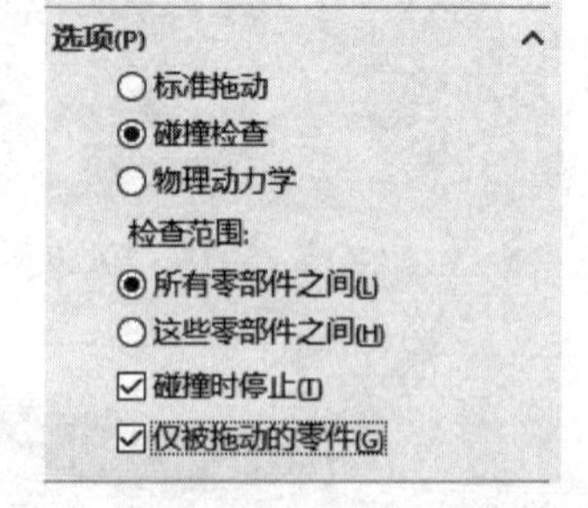

图 4-60 设置碰撞检查参数

设置完成后选择图 4-61 所示模型表面，单击并拖动“零件 1”绕圆周运动，当零件“Design”运动至图 4-62 所示位置时会停止运动。这是因为零件“Design”和“SW0903A RAKE FOLOOWER12-1”在此位置时会产生碰撞。单击✓退出。

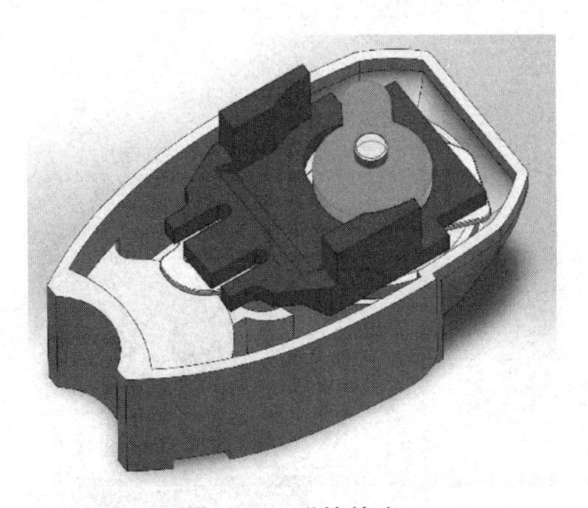
图 4-61 碰撞检查

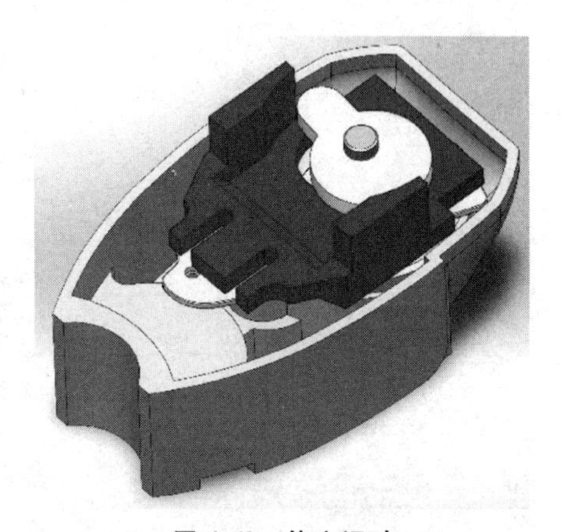
图 4-62 停止运动

步骤 26 编辑零件“Design” 在设计树中右击零件“Design”并选择【编辑】，在设计树中找到“草图 1”并右击，选择【编辑草图】，将草图中的尺寸 23mm 改为 20mm。编辑完成后保存并退出草图，退出零件编辑状态回到装配体。

步骤 27 动态干涉检查 重复步骤 25，再次进行动态干涉检查，检查是否还存在干涉。此时已经无干涉，如有干涉可反复检查以上步骤或自行编辑来修改。

步骤 28 保存并关闭装配体 在保存装配体时将会弹出【另存为】对话框，如图 4-63 所示，选择【内部保存（在装配体内）】，并单击【确定】。保存在装配体内部的零部件称为虚拟零部件。

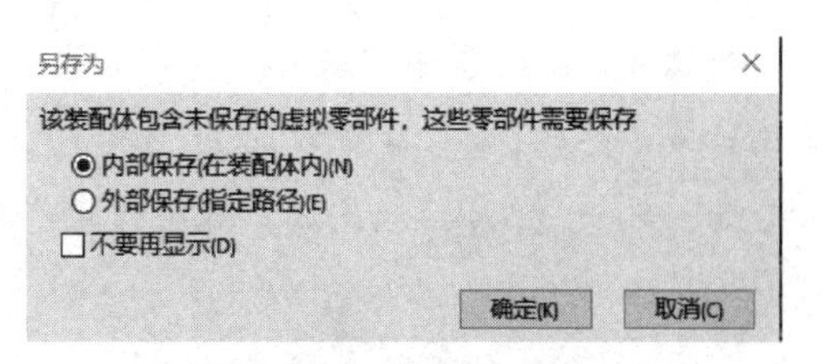

图 4-63 选择保存方式

4.5 装配体爆炸视图

在创建爆炸视图前，最好创建配置以保存爆炸视图，并添加好配合关系以保持装配体在“起始位置”处。

通过爆炸视图，可以沿着“移动操作杆”的手柄或三重轴移动一个或多个零部件。每一次的移动方向和距离都被视为一个步骤来保存。

步骤 1 打开装配体 打开“减速器”文件夹下的现有装配体“减速器”，如图 4-64 所示，利用该装配体创建一个爆炸视图。

步骤 2 打开爆炸视图命令 单击装配体工具栏中的【爆炸视图】命令，出现图 4-65 所示【爆炸】属性框。

步骤 3 爆炸第一个零件 从设计树中或图形界面选择零件“吊环螺钉<1>”和“吊环螺钉<2>”，向上拖动，用标尺确定移动距离，设定距离为 600mm。单击【完成】。

操作完成后特征“爆炸步骤 1”将被加入【爆炸步骤】列表框中，如图 4-66 所示。

图 4-64 装配体“减速器”

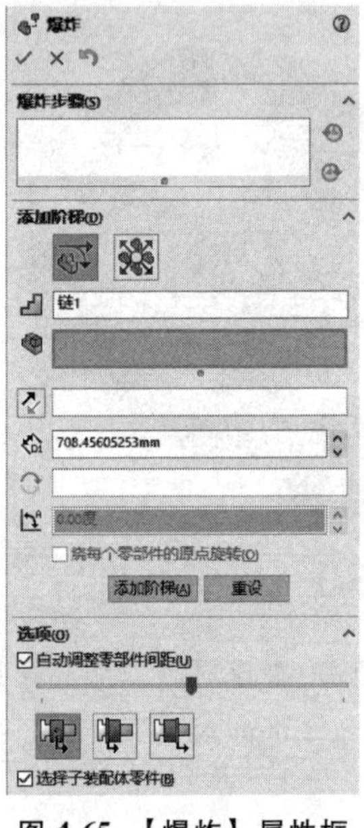

图 4-65 【爆炸】属性框

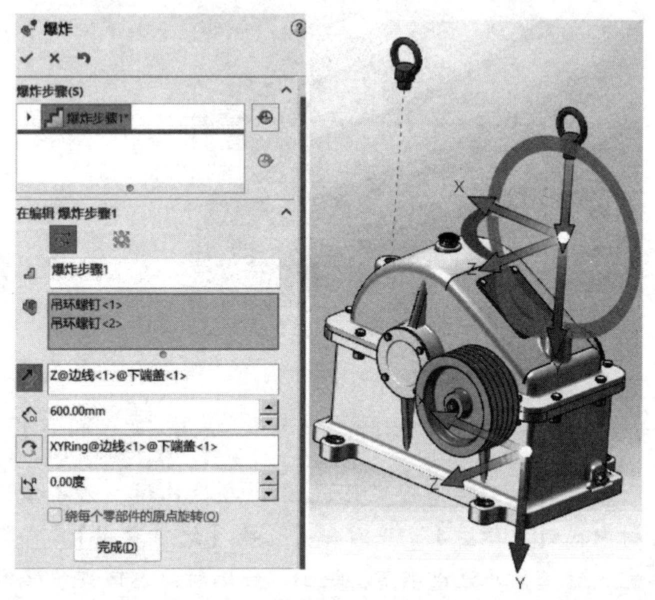

图 4-66 添加爆炸步骤（1）

步骤 4 爆炸零件“螺钉 1”“爆炸步骤 1”添加完成后继续在【爆炸步骤的零部件】中选择 4 个螺钉，【爆炸方向】选择向上，单击 可调整方向，【爆炸距离】设定为 600mm，单击【完成】。完成步骤将出现在列表中，如图 4-67 所示。

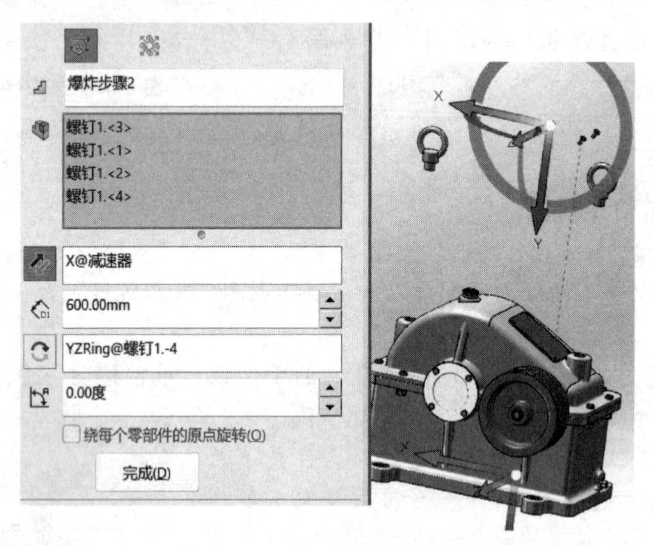

图 4-67 添加爆炸步骤（2）

步骤 5 爆炸零件“视孔盖” 继续在【爆炸步骤的零部件】中选择零件“视孔盖<1>”，【爆炸方向】选择向上，【爆炸距离】设定为 550mm，单击【完成】。完成步骤将出现在列表中，如图 4-68 所示。

步骤 6 依次爆炸零件 继续在【爆炸步骤的零部件】中选择零件“螺钉 2”“视孔盖”和“V 带轮”，【爆炸方向】选择向左，【爆炸距离】设定为 180mm，单击【完成】。完成步骤将出现在列表中，效果如图 4-69 所示。

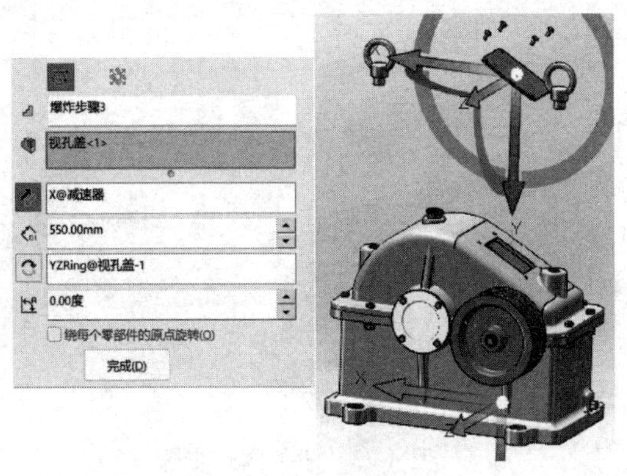

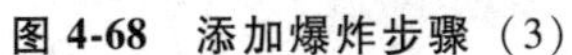

图 4-68 添加爆炸步骤（3）

图 4-69 添加爆炸步骤（4）

步骤 7 爆炸 8 个螺钉零件“螺钉 2” 继续在【爆炸步骤的零部件】中选择左侧 8 个螺钉零件“螺钉 2”，【爆炸方向】选择向左，【爆炸距离】设定为 135mm，单击【完成】。完成步骤将出现在列表中，如图 4-70 所示。

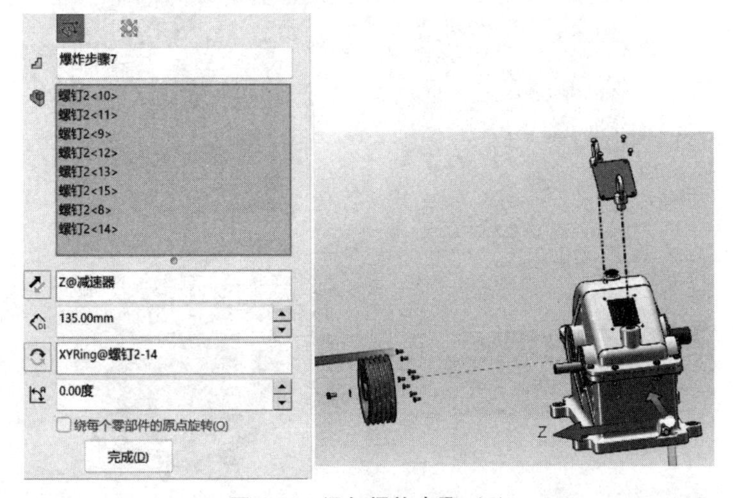

图 4-70 添加爆炸步骤（5）

步骤 8 爆炸零件“大端盖 1<2>”“小端盖 1<1>” 继续在【爆炸步骤的零部件】中选择零件“大端盖 1<2>”“小端盖 1<1>”，【爆炸方向】选择向左，【爆炸距离】设定为 85mm，单击【完成】。完成步骤将出现在列表中，如图 4-71 所示。

图 4-71 添加爆炸步骤（6）

步骤 9　爆炸零件　操作同步骤 8，如图 4-72 所示。

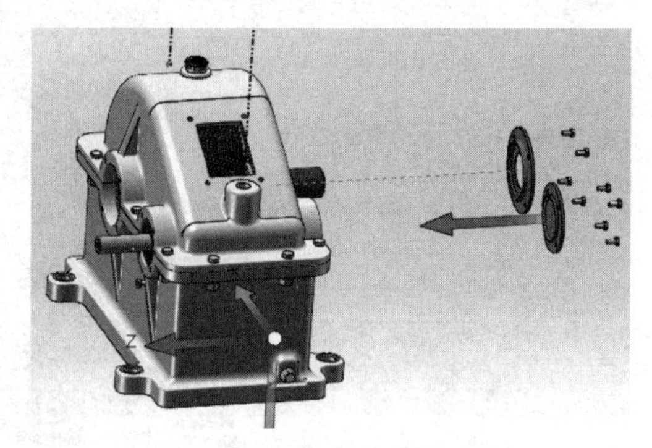

图 4-72　添加爆炸步骤（7）

步骤 10　爆炸 10 个螺钉零件“螺钉 1”　继续在【爆炸步骤的零部件】中选择 10 个螺钉零件“螺钉 1”，【爆炸方向】选择向上，【爆炸距离】设定为 600mm，单击【完成】。完成步骤将出现在列表中，如图 4-73 所示。

步骤 11　爆炸零件“上端盖<1>”　继续在【爆炸步骤的零部件】中选择零件“上端盖<1>”，【爆炸方向】选择向上，【爆炸距离】设定为 410mm，单击【完成】。完成步骤将出现在列表中，如图 4-74 所示。

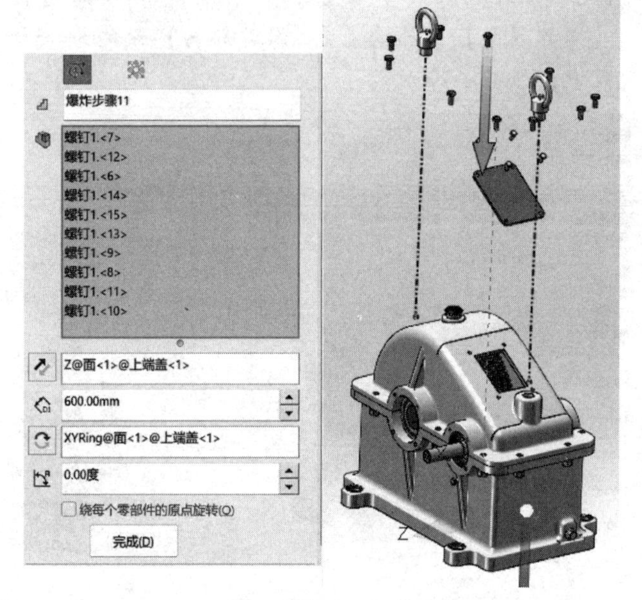

图 4-73　添加爆炸步骤（8）

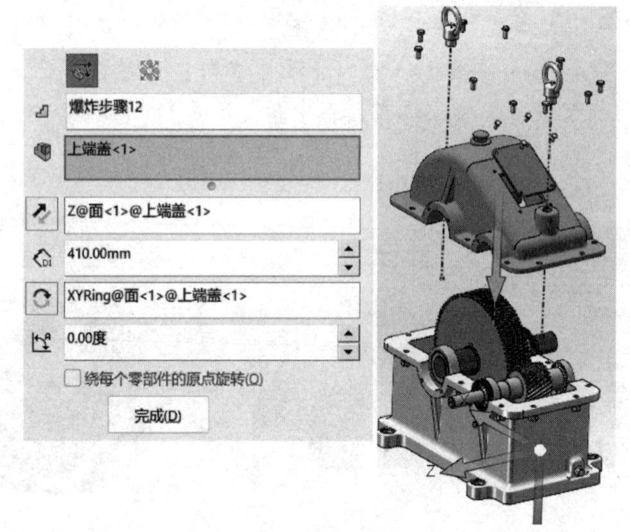

图 4-74　添加爆炸步骤（9）

步骤 12 爆炸齿轮组件 继续在【爆炸步骤的零部件】中选择齿轮组件零件，【爆炸方向】选择向上，【爆炸距离】设定为200mm，单击【完成】。完成步骤将出现在列表中，如图4-75所示。

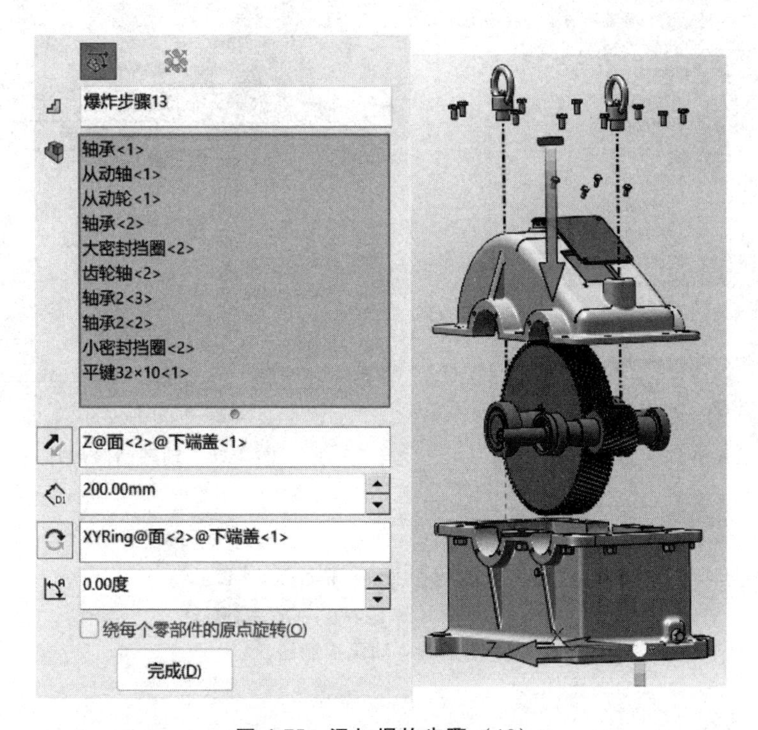

图 4-75 添加爆炸步骤（10）

步骤 13 查看爆炸效果 全选齿轮组，拖动箭头向右，齿轮组从左向右开始爆炸，如图4-76所示。

图 4-76 查看爆炸效果

步骤 14 退出爆炸视图 在【爆炸】属性框中单击✔退出爆炸视图操作。在【配置】属性框中将会显示所创建的爆炸配置，如图4-77所示。

步骤 15 动画解除爆炸 右击【配置】属性框中的“爆炸视图1”，选择【动画解除爆炸】命令，如图4-78所示，将会跳出图4-79所示的【动画控制器】，通过该控制器可以控制动画的播放速度和保存动画等。

步骤 16 保存装配体 将装配体命名为“减速器”，保存并关闭装配体。

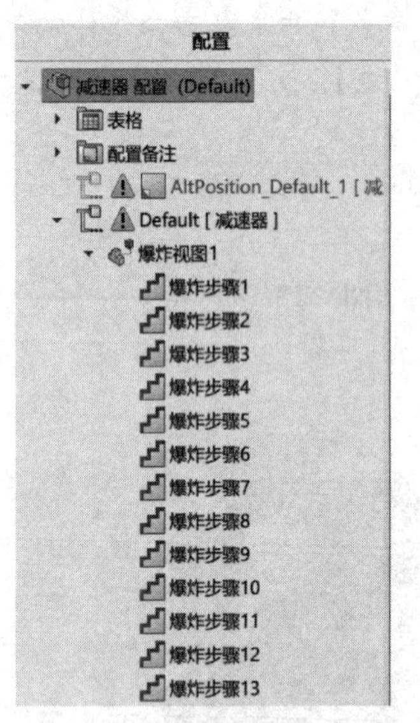

图 4-77 爆炸配置

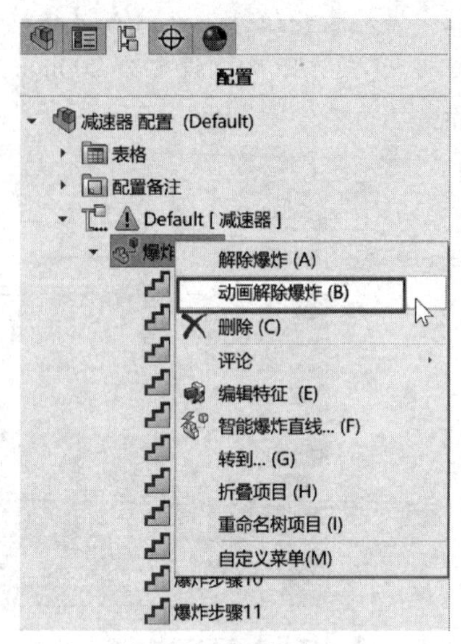

图 4-78 动画解除爆炸

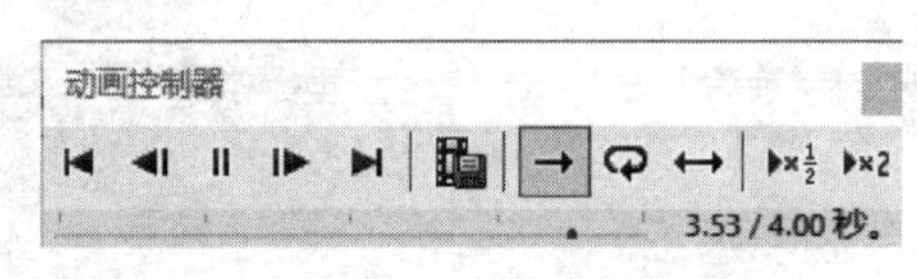

图 4-79 动画控制器

4.6 课后练习

1. 创建“机械手”装配体，如图 4-80、图 4-81 所示。

本练习应用以下技术：

- 新建一个装配体。
- 向装配体中添加零件。
- 零部件间的配合。
- 爆炸视图。
- 爆炸直线。

单位：mm。

图 4-80 机械手

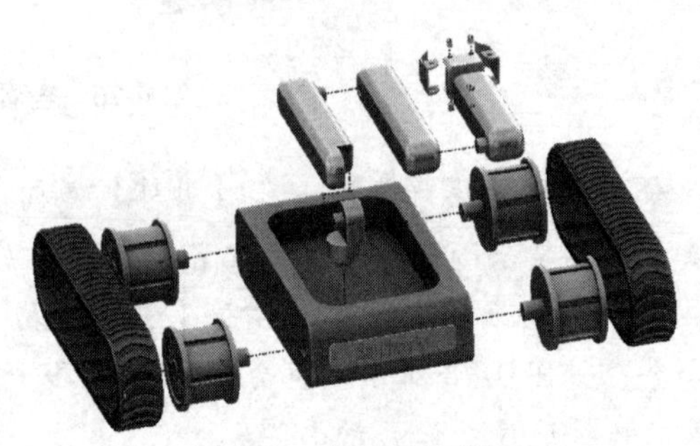

图 4-81 机械手爆炸图

2. 利用现有装配体“Electric motor”中的几何体建立图4-82、图4-83所示的零件，并命名为“Stand”，其拉伸厚度为8mm。

本练习应用以下技术：

- 自顶向下的装配体建模。
- 建立虚拟零部件。
- 常用工具。
- 保存虚拟零部件为内部保存。

单位：mm。

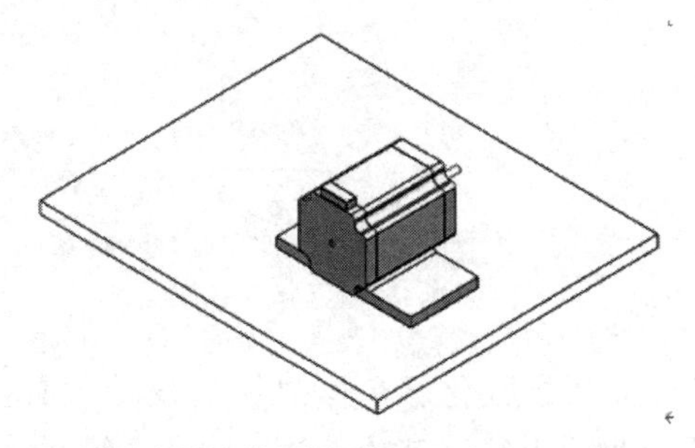

图4-82　装配体“Electric motor”

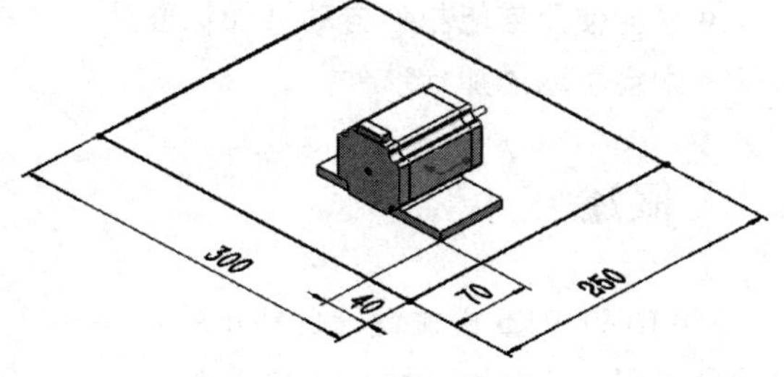

图4-83　尺寸

第 5 章　标准件库

【学习目标】

- 了解设计库、标准件库的概念
- 了解 Toolbox 在 SOLIDWORKS 中的应用
- 学会使用智能扣件自动添加标准件
- 学会手动添加标准件

5.1　概述

SOLIDWORKS 机械设计自动化软件是一个基于特征、参数化、实体建模的设计工具。该软件采用了 Windows 图形用户界面，易学易用，也是世界上第一套基于 Windows 系统开发的 3D 设计系统。随着信息技术的应用，用户对软件提出了越来越个性化的需求，从而造就了设计库的诞生。

5.2　设计库

设计库是指在设计中可重复使用单元的信息总和，方便用户在设计过程中对重复的单元进行反复使用，提高设计效率。设计库的特点就是通过标准化、系列化建立可重复使用单元，并对零部件进行分类，建立零部件的检索机制。

设计库包括了设计中常用的可重复使用单元，具体包括常用的注释、特征库、零件库、基础件库、标准件库等。本章将重点介绍标准件库的应用。

5.3　标准件库介绍

标准件库是为 CAD 软件提供标准件模型的插件，可以帮助用户快速创建标准件模型。标准件库里面的模型按照国家标准分为 GB、DIN、ANSI 等（图 5-1），按照种类分为螺母、螺钉、铆钉和焊钉等（图 5-2）。

图 5-1　按照国家标准分类

在 SOLIDWORKS 中，标准件库为【Toolbox】，如图 5-3 所示。本章将介绍如何使用这种资源。

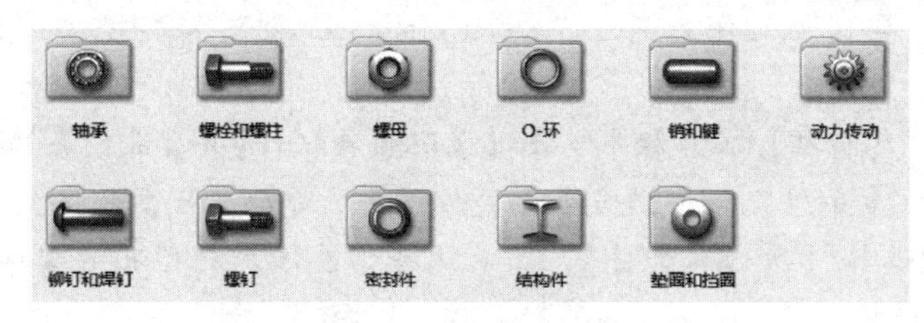

图 5-2 按照种类分类

图 5-3 【Toolbox】

5.4 Toolbox

5.4.1 Toolbox 的启动方式

单击菜单栏中的【工具】/【插件】，弹出【插件】对话框，勾选【SOLIDWORKS Toolbox Library】和【SOLIDWORKS Toolbox Utilities】复选框，启动插件，如图 5-4 所示。

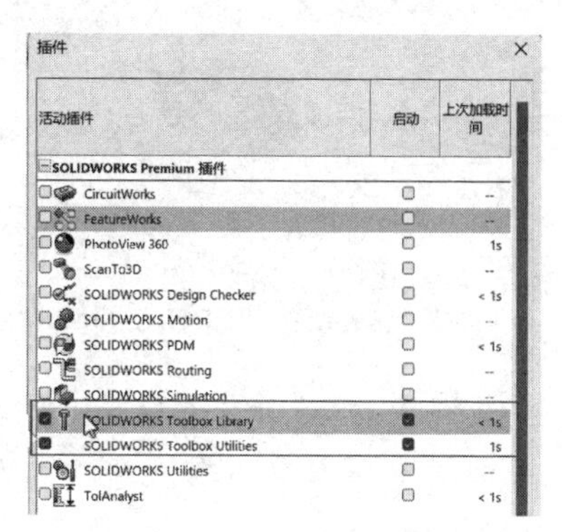

图 5-4 【插件】对话框

5.4.2 智能扣件

如果装配体中包含特定规格的孔、孔系列或孔阵列，利用智能扣件可以自动添加扣件（螺栓和螺钉）。智能扣件使用 SOLIDWORKS Toolbox 标准件库自动地给装配体中所有可用的孔特征添加扣件，这些孔特征可以是装配体特征，也可以是零件中的特征。向装配体中添加新扣件时，扣件的默认长度根据装配体中的孔而定。

使用异型孔向导建立孔特征，可以最大限度地利用智能扣件的优势。向导中给定的标准尺寸能够与螺钉和螺栓匹配。对于其他类型的孔，用户可以自定义智能扣件，添加任何类型的螺钉和螺栓并作为默认扣件使用。在装配体中添加扣件时，扣件可以自动地与孔建立重合和同轴心配合。

5.4.3 异型孔向导/Toolbox

在菜单栏中单击【工具】/【选项】/【系统选项】/【异型孔向导/Toolbox】，单击【配置】，弹出图 5-5 所示对话框。

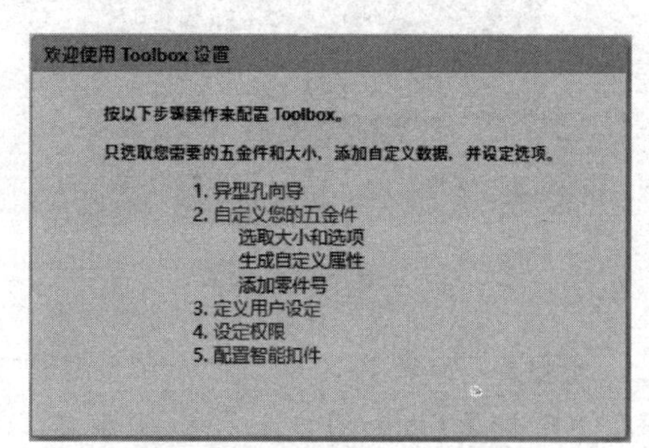

图 5-5 Toolbox 配置对话框

【异型孔向导/Toolbox】用来设置智能扣件，包括默认扣件和自动扣件更改。如果孔是由异型孔向导或者孔系列创建的，扣件类型可以通过相关对话框中的孔标准、类型和扣件来确定。如果孔是由其他方法创建的，如凸台的内部轮廓、拉伸切除或旋转切除，智能扣件将根据孔的物理尺寸选择一个合理的扣件直径。

5.4.4 添加智能扣件

创建和编辑装配特征以修改图 5-6 所示的装配体“Electric motor”。

步骤 1 打开文件 打开本章“实例”文件夹下的“Electric motor”装配体文件，此装配体已经添加好了配合关系。

步骤 2 创建异型孔 在装配体【特征】工具栏中单击【装配体特征】/【异型孔向导】。

步骤 3 设置孔类型参数 打开【异型孔向导】命令后，按图 5-7 所示进行参数设置。需要注意的是，在【特征范围】中选择【所选零部件】，然后选择需要添加异型孔的零部件，勾选【将特征传播到零件】复选框。

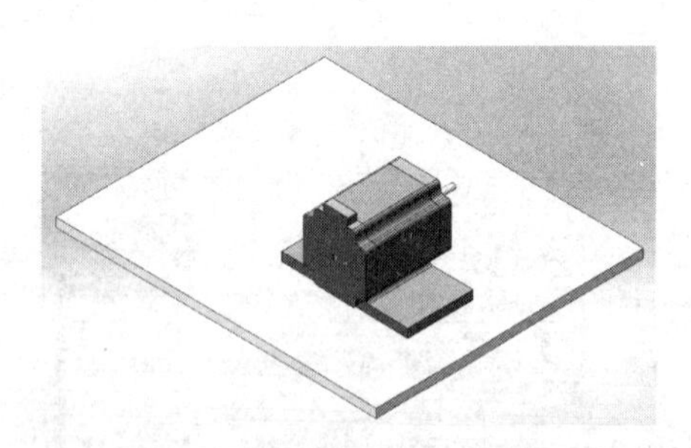

图 5-6 装配体“Electric motor”

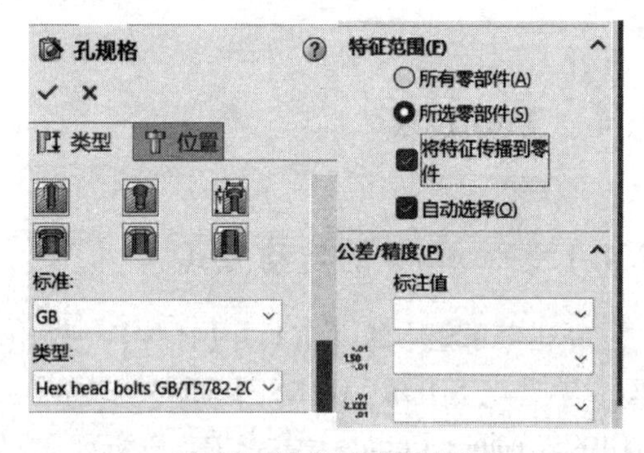

图 5-7 设置孔类型参数

步骤 4 设置异型孔位置 设置孔类型参数后，单击【位置】选项卡，并选择图 5-8 所示平面绘制草图（不需要单击【3D 草图】），并完全定义草图，完成操作后单击✓退出【异型孔向导】命令。

步骤 5 打开智能扣件 单击装配体【特征】工具栏中的【智能扣件】。如果此时没有打开 Toolbox 插件，则会出现图 5-9 所示提示框。

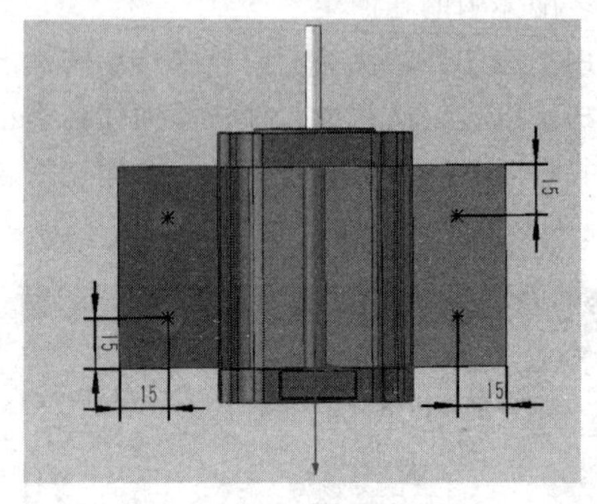

图 5-8 设置异型孔位置

图 5-9 SOLIDWORKS 提示框（1）

步骤 6 加载 Toolbox 打开任务窗格中的【设计库】，单击【Toolbox】。如果已经开启了 Toolbox 插件，则会有图 5-10 所示目录。如果还没有开启 Toolbox 插件，则会出现图 5-11 所示提示框，此时需要单击【现在插入】，即会加载 Toolbox。

步骤 7 再次打开智能扣件 再次单击【智能扣件】，将出现如图 5-12 所示提示框，单击【确定】继续操作。

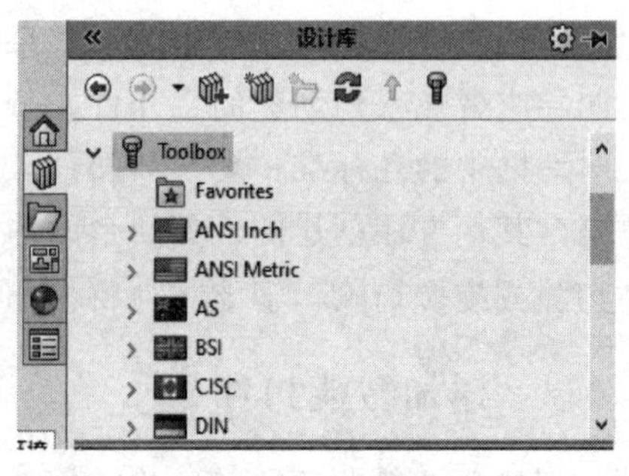

图 5-10 设计库

步骤8 自动添加智能扣件 打开【智能扣件】命令后，在其属性框中单击【增添所有】，如图5-13所示。

图 5-11 加载 Toolbox

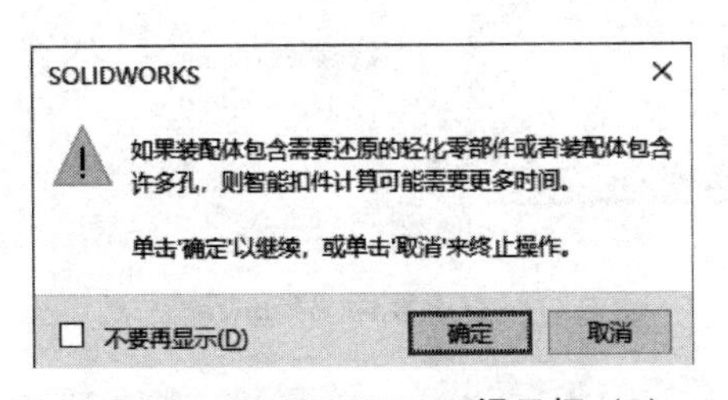

图 5-12 SOLIDWORKS 提示框（2）

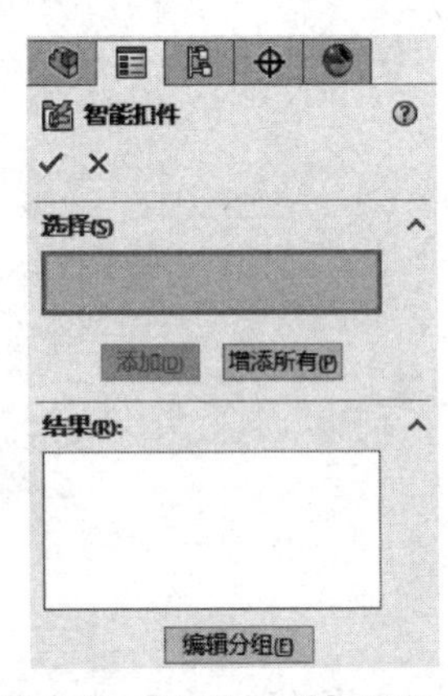

图 5-13 【智能扣件】属性框

在【结果】选项组中可以看到标准件的型号；在【扣件选项】选项组中可以设置是否自动调整到孔直径大小和长度；在【层叠零部件】选项组中可以设置是否添加【顶部层叠】和【底部层叠】；在【属性】选项组中可以对标准件的大小、长度、螺纹线显示和备注进行修改，如图5-14所示。完成编辑后单击✓退出【智能扣件】。

利用【顶部层叠】和【底部层叠】可以选用适应的垫圈或螺母等。本例将采用手动方式添加螺母。

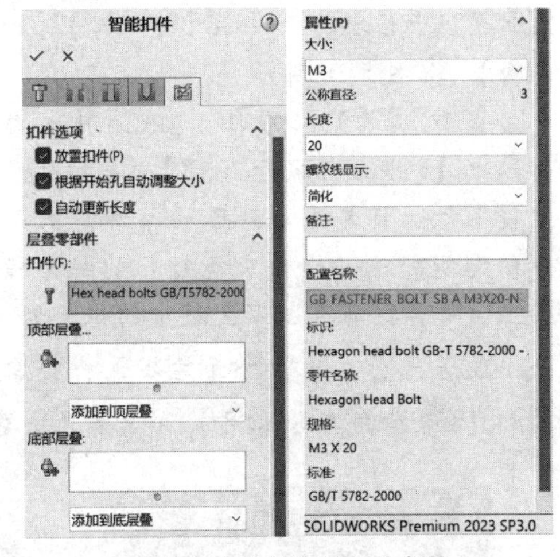

图 5-14 设置智能扣件参数

步骤9 查看结果 旋转模型查看已添加完成的智能扣件，在设计树中也会出现其步骤名称，如图5-15所示。

步骤10 打开零件"Central" 在设计树中右击零件"Central"，选择【打开零件】，如图5-16所示。

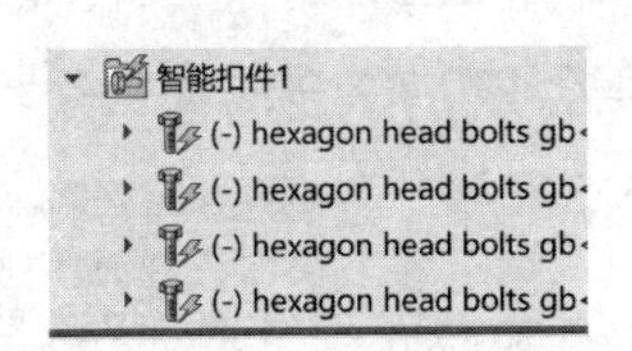

图 5-15 查看结果

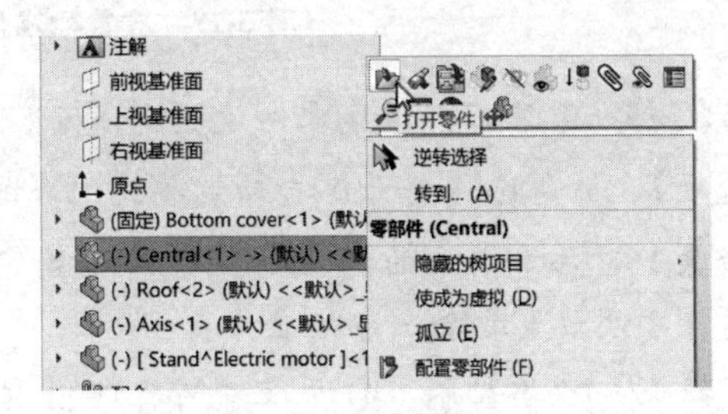

图 5-16 打开零件"Central"

步骤11 查看零件"Central" 打开零件"Central"后会发现柱形沉头孔已被添加到零件模型中，如图5-17所示。

步骤12 关闭零件"Central"

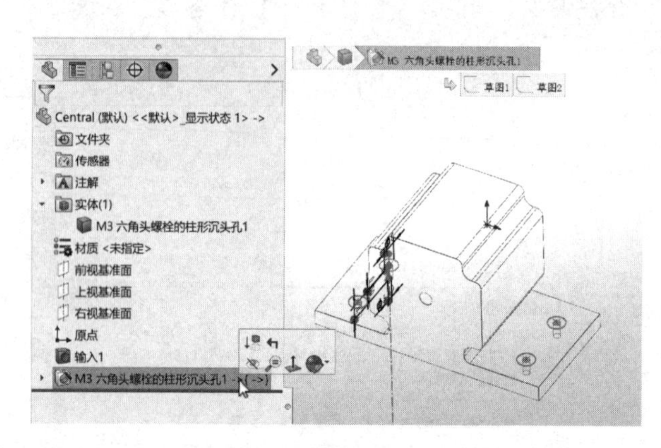

图 5-17 查看零件“Central”

步骤 13 手动添加智能扣件 打开任务窗格中的【设计库】，找到【Toolbox】，并在目录里面依次打开【GB】/【螺母】/【六角螺母】，如图 5-18 所示。

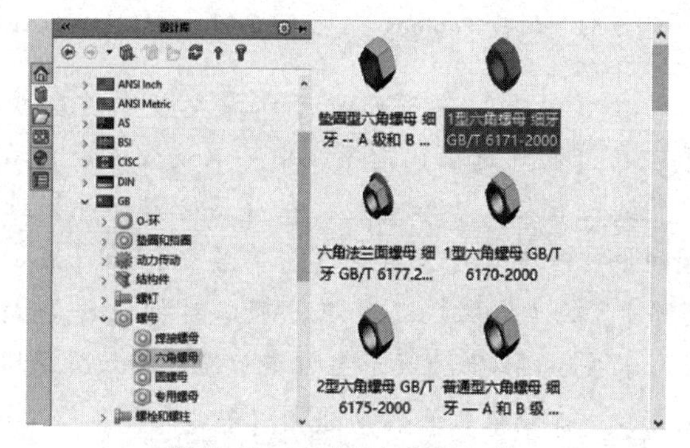

图 5-18 手动添加智能扣件

步骤 14 放置标准件 在 Toolbox 库中，选中【1 型六角螺母 细牙】，并按住鼠标左键不放，将其拖动到已被添加到装配体中的智能扣件【六角头螺钉】的柱形模型面上。将其拖动至图形区域中的位置时，将会出现光标，此时松开左键，将会自动添加【1 型六角螺母 细牙】和【六角头螺钉】的配合关系，如图 5-19 所示。

图 5-19 放置标准件并自动添加配合

步骤 15 配置零部件 零件放置完成后，将会出现【零部件配置】属性框，在其中找到【选项】，并勾选【将大小自动调整到配合的几何体】复选框，完成编辑后单击 ✓。

步骤 16 添加其余的标准件 成功放置完第一个标准件后，继续采用同样方法放置其余三个标准件。

步骤 17 查看结果 打开设计树中的【配合】文件夹，如图 5-20 所示，这些配合即为手动插入标准件时所自动添加的。

同心8 (Stand^Electric m
重合12 (Stand^Electric r
同心9 (Stand^Electric m
重合13 (Stand^Electric r
同心10 (Stand^Electric r
重合14 (Stand^Electric r
同心11 (Stand^Electric r
重合15 (Stand^Electric r

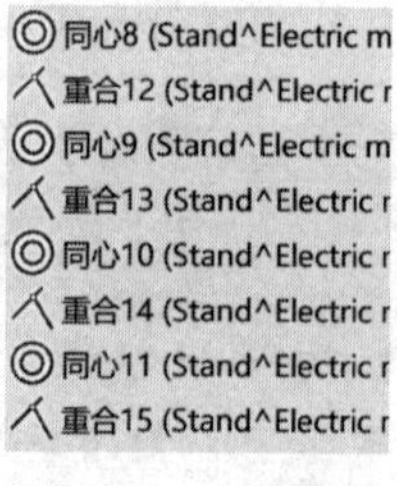

图 5-20 查看结果

步骤 18 保存并关闭装配体 保存并关闭装配体。因为此装配体中存在虚拟零部件，所以会弹出图 5-21 所示【另存为】对话框，选择【内部保存（在装配体内）】再单击【确定】。

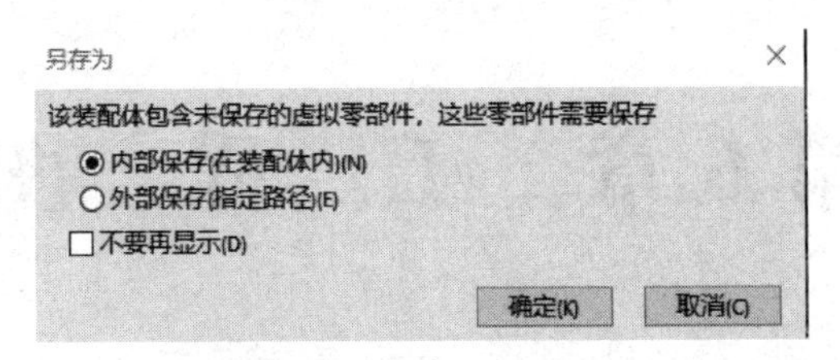

图 5-21　【另存为】对话框

5.5　课后练习

创建和编辑装配特征以修改图 5-22 所示装配体“Fan”。异型孔的型号为柱形沉头孔、ANSIMetric、六角螺钉、M2 大小、正常配合。异型孔位置如图 5-23 所示，其与零部件“Stand”的圆角边线同轴心。螺母型号为“1 型六角螺母 GB/T 6170—2000”。添加完成示意图如图 5-24 所示。

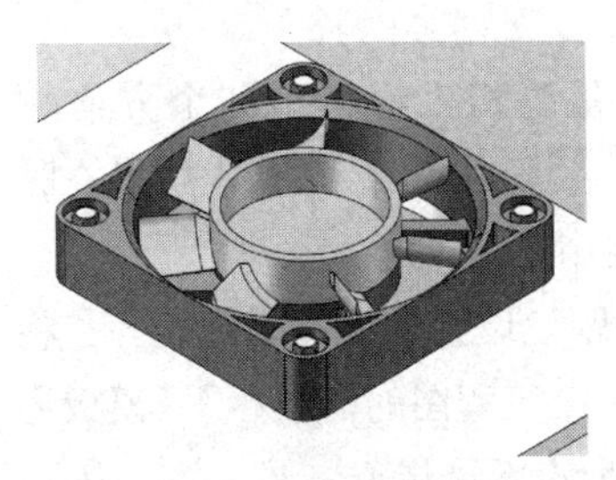

图 5-22　装配体“Fan”

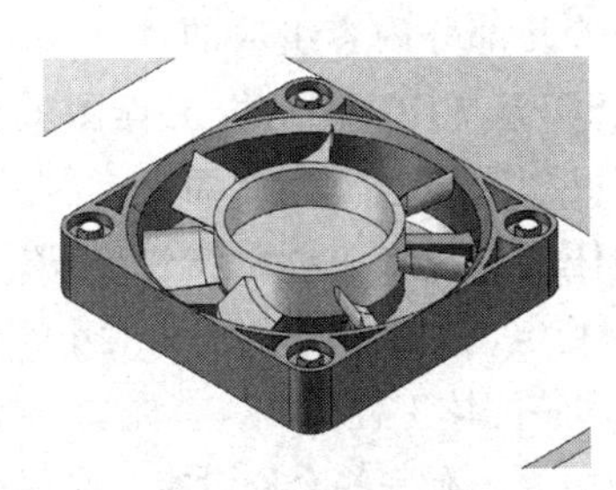

图 5-23　异型孔位置

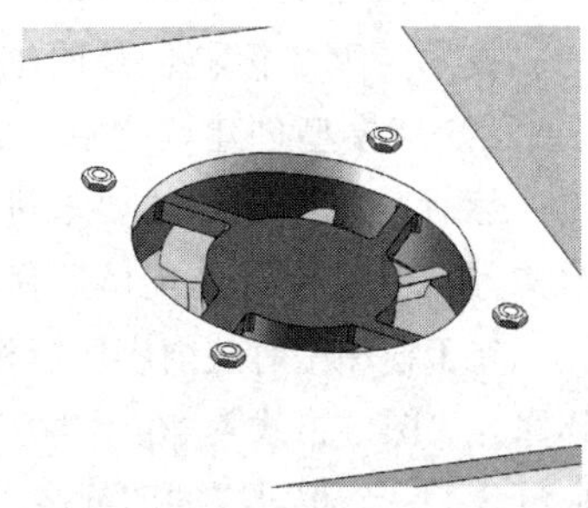

图 5-24　添加完成示意图

第 6 章　工　程　图

【学习目标】

- 了解工程图术语
- 熟悉工程图操作步骤
- 学会创建工程图

6.1　概述

工程图是表达设计者思想，以及加工和制造零部件的依据。工程图是由一组视图、尺寸、技术要求、标题栏及明细表等几部分内容组成的。

当 3D 模型创建好之后，用 SOLIDWORKS 制作工程图就像是用相机给模型各个方向拍照，然后按照工程图的要求进行处理来表达模型。而且，零件、装配体和工程图是互相关联的文件；对零件或装配体所做的任何更改，工程图文件会相应更新，反之也是一样。

在工程图中有些内容保持相对稳定，如工程图的图幅大小、标题栏设置、零件明细表等，将其称为“图纸格式”。在创建零件和装配体工程图时，首先要选择一个工程图的“模板”。模板通常包含了一个相对应的图纸格式，另外还有一些全局设定，来保证所有图纸规范协调。

一般来说，工程图包含几个由模型直接建立的视图，也可以由现有的视图建立新视图，例如“剖视图”是由已有的视图生成的。当然，也可以在一个工程图文件中创建多张图纸来表达大型产品的细节。

如图 6-1 所示是一张完整的轴零件工程图，具有各种视图、注解和标题栏等元素。

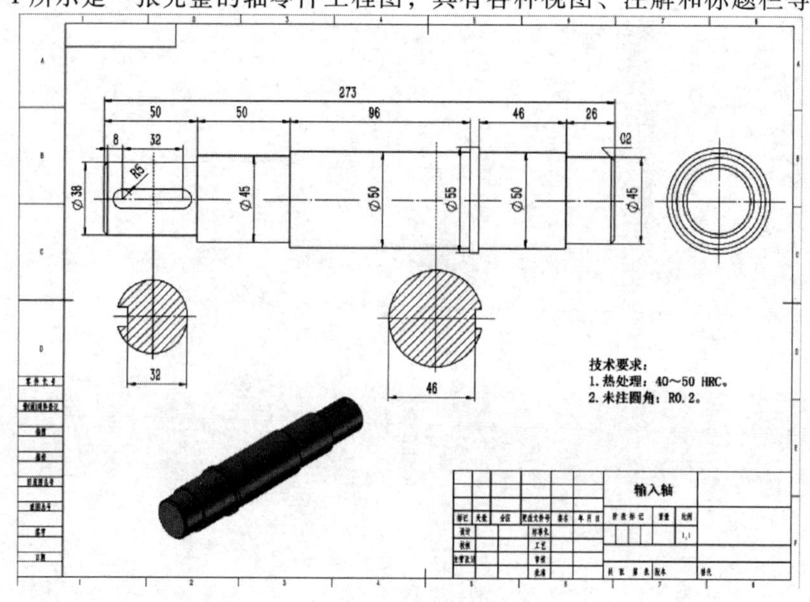

图 6-1　轴零件工程图

6.2 术语

SOLIDWORKS 工程图中会用到许多专业术语，包括图纸、图纸格式和视图等。

（1）图纸 在 SOLIDWORKS 中可以将图纸理解为一张实际的绘图用纸。图纸用来放置视图、尺寸和注解。一张工程图可以用多张图纸来描述产品。

（2）图纸格式 图纸格式包括图框、标题栏和必要的文字。

（3）模板 SOLIDWORKS 为工程图提供了一系列样式模板，也可以自定义模板，如图 6-2 所示。通过打开现有模板或任何工程图文件，来设定选项并插入项目，如标题块、基体零件等，然后将其保存为模板格式。

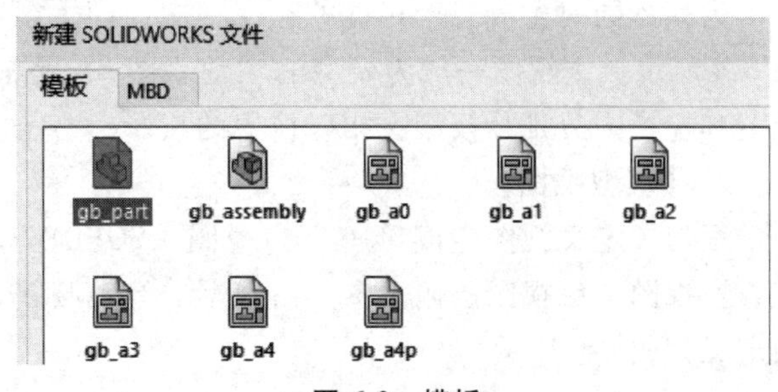

图 6-2 模板

模板文件有以下扩展名：“＊.prtdot”（零件）、“＊.asmdot”（装配体）、“＊.drwdot”（工程图）。

6.3 工程图的操作步骤

1）新建工程图文件，选择模板和关联零部件。

2）生成标准视图，包括模型视图和标准三视图。

3）生成派生视图，包括局部视图（局部放大图）、剖面视图（剖视图）、投影视图、断裂视图（断面图）等。

4）对齐和显示视图，包括操纵视图、隐藏和显示视图、工程图中的显示状态。

5）标注尺寸、注释、基准、形位公差（几何公差）和其他注解等。

6）保存工程图。

7）打印和发送工程图。

6.4 工程图元素

一张完整的工程图，除了模型和必要的设置外，图纸内容还包括了必要的元素，以完整地表达设计者的设计意图和加工制造的依据，如视图、注解与符号、尺寸与公差、表格、零件序号等。视图布局如图 6-3 所示。

图 6-3 视图布局

6.4.1 标准视图

标准视图是根据模型不同方向的投影建立的，标准视图取决于模型在三维坐标系中的摆放。在产品设计中，一般在主视图放置能表现产品主要外形的最佳轮廓，因此，在模型创建的初期，选择第一个草图基准面时，就要考虑主视图是哪一个基准面，这样再生成视图比较方便。

标准视图包括【标准三视图】和【模型视图】。

1.【标准三视图】

为模型同时生成三个标准的正交视图，即主视图、俯视图和左视图，此为默认配置，如图 6-4 所示。主视图一般为模型的“前视图”，是根据产品主要特征而画成的主要视图，俯视图和左视图分别是模型在相应位置的投影。

2.【模型视图】

根据预定义视图生成单一方向视图。SOLIDWORKS 预定义的模型视图有主视图、仰视图、左视图、后视图、俯视图、右视图、等轴测图。【模型视图】属性框如图 6-5 所示，其预定义如图 6-6 所示。

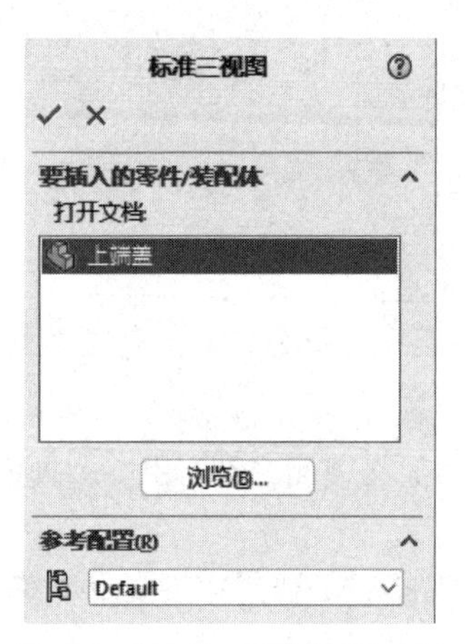

图 6-4 【标准三视图】属性框

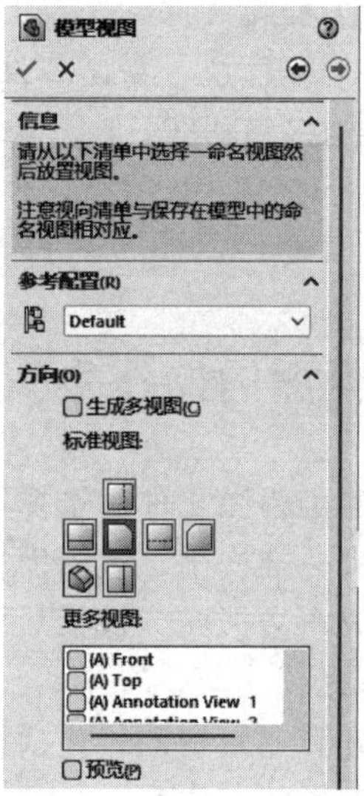

图 6-5 【模型视图】属性框

6.4.2 派生视图

由其他视图派生的视图称为派生视图，它包括【投影视图】、【辅助视图】、【局部视图】、【剪裁视图】、【断开的剖视图】（局部剖视图）、【断裂视图】、【剖面视图】、【交替位置视图】。

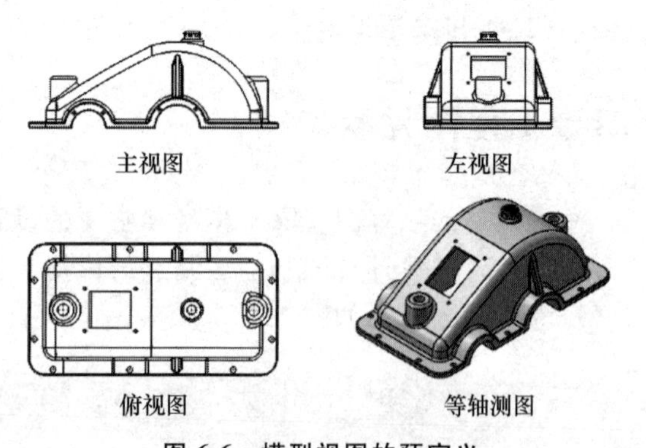

图 6-6 模型视图的预定义

1.【投影视图】

基于一个已有视图进行八个方向的投影而生成的视图称为投影视图，如图 6-7 所示。投影方向根据图纸属性设定。投影后的视图为子视图，已有视图为父视图，子视图的一些属性将继承父视图，如视图显示样式、视图比例等。

2. 【辅助视图】

与投影视图类似，但它是垂直于现有视图中参考边线的展开视图。如图 6-8 所示，视图 *A* 为主视图 *A* 向的辅助视图。

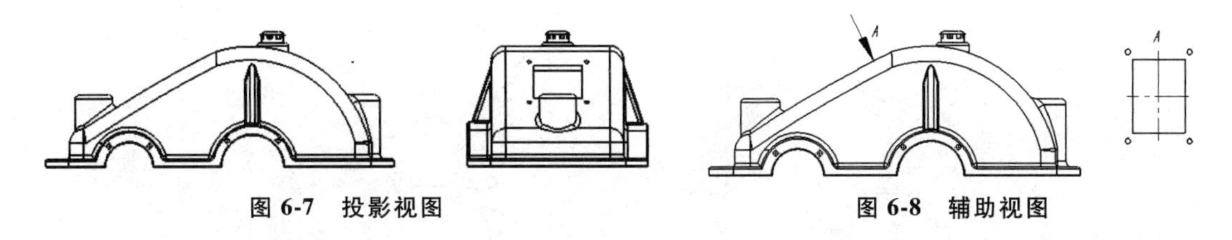

图 6-7 投影视图　　　　图 6-8 辅助视图

3. 【局部视图】

用来表示一个视图的某个部分，通常是以放大比例显示的视图称为局部视图，如图 6-9 所示。局部视图可以是正交视图、等轴测视图、剖面视图、剪裁视图、爆炸装配体视图或另一局部视图。

4. 【剪裁视图】

通过隐藏定义区域之外的所有内容而集中于视图的某部分称为剪裁视图，如图 6-10 所示。除了局部视图或已用于生成局部视图的视图，【剪裁视图】可以剪裁任何视图。所定义区域必须为封闭轮廓草图。

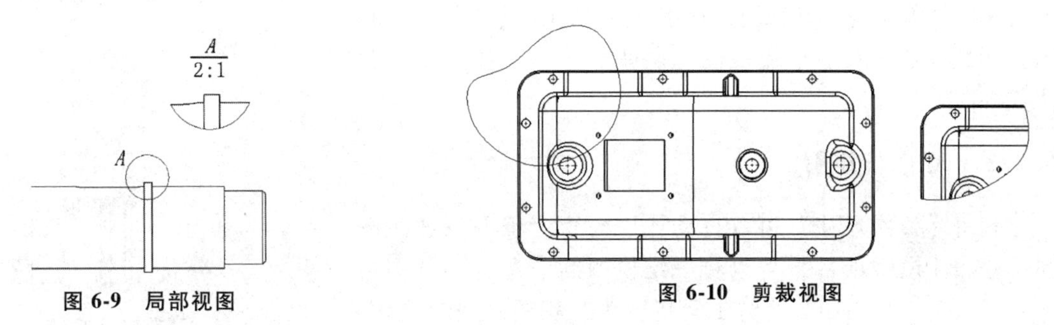

图 6-9 局部视图　　　　图 6-10 剪裁视图

5. 【断开的剖视图】

在标准视图中剖切零件或装配体的某部分以显示内部结构的视图称为断开的剖视图，如图 6-11 所示。不能在局部视图、剖面视图或交替位置视图上生成断开的剖视图。在爆炸视图上生成断开的剖视图，所在爆炸视图中将不可解除爆炸。剖面区域也要求草图轮廓封闭。

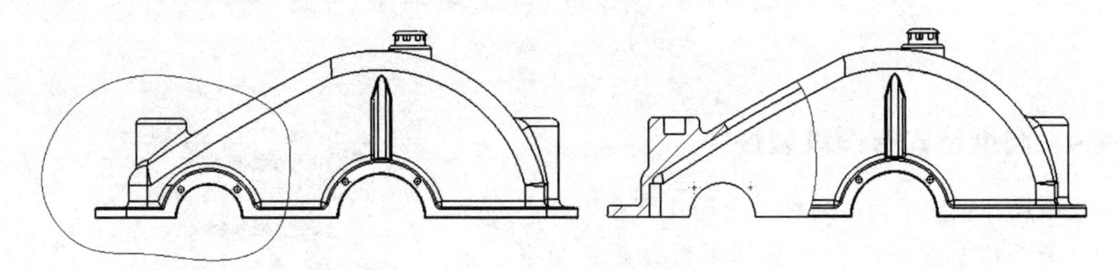

图 6-11 断开的剖视图

6. 【断裂视图】

将较大长度或宽度视图按比例显示在较小的工程图纸上称为断裂视图，如图 6-12 所示。

7. 【剖面视图】

用剖切线分割父视图并生成一个单独的视图称为剖面视图，如图 6-13 所示。

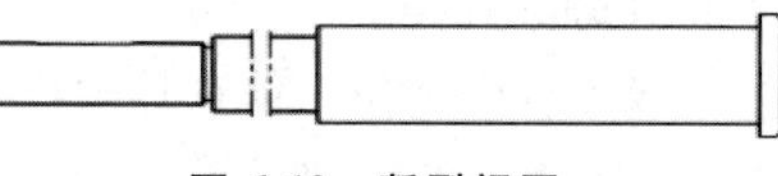

图 6-12 断裂视图

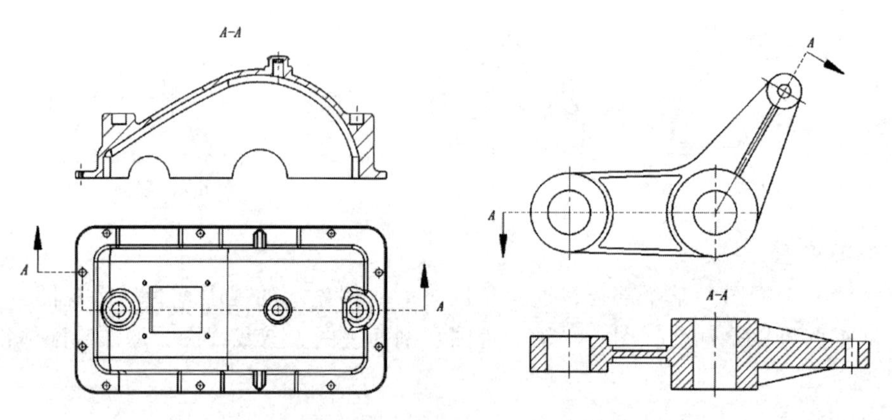

图 6-13 阶梯剖面视图与旋转剖面视图

8. 【交替位置视图】

通过在同一视图上显示不同位置装配体零部件的运动范围的视图称为交替位置视图，如图 6-14 所示。【交替位置视图】用细双点画线在原有视图上层叠显示一个或多个交替位置视图。

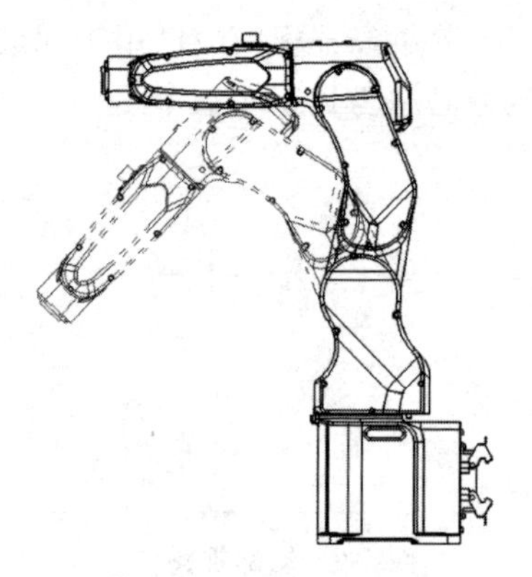

图 6-14 交替位置视图

6.4.3 尺寸与注解

利用【智能尺寸】可以自动或手动为工程图添加注解和尺寸。【模型项目】可以将三维模型的信息（如草图尺寸）导入到工程图中。注解工具可以为工程图添加螺纹线、表面粗糙度符号、基准特征、基准目标、销钉符号、多转折引线、零件序号、成组的零件序号、区域剖面线、焊接符号、形位公差、中心符号线、中心线、焊缝、修订符号以及孔标注等，如图 6-15 所示。

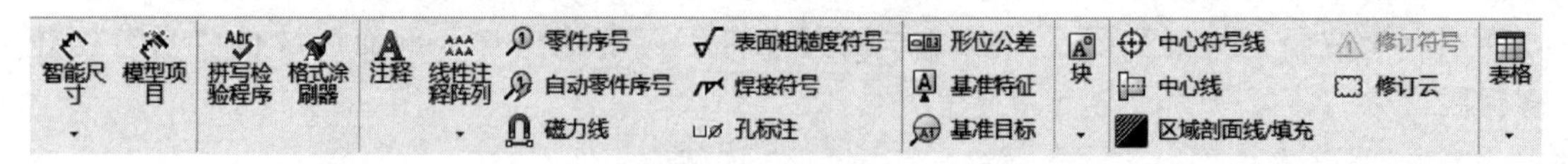

图 6-15 注解命令

6.4.4 图纸格式与图纸属性

图纸属性包含了图纸名称、全局比例和当前图纸的投影类型等信息。图纸格式囊括了标题栏、图框、注释、嵌入的图像、自定义属性、图表定位点等信息。这些信息相对比较稳定，不做修改，一般保存在图纸模板中，在绘图时直接调用相对应的模板即可。这两个设定可以在工程图空白区域右击找到，如图 6-16 所示。

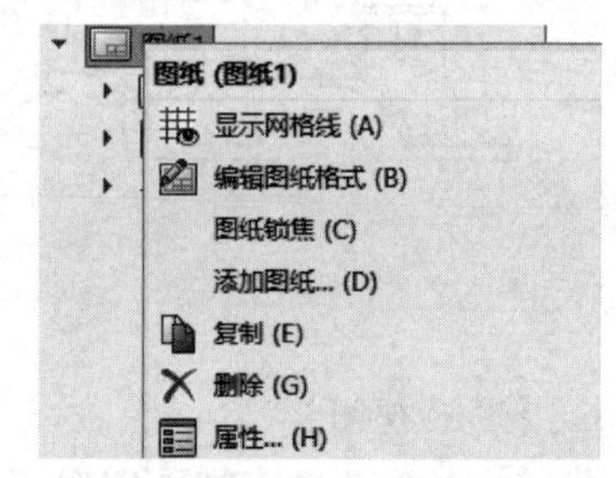

图 6-16 右击调出图纸格式和图纸属性

6.5　综合实例

6.5.1　实例1：模型视图

本例将采用SOLIDWORKS自带的gb_a3图纸大小的模板，以模型视图的方式进行某零件的出图。

步骤1　赋予零件材料信息　打开本章素材“实例”文件夹中的“皮带轮”零件，手动添加一种材料“HT200”。在设计树中右击【材质】，选择【编辑材料】，在【材料】对话框中右击【自定义材料】，选择【新类别】，修改名称为“铸铁”。右击【铸铁】，新建材料“HT200”，按图6-17所示填入材料属性信息。对于本例，重要的材料属性是【名称】为“HT200”，【质量密度】为7280kg/m^3，其他参数用于分析，可以不填。单击【应用】再单击【关闭】，关闭【材料】对话框。

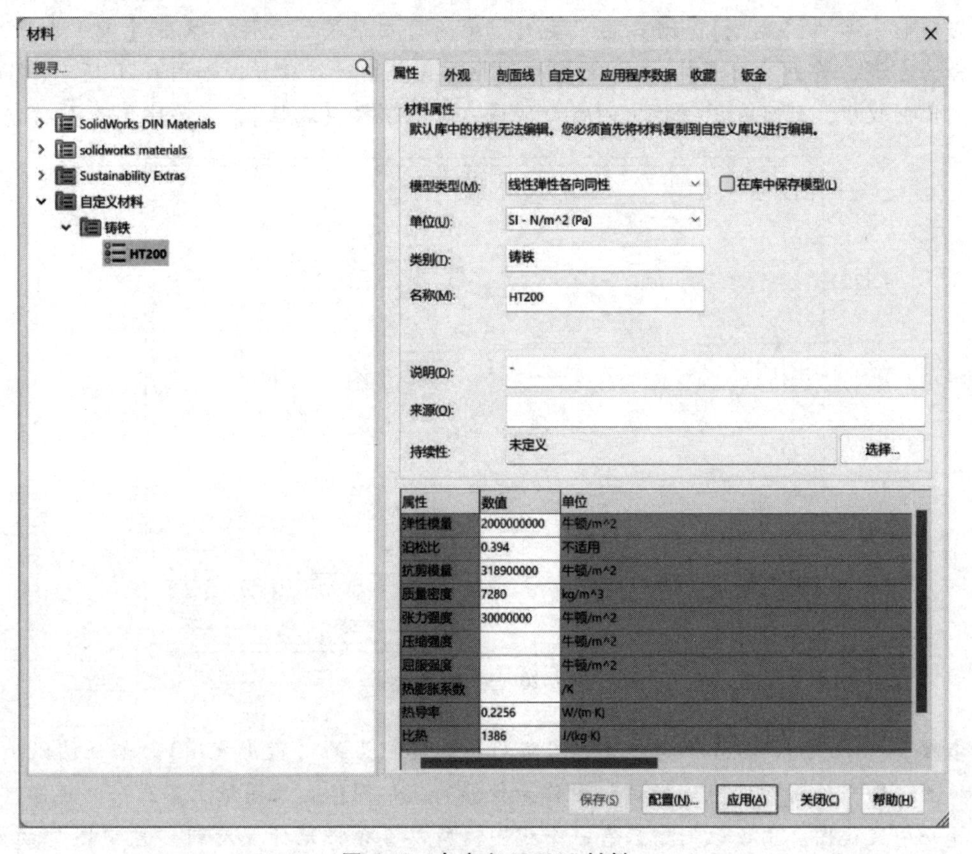

图6-17　自定义HT200材料

步骤2　添加零件属性信息　单击菜单栏【文件】/【属性】，切换到【自定义】选项卡，将【属性名称】中的“零件号”的数值改为“PDL001”，“设计”赋值为“张三”，根据需要将各种属性赋值，如图6-18所示。确定之后保存。

步骤3　创建“gb_a3”工程图纸　单击【文件】/【新建】，选择“gb_a3”模板，如图6-19所示。单击【确定】创建“gb_a3”工程图纸。

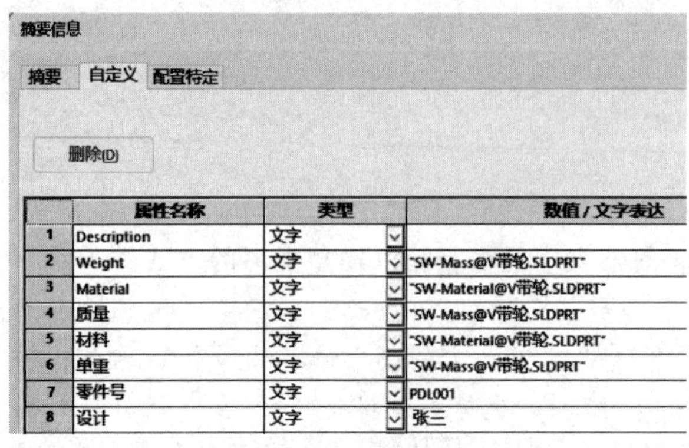

图 6-18 添加零件属性信息

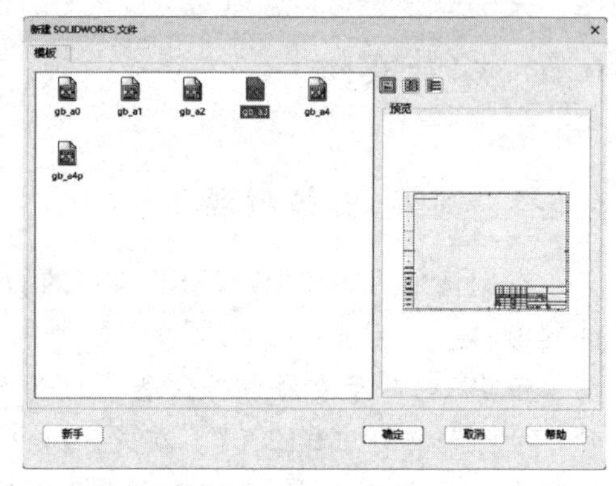

图 6-19 选择工程图模板

注意：零件、装配体和工程图的模板图标不同。

步骤 4 创建第一个视图 单击【视图布局】工具栏上的【模型视图】，出现【模型视图】属性框。单击【浏览】，浏览至“实例”中的“皮带轮”文件，单击【下一步】，将方向选择为左视，单击【打开】，在视图窗口图框右侧单击进行放置，如图 6-20 所示。如果默认视图比例较小，则可在图纸框中的空白区域右击，选择【属性】，修改比例为 1∶5。

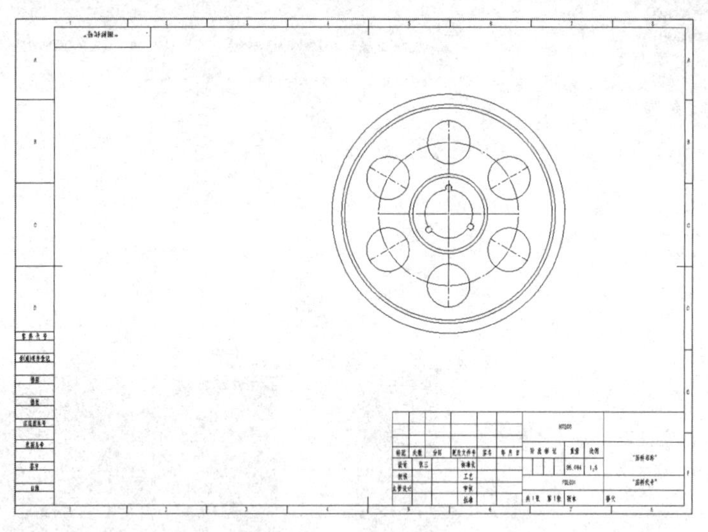

图 6-20 添加左视图

步骤 5 创建投影视图 单击【视图布局】工具栏上的【投影视图】。如果图纸上只有一个视图，则软件将智能地选择该视图作为投影的父视图；如果图纸上不止一个视图，就需要选择一个父视图。由于此例中只有一个视图，所以直接将光标移动到“左视图”的左侧，将自动产生投影视图“主视图”，单击放置主视图，结果如图 6-21 所示。

步骤 6 创建剖面视图 由于主视图无法反映产品的内部结构，所以要将主视图替换为剖面视图，体现孔的结构。右击主视图，在弹出菜单中选择【删除】，确认删除主视图。选择【视图布局】中的【剖面视图】，选择【切割线】下的【对齐】，如图 6-22 所示。根据工具的提示，第一个点选择视图的中心线上方，第二个点选择中间圆的圆心，第三个点选择左下角圆的圆心，如图 6-23 所示。单击【确定】，放置剖面视图。完成的剖面视图如图 6-24

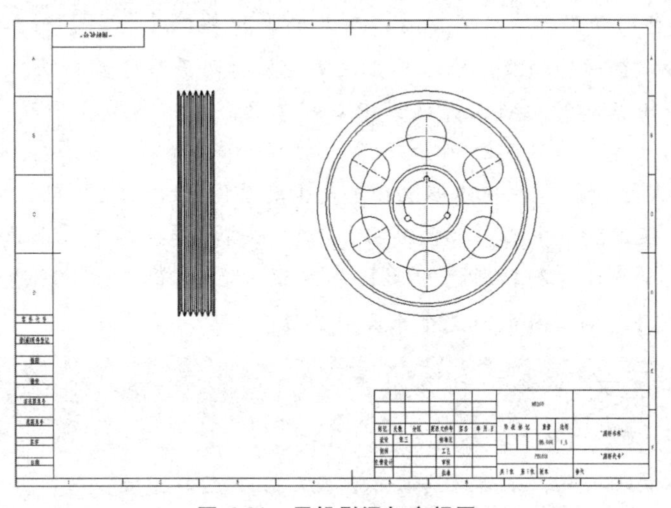

图 6-21 用投影添加主视图

所示。注意剖面方向，如果和图 6-24 不同，可以单击剖面视图，在属性框中选择【反转方向】。有关某一视图的设置，都可以单击此视图，在左侧的属性框中进行修改。

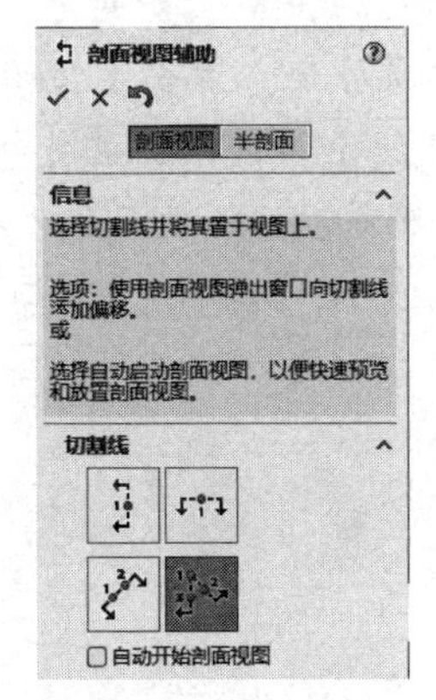

图 6-22 剖面视图工具

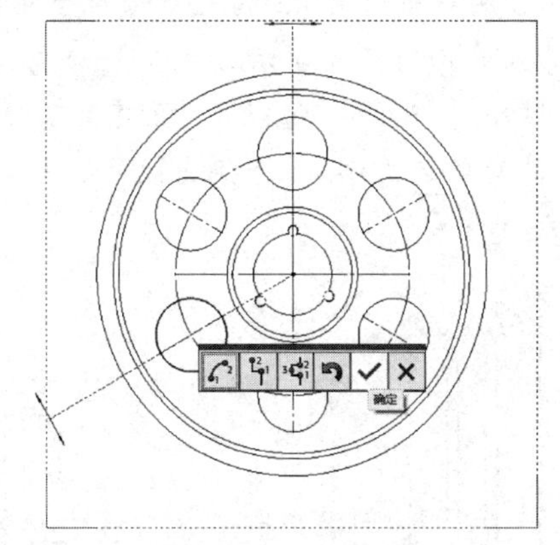

图 6-23 设定剖切位置

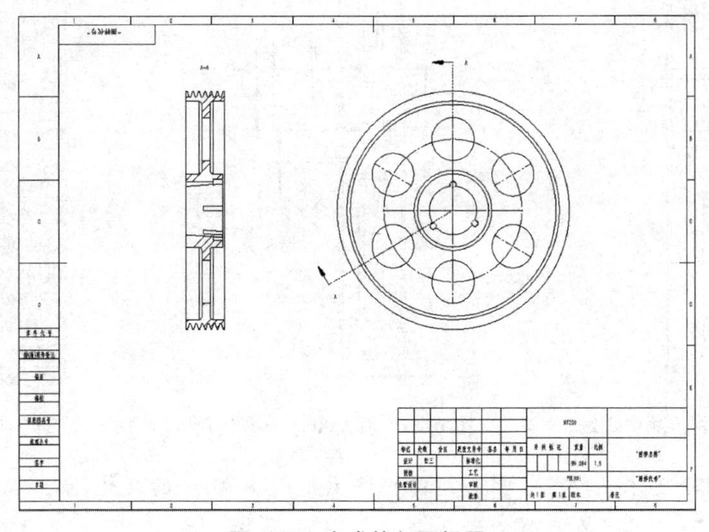

图 6-24 完成的剖面视图

步骤 7 添加并调整中心线 选择【注解】工具中的【中心线】，依次单击左视图中的三个孔，添加三条回转轴线。依次单击左侧轮槽的两条对称齿面线，产生对称中线。用同样方法作出右侧轮槽对称中线，并退出中心线工具。单击各条点画线，拖拽线的两个端点，调整点画线的长度，如图 6-25 所示。

步骤 8 添加尺寸 此零件在建模过程中产生的草图尺寸比较规范，完全可以导入到工程图中再次利用。使用注解中的【模型项目】工具，选择属性框中【来源/目标】下的【整个模型】，勾选【将项目输入到所有视图】复选框，选择【尺寸】下的【为工程图标注】，并单击【确定】，将草图中的尺寸导入到工程图中。

> ⚠ 注意
> 添加的尺寸为驱动尺寸，意味着对尺寸的修改会导致模型发生改变，这与零件草图或特征中的尺寸是双向关联的。

导入的尺寸位置比较乱，框选所有尺寸，然后右击空白区域，在弹出的快捷菜单中选择【对齐】/【自动排列】，SOLIDWORKS 软件会自动排列尺寸位置。然后再手动调整少数尺寸到合适的位置即可，如图 6-26 所示。

步骤 9 修整尺寸标注 模型大部分圆角尺寸为 *R*2，可以不标注，在技术条件中进行说明，所以删除图纸中所有 *R*2 的尺寸。对于某些尺寸需要手动标注出来，如倒角。使用【模型项目】导入的倒角尺寸显示方式不符合标准，要删除并重新标注。右击左视图中的尺寸 5，选择【删除】。选择【智能尺寸】/【倒角尺寸】，如图 6-27 所示。选择主视图中要倒角的夹角为 45°的两条边，添加 *C*5 倒角尺寸，如图 6-28 所示。这种手动添加的尺寸为参考尺寸，无驱动作用。

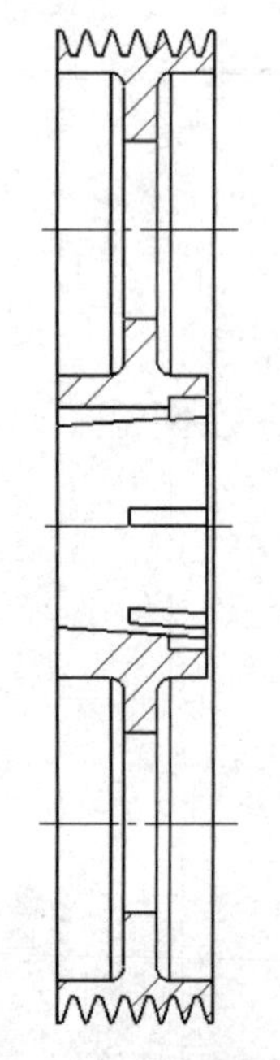

图 6-25 添加并调整中心线

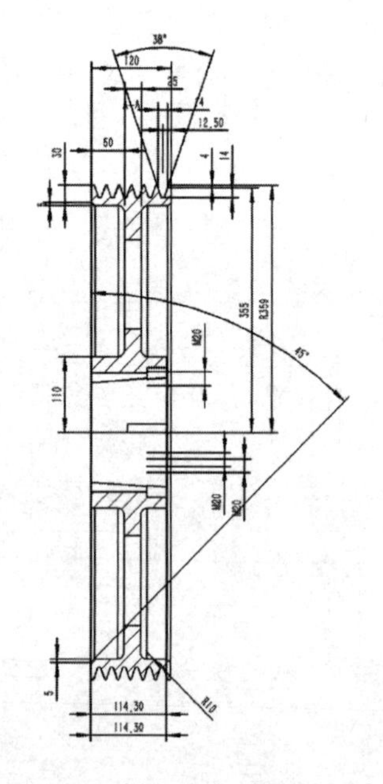

图 6-26 插入和自动排列尺寸

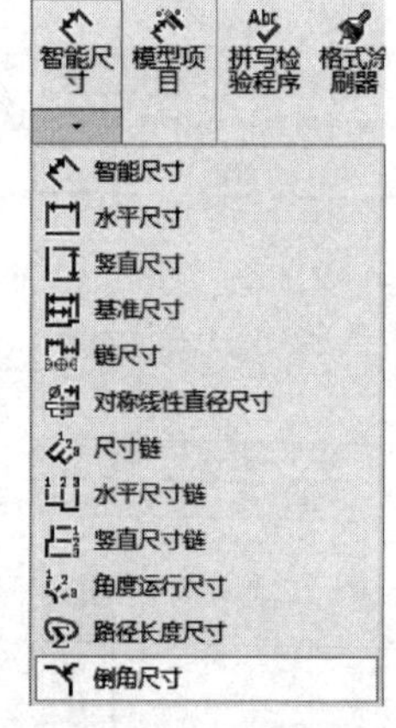

图 6-27 倒角尺寸

步骤 10 移动尺寸 按住〈Shift〉键，将主视图中 M20 的尺寸拖拽到左视图中，并调整位置。选择 M20 尺寸，在属性框的【数值】选项卡中，将【标注尺寸文字】中的内容修改为“5×M〈DIM〉—EQS”；选择【引线】选项卡中的【直径】标注方法（图6-29）。添加ϕ156尺寸和标准M20孔的中心圆，如图6-30所示。

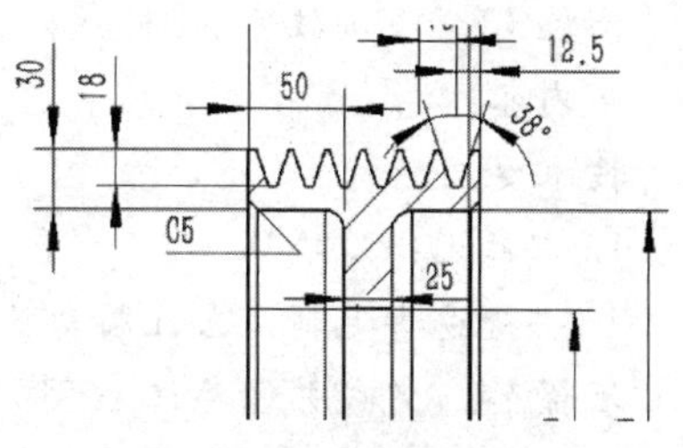

图 6-28 添加倒角尺寸

步骤 11 添加其他注解 如图6-31所示添加基准和表面粗糙度等注解。

步骤 12 添加重要尺寸公差 对于内孔要装配到电动机轴上，需要添加公差控制尺寸范围。单击ϕ146、ϕ162尺寸，在属性框中选择【公差/精度】下的【双边】，正值填入0.03，负值为0，其他默认，如图6-32所示。

图 6-29 修改螺纹孔尺寸显示方法

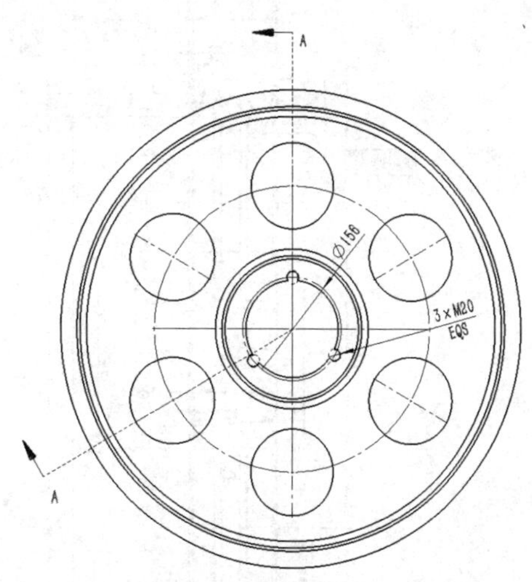

图 6-30 标注螺纹尺寸

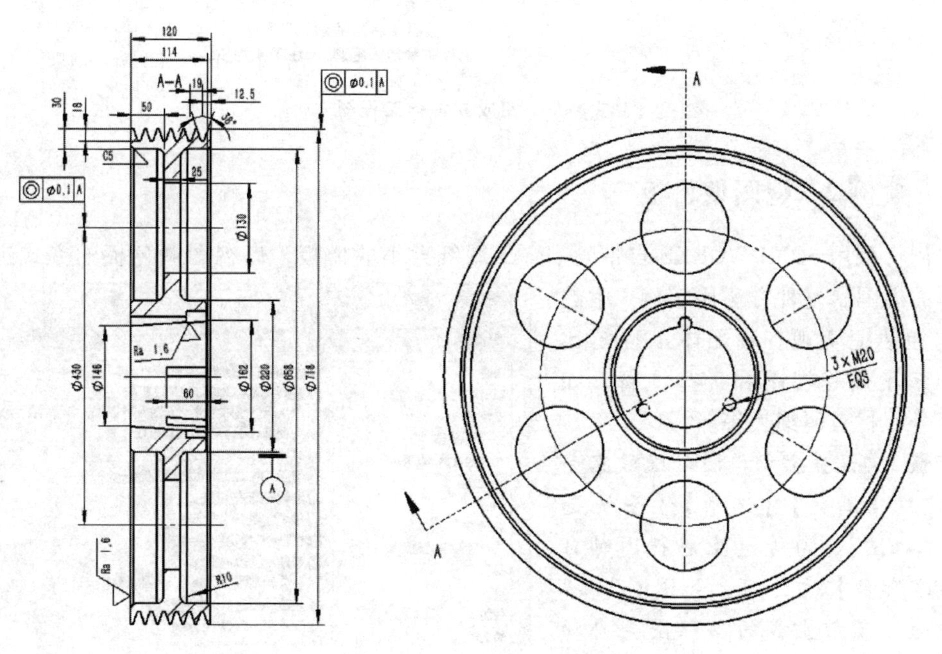

图 6-31 添加其他注解

步骤 13　添加技术条件　单击【注释】工具，输入以下内容：

技术要求

1. 零件无铸造缺陷。

2. 去锐边去毛刺，未注圆角为 *R*2。

步骤 14　完成并保存工程图　按图 6-33 所示完善工程图，添加注解（✓）（其余不加工）到图纸右下角，完成工程图并保存。

图 6-32　添加公差

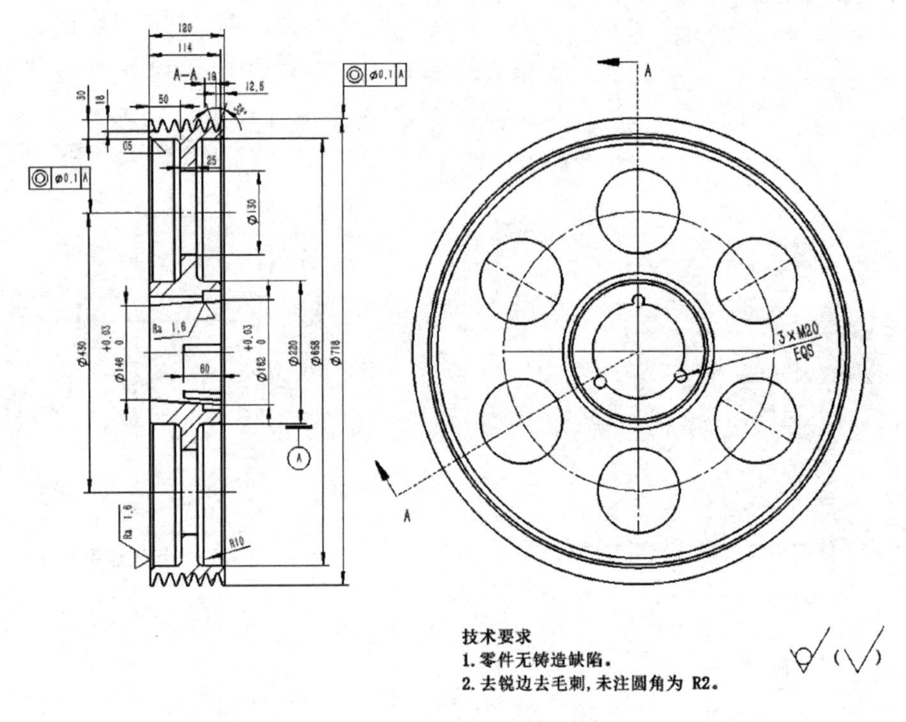

图 6-33　完成并保存工程图

6.5.2　实例 2：视图调色板

本例将采用 SOLIDWORKS 自带的 gb_a3 图纸大小的模板，以视图调色板的方式进行某装配体的出图，这种方法比实例 1 中的方法更加便捷直观。装配体工程图比零件图多了爆炸视图和一些注解，如零件序号、材料明细表等。

步骤 1　设置生成视图时隐藏零部件　单击【工具】/【选项】/【系统选项】/【工程图】，勾选【生成视图时自动隐藏零部件】复选框，如图 6-34 所示，勾选此项后生成的工程图会自动隐藏内部的零部件。

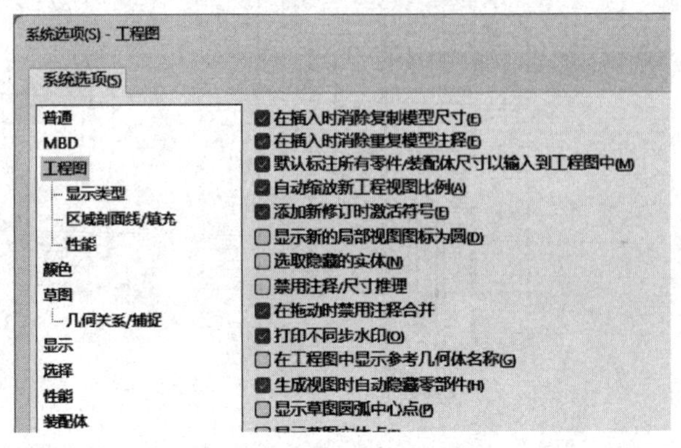

图 6-34　生成视图时自动隐藏零部件

步骤2　打开装配体　打开“实例”文件夹下的“减速器”文件，确保当前配置为“关闭”，如图6-35所示。

步骤3　创建工程图　单击【文件】/【从装配体制作工程图】，选择“gb_a3”模板并单击【确定】。

步骤4　插入第一个视图　在任务窗格中打开【视图调色板】，拖动“主视”至工程图界面，如图6-36所示。

图6-35　“减速器”文件

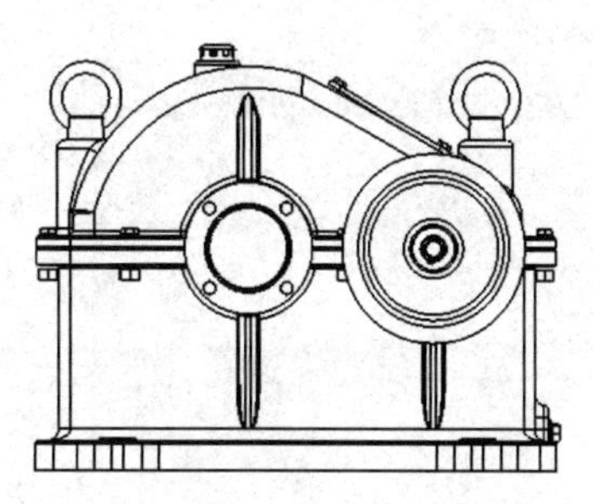

图6-36　插入主视图

步骤5　添加投影视图　使用【投影视图】分别投影出如图6-37所示的视图。

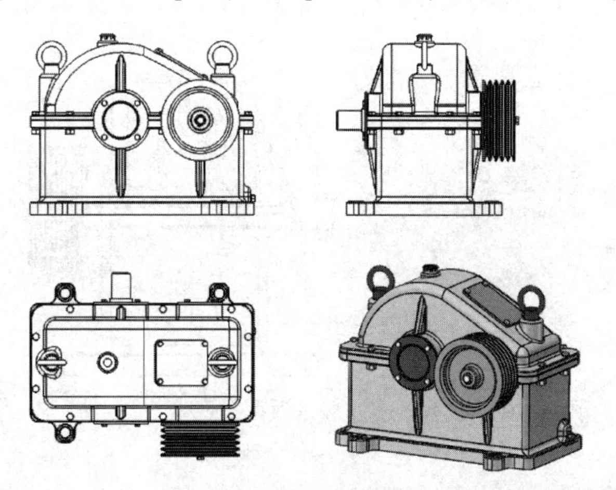

图6-37　添加投影视图

步骤6　绘制断开的剖视图　单击【视图布局】工具栏上的【断开的剖视图】命令，在主视图上绘制与图6-38相似的封闭样条曲线。在【剖面视图】对话框中选择图6-39所示，零部件为【不包括零部件/筋特征】（这些零部件将不被剖切），单击【确定】。输入剖切【深度】为137.9mm，勾选【自动加剖面线】和【预览】复选框，如图6-40所示。

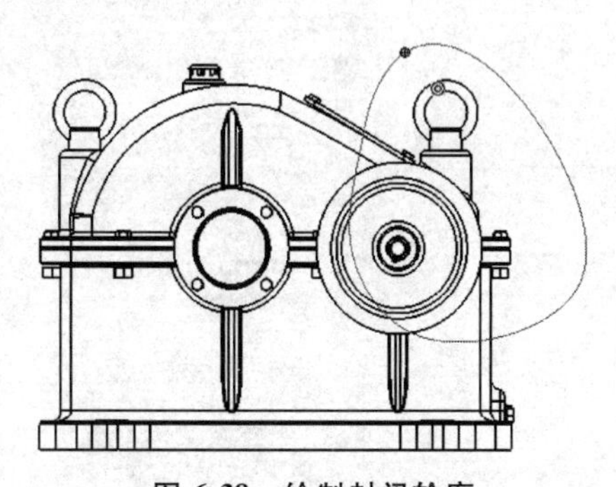

图6-38　绘制封闭轮廓

步骤7　添加交替位置视图　单击【视图布局】上的【交替位置视图】，出现【交替位置视图】提示信息，选择俯视图后激活【交替位置视图】属性框，为【新配置】输入名称为“打开”，如图6-41所示。单击【确定】进入模型装配体，在左侧的属性框中选择【移动】为【自由拖动】，在【选项】中选择【物理动力学】，【检查范围】为【这些零部件之间】，并选择“上端盖-1”和“下端盖-1”。完成设置后单击【恢复拖动】，拖动“上端盖-1”至“下端盖-1”末端，两个零件相撞后会自动停止，如图 6-42 所示。单击【确定】，进入工程图，结果如图 6-43 所示。

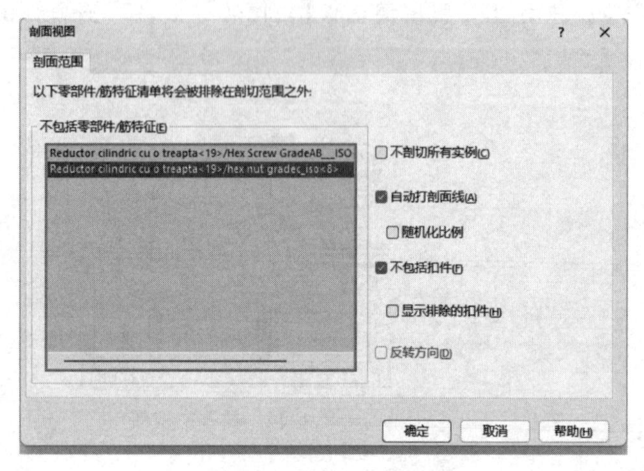

图 6-39　选择剖切范围

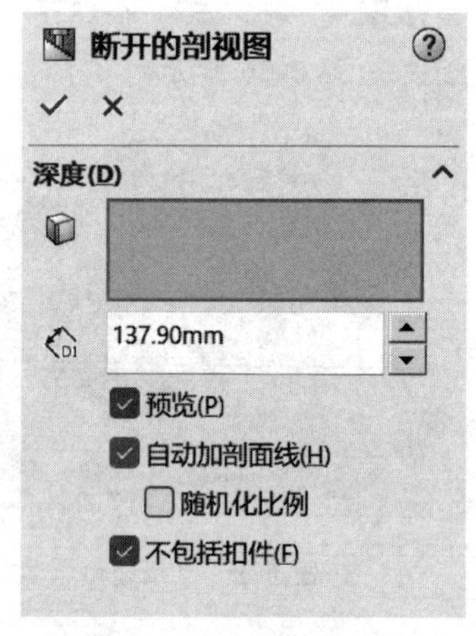

图 6-40　设置属性参数

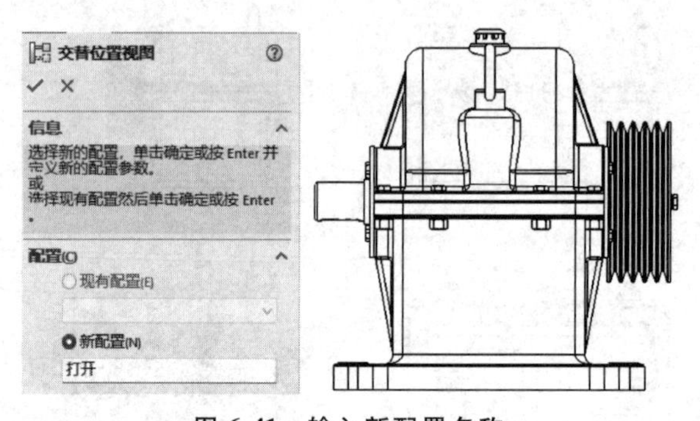

图 6-41　输入新配置名称

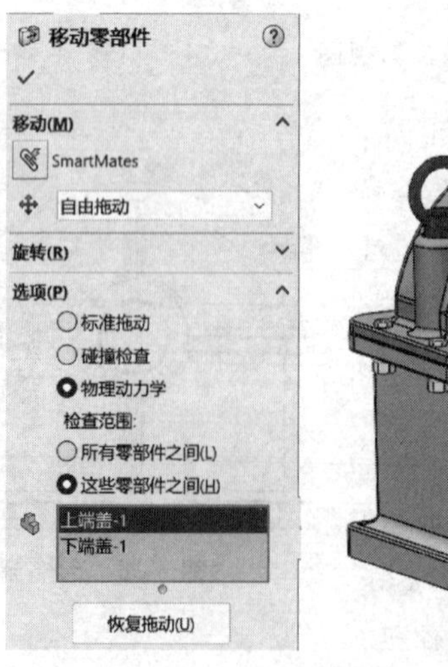

图 6-42　移动零部件

步骤 8　添加爆炸视图　右击“等轴测”视图并选择【属性】，在【工程视图属性】对话框中勾选【在爆炸或模型断开状态下显示】，确保参考配置为“爆炸视图 1（爆炸）”，并单击【确定】，如图 6-44 所示。

步骤 9　添加零件序号　选择“爆炸视图”并单击【注解】工具栏中的【自动零件序号】，结果如图 6-45 所示。可手动拖动指引线和零件序号进行排列，结果如图 6-46 所示。

步骤 10　插入材料明细表　单击【插入】/【表格】/【材料明细表】，选择“爆炸视图”，出现【材料明细表】属性框，并按图 6-47 所示进行设置，完成后单击✔，手动拖动将表格放置在合适位置。

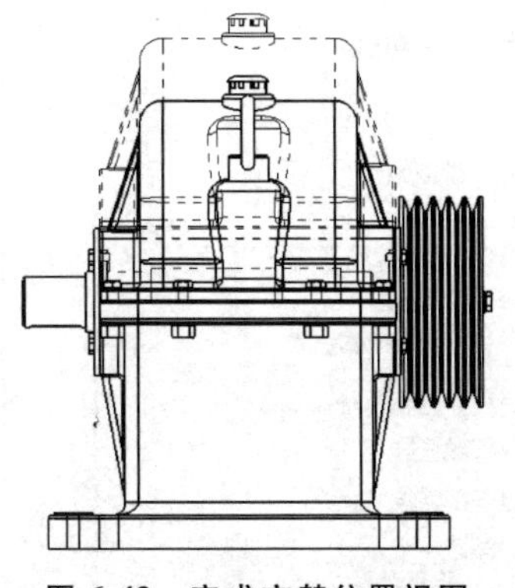

图 6-43　完成交替位置视图

图 6-44　添加爆炸视图

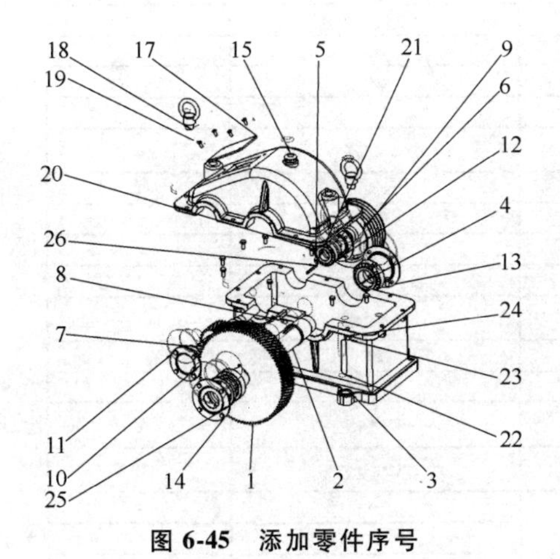

图 6-45　添加零件序号

图 6-46　手动调整零件序号

调整所有视图至合适位置，效果如图 6-48 所示。

步骤 11　替换明细表的列属性　选择材料明细表“说明”列，弹出图 6-49 所示工具栏，选择【列属性】命令。在【列属性】对话框中选择【列类型】为【自定义属性】，【属性名称】为“材料”，如图 6-50 所示。更改结果如图 6-51 所示。

图 6-47 设置材料明细表属性

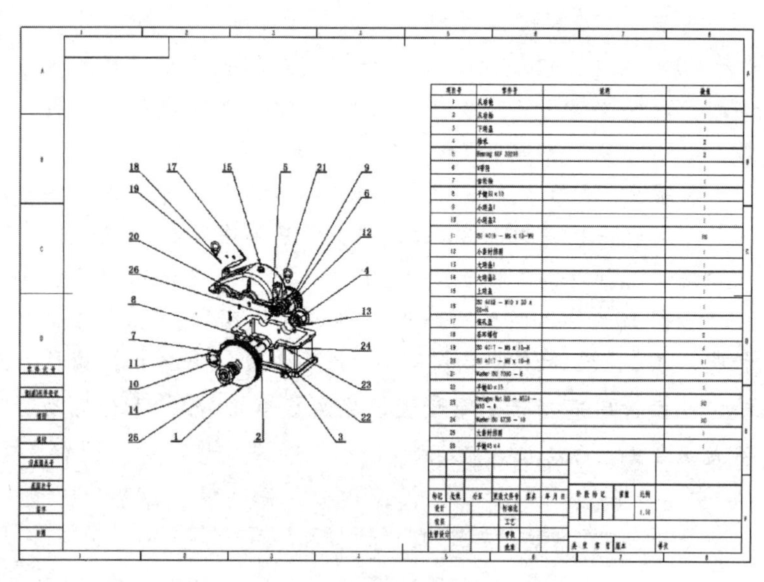

图 6-48 效果

0.5mm 1mm 列属性

图 6-49 选择【列属性】

项目号	零件号	材料	数量
1	从动轮	Spur gearing 26/94, 160	1
2	从动轴	45	1
3	下端盖	灰铸铁	1
4	轴承	GCr15	2
5	Bearing SKF 30206	GCr15	2
6	V带轮	1060	1
7	齿轮轴	碳素结构钢	1
8	平键32×10	1060	1
9	小端盖1	6061	1
10	小端盖2	6061	1
11	ISO 4018 – M6 x 12–WN	1023碳钢板	16
12	小密封挡圈	6061	1
13	大端盖1	6061	1
14	大端盖2	6061	1
15	上端盖	灰铸铁	1
16	ISO 4162 – M10 x 20 x 20–N	1023碳钢板	1
17	视孔盖	塑料	1
18	吊环螺钉	1023碳钢板	2
19	ISO 4017 – M6 x 12–N	1023碳钢板	4
20	ISO 4017 – M8 x 16–N	1023碳钢板	11
21	Washer ISO 7090 – 8	GCr15	1
22	平键80×15	1060	1
23	Hexagon Nut ISO – 4034 – M10 – N	1023碳钢板	10
24	Washer ISO 8738 – 10	1023碳钢板	10
25	大密封挡圈	6061	1
26	平键45×4	1060	1

列类型:
自定义属性
属性名称:
SW-生成的日期(Created I
SW-文件标题(File Title)
SW-文件夹名称(Folder N
SW-文件名称(File Name)
SW-长日期(Long Date)
SW-主题(Subject)
SW-作者(Author)
Weight
版本
备注
标准审查
材料
齿数
代号

图 6-50 自定义属性

图 6-51 明细表更改结果

步骤 12　保存并关闭工程图

6.6　课后练习

1. 新建“gb_a3”模板，完成如图 6-52 所示的“摇臂”零件模型工程图。

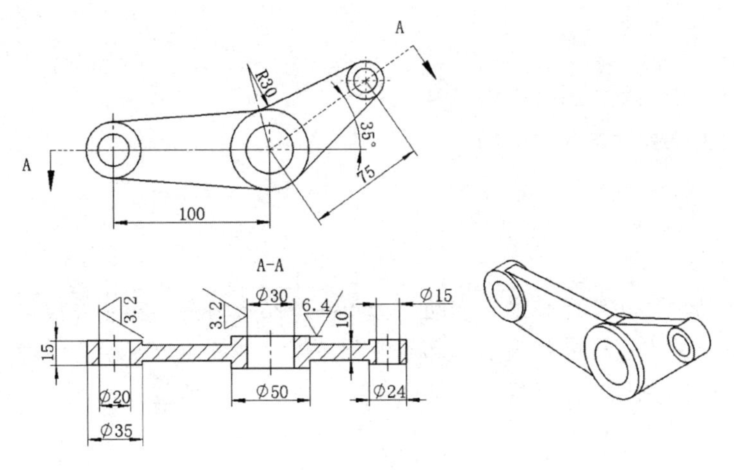

图 6-52　摇臂

2. 新建“gb_a3”模板，完成如图 6-53 所示的“气弹簧”装配体模型工程图，其材料明细表如图 6-54 所示。

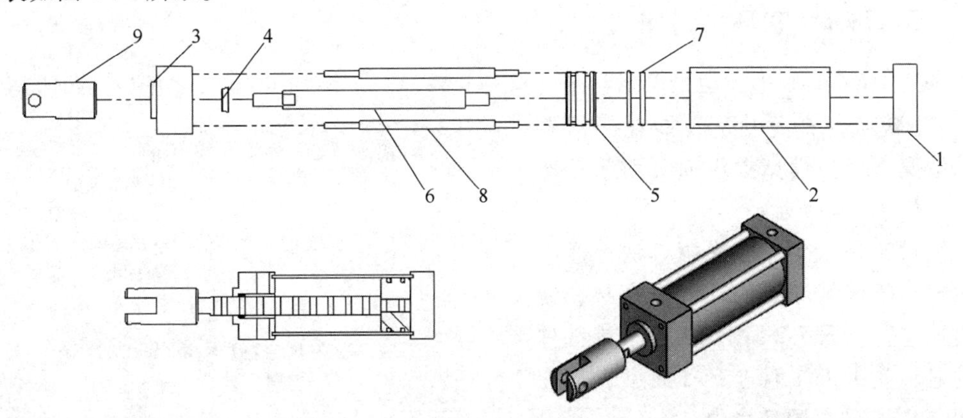

图 6-53　气弹簧

项目号	零件号	SW-配置名称(Configuration Name)	Default/数量
1	tail cap	1.12 bore	1
2	Tube	1.12 b 2.00 st	1
3	head cap	1.12 bore	1
4	v-seal	.375 rod	1
5	piston	1.12 bore	1
6	rod	.375 rod 2.00 st	1
7	o-ring	1.12 bore	2
8	tie rod	2.00 st	4
9	rod clevis	Default	1

图 6-54　材料明细表

第7章　渲　　染

【学习目标】

- 了解 SOLIDWORKS 中的渲染工具
- 学会用渲染工具做产品效果图

7.1　概述

无论是在产品设计初期还是最终产品，优美的产品效果图会对企业决策者或客户的选择起到重要影响，它决定了产品的吸引力和专业化程度。你能想象一份粗糙的产品包装或图册会给客户什么样的感受吗？在市场推广活动中，视觉占重要地位，学习和使用渲染工具显得非常必要。

7.2　SOLIDWORKS 中的相关工具

7.2.1　RealView 和环境封闭

在 SOLIDWORKS 中，如果图形显卡支持，软件会自动添加 RealView 开关，即所谓“小金球”，并默认打开此功能，能在不需要渲染的情况下，为模型提供逼真而又动态的展现，如图 7-1 所示。

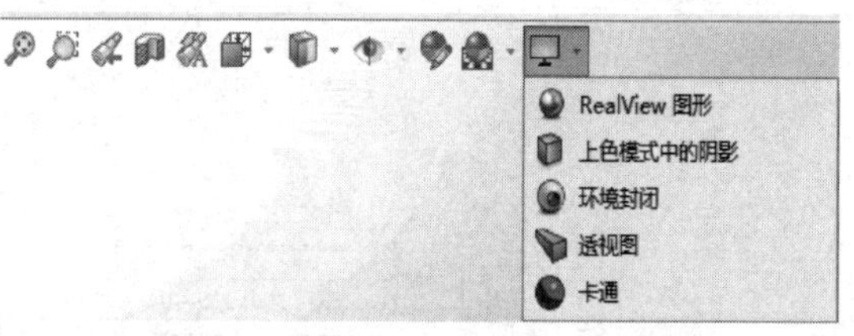

图 7-1　打开 RealView

环境封闭是一种球形光源方法，通过控制由于封闭区域导致的环境光衰减，使模型更加逼真。图 7-2～图 7-4 所示是三种不同的显示效果，注意这三种效果表现在 SOLIDWORKS 的视图环境中。

图 7-2　效果（1）

图 7-3　效果（2）

图 7-4　效果（3）

7.2.2　PhotoView 360

更加逼真的显示和输出需要 SOLIDWORKS 中的插件 PhotoView 360，通过它可以添加不同的布景、光源、外观贴图、相机视角等。

1. 打开 PhotoView 360

单击菜单栏【工具】/【插件】，勾选【PhotoView 360】复选框，如图 7-5 所示。

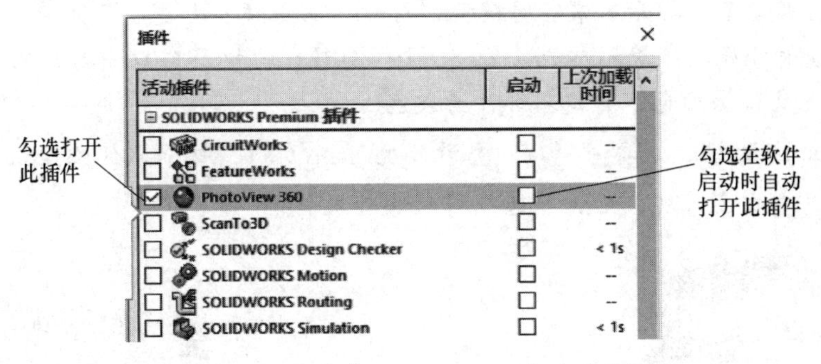

图 7-5 勾选【PhotoView 360】复选框

2. PhotoView 360 窗口

PhotoView 360 窗口中包括工具条，DisplayManager，前导视图工具栏，外观、布景、贴图任务窗格，关联命令，显示窗格，如图 7-6 所示。

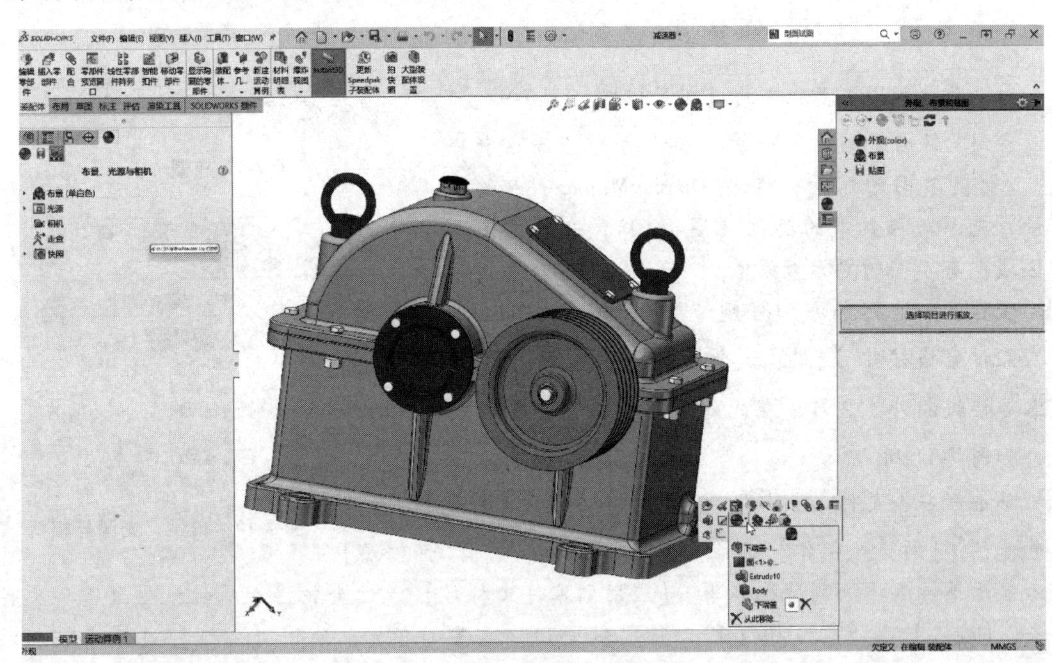

图 7-6 PhotoView 360 窗口

3. 操作流程

1）打开 PhotoView 360 插件。

2）开启预览或者打开预览窗口查看效果。

3）编辑外观、布景以及贴图。

4）编辑光源。

5）编辑 PhotoView 选项。

6）最终渲染，保存图像。

7.3 实例：渲染台灯

步骤 1 打开模型 打开本章实例模型“台灯”装配体，如图 7-7 所示。

步骤 2 查看外观、布景和灯光 在 SOLIDWORKS 的视图窗口中可以看到默认的实体显示效果，导入文件为白色，自建零部件为灰色。

先打开 DisplayManager，单击 ，查看外观（图 7-8），每个零件都默认设置为白色的外观。选择这几种白色外观，右击并选择【移除外观】。

图 7-7 “台灯”装配体

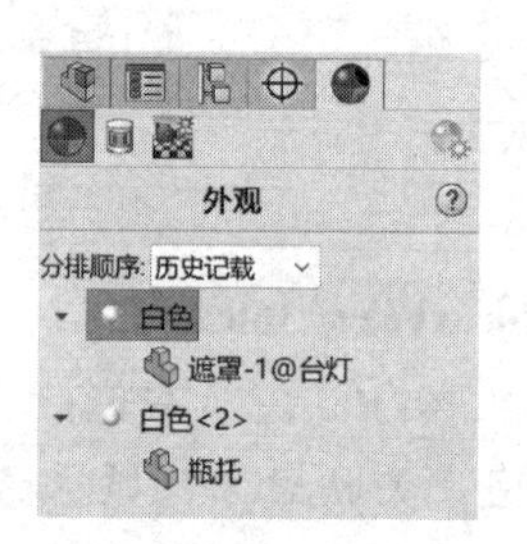

图 7-8 查看外观

打开前导视图工具栏中的【布景】（图 7-9），可以看到软件自带的各种布景，默认的是“三点渐褪”。切换不同的布景，查看 DisplayManager 中的布景、光源与相机中的变化（图 7-10），在软件图形区域也有不同的显示效果。

图 7-9 布景

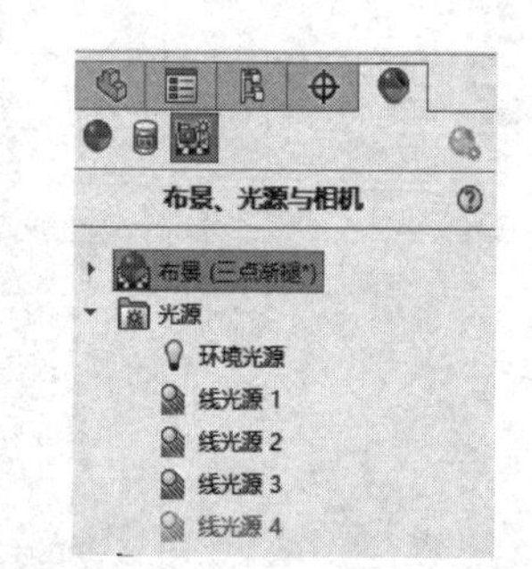

图 7-10 布景、光源与相机

步骤 3 编辑和添加外观 回到 FeatureManager 设计树，单击显示窗格按钮 ，第三个图标是外观 。这一列对应的是零部件级的外观。可以在此处单击 ，设置某个零部件的外观，如图 7-11 所示。

单击第一个零件“瓶托”右边的 ，选择【外观】，打开颜色属性。【所选几何体】已经自动填入，【应用到零部件层】表示显示属性只添加到装配体中，【应用到零件文档层】表示会把显示属性派生到零件文件中去。【颜色】属性框（图 7-12）可以赋予用户需要的颜色。使用【高级】选项卡可以添加更多的功能，如照明度、表面粗糙度等（图 7-13）。这里不采用这种方式添加外观，单击 ✕ 退出设置，并关闭窗格按钮。

提示 如对高级功能不够了解，可以打开【动态帮助】，会有不同的提示以辅助选择更适宜的值。

单击 DisplayManager 中的 ，切换回外观。打开【外观、布景和贴图】任务窗格下的外观 ，依次打开“外观”/“石材”/“粗陶瓷”，按住左键拖拽此文件夹下的“瓷器”到图形区域中的瓶身，会弹出关联工具供选择目标，选中第四个【零件】，将外观赋予瓶体（图 7-14）。

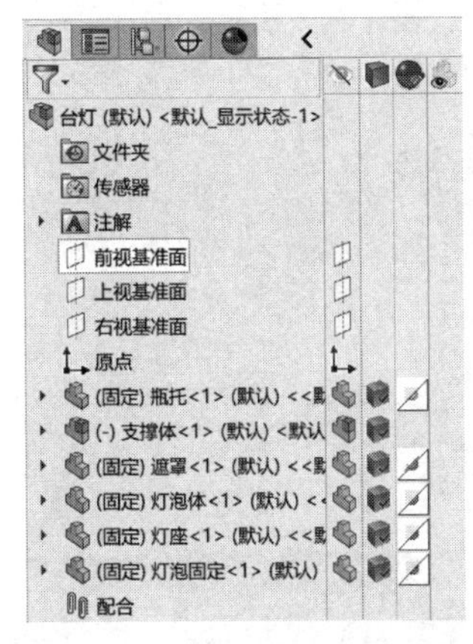

图 7-11 在设计树中查看外观

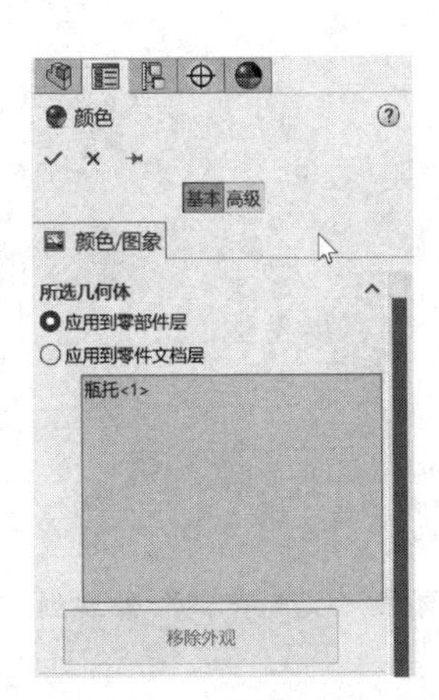

图 7-12 添加颜色

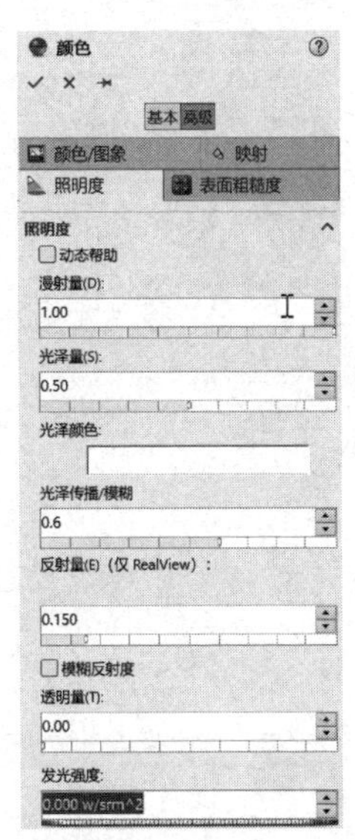

图 7-13 【高级】选项卡参数设置

图 7-14 添加“瓷器”外观

注意

关联工具中的第二个图标会根据用户拖拽到的目标特征不同而不同；选项依次为面、特征、实体、零件、部件。优先级为部件、曲面最高。

在 DisplayManager 中的外观下，看到零件“瓶托”外观已更改为“瓷器”，不只是颜色，包括【高级】选项卡下的照明度、表面粗糙度等也已设置好了。

采用同样的方法设置其他外观，将“无光黄铜”拖拽到设计树中的“支撑体”部件（图 7-15）。

将“无光黄铜”拖拽到图形区域中的零件“遮罩”的上下两个铜圈，选择【实体】（图 7-16）。

将“无光黄铜”拖拽到图形区域中的零件“瓶托”的上部，选择【面】（图 7-17）。

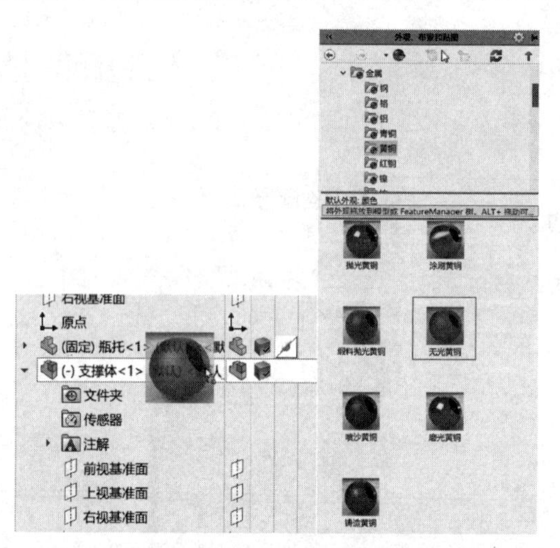

图 7-15　添加“无光黄铜”外观到“支撑体”

图 7-16　添加“无光黄铜”外观到铜圈

图 7-17　添加“无光黄铜”外观到“瓶托”

将“无光黄铜”拖拽到图形区域中的零件“灯泡固定”上，选择【零件】(图 7-18)。

将“无光金”拖拽到图形区域中的零件“灯座”上，选择【零件】(图 7-19)。

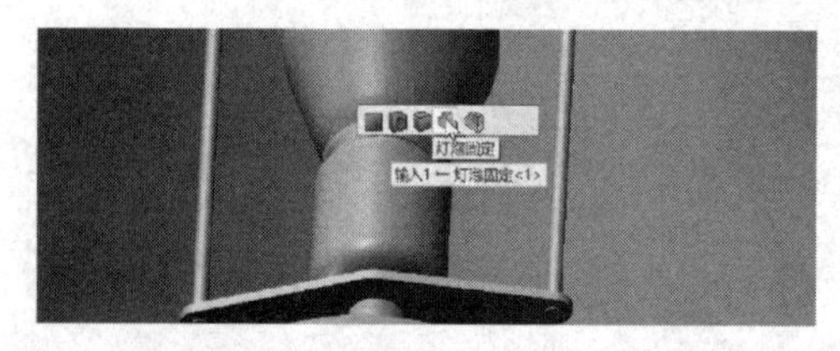

图 7-18　添加“无光黄铜”外观到“灯泡固定”

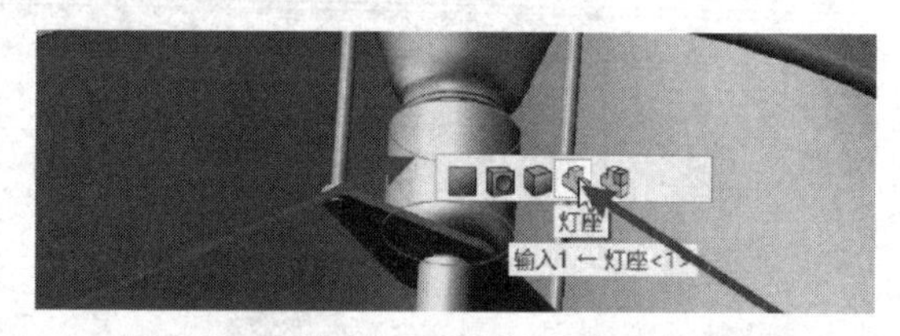

图 7-19　添加“无光金”外观到“灯座”

将“无光金”拖拽到图形区域中的零件“瓶托”的四个外旋转面上，选择【面】(图 7-20)。

将“塑料”/“高光泽”中的“黑色高光泽塑料”拖拽到图形区域中的零件“瓶托”的三个较大的外旋转面上，选择【面】(图 7-21)。

将“玻璃”/“光泽”中的“透明玻璃”拖拽到图形区域中的零件“灯泡体”上，选择【零件】(图 7-22)。

图 7-20　添加“无光金”外观到“瓶托”外旋转面

步骤 4　添加贴图　由于在装配体环境下只能对零部件进行贴图，要进入零件编辑状态才能对“面”贴图。打开“遮罩”零件，单击【外观、布景和贴图】任务窗格，选择“贴图”文件夹，单击添加文件夹，打开“实例”/“台灯贴图”文件夹，将其添加，如图 7-23 所示。

图 7-21 添加“黑色高光泽塑料”外观

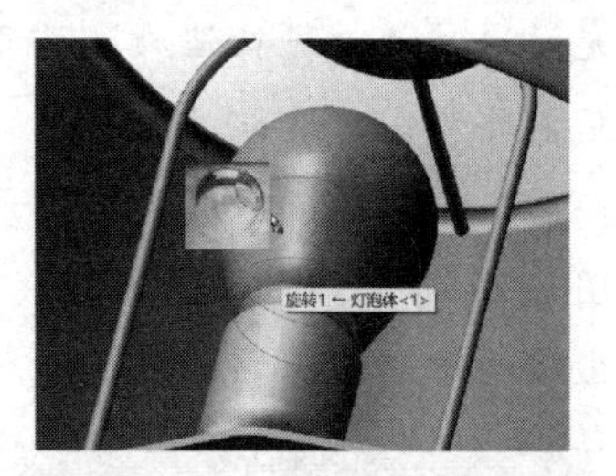

图 7-22 添加“透明玻璃”外观

单击“台灯贴图”文件夹，选择“遮罩贴图”，右击并选择【将贴图添加到零件】，选择图形区域中的台灯遮罩的中间曲面。

DisplayManager 属性设置将自动激活，切换到【映射】选项卡，勾选【大小/方向】中的【将宽度套合到选择】和【将高度套合到选择】复选框（图 7-24），保存并回到装配体。

同样地，打开“瓶托”零件，将“瓶身贴图”添加到中间较大的旋转曲面并激活两个套合选项，保存后回到装配体，效果如图 7-25 所示。

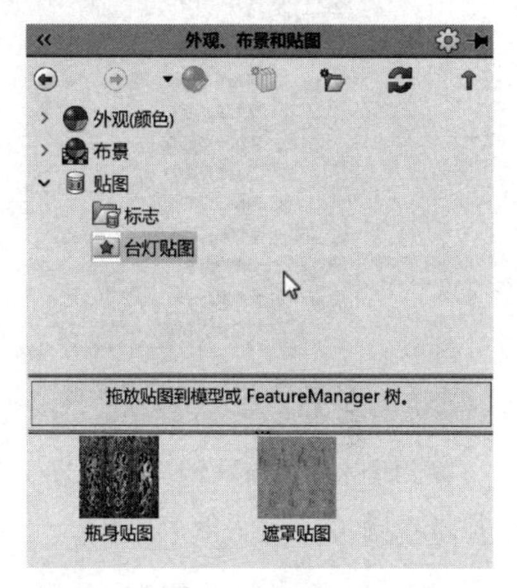

图 7-23 添加“台灯贴图”文件夹

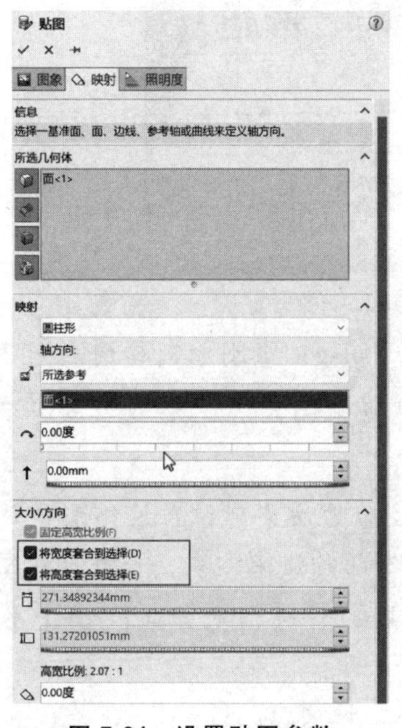

图 7-24 设置贴图参数

图 7-25 贴图效果

步骤 5 设置布景 单击前导视图工具栏中的【布景】，选择喜欢的一种布景，在这里选择“背景-工作间”。单击 DisplayManager 中的【查看布景、光源与相机】，布景中的背景和环境已经根据刚才的选择完成，可以做进一步的修改。

步骤 6 添加光源 查看“光源”文件夹，布景照明度和环境光源是布景提供的逼真光源，该光源通常足够进行渲染。这里需要添加一个点光源来实现灯泡的发光效果。

使用前导视图工具栏中的【剖面视图】，选择前视图。按组合键〈Ctrl+1〉，调整为前视图。

如图 7-26 所示，右击“光源”文件夹，选择【添加点光源】。如图 7-27 所示，用鼠标拖动图形区域中的红点到灯泡中心位置。

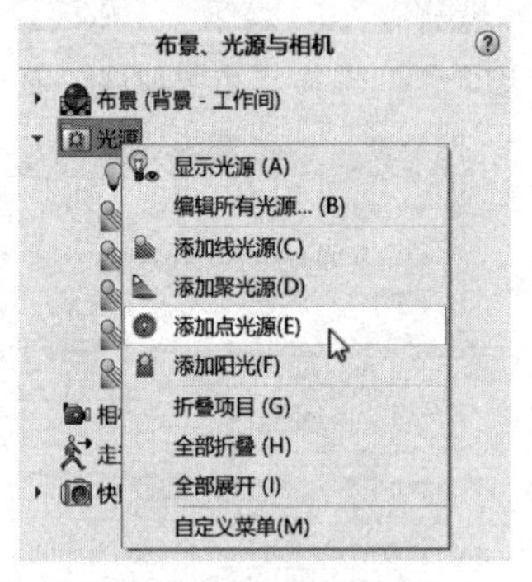

图 7-26 添加点光源

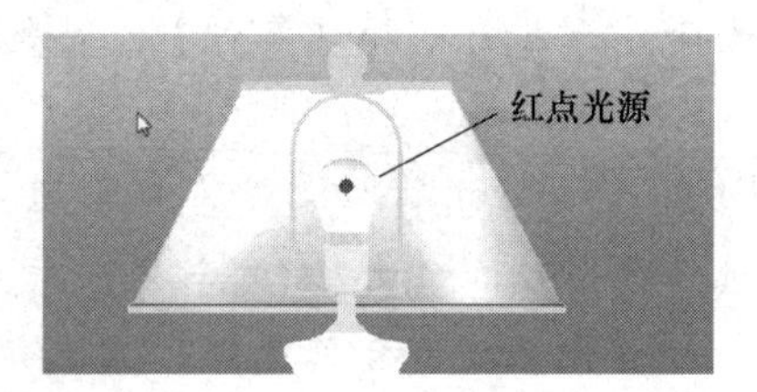

图 7-27 放置红点

按组合键〈Ctrl+5〉调整为上视图。在点光源的设定中，将【光源位置】中的 X 和 Z 坐标修改为 0（图 7-28）。

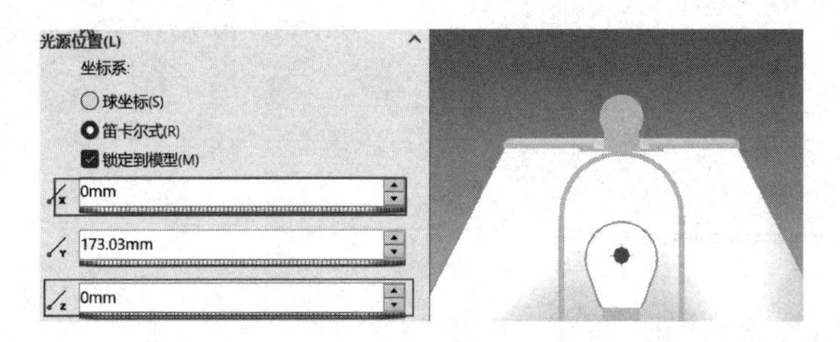

图 7-28 设置点光源参数

确定后，单击退出剖面视图显示。右击 DisplayManager 中刚才创建的点光源，在弹出的快捷菜单中选择【在 PhotoView 中打开】，确保点光源前面显示，这样点光源会在最终渲染中使用。

步骤 7 预览效果 在图形区域的显示效果并非最后的渲染，但在最终渲染之前要预览，以改进设置达到更好的视觉效果。在 PhotoView 中有两种渲染方式，一种是在图形区域直接渲染——【整合渲染】，另一种是在独立窗口渲染——【预览窗口】。推荐用第二种，更为节省资源，方便修改操作。

缩放图形窗口模型到合适大小，然后单击【预览窗口】进行渲染，观察结果。

根据喜好在外观、贴图、布景和光源等方面做调整，满意后即为最终渲染。

步骤 8 最终渲染和输出 单击渲染工具中的【最终渲染】，等一段时间之后，会在图像区域显示最终效果（图 7-29），不满意时可以继续调整。可以在 0~9 中切换，查看渲染完成的最后 10 个历史结果。单击【保存图像】将结果输出为需要的图形格式。

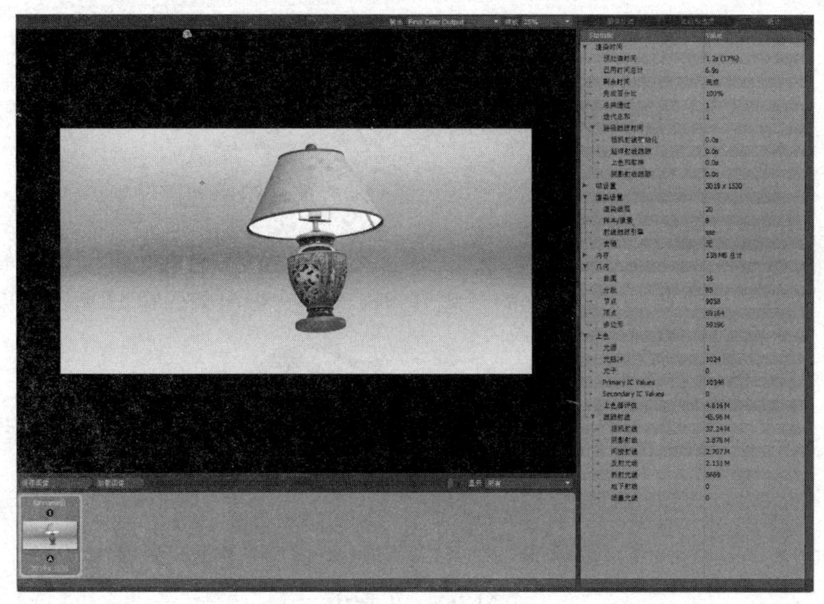

图 7-29 渲染效果

7.4 探讨

读者课后可以尝试减小环境亮度，将灯光修改为暖色调（例如昏黄），增加遮罩的透明度和粗糙度以获取更好的结果。

7.5 课后练习

1. 打开本章“练习 1”文件夹下的“风扇叶轮”文件，做出如图 7-30 所示渲染效果。

图 7-30 风扇叶轮

2. 打开本章“练习 2”文件夹下的“字体”文件，做出如图 7-31 所示渲染效果。

提示 字体采用“发光二极管”，平台采用“黑色中等光泽塑料”。红色字体做了照明度调整。

图 7-31 字体

3. 打开本章“练习 3”文件夹下的“工具刀”文件，做出如图 7-32 所示渲染效果。

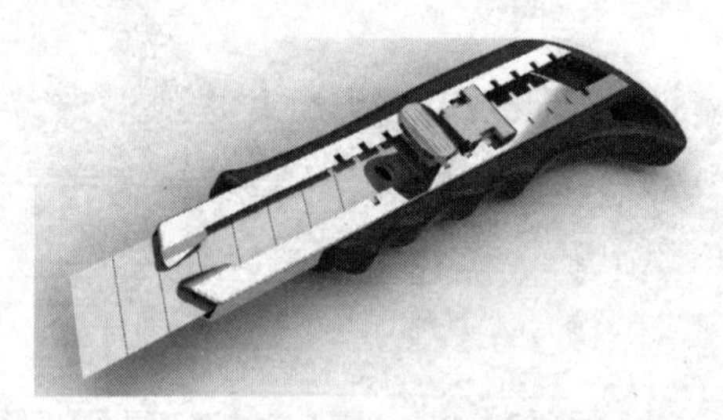
图 7-32 工具刀

第 8 章　参数化设计基础

【学习目标】

- 了解参数化设计的概念
- 学会添加和修改配置
- 学会使用配置创建模型

8.1　概述

参数化设计就是将模型中的定量信息变量化，使之成为任意调整的参数。对变量化参数赋予不同的数值，就可得到不同大小和形状的零件模型。

SOLIDWORKS 是典型的参数化设计软件，参数化功能非常强大，并且实现方法多种多样。在 SOLIDWORKS 中，用于创建特征的尺寸与几何关系，可以被记录并保存于设计模型中。这不仅可以使模型能够充分地体现设计者的设计意图，而且使设计者能够快速简单地修改模型，以及进行参数化管理。

8.2　配置

配置让用户可以在单一的文件中对零件或装配体生成多个设计变化。配置提供了简便的方法来开发与管理一组有着不同尺寸、零部件或其他参数的模型。

1）在零件文档中，配置可以生成具有不同尺寸、特征和属性（包括自定义属性）的系列零件，如图 8-1 所示。

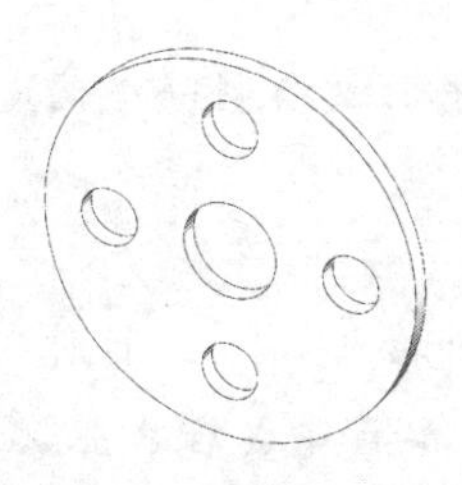
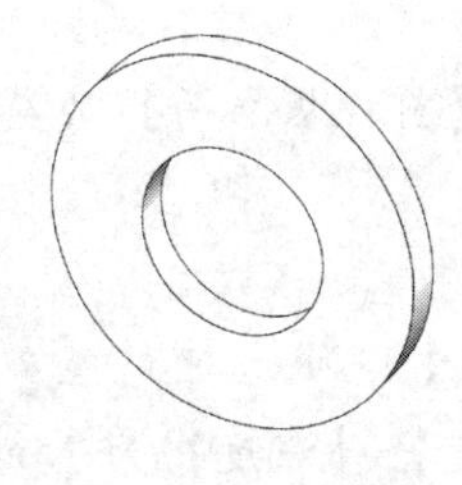
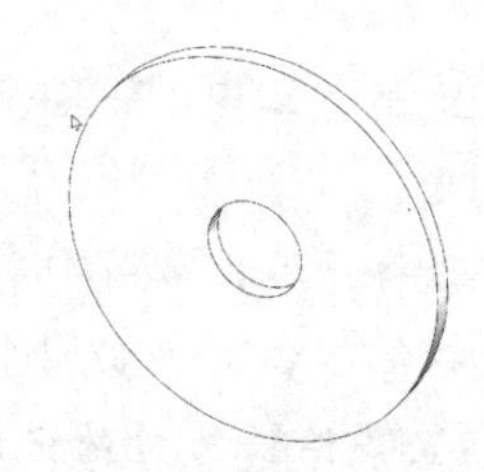

图 8-1　系列零件

2）在装配体文档中，配置可以通过压缩零部件生成简化设计，如图 8-2 所示。

3）使用不同的零部件配置、不同的装配体特征参数或不同的尺寸，可以配置特定的自定义属性的装配体系列，如图 8-3 所示。

8.2.1　手动添加零件配置

建立如图 8-4 所示套筒扳手模型，并创建图 8-5 所示配置。

图 8-2 压缩零部件生成简化设计

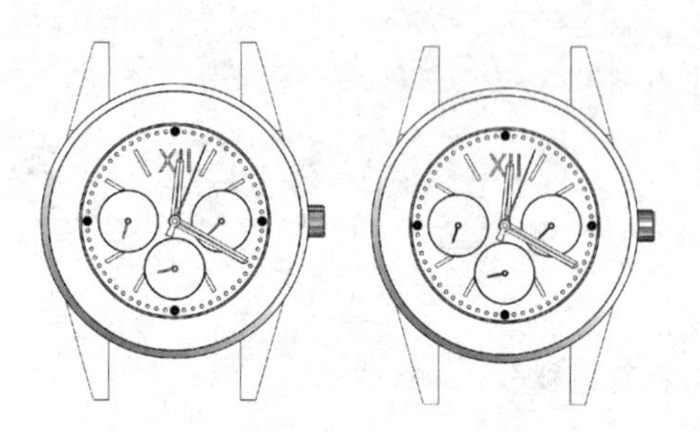

图 8-3 自定义属性的装配体系列

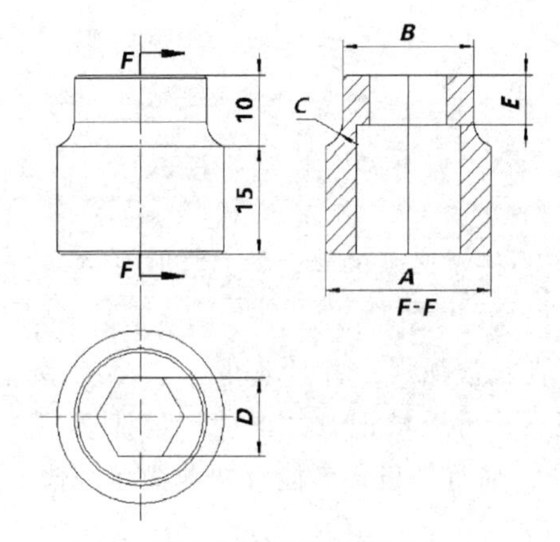

图 8-4 套筒扳手模型

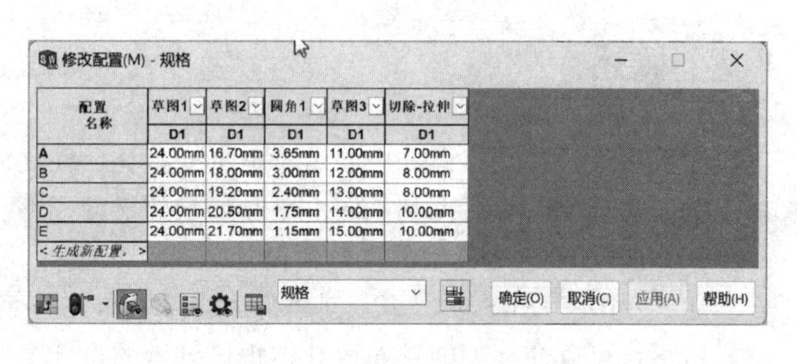

配置名称	草图1	草图2	圆角1	草图3	切除-拉伸
	D1	D1	D1	D1	D1
A	24.00mm	16.70mm	3.65mm	11.00mm	7.00mm
B	24.00mm	18.00mm	3.00mm	12.00mm	8.00mm
C	24.00mm	19.20mm	2.40mm	13.00mm	8.00mm
D	24.00mm	20.50mm	1.75mm	14.00mm	10.00mm
E	24.00mm	21.70mm	1.15mm	15.00mm	10.00mm
<生成新配置。>					

图 8-5 套筒扳手的配置

已知：$A=24$，$B=16.7$，$C=3.65$（圆角半径），$D=11$，$E=7$，未注倒角为 $C0.5$。

材料：1060 合金。

密度：2700kg/m^3。

单位系统：MMGS。

小数位数：2。

步骤 1 新建文件 使用模板“gb_part”新建一个零件，并设置单位系统为 MMGS，小数位数为 2。

步骤 2 绘制“草图 1” 选择【前视基准面】为草图平面，绘制一个圆心在原点且直径为 24mm 的圆。

步骤 3 保存并退出草图

步骤 4 拉伸凸台 单击【特征】工具栏中的【拉伸凸台/基体】，拉伸“草图 1”轮廓，设置【终止条件】为【给定深度】，【深度】为 15mm。编辑完成后单击✓退出。

步骤 5 绘制“草图 2” 选择拉伸实体的一个平面作为草图平面，绘制一个圆心在原点且直径为 16.7mm 的圆，如图 8-6 所示。绘制完成后单击【确定】并退出草图。

步骤 6 拉伸凸台 单击【特征】工具栏中的【拉伸凸台/基体】，拉伸“草图 2”轮廓，设置【终止条件】为【给定深度】，【深度】为 10mm，勾选【合并结果】复选框。编辑完成后单击✓退出。

步骤 7 添加“圆角 1” 激活【圆角】，在其属性框中选择【手工】，【圆角类型】选择【等半径】，设置【圆角半径】为 3.65mm，并选择图 8-7 所示边线。编辑完成后单击✓退出。

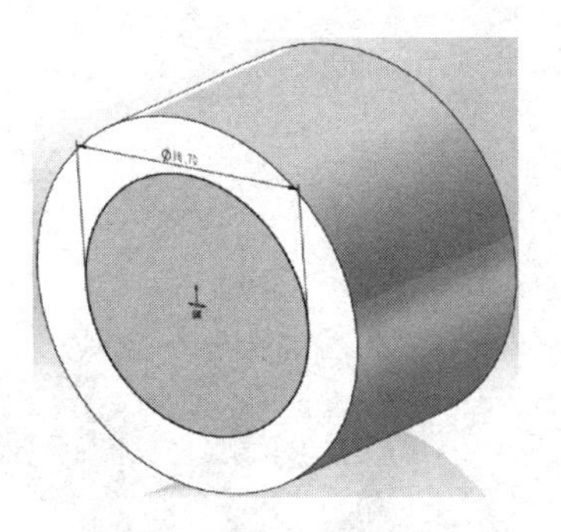

图 8-6　绘制“草图 2”

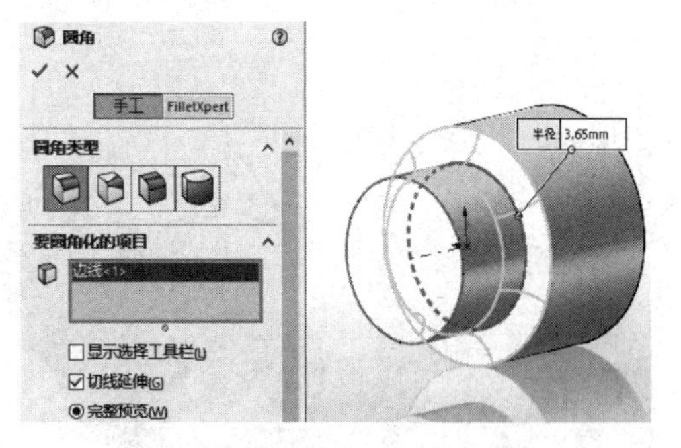

图 8-7　设置“圆角 1”参数

步骤 8　绘制“草图 3”　选择图 8-8 所示模型表面作为草图平面，绘制一个中心点在原点且边长为 11mm 的正六边形，对其中一条边添加【水平】几何关系。绘制完成后单击【保存】并退出草图。

步骤 9　拉伸切除“草图 3”　激活【特征】工具栏中的【拉伸切除】，并选择“草图 3”作为拉伸轮廓，设置【终止条件】为【给定深度】，【深度】为 7mm。编辑完成后单击✓退出。

步骤 10　绘制“草图 4”　选择图 8-9 所示模型表面作为草图平面，绘制一个中心在原点的六边形，使用【智能尺寸】标注内切圆直径为 15mm，并为一根直线边添加【水平】几何关系，如图 8-10 所示。绘制完成后单击【保存】并退出草图。

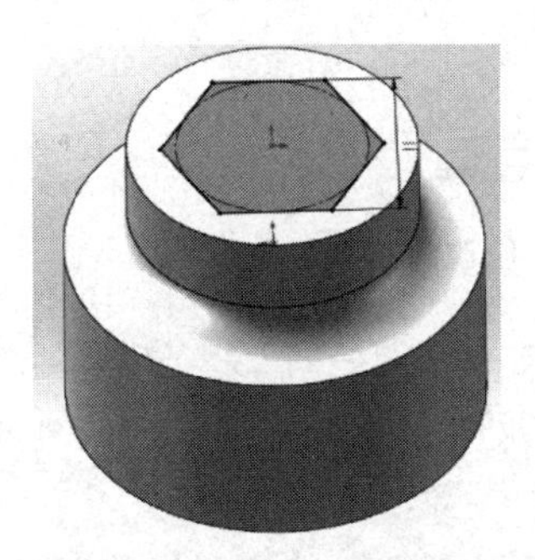

图 8-8　绘制“草图 3”

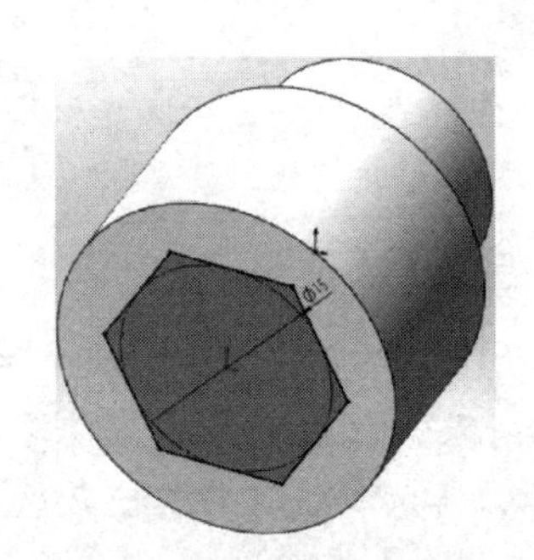

图 8-9　绘制“草图 4”

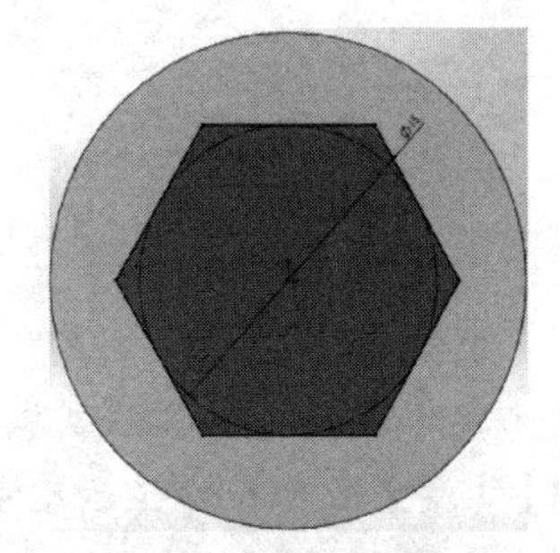

图 8-10　添加【水平】几何关系

步骤 11　拉伸切除“草图 4”　激活【特征】工具栏中的【拉伸切除】，并选择“草图 4”作为拉伸轮廓，设置【终止条件】为【给定深度】，【深度】为 12mm，如图 8-11 所示的平面作为终止面。编辑完成后单击✓退出。

步骤 12　添加“倒角 1”　激活【倒角】，在其属性框中选择【倒角类型】为【角度距离】，设置【距离】为 0.5mm、【角度】为 45°，其他设置为默认值，选择图 8-12 所示的三条边线为需要倒角的边线。编辑完成后单击✓退出。

步骤 13　激活 ConfigurationManager 设计树　ConfigurationManager 和 FeatureManager 设计树在同一个工具栏中，可以通过单击命令管理器窗口中的按钮来切换窗口的显示内容。

单击激活 ConfigurationManager 设计树，窗口中会显示带有默认配置列表的 ConfigurationManager，如图 8-13 所示。

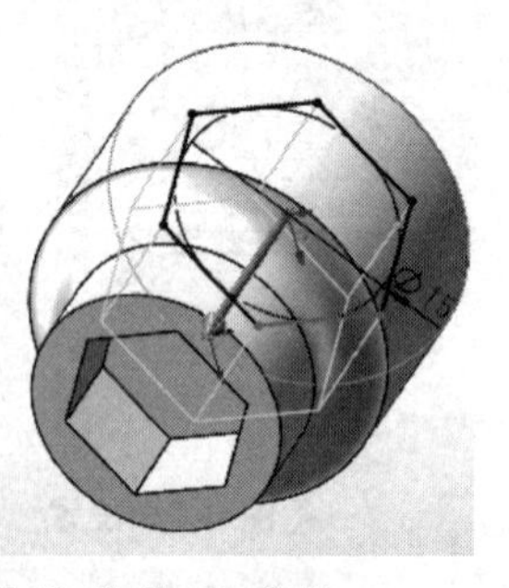

图 8-11 设置“切除-拉伸 2”参数

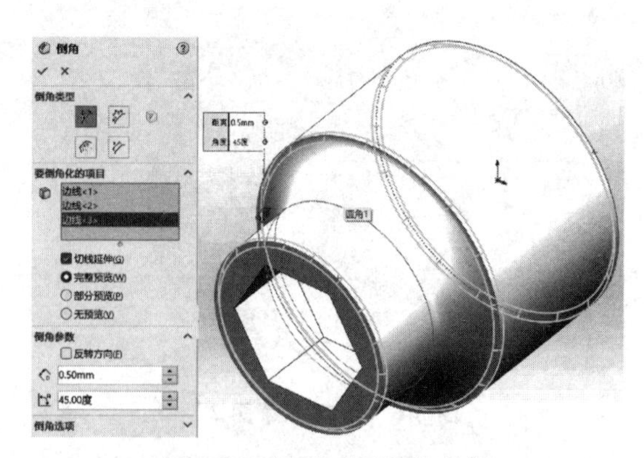

图 8-12 设置“倒角”参数

步骤 14 修改默认属性 右击【默认［套筒扳手］】，选择【属性】，如图 8-14 所示。在其属性框中将【配置名称】和【说明】的内容改成大写英文字母“A”，如图 8-15 所示。编辑完成后单击✓退出。

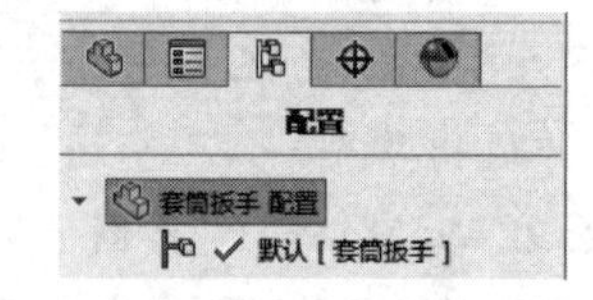

图 8-13 ConfigurationManager 设计树

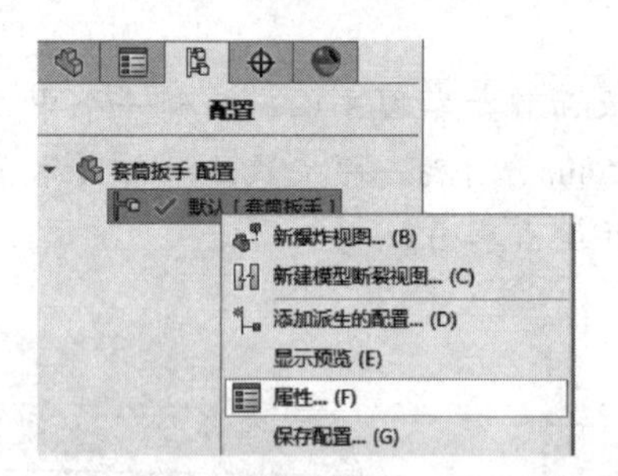

图 8-14 打开默认配置的属性

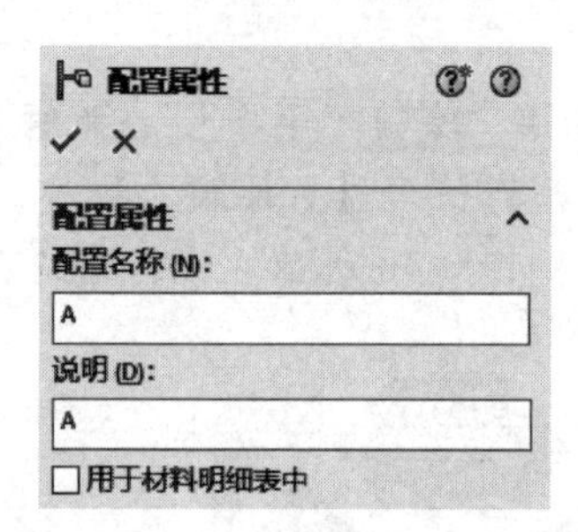

图 8-15 修改配置名称及说明

步骤 15 显示尺寸名称 在 SOLIDWORKS 中，每个草图尺寸都有一个独一无二的名称，其名称格式为“Dx@草图 n”。默认设置下尺寸名称是被隐藏的，单击菜单栏中的【视图】/【尺寸名称】可显示尺寸名称，再次单击可将其隐藏。

步骤 16 显示特征尺寸 打开【Instant3D】命令，并在设计树中右击【注解】文件夹，选择【显示特征尺寸】，则尺寸将会在模型界面显示出来，如图 8-16 所示。

步骤 17 添加新配置 右击“草图 1”中的尺寸“ϕ24”，并选择【配置尺寸】（图 8-17），弹出图 8-18 所示【修改配置】对话框。双击对话框中的文字“生成新配置”，并输入“B”，然后按〈Enter〉键。重复这一步骤，分别在下面的行中输入 C、D、E，如图 8-19 所示。

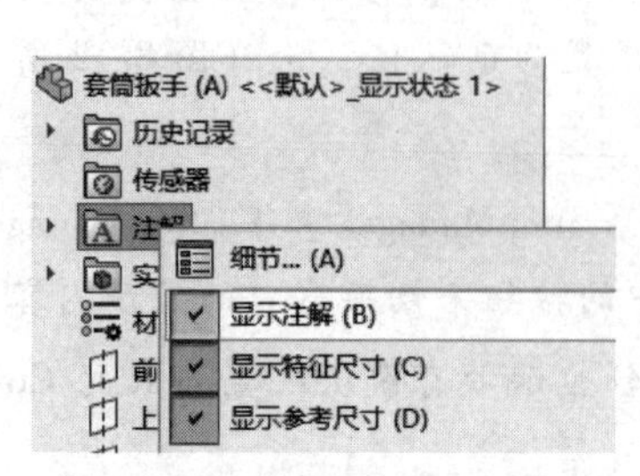

图 8-16 显示特征尺寸

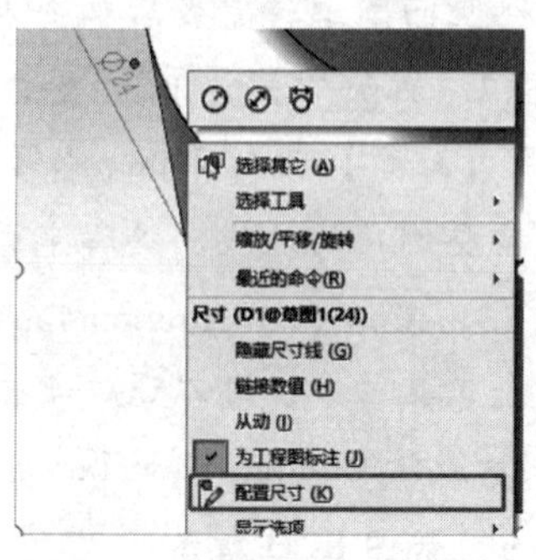

图 8-17 选择【配置尺寸】

修改配置(M)

配置名称	草图1
	D1
A	24.000000mm
< 生成新配置。>	

图 8-18 【修改配置】对话框

修改配置(M)

配置名称	草图1
	D1
A	24.000000mm
B	24.000000mm
C	24.000000mm
D	24.000000mm
E	24.000000mm
< 生成新配置。>	

图 8-19 添加“草图 1”配置

步骤 18 添加“草图 4”尺寸　双击“草图 4”中的“D1”尺寸（图 8-20），将其添加到【修改配置】对话框中，如图 8-21 所示。

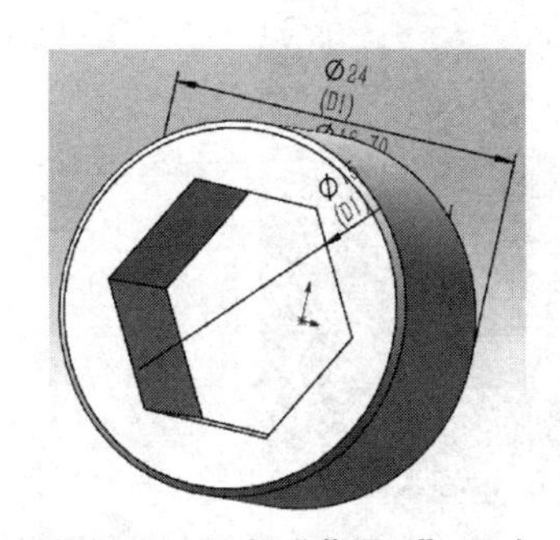

图 8-20 双击“草图 4”尺寸

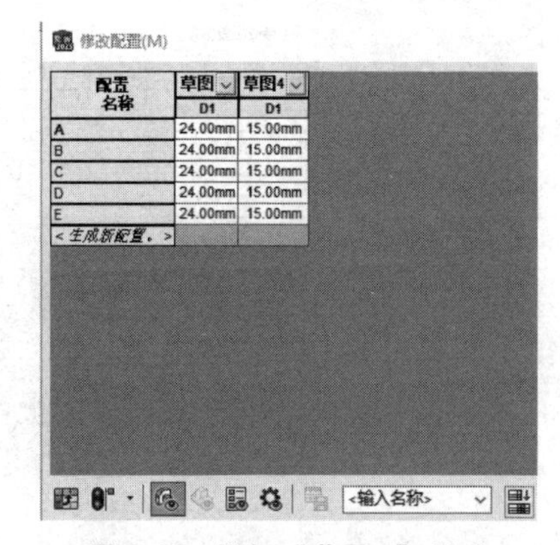

修改配置(M)

配置名称	草图	草图4
	D1	D1
A	24.00mm	15.00mm
B	24.00mm	15.00mm
C	24.00mm	15.00mm
D	24.00mm	15.00mm
E	24.00mm	15.00mm
< 生成新配置。>		

图 8-21 添加“草图 4”尺寸

步骤 19 添加“圆角 1”尺寸　双击“圆角 1”中的“D1”尺寸（图 8-22），将其添加到【修改配置】对话框中，如图 8-23 所示。

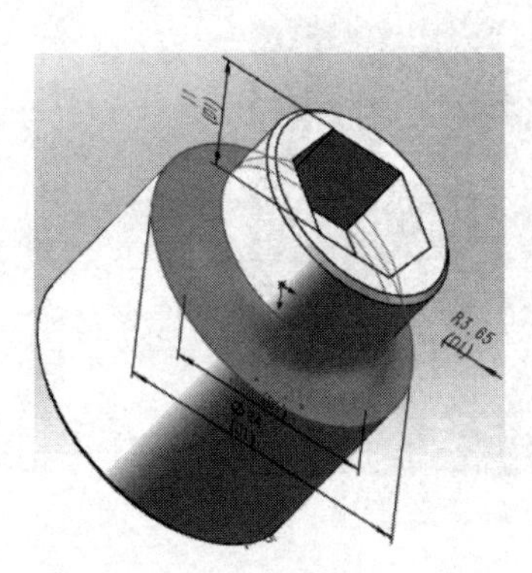

图 8-22 双击“圆角 1”尺寸

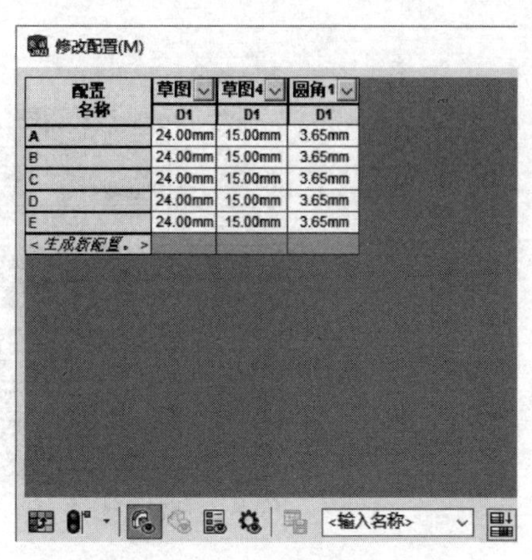

修改配置(M)

配置名称	草图	草图4	圆角1
	D1	D1	D1
A	24.00mm	15.00mm	3.65mm
B	24.00mm	15.00mm	3.65mm
C	24.00mm	15.00mm	3.65mm
D	24.00mm	15.00mm	3.65mm
E	24.00mm	15.00mm	3.65mm
< 生成新配置。>			

图 8-23 添加“圆角 1”尺寸

步骤 20 添加“草图 3”尺寸 双击“草图 3”中的“D1”尺寸，将其添加到【修改配置】对话框中，如图 8-24 所示。

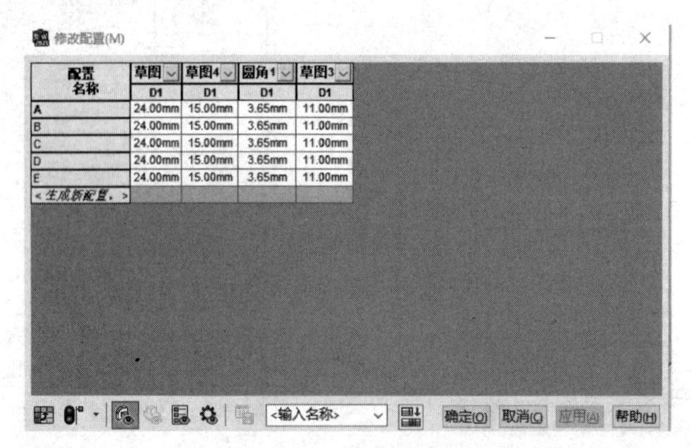

图 8-24 添加“草图 3”尺寸

步骤 21 添加“切除-拉伸 1”尺寸 双击“切除-拉伸 1”中的“D1”尺寸，将其添加到【修改配置】对话框中，如图 8-25 所示。

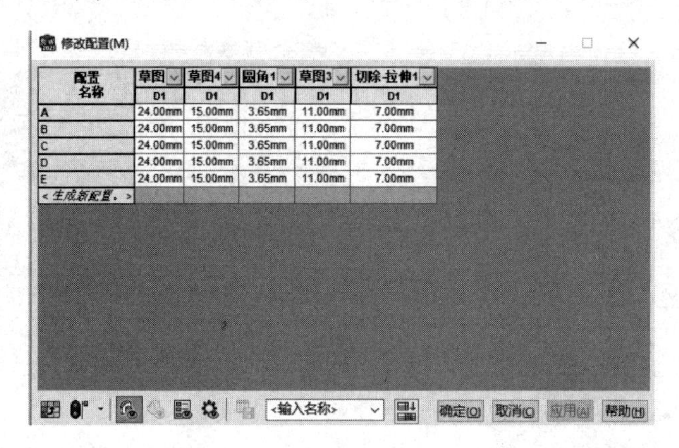

图 8-25 添加“切除-拉伸 1”尺寸

步骤 22 修改尺寸 按照图 8-26 所示的尺寸对【修改配置】对话框内的尺寸进行修改。

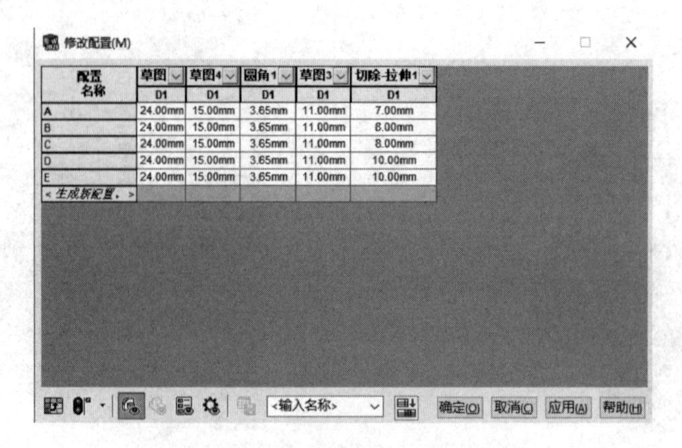

图 8-26 修改不同配置的尺寸值

步骤 23　保存表格　在【输入名称】中输入“规格”，然后单击【保存】，如图 8-27 所示。编辑完成后单击【确定】退出修改配置操作。

步骤 24　查看表格和配置　在命令管理器窗口中单击【配置】，预览添加好的配置，如图 8-28 所示。

提示　可以通过双击来激活并查看配置。

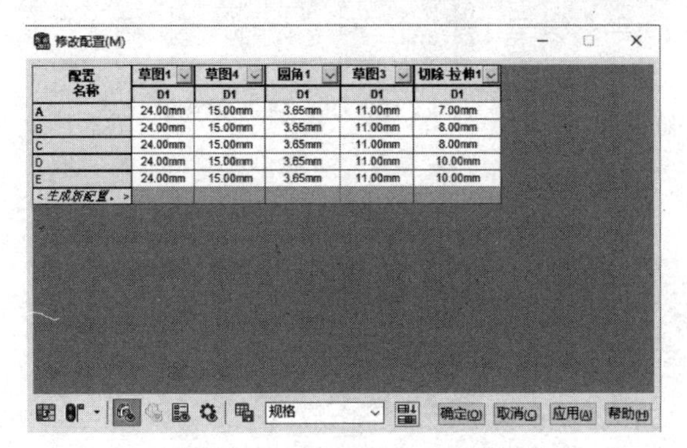

配置名称	草图1 D1	草图4 D1	圆角1 D1	草图3 D1	切除-拉伸1 D1
A	24.00mm	15.00mm	3.65mm	11.00mm	7.00mm
B	24.00mm	15.00mm	3.65mm	11.00mm	8.00mm
C	24.00mm	15.00mm	3.65mm	11.00mm	8.00mm
D	24.00mm	15.00mm	3.65mm	11.00mm	10.00mm
E	24.00mm	15.00mm	3.65mm	11.00mm	10.00mm
<生成新配置。>					

图 8-27　输入名称并保存表格

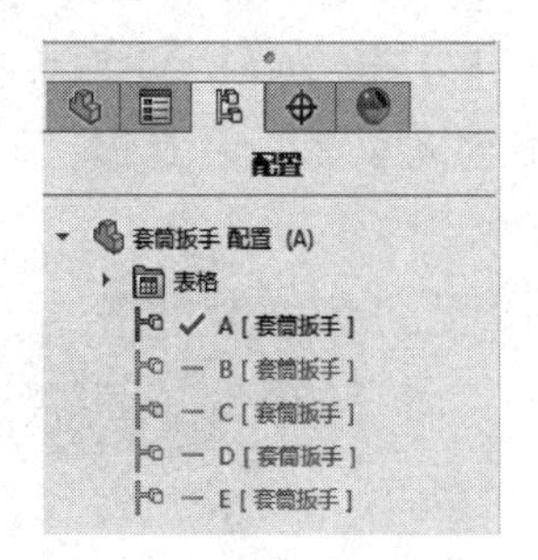

图 8-28　预览添加好的配置

步骤 25　显示表格　右击图 8-28 中的【表格】并选择【显示表格】，将会显示图 8-27 所示的【修改配置】对话框。

提示　可以通过显示此对话框对整体配置尺寸进行修改。

步骤 26　编辑材料　指定材料为“1060 合金”。

步骤 27　保存并关闭模型　将模型命名为“套筒扳手”，保存并关闭模型。

8.2.2　自动添加零件配置

建立如图 8-29 所示名为“Wrench”的模型，并使用“系列零件设计表”创建图 8-30 所示配置。

已知：$A=80$，$B=12$，$C=10$，$D=8$，$E=10$(半径)，$F=9$(半径)，$G=5$，未注圆角 $R1$，未注倒角 $C1$。

材料：1060 合金。

密度：2700kg/m^3。

单位系统：MMGS。

小数位数：2。

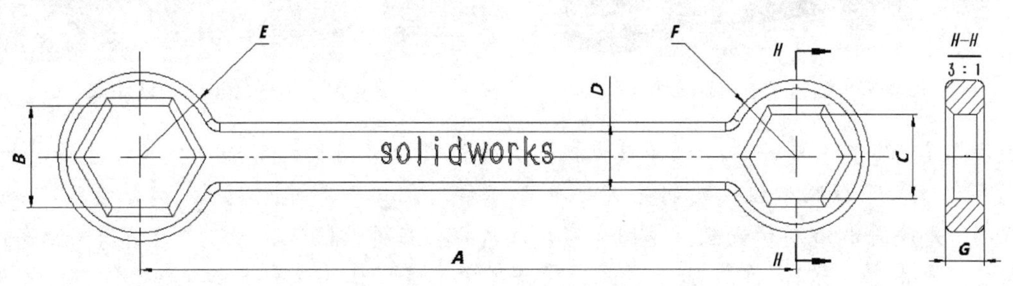

图 8-29　“Wrench”模型

步骤 1 创建"凸台-拉伸 1" 单击【特征】工具栏中的【拉伸凸台/基体】，选择【上视基准面】作为草图平面，绘制图 8-31 所示草图，编辑完成后保存并退出草图。在【凸台-拉伸】属性框中设置【终止条件】为【两侧对称】，【深度】为 5mm。编辑完成后单击 ✓ 退出。

步骤 2 创建"倒角 1" 单击【特征】工具栏中的【倒角】，并选择所有正六边形的边线（共 24 根），设置【距离】为 1mm，【角度】为 45°，如图 8-32 所示。编辑完成后单击 ✓ 退出。

	A	B	C	D	E	F	G	H
1	系列零件设计表为：Wrench							
2		D2@草图1	D3@草图1	D1@草图1	D4@草图1	D5@草图1	D6@草图1	D1@凸台-拉伸1
3	默认	10	80	12	10	8	9	5
4	Size1	14	100	16	14	8	12	5
5	Size2	18	120	20	16	8	15	7
6	Size3	22	140	24	20	10	20	7
7	Size4	26	160	28	24	10	22	9
8	Size5	30	180	32	28	10	25	9
9	Size6	26	160	28	24	10	22	9

图 8-30 系列零件设计表

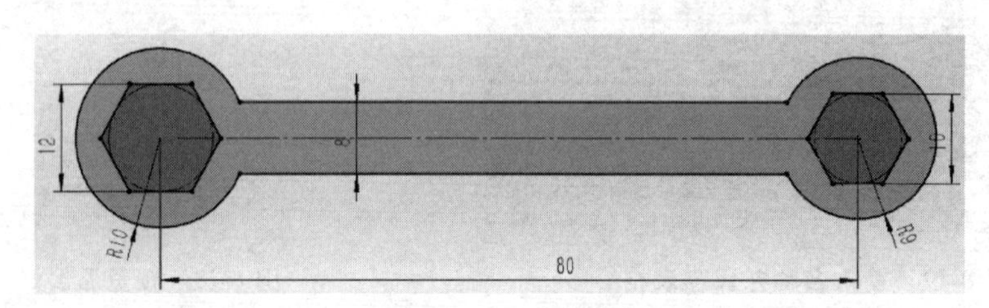

图 8-31 绘制草图

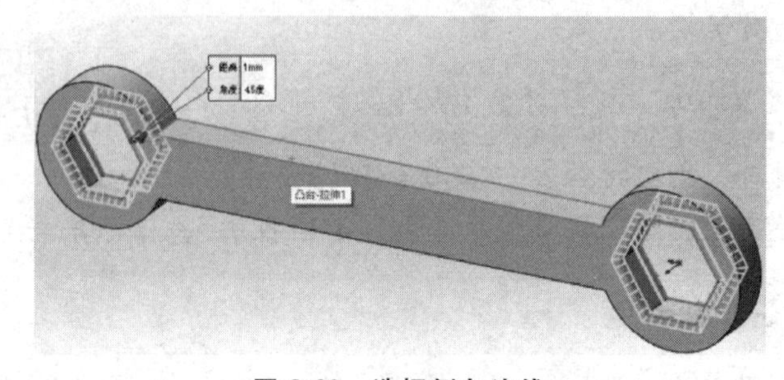

图 8-32 选择倒角边线

步骤 3 创建"圆角 1" 单击【特征】工具栏中的【圆角】，选择【FilletXpert】圆角专家，在【圆角项目】中任意选择一条模型边线（此时不要移动光标，如图 8-33 所示），在弹出的关联工具栏中选择【相连，11 边线】，如图 8-34 所示，设置【半径】为 1mm。编辑完成后单击 ✓ 退出。

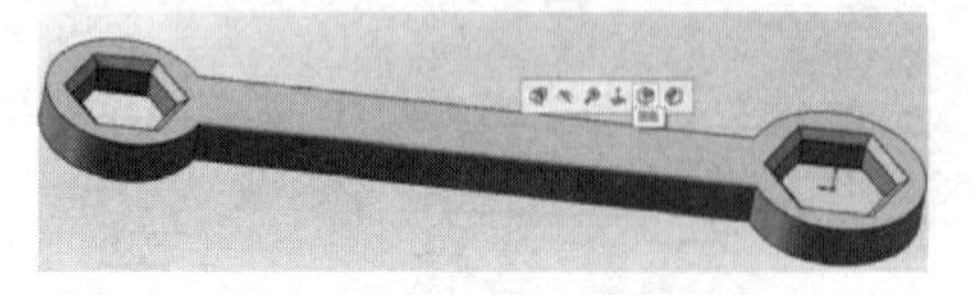

图 8-33 选择其中一条边线

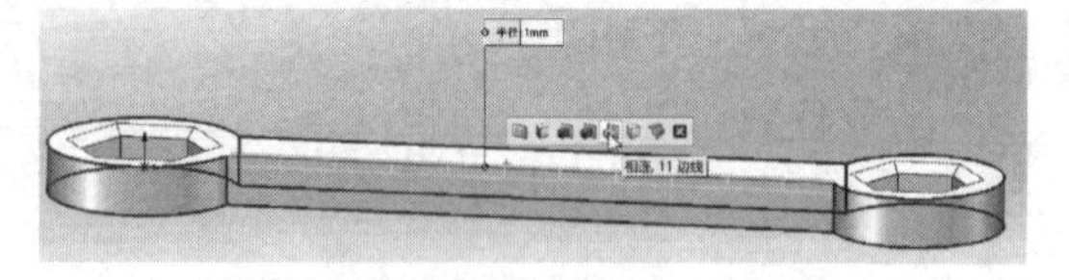

图 8-34 选择【相连，11 边线】

步骤 4 绘制"草图 2" 选择【上视基准面】作为草图平面创建一个新的草图，并绘制图 8-35 所示两根构造线。绘制完成后单击【草图】工具栏中的【文字】，输入"solidworks"，并按图 8-36 所示设置【草图文字】属性框。在属性框中取消勾选【使用文档字体】复选框，单击【字体】，在【选择字体】对话框中设置字体为汉仪长仿宋体、常规、四号，

间距为 1.5mm，完成操作后单击【确定】退出对话框。文字属性编辑完成后单击 ✓ 保存并退出草图。

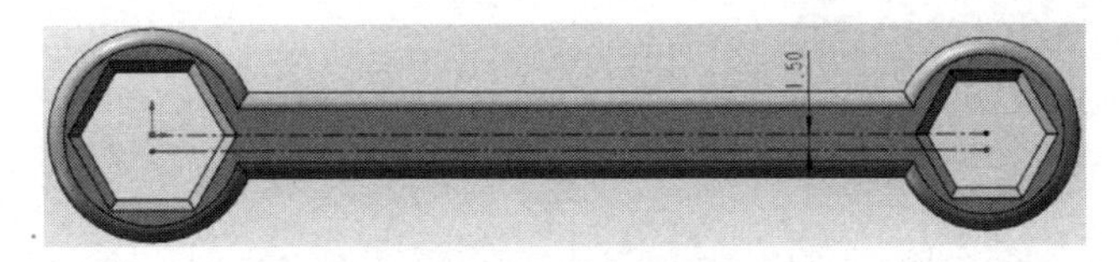

图 8-35　绘制草图

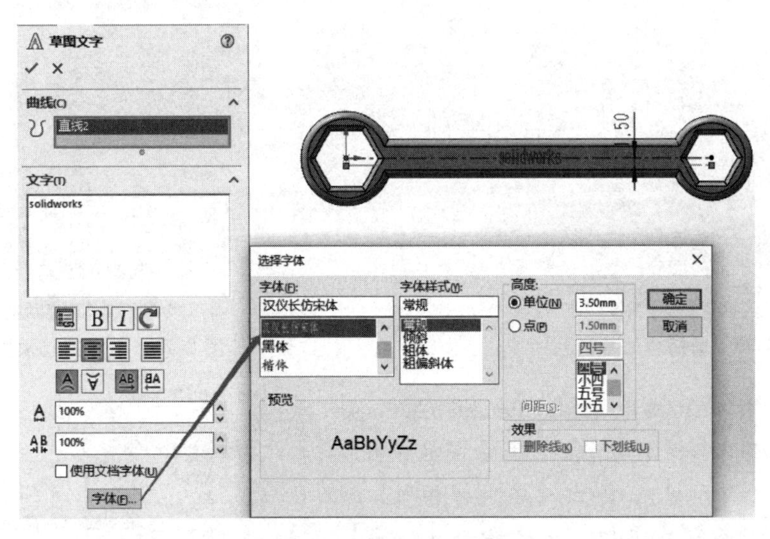

图 8-36　设置文字属性

步骤 5　创建“包覆 1”　单击菜单栏中的【插入】/【特征】/【包覆】，并按图 8-37 所示设置“包覆 1”参数，编辑完成后单击 ✓ 退出。

步骤 6　插入设计表　单击菜单栏中的【插入】/【表格】/【设计表】，使用默认设置（图 8-38），编辑完成后单击 ✓。

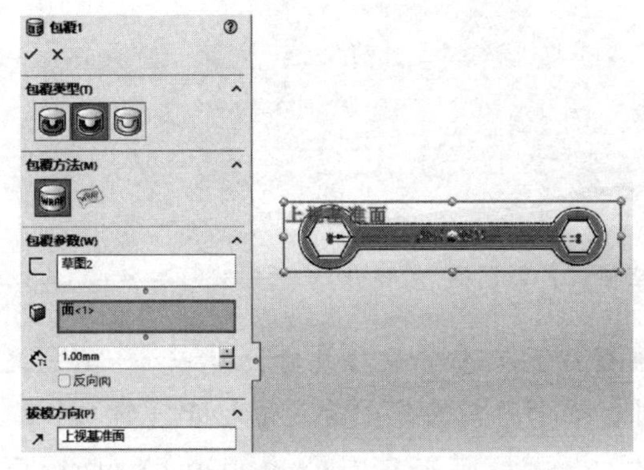

图 8-37　设置“包覆 1”参数

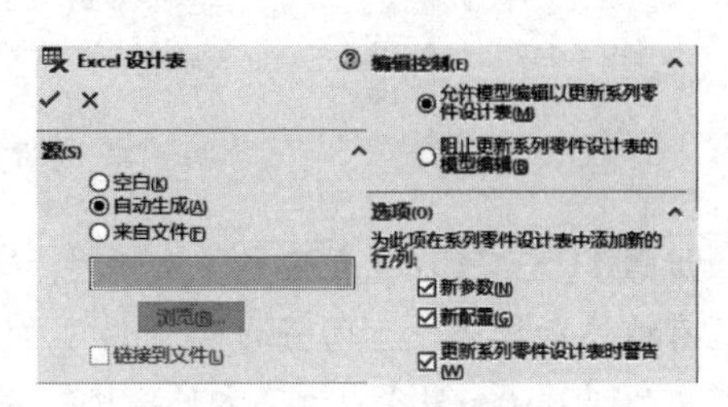

图 8-38　设置设计表

步骤 7　添加尺寸　上一步骤完成后弹出【添加行和列】对话框，按住〈Ctrl〉键同时选择图 8-39 所示的 4 个参数，选择完成后单击【确定】。

步骤 8　退出表格编辑　尺寸选择完成后单击【确定】，弹出一个表格，表格中包含了刚才所添加的尺寸参数，如图 8-40 所示。在图形界面任意空白处单击，退出表格编辑。

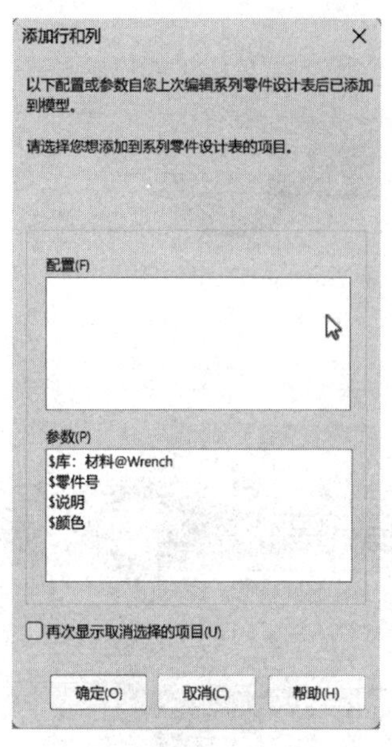

图 8-39　选择要添加的尺寸

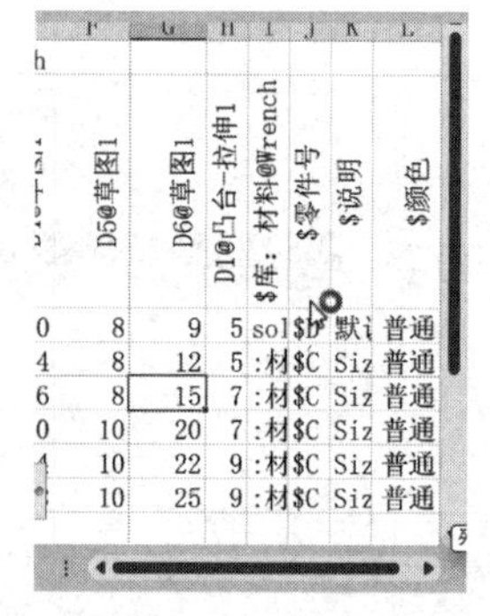

图 8-40　添加完成预览

步骤 9　打开表格　在 ConfigurationManager 中，右击【系列零件设计表】，选择【在单独窗口中编辑表格】（图 8-41），弹出【添加行和列】对话框，这里我们不需要添加，直接单击【确定】。此时将会出现一个 Excel 表格。

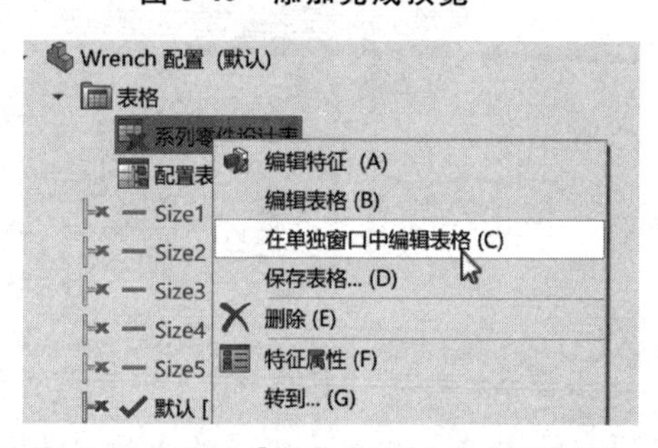

图 8-41　选择【在单独窗口中编辑表格】

步骤 10　编辑 Excel 表格文字　在 Excel 表格中，右击最左上角单元格，选择【设置单元格格式】，在弹出的【设置单元格格式】对话框中选择【常规】后单击【确定】退出，如图 8-42 所示。此时会发现，表格中所有的尺寸文字全变回了数字。

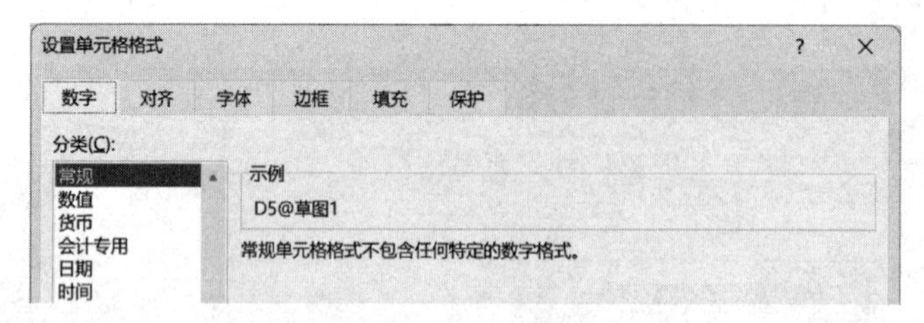

图 8-42　【设置单元格格式】对话框

步骤 11　在 Excel 表格中添加尺寸“G”　在创建系列零件设计表时，有一个“G”尺寸没有被添加进来。下面将介绍如何添加尺寸到表格中，在操作之前，先打开【特征】工具栏中的【Instant3D】。为了方便操作，关闭现有的表格，再次右击 ConfigurationManager 下面的【系列零件设计表】，选择【编辑表格】。表格打开后，首先选中 Excel 表格中的 H2 空白单元格（“G”尺寸将被添加到此单元格中）。然后，打开设计树，并单击“凸台-拉伸1”，如图 8-43 所示。接着在图形界面双击尺寸“G”，尺寸“G”将被添加到 H2 单元格中。添加完成后退出表格。

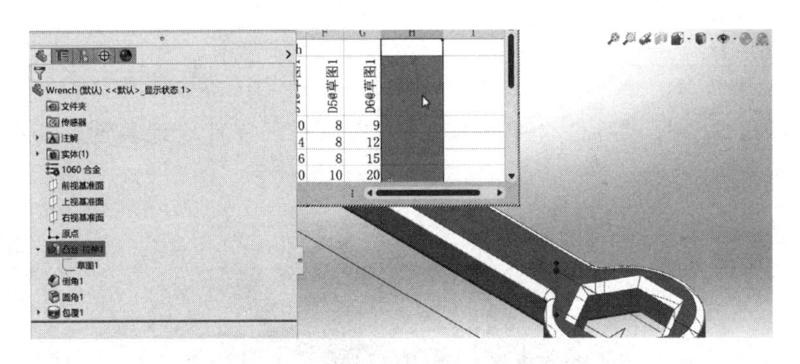

图 8-43　添加尺寸“G”到表格中

步骤 12　在 Excel 表格中添加更多配置　尺寸添加完成后，再次使用【在单独窗口中编辑表格】，并按图 8-44 所示添加表格内容。添加完成后保存并关闭表格。

步骤 13　完成配置添加　表格关闭后弹出一个 SOLIDWORKS 提示框，如图 8-45 所示。此提示框将提示已经添加了相关配置。

	A	B	C	D	E	F	G	H
1	系列零件设计表是为: Wrench							
2		D2@草图1	D3@草图1	D1@草图1	D4@草图1	D5@草图1	D6@草图1	D1@凸台-拉伸1
3	默认	10	80	12	10	8	9	5
4	Size1	14	100	16	14	8	12	5
5	Size2	18	120	20	16	8	15	7
6	Size3	22	140	24	20	10	20	7
7	Size4	26	160	28	24	10	22	9
8	Size5	30	180	32	28	10	25	9
9	Size6	26	160	28	24	10	22	9

图 8-44　添加更多配置

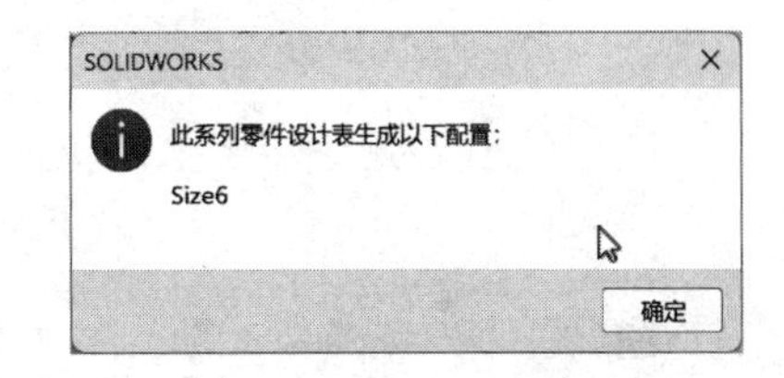

图 8-45　SOLIDWORKS 提示框

步骤 14　查看配置　打开 ConfigurationManager，可以查看添加好的配置，如图 8-46 所示。通过双击这些配置名称，或右击选择【显示配置】可查看模型的变化。

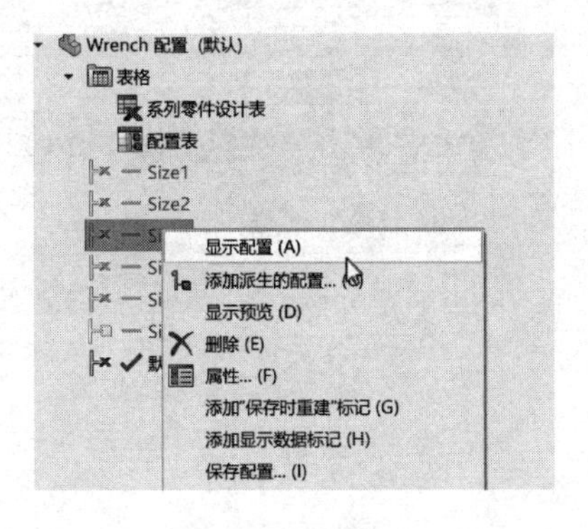

图 8-46　查看配置

步骤 15　编辑材料　指定材料为“1060 合金”。

步骤 16　保存并关闭模型　将模型命名为“Wrench”，保存并关闭模型。

8.3 课后练习

1. 打开名为“Axis”的零件（图 8-47），并使用系列零件设计表创建如图 8-48 所示的配置。

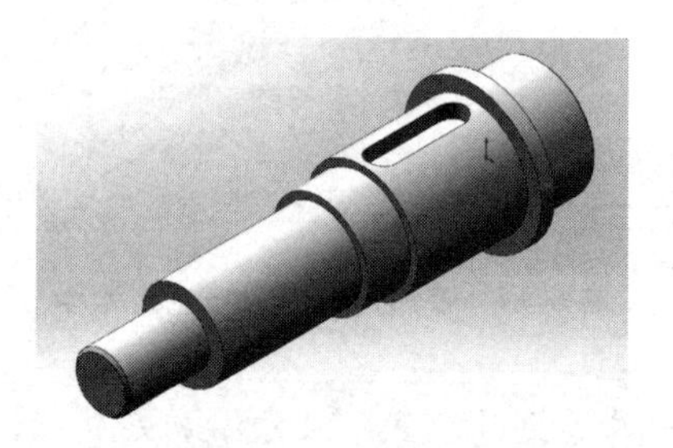

图 8-47 零件“Axis”

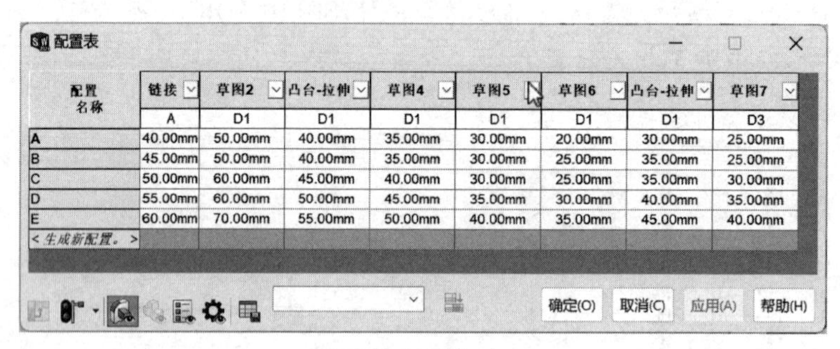

配置表

配置名称	链接	草图2	凸台-拉伸	草图4	草图5	草图6	凸台-拉伸	草图7
	A	D1	D1	D1	D1	D1	D1	D3
A	40.00mm	50.00mm	40.00mm	35.00mm	30.00mm	20.00mm	30.00mm	25.00mm
B	45.00mm	50.00mm	40.00mm	35.00mm	30.00mm	25.00mm	35.00mm	25.00mm
C	50.00mm	60.00mm	45.00mm	40.00mm	30.00mm	25.00mm	35.00mm	30.00mm
D	55.00mm	60.00mm	50.00mm	45.00mm	35.00mm	30.00mm	40.00mm	35.00mm
E	60.00mm	70.00mm	55.00mm	50.00mm	40.00mm	35.00mm	45.00mm	40.00mm
< 生成新配置。>								

确定(O) 取消(C) 应用(A) 帮助(H)

图 8-48 配置（1）

2. 打开名为“Wineglass”的零件（图 8-49），并使用系列零件设计表创建如图 8-50 所示的配置。

图 8-49 零件“Wineglass”

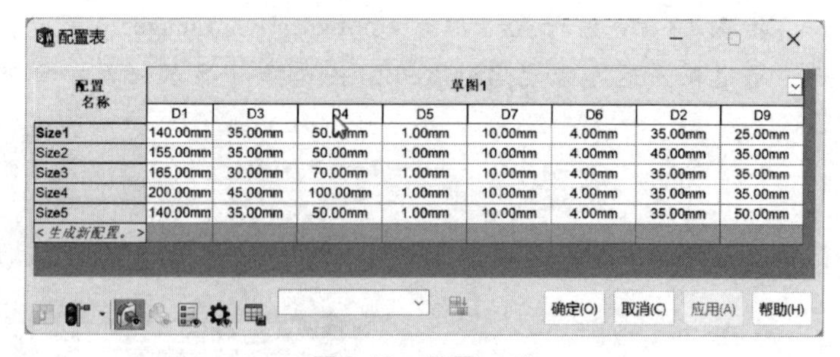

配置表

配置名称	草图1							
	D1	D3	D4	D5	D7	D6	D2	D9
Size1	140.00mm	35.00mm	50.[illegible]mm	1.00mm	10.00mm	4.00mm	35.00mm	25.00mm
Size2	155.00mm	35.00mm	50.00mm	1.00mm	10.00mm	4.00mm	45.00mm	35.00mm
Size3	165.00mm	30.00mm	70.00mm	1.00mm	10.00mm	4.00mm	35.00mm	35.00mm
Size4	200.00mm	45.00mm	100.00mm	1.00mm	10.00mm	4.00mm	35.00mm	35.00mm
Size5	140.00mm	35.00mm	50.00mm	1.00mm	10.00mm	4.00mm	35.00mm	50.00mm
< 生成新配置。>								

确定(O) 取消(C) 应用(A) 帮助(H)

图 8-50 配置（2）

第9章　3D　草　图

【学习目标】

- 了解 3D 草图的概念
- 学会运用 3D 草图创建模型

9.1　概述

在实际的设计过程中，我们可能会碰到一些复杂的模型，当一般的 2D 草图不能方便或有效率地完成设计的时候，使用 3D 草图会十分有用。

3D 草图中的实体不同于惯用的 2D 草图中的实体，这才使得 3D 草图在某些应用如扫描、放样和焊件中十分有用，但绘制起来比较困难。

9.2　使用 3D 草图

9.2.1　使用基准面

使用基准参考平面进行 3D 草图绘制，允许用户在三维空间中绘制草图，并可在已有的标准基准面之间切换。在三维空间中绘制草图，默认情况下使用模型中的默认坐标系统绘制草图。如果想切换到另外两个系统默认的基准面，则可以在草图工具被激活时按住〈Tab〉键，这样就会显示当前草图平面的原点。若要切换至标准基准面之外的一个参考基准面，可以按住〈Ctrl〉键，再单击参考基准面。

9.2.2　草图实体和几何关系

相对于 2D 草图而言，3D 草图中少了很多可用的实体和草图几何关系。但是，有一些几何关系，如【平行 YZ】、【平行 ZX】、【沿 Z】等，只能在 3D 草图中应用。

9.2.3　空间控标

当使用 3D 草图在几个基准面上绘图时，会有一个图形化的辅助工具来帮助保持方向，称为“空间控标”。在所选基准面上定义直线或样条曲线的第一个点时，空间控标就会出现。在使用空间控标时，可以选择要用来绘制草图的轴线。

9.3　实例

9.3.1　实例 1：3D 管道

建立如图 9-1 所示的“3D 管道”模型。

已知：长边 = 9mm，短边 = 5.5mm，所有圆角为 1.5mm。

材料：1060 合金。

密度：2700kg/m^3。

单位系统：MMGS。

小数位数：2。

步骤 1 新建文件 使用模板“gb_part”新建一个零件，设置单位系统为 MMGS，小数位数为 2。

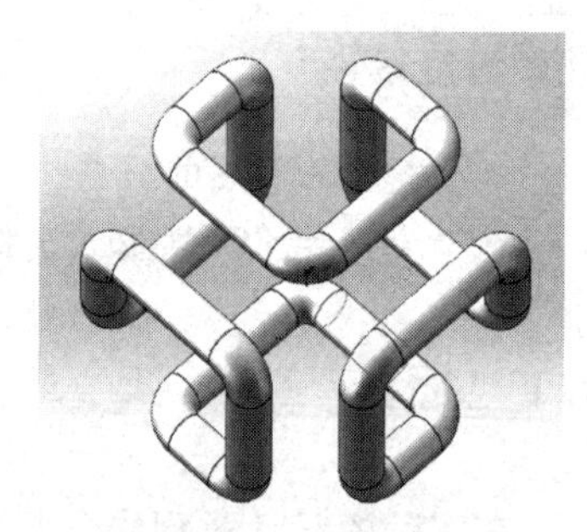

图 9-1 3D 管道

步骤 2 激活 3D 草图 在【特征】工具栏中单击【3D 草图】，或从菜单栏中选择【插入】/【3D 草图】，激活【3D 草图】。

步骤 3 绘制直线 1 在【草图】工具栏中单击【直线】。按〈Tab〉键，直到光标显示为ZX。

从原点开始沿 Z 轴方向绘制长约 9mm 的直线，如图 9-2 所示。沿 X 轴方向绘制第二条长约 5.5mm 的直线，如图 9-3 所示。分别标注直线的尺寸为 9mm 和 5.5mm，如图 9-4 所示（注：图示坐标系为手动创建的自定义坐标系，以下步骤不再显示）。

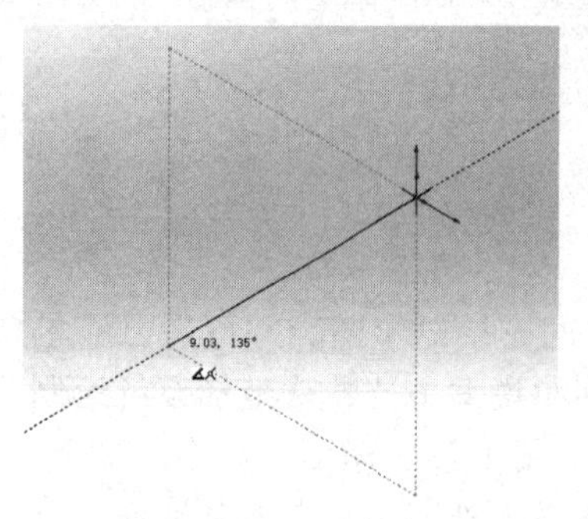

图 9-2 沿 Z 轴方向绘制直线

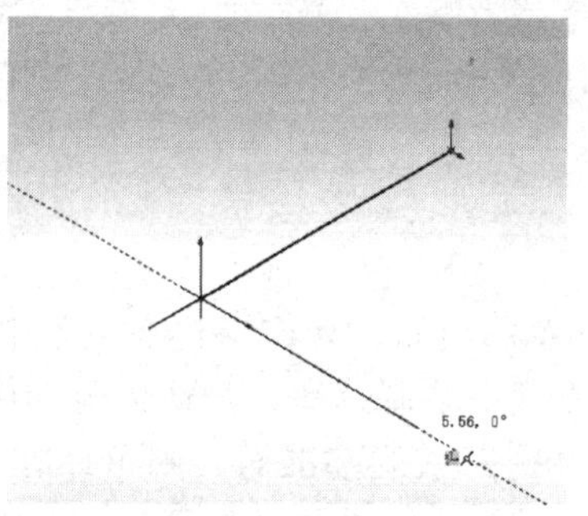

图 9-3 沿 X 轴方向绘制直线

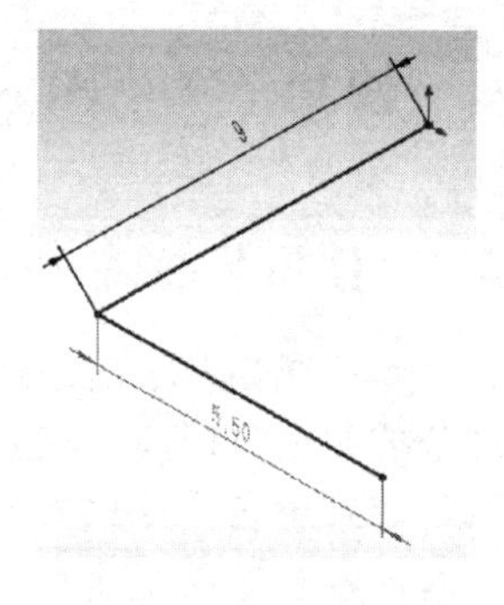

图 9-4 标注尺寸

步骤 4 绘制直线 2 在【草图】工具栏中单击【直线】。按〈Tab〉键，直到光标显示为XY。

从 5.5mm 直线的端点开始，沿 Y 轴方向绘制长约 9mm 的直线，如图 9-5 所示。沿 X 轴方向绘制第二条长约 9mm 的直线，如图 9-6 所示。分别为它们标注尺寸，如图 9-7 所示。

步骤 5 绘制直线 3 按〈Tab〉键，直到光标显示为YZ。

开始沿 Y 轴方向绘制长约 5.5mm 的直线，如图 9-8 所示。沿 Z 轴方向绘制第二条长约 9mm 的直线，如图 9-9 所示。沿 Y 轴方向绘制第三条长约 9mm 的直线，如图 9-10 所示。沿 Z 轴方向绘制第四条长约 5.5mm 的直线，如图 9-11 所示。分别为它们标注尺寸，如图 9-12 所示。

步骤 6 绘制直线 4 按〈Tab〉键，直到光标显示为ZX。

开始沿 X 轴方向绘制长约 9mm 的直线，如图 9-13 所示。沿 Z 轴方向绘制第二条长约 9mm 的直线，如图 9-14 所示。沿 X 轴方向绘制第三条长约 5.5mm 的直线，如图 9-15 所示。分别为它们标注尺寸，如图 9-16 所示。

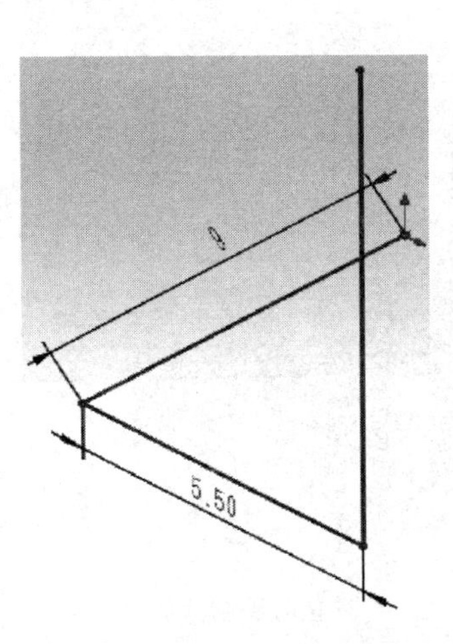

图 9-5 沿 *Y* 轴方向绘制直线

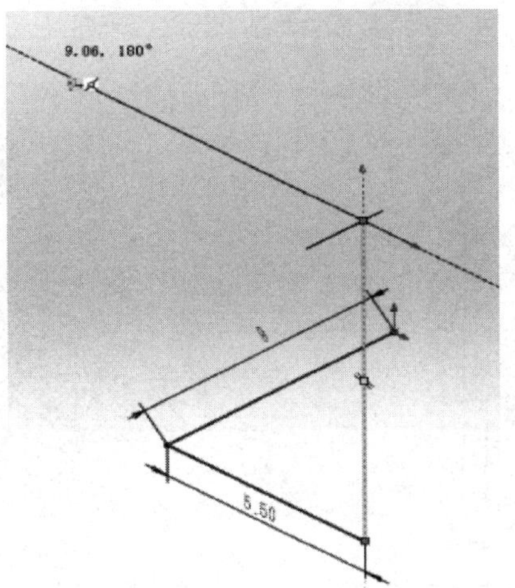

图 9-6 沿 *X* 轴方向绘制直线

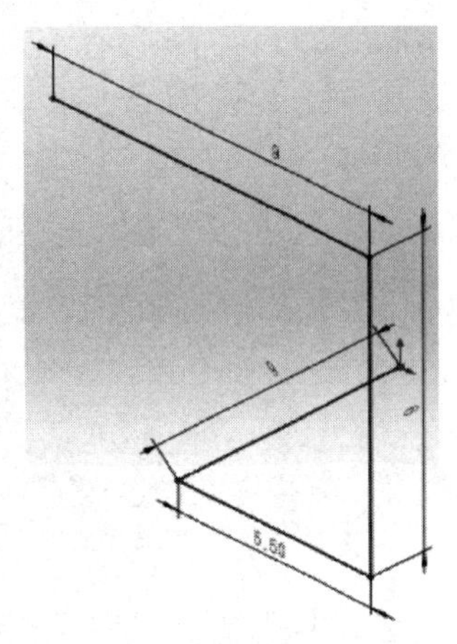

图 9-7 标注尺寸

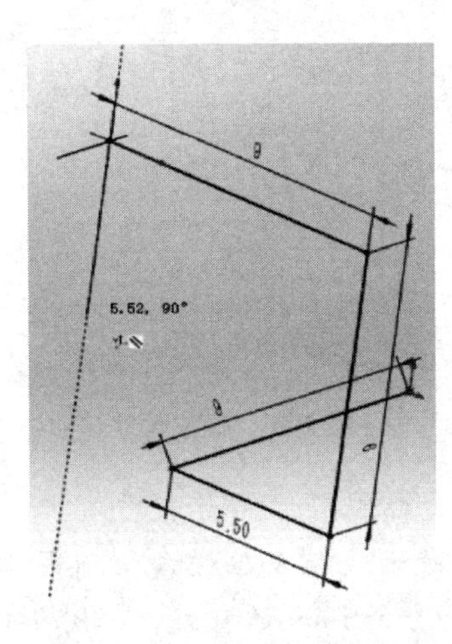

图 9-8 沿 *Y* 轴方向绘制直线

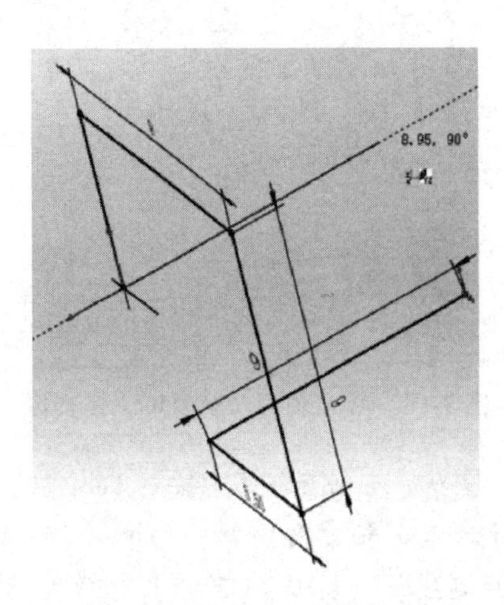

图 9-9 沿 *Z* 轴方向绘制直线

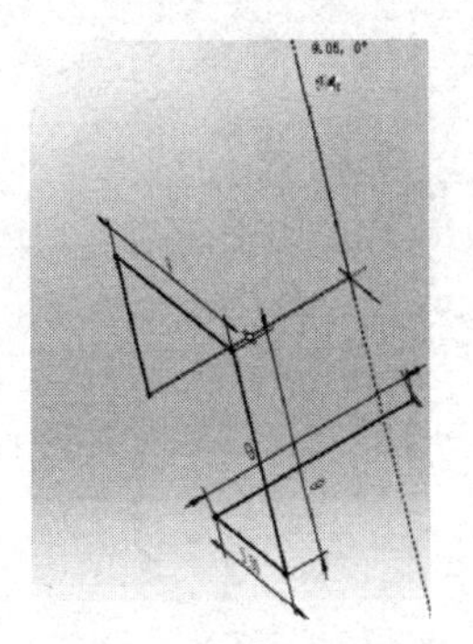

图 9-10 沿 *Y* 轴方向绘制第三条直线

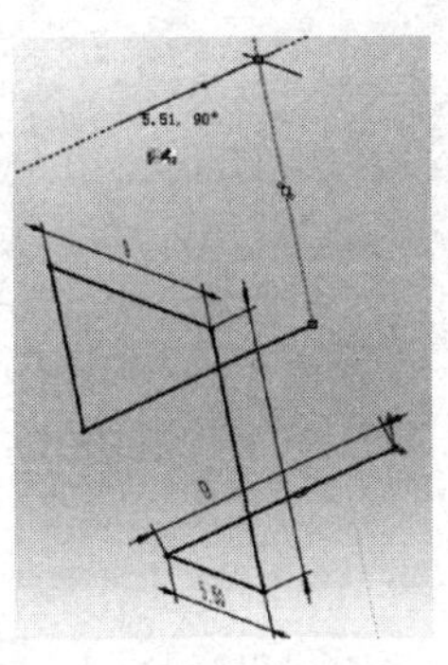

图 9-11 沿 *Z* 轴方向绘制第四条直线

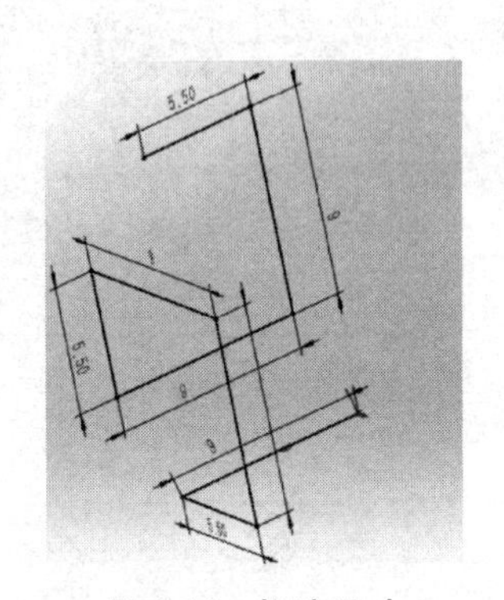

图 9-12 标注尺寸

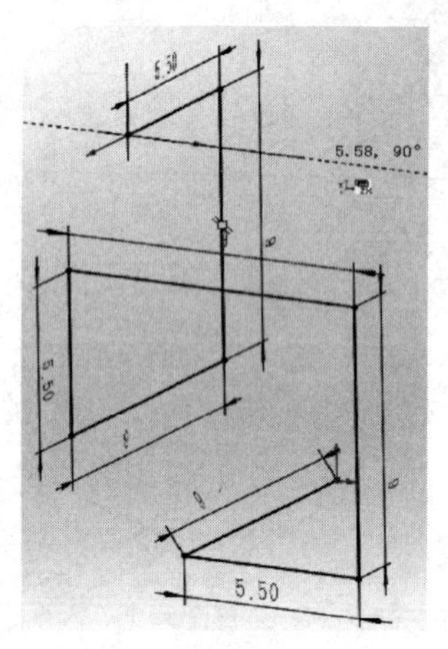

图 9-13　沿 X 轴方向绘制直线

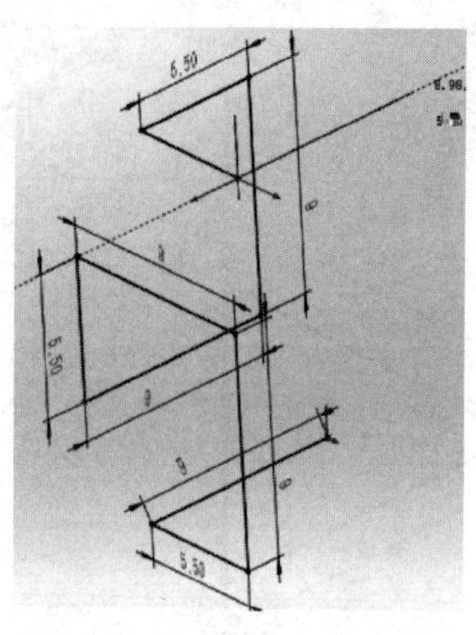

图 9-14　沿 Z 轴方向绘制直线

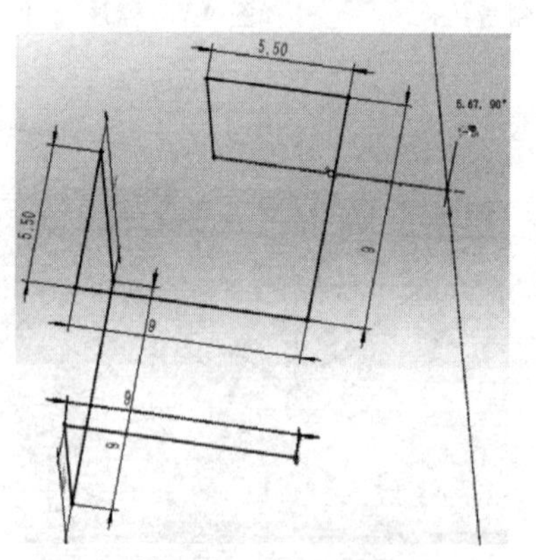

图 9-15　沿 X 轴方向绘制第三条直线

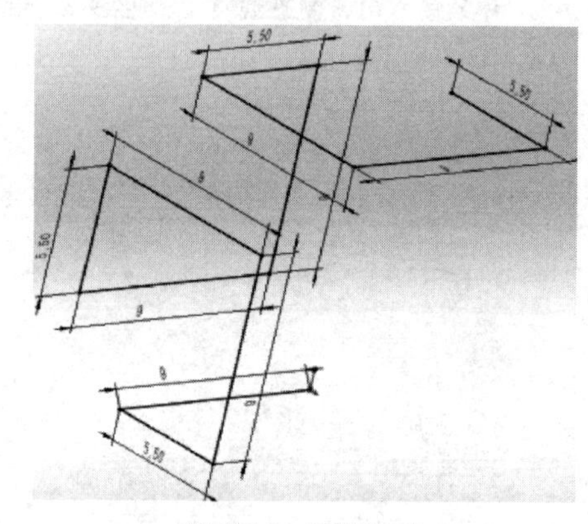

图 9-16　标注尺寸

步骤 7　绘制直线 5　按〈Tab〉键，直到光标显示为XY。

开始沿 Y 轴方向绘制长约 9mm 的直线，如图 9-17 所示。沿 X 轴方向绘制第二条长约 9mm 的直线，如图 9-18 所示。沿 Y 轴方向绘制第三条长约 5.5mm 的直线，如图 9-19 所示。分别为它们标注尺寸，如图 9-20 所示。

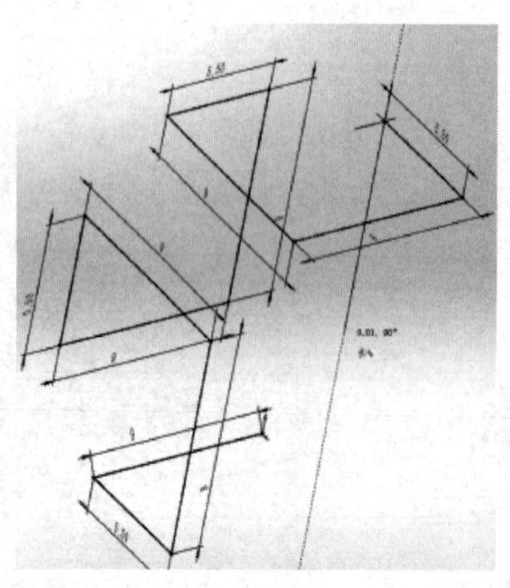
图 9-17　沿 Y 轴方向绘制直线

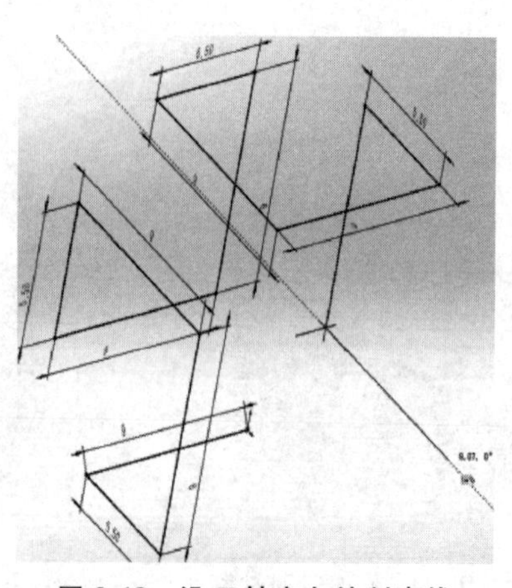
图 9-18　沿 X 轴方向绘制直线

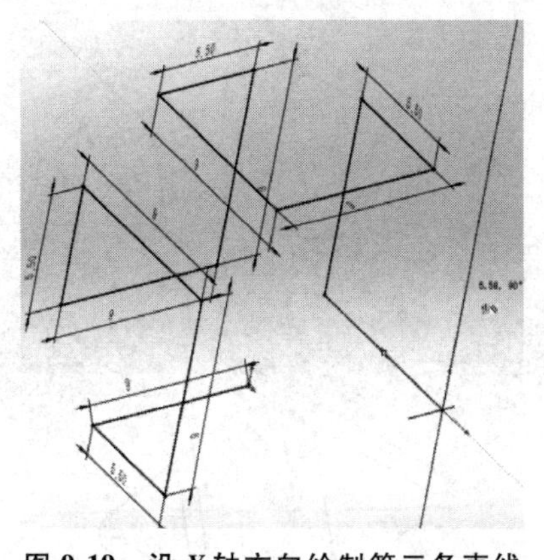

图 9-19　沿 *Y* 轴方向绘制第三条直线

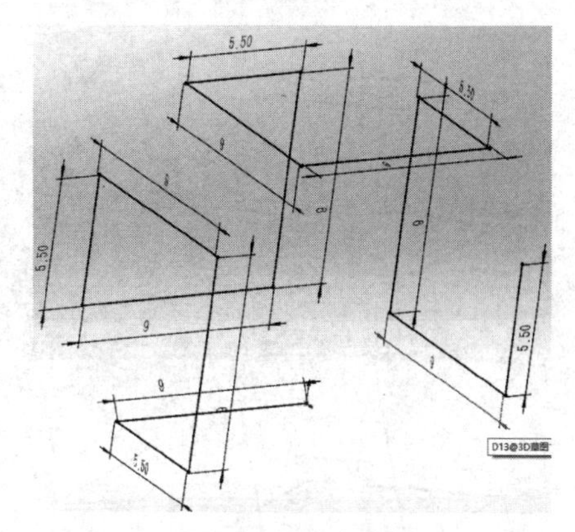

图 9-20　标注尺寸

步骤 8　绘制直线 6　按〈Tab〉键，直到光标显示为YZ。

开始沿 *Y* 轴方向绘制长约 9mm 的直线，如图 9-21 所示。沿 *Z* 轴方向绘制第二条长约 9mm 的直线，如图 9-22 所示。沿 *Y* 轴方向绘制第三条长约 5.5mm 的直线，如图 9-23 所示。分别为它们标注尺寸，如图 9-24 所示。

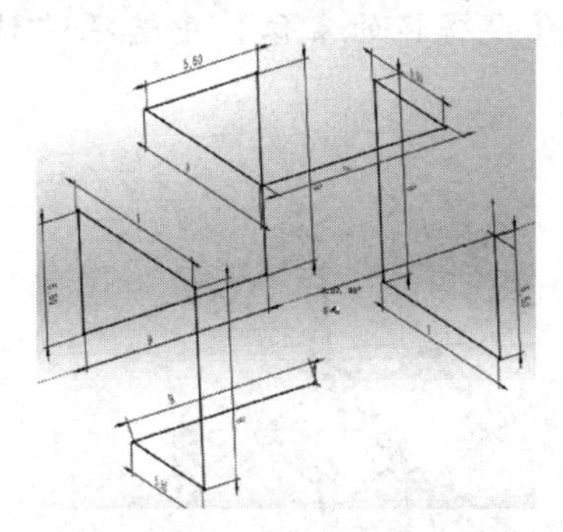

图 9-21　沿 *Y* 轴方向绘制直线

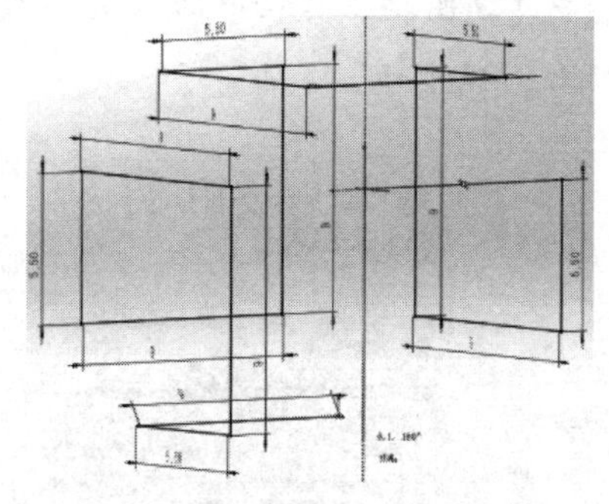

图 9-22　沿 *Z* 轴方向绘制直线

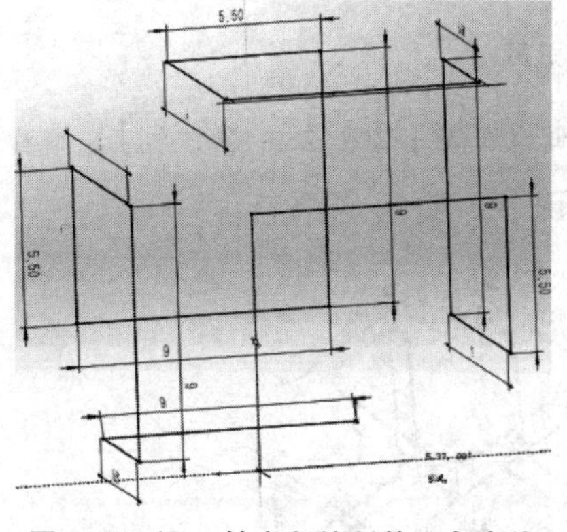

图 9-23　沿 *Y* 轴方向绘制第三条直线

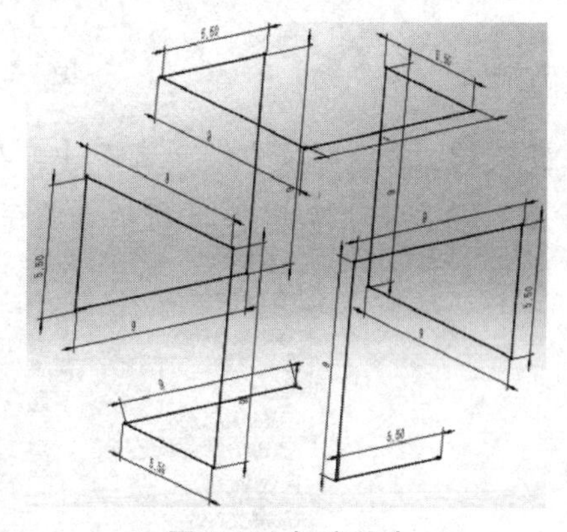

图 9-24　标注尺寸

步骤 9　绘制直线 7　如图 9-25 所示，绘制最后一条直线，使它的端点和图纸原点重合，草图完全定义，图中的所有线段都显示为黑色（尺寸显示位置可能不尽相同）。

步骤 10　添加圆角　如图 9-26 所示，为所有直角添加 *R*1.5mm 过渡圆角。保存并退出 3D 草图。

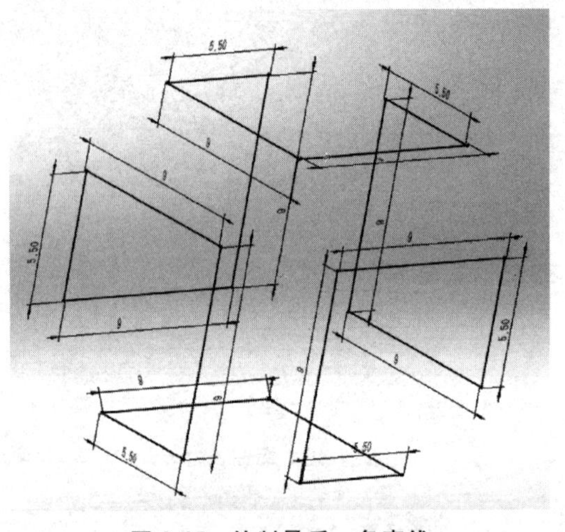

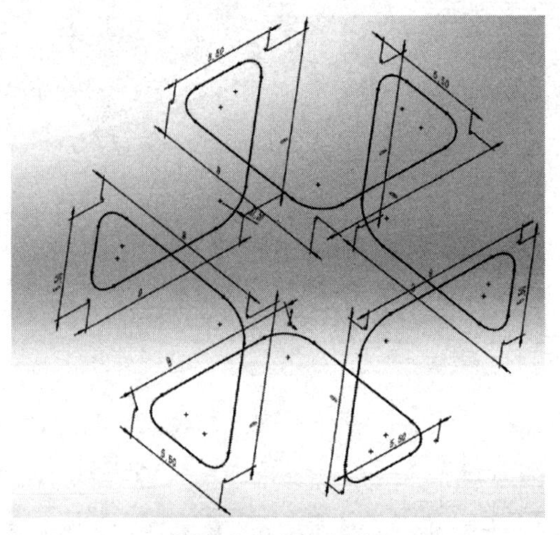

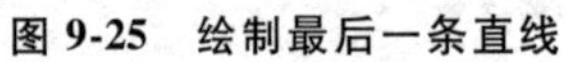
图 9-25　绘制最后一条直线　　　　图 9-26　添加圆角

步骤 11　绘制 3D 草图　在【特征】工具栏中单击【3D 草图】，或从菜单栏中选择【插入】/【3D 草图】，激活 3D 草图。

单击【草图】工具栏中的【转换实体引用】，在【要转换的实体】中选择“3D 草图 1”，如图 9-27 所示，单击✓。

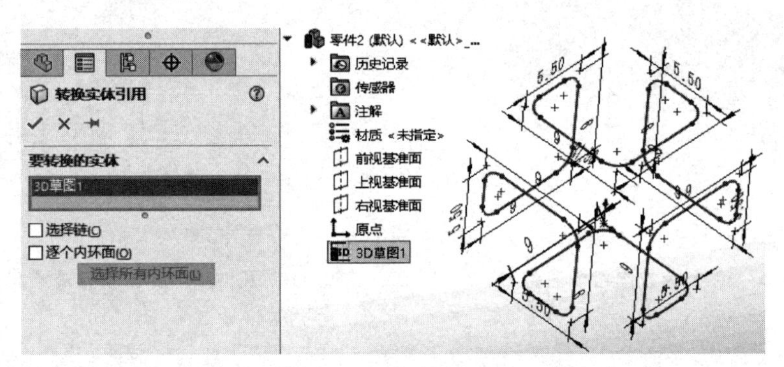

图 9-27　转换实体引用

步骤 12　套合样条曲线　选择【工具】/【样条曲线工具】/【套合样条曲线】，然后框选 3D 草图，单击✓，如图 9-28 所示。保存并退出草图。

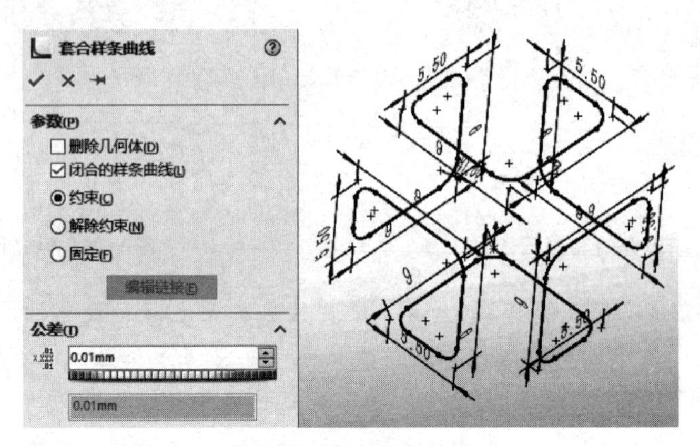

图 9-28　套合样条曲线

步骤 13 绘制扫描轮廓 隐藏“3D 草图 1”，在前视基准面上绘制一个直径为 2mm 的圆，使该圆的圆心与套合样条曲线有【穿透】几何关系，如图 9-29 所示。保存并退出草图。

步骤 14 创建扫描特征 单击【特征】工具栏中的【扫描】，使用步骤 13 绘制的圆作为扫描轮廓，套合样条曲线作为扫描路径，创建一个扫描特征，扫描结果如图 9-30 所示。

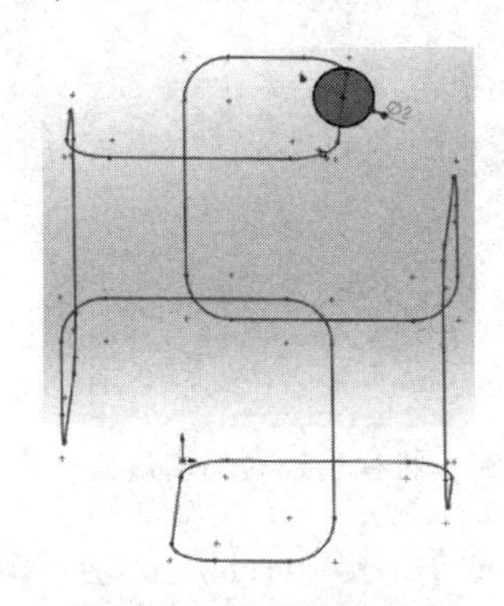

图 9-29 绘制扫描轮廓

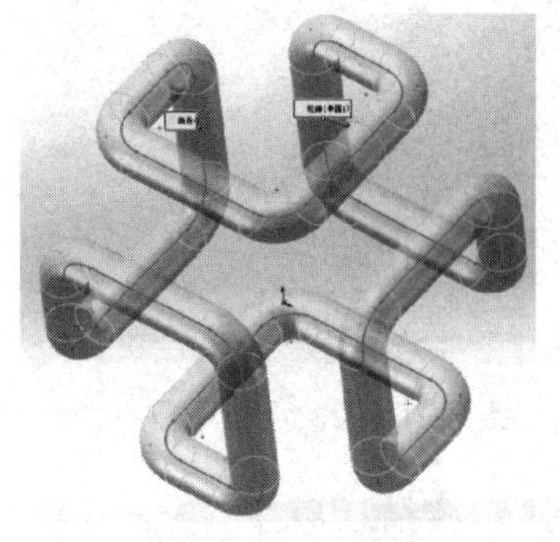

图 9-30 扫描结果

步骤 15 编辑材料 指定材料为“1060 合金”。

步骤 16 保存并关闭零件 将零件命名为“3D 管道”，保存并关闭零件。

9.3.2 实例 2：焊件

焊件是由多个焊接在一起的零件组成的，应该把焊件作为多实体进行建模，一个特殊的焊件特征会指明这个多实体零件为焊件。

建立如图 9-31 所示名为“篮球架”的模型。

材料：1060 合金。

密度：2700kg/m^3。

单位系统：MMGS。

小数位数：2。

步骤 1 新建文件 使用模板“gd_part”新建一个零件，设置单位系统为 MMGS，小数位数为 2。

图 9-31 篮球架

步骤 2 激活 3D 草图 在【特征】工具栏中单击【3D 草图】，或从菜单栏中选择【插入】/【3D 草图】，激活 3D 草图。

步骤 3 绘制中心线 在【草图】工具栏中单击【直线】/【中心线】 。按〈Tab〉键切换草图平面，直到鼠标光标显示为ZX。

如图 9-32 所示，从原点开始沿 *X* 轴方向绘制长约 1200mm 的中心线，并使该线在模型空间中与 *X* 轴重合；继续沿 *Z* 轴方向绘制第二条长约 1500mm 的中心线；继续沿 *X* 轴方向绘制第三条长约 1200mm 的中心线；绘制第四条中心线使其与原点重合，并给该线【沿 Z 轴】几何关系。最后分别标注中心线的尺寸为 1200mm 和 1500mm。

步骤 4 转换中心线 按住〈Ctrl〉键的同时选中两条沿 *Z* 轴方向且长度为 1500mm 的

中心线，并在属性框中取消勾选【作为构造线】复选框，如图 9-33 所示。编辑完成后单击✓。

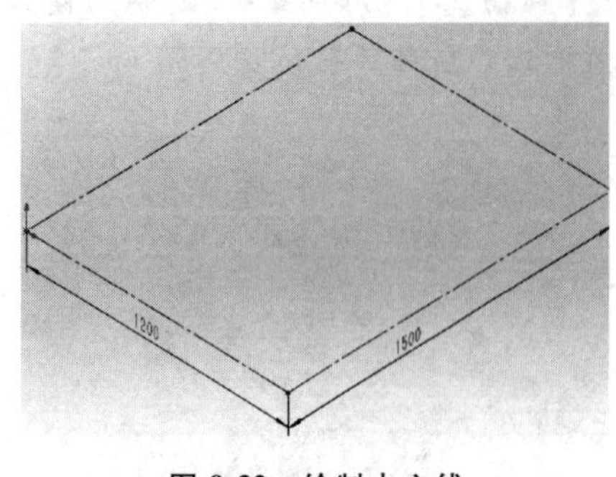

图 9-32　绘制中心线

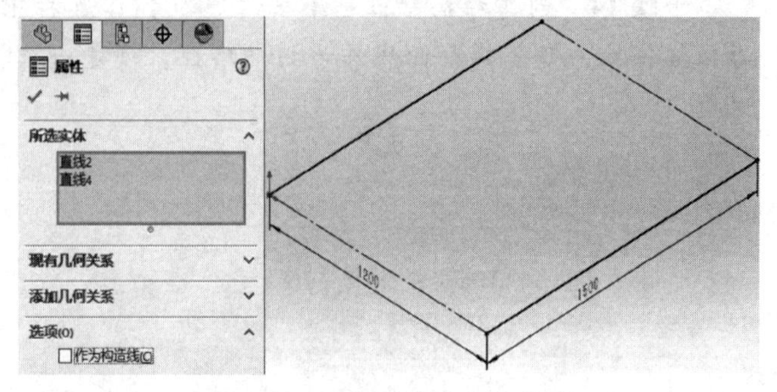

图 9-33　将构造线转为实体线

步骤 5　绘制直线 1　单击【特征】工具栏中的【直线】，按〈Tab〉键切换草图平面，直到光标显示为ZX。

在矩形轮廓中绘制两条与 1200mm 直线平行（沿 *X* 轴方向）的线段，如图 9-34 所示，标注线段的位置尺寸。

步骤 6　绘制直线 2　单击【特征】工具栏中的【直线】，按〈Tab〉键切换草图平面，直到光标显示为YZ。

以图 9-35 所示交点为起始点，绘制两条直线并标注尺寸，并为长为 500mm 的直线添加【沿 Z 轴】的几何关系。这里斜线位置不定。

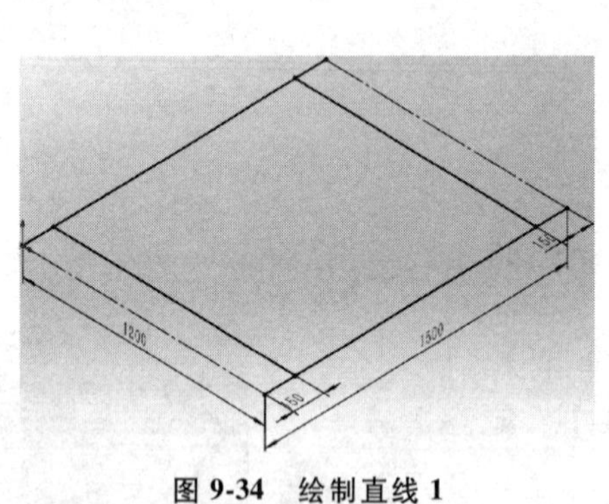

图 9-34　绘制直线 1

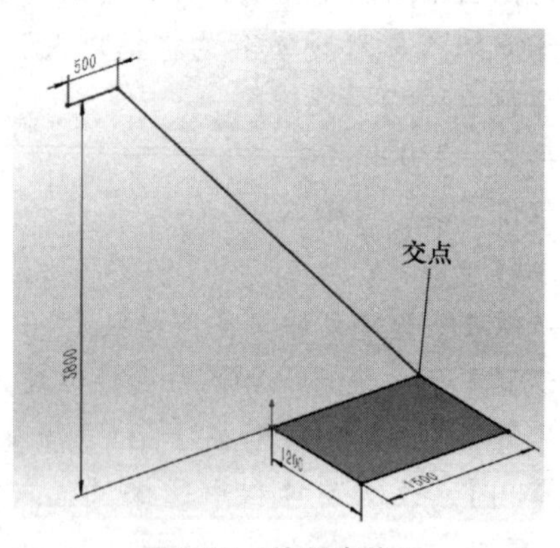

图 9-35　绘制直线 2

步骤 7　绘制直线 3　在光标显示为YZ的环境下继续绘制直线。以图 9-36 所示交点为起始点绘制一条沿 *Y* 轴方向、另一个端点与草图中斜线相交的直线，并标注尺寸。这时斜线位置已定。

步骤 8　绘制圆角　单击【特征】工具栏中的【圆角】，添加半径为 500mm 的圆角，如图 9-37 所示。

步骤 9　绘制直线 4　在光标显示为YZ的环境下继续绘制直线。绘制一条沿 *Z* 轴方向、两端点几何关系如图 9-38 所示的直线，并标注尺寸。

步骤 10　绘制直线 5　在光标显示为YZ的环境下继续绘制直线。以交点为起始点连续绘制两条直线，并为端点添加【沿 X 轴】几何关系，如图 9-39 所示。

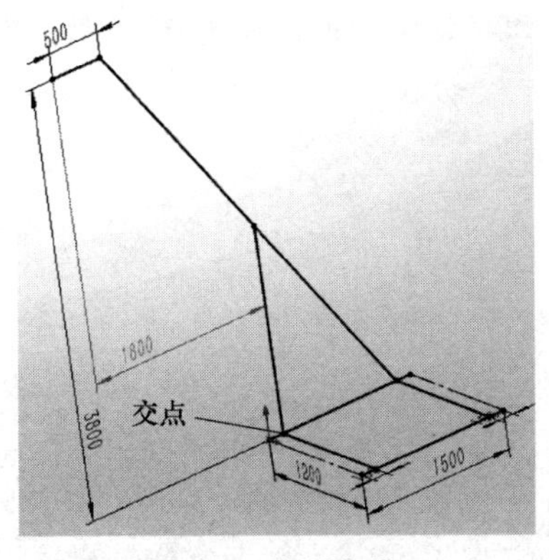

图 9-36 绘制直线 3

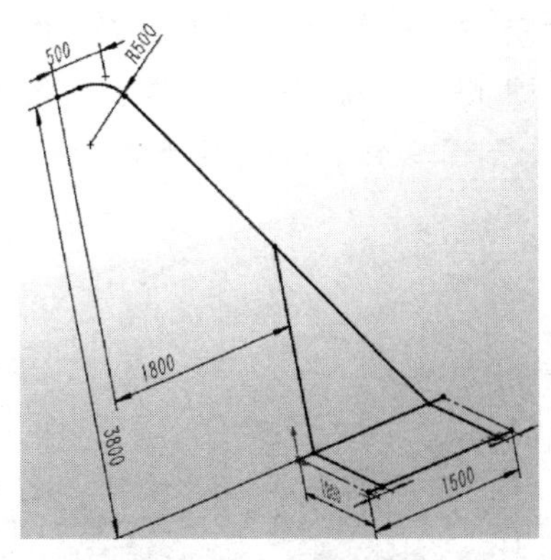

图 9-37 绘制圆角

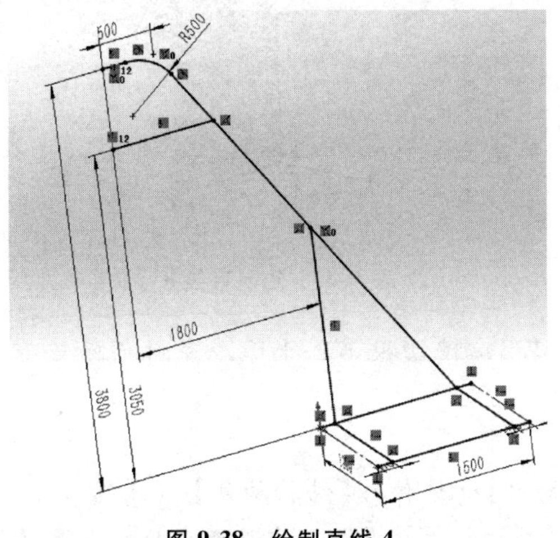

图 9-38 绘制直线 4

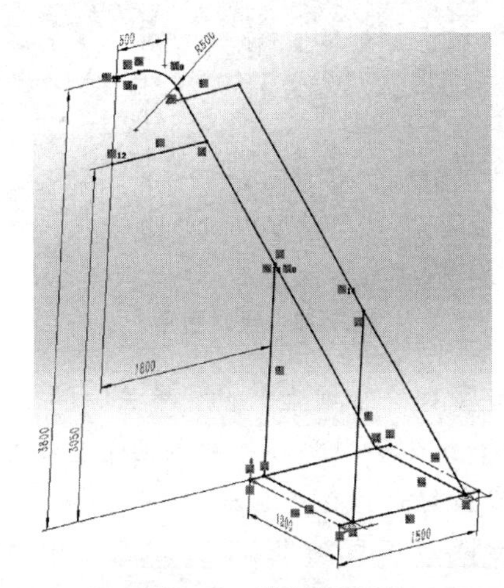

图 9-39 绘制直线 5

步骤 11 绘制直线 6 在光标显示为YZ的环境下继续绘制直线。以交点为起始点绘制一条沿 *Y* 轴方向、端点如图 9-40 所示的直线，并添加【相等】几何关系。

步骤 12 绘制直线 7 在光标显示为YZ的环境下继续绘制直线。绘制一条沿 *Z* 轴方向、端点几何关系如图 9-41 所示的直线。

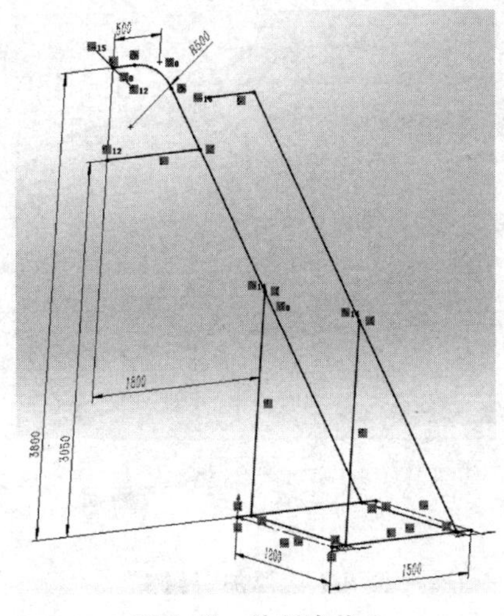

图 9-40 绘制直线 6

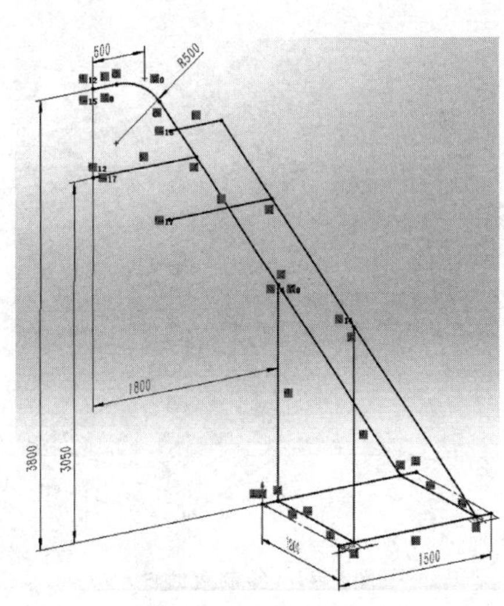

图 9-41 绘制直线 7

步骤 13　绘制圆角　单击【圆角】，添加半径为 500mm 的圆角，如图 9-42 所示。

步骤 14　绘制直线 8　单击【直线】，按〈Tab〉键切换草图平面，直到光标显示为 ZX。如图 9-43 所示连接两端点绘制两条直线。

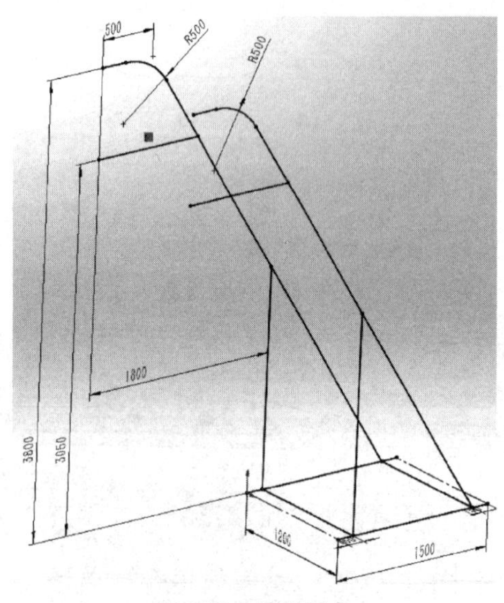

图 9-42　绘制圆角

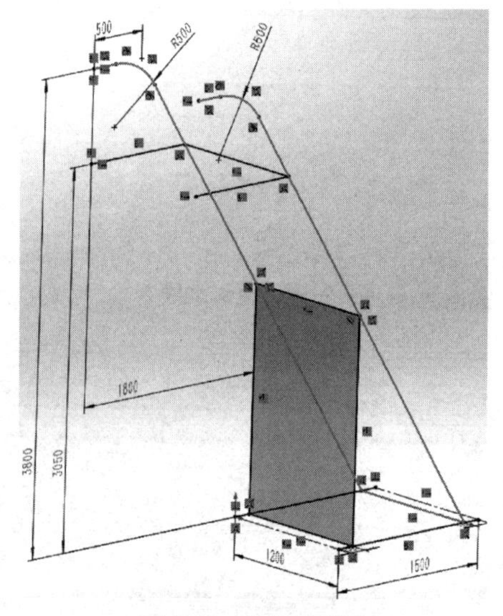

图 9-43　绘制直线 8

步骤 15　绘制直线 9　单击【直线】，按〈Tab〉键切换草图平面，直到光标显示为 YZ。如图 9-44 所示，绘制两条直线并添加几何关系。

步骤 16　保存并退出 3D 草图

步骤 17　添加"组 1"　从菜单栏中选择【插入】/【焊件】/【结构构件】（或通过 CommandManager 激活该命令）。如图 9-45 所示，在【结构构件】属性框中设置参数，设置【标准】为【ansi 英寸】，【Type】为【管道】，【大小】为【1.5 sch 40】。单击激活【组】列表框，选择图 9-45 所示四条在空间平行的直线，将自动创建"组 1"。

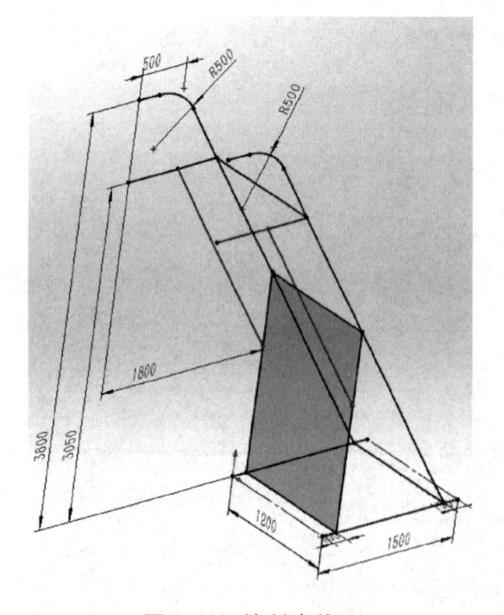

图 9-44　绘制直线 9

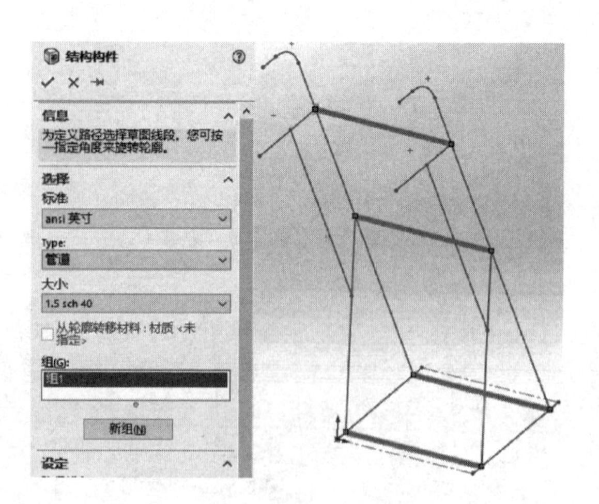

图 9-45　添加"组 1"

步骤 18　添加“组 2”　单击【结构构件】属性框中的【新组】，将会在【组】列表框中创建“组 2”，然后选择图 9-46 所示在空间平行的六条直线。

步骤 19　添加“组 3”　单击属性框中的【新组】，将会在【组】列表框中创建“组 3”，然后选择图 9-47 所示在空间平行的四条直线。

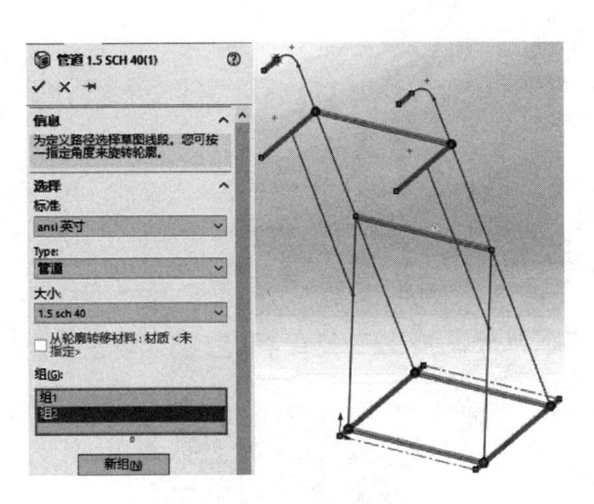

图 9-46　添加“组 2”

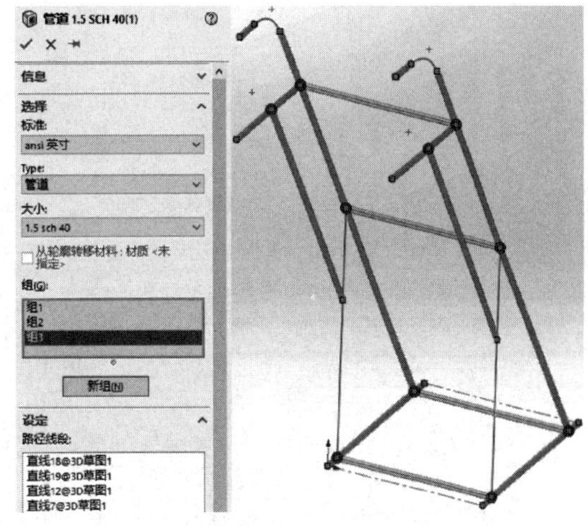

图 9-47　添加“组 3”

步骤 20　添加“组 4”　单击属性框中的【新组】，将会在【组】列表框中创建“组 4”，然后选择图 9-48 所示在空间平行的两条直线。

步骤 21　添加“组 5”　单击属性框中的【新组】，将会在【组】列表框中创建“组 5”，然后选择图 9-49 所示的圆弧。

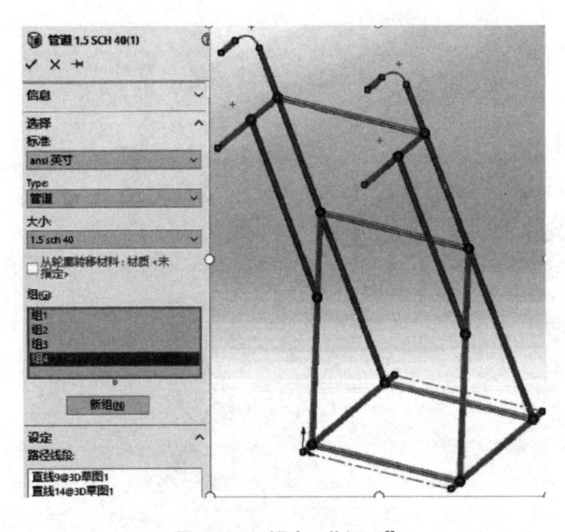

图 9-48　添加“组 4”

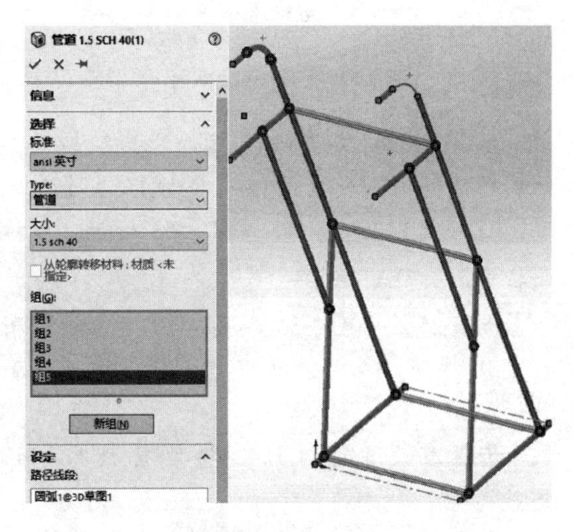

图 9-49　添加“组 5”

步骤 22　添加“组 6”　单击属性框中的【新组】，将会在【组】列表框中创建“组 6”，然后选择图 9-50 所示另外一个圆弧。编辑完成后单击 ✓ 退出。

步骤 23　绘制草图　选择图 9-51 所示平面作为草图平面，绘制图 9-52 所示轮廓并完全定义草图。编辑完成后保存并退出草图。

图 9-50　添加“组 6”

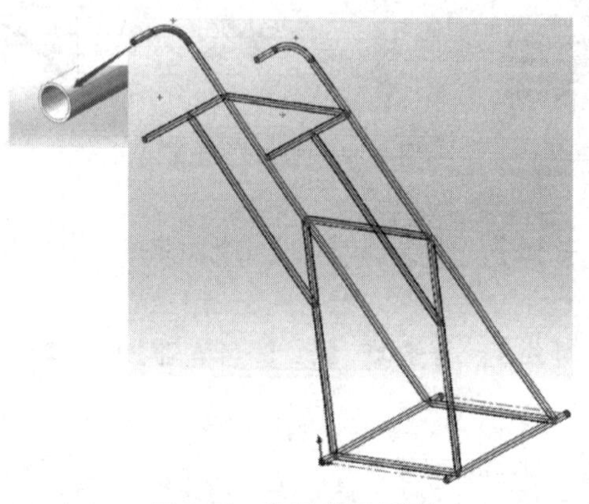

图 9-51　选择草图平面

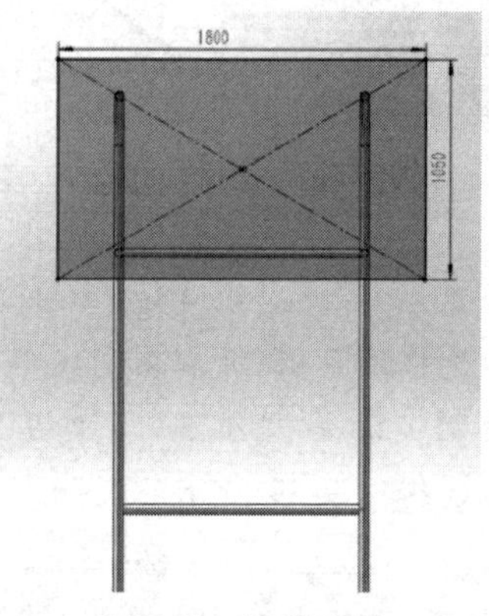

图 9-52　绘制草图

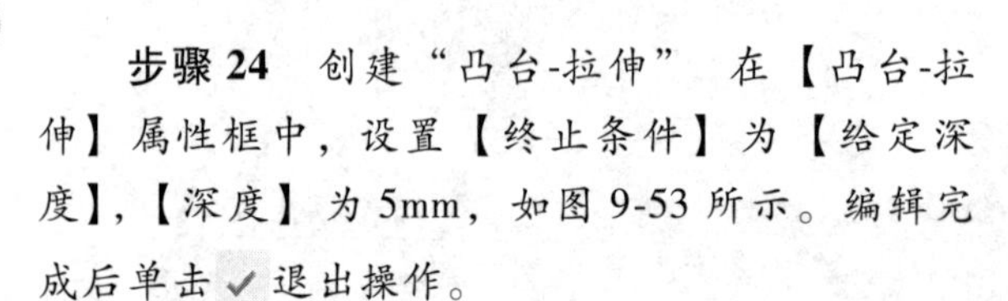

步骤 24　创建“凸台-拉伸”　在【凸台-拉伸】属性框中，设置【终止条件】为【给定深度】，【深度】为 5mm，如图 9-53 所示。编辑完成后单击 ✓ 退出操作。

步骤 25　隐藏“3D 草图 1”　右击设计树中的“3D 草图 1”，选择【隐藏】，将 3D 草图隐藏。

步骤 26　编辑材料　指定材料为“1060 合金”。

步骤 27　保存并关闭零件　将零件命名为“篮球架”，保存并关闭零件。

图 9-53　创建“凸台-拉伸”

9.4　课后练习

1. 使用 3D 草图，建立如图 9-54 所示模型，并命名为“3D 管路”。

已知：$A=50$mm，$B=8$mm（直径）。

材料：1060 合金。

密度：2700kg/m^3。

单位系统：MMGS。

小数位数：2。

2. 使用3D草图建立如图9-55所示焊件模型，并命名为“椅子”。

已知：$A=1200$mm，$B=400$mm，$C=450$mm，$D=450$mm。图9-55所示框架部分使用结构构件，参数为：【标准】为【ISO】，【Type】为【方形管】，【大小】为【30×30×2.6】。其余横梁部分结构构件的参数为：【标准】为【ISO】，【Type】为【管道】，【大小】为【33.7×4.0】。

材料：柚木。

密度：630kg/m^3。

单位系统：MMGS。

小数位数：2。

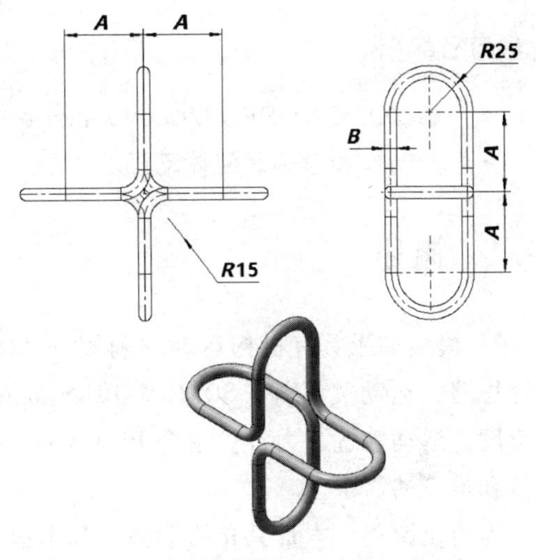

图 9-54 3D 管路

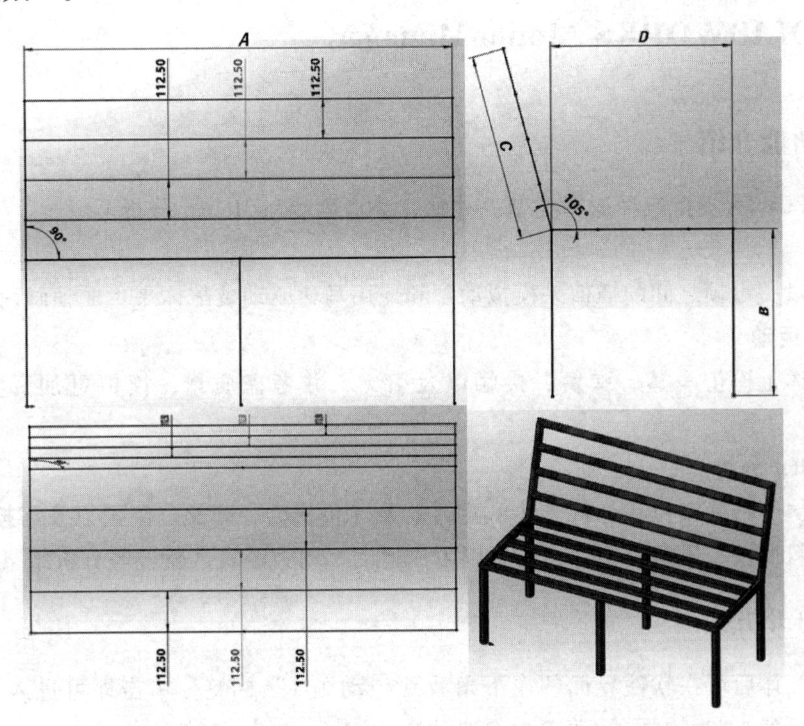

图 9-55 椅子

第 10 章　动　　画

【学习目标】

- 了解 SOLIDWORKS MotionManager 基本功能
- 学会制作和渲染装配体动画

10.1　概述

3D 模型如果具有机构运动，利用 SOLIDWORKS MotionManager 可以有趣地向别人介绍设计思路、运动关系等。SOLIDWORKS MotionManager 甚至提供运动结果的输出，如速度、加速度、运动轨迹、力等。结合 PhotoView 360 渲染工具可以制作出更炫的动画过程，满足宣传和推广的需求。

为简化课程，本章只介绍动画、基本运动以及如何渲染动画。

10.2　SOLIDWORKS MotionManager

10.2.1　功能介绍

SOLIDWORKS 支持三种运算类型：动画、基本运动和 Motion 分析。

1. 动画

包括通过关键帧之间的插值来模拟动画和使用马达驱动装配体来生成动画两种方式。

2. 基本运动

在装配体上模仿马达、弹簧、接触以及引力，并考虑质量，模拟更加真实的演示性动画。

3. Motion 分析

在装配体上精确模拟和分析运动单元的效果（包括力、弹簧、阻尼以及摩擦），并在计算中考虑材料属性、质量及惯性，还可以生成运动、动力图表、轨迹等分析结果。

10.2.2　打开方式

打开装配体后可在软件界面的左下角看到“动画 1”标签，单击即可进入动画编辑状态。如果看不到，在【视图】菜单中勾选【MotionManager】复选框。

10.2.3　操作界面介绍

操作界面如图 10-1 和图 10-2 所示。

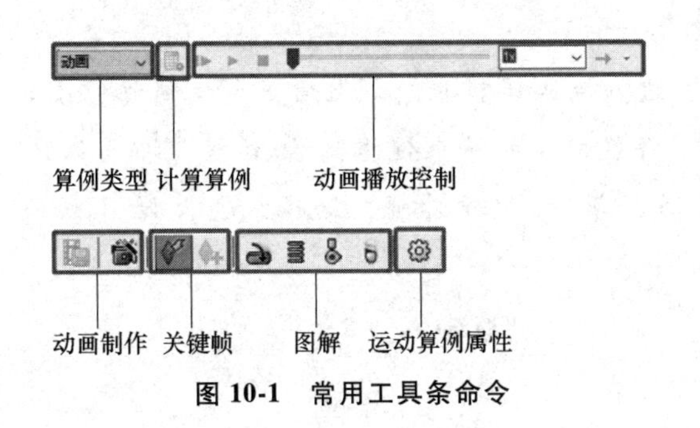

图 10-1　常用工具条命令

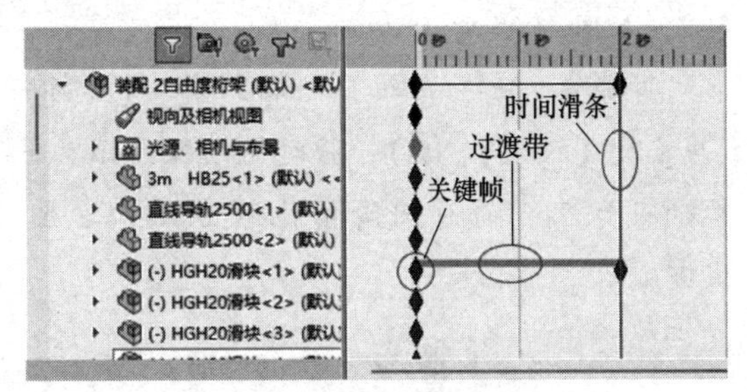

图 10-2　设计树及时间栏命令

10.3　SOLIDWORKS 中的其他动画功能

10.3.1　装配体中的爆炸过程动画

前文讲到过装配体的爆炸视图，可以动画爆炸或是动画解除爆炸，在播放过程中可以单击【保存】将其保存为 AVI 格式的视频文件。动画控制器如图 10-3 所示。

图 10-3　动画控制器

10.3.2　走查功能

使用走查功能如同在真实场景下浏览工厂、机器、设备或其他系统的 3D 几何体。在走查过程中可以将整个过程录制下来，保存为视频文件。添加走查如图 10-4 所示。

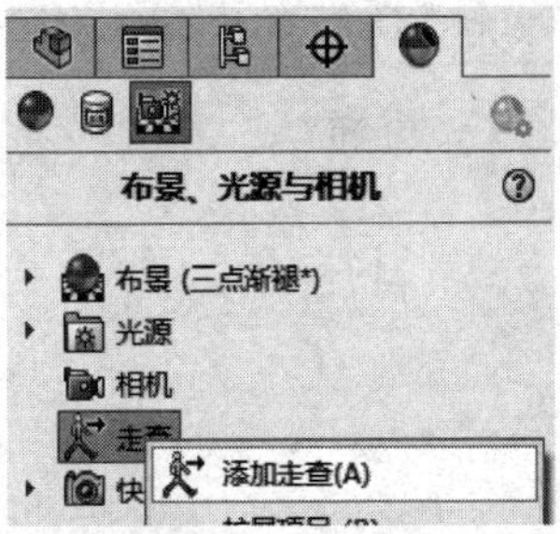

图 10-4　添加走查

10.3.3　分析中的动画功能

在 SOLIDWORKS 分析模块中，包括静态、屈曲、跌落等或者流体、模流分析，都可以生成动画来直观地显示结果。

10.4　动画中的可控制项

在 SOLIDWORKS 动画功能中，除了马达、力、弹簧、接触、引力等可设定外，零部件的显示、隐藏与否，装配体配合关系、光源、视图及相机视图，零部件的移动、爆炸、外观，装配体特征等都可作为控制项做出各种效果。

10.5　动画实例

10.5.1　实例 1：平移机构

步骤 1　打开文件　打开本章“实例”文件夹下“平移机构”里面的模型“自由度桁

架”，如图 10-5 所示。

步骤 2　编辑动画　单击“动画 1”标签，进入动画编辑状态。在右下角找到【缩小】 （或【放大】 ），将时间间隔显示为 1s。将装配体的结束键拖到 5s 位置，即总体计算时间为 5s。将时间滑条拖到 0.2s，右击“防护罩”，编辑外观，选择红色，如图 10-6 所示。

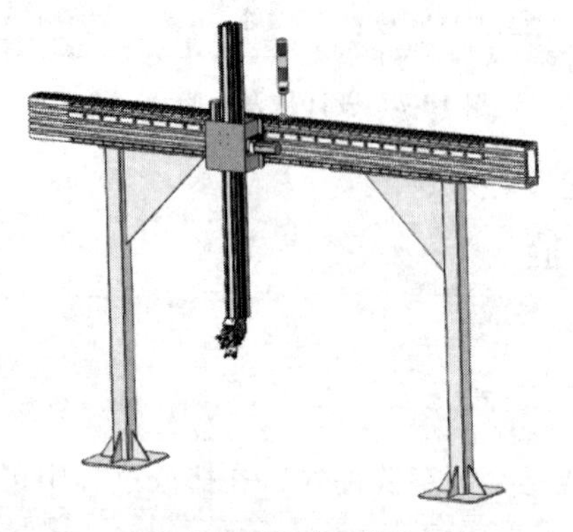
图 10-5　自由度桁架

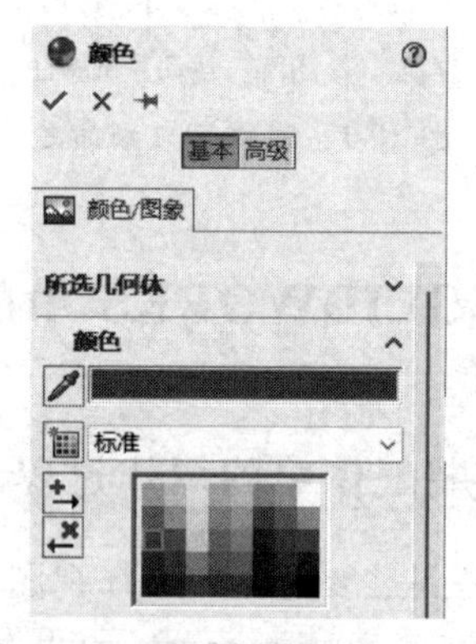

图 10-6　添加颜色

注意　在装配体中修改外观必须在零部件层，不能选择在文档层，否则无效，详见第 7 章。

可以看到在“防护罩”左边时间 0.2s 处自动添加了关键帧。把光标移动到此帧处，可以看到此帧的概况：外观为红色，透明度为 0%，如图 10-7 所示。过渡带为粉红色。

如果没有自动添加关键帧，请确保工具条里面的【自动键码】 是打开状态。

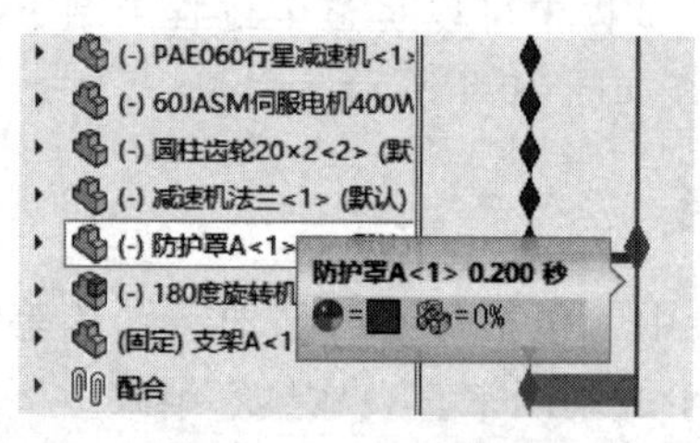

图 10-7　关键帧概况

步骤 3　复制关键帧　复制【外观】行 0s 的关键帧到 0.4s、0.8s 和 1.2s 处，复制 0.2s 的关键帧到 0.6s 和 1s 处，如图 10-8 所示。

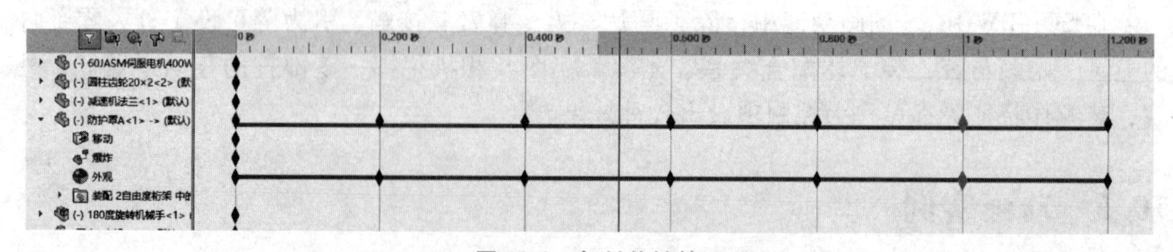

图 10-8　复制关键帧

步骤 4　自动添加关键帧　将时间滑条拖到 5s 处，将图形区域里的“移动台”拖放到合适位置，可以看到在 5s 处自动添加关键帧，过渡带为绿色，如图 10-9 所示。

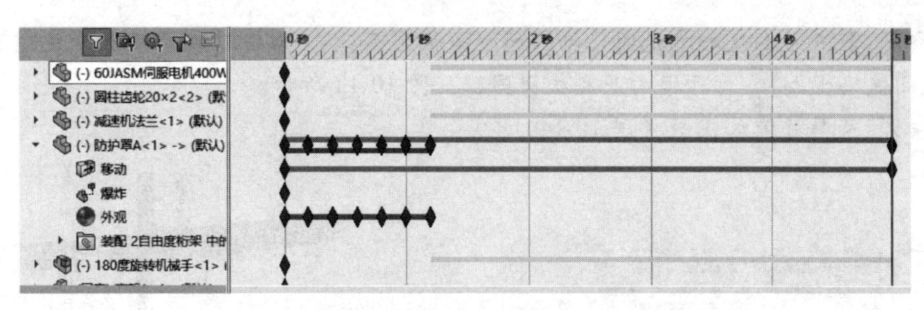

图 10-9　自动添加关键帧

步骤 5　设置插值模式　右击 5s 处的关键帧，选择【插值模式】/【渐入/渐出】，如图 10-10 所示。这样，从初始位置到 5s 时中间的运动状况通过【渐入/渐出】的插值模式来确定运动速度是如何变化的。

【插值模式】有以下几种：

【线性】：零部件以匀速从位置 A 移到位置 B。

【捕捉】：零部件从位置 A 突变到位置 B。

【渐入】：零部件开始匀速移动，但随后会朝着位置 B 方向加速移动。

【渐出】：零部件一开始加速移动，但当快接近位置 B 时减速移动。

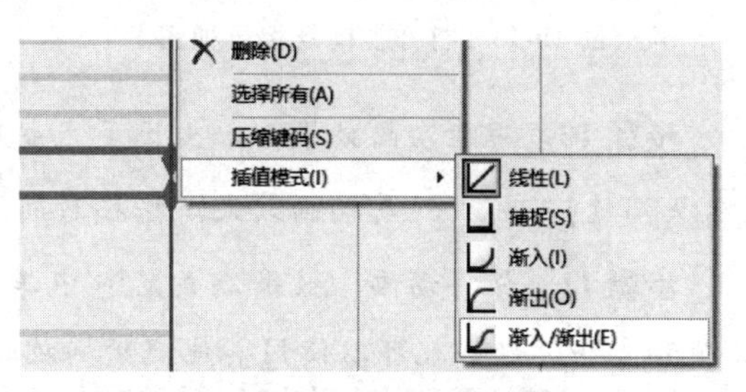

图 10-10　设置插值模式

【渐入/渐出】：结合【渐入】和【渐出】两种模式移动。

步骤 6　设置零部件显示状态　将时间滑条拖到 4s 处，右击"支架 A"零件，选择【零部件显示】/【消除隐藏线】，如图 10-11 所示。

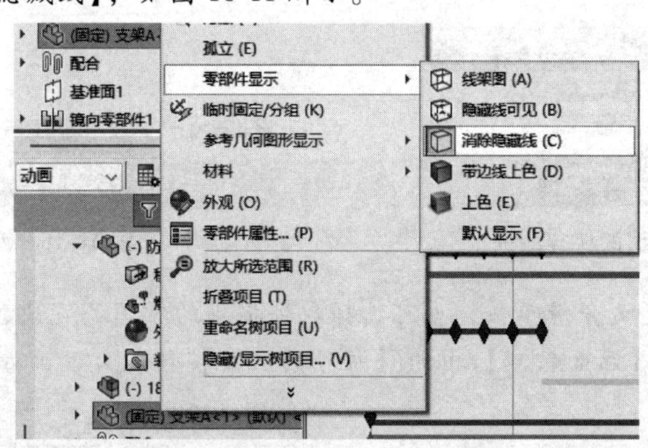

图 10-11　设置零部件显示状态

步骤 7　编辑关键帧　将时间滑条拖到 5s 处，右击"支架 A"零件，选择【隐藏】。确保 0s 处的【零部件显示】为【带边线上色】，并复制 0s 的关键帧到 3s 处，如图 10-12 所示。

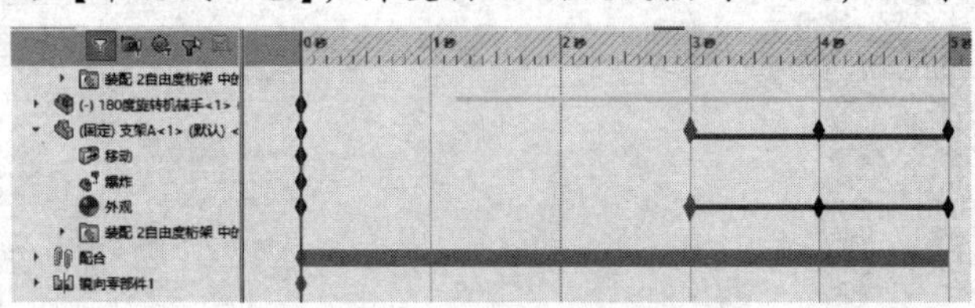

图 10-12　编辑关键帧

步骤 8 打开视向及相机视图 将时间滑条拖到 5s 处，右击【视向及相机视图】，选择【禁用观阅键码生成】，打开视向及相机视图，如图 10-13 所示。

步骤 9 旋转并缩放视图（图 10-14）

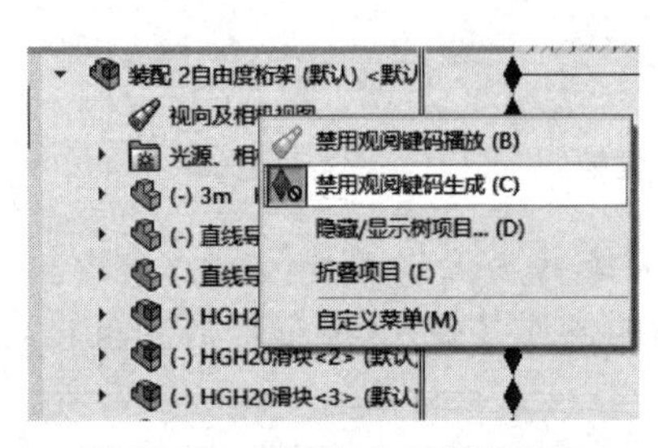

图 10-13 打开视向及相机视图

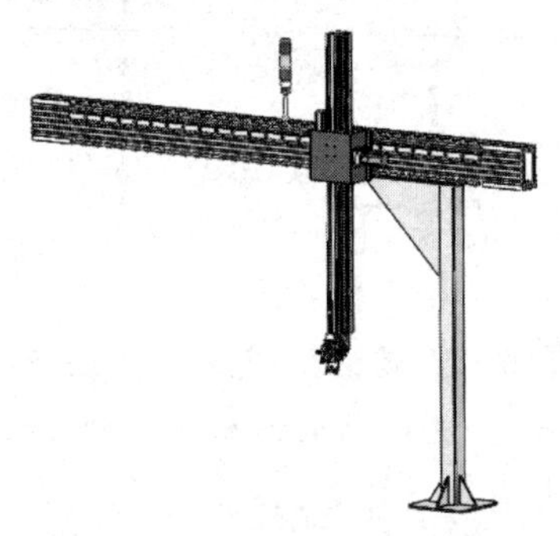

图 10-14 旋转并缩放视图

步骤 10 观看动画效果 以上设置完成后，单击工具条中的【计算】，完成后单击【从头播放】，观看动画效果。拖拽时间滑条，可以查看任意时刻的运动状况。

步骤 11 保存动画 效果满意后可以单击【保存动画】，将结果保存为 AVI 格式的视频文件，这样就可以使用其他视频播放软件来观看动画效果。

提示 支持的保存格式如图 10-15 所示。

提示 

PhotoView 360 插件打开的情况下，还可以使用 PhotoView 360 的渲染器获取逼真的效果，但耗费的时间会比较长，如图 10-16 所示。

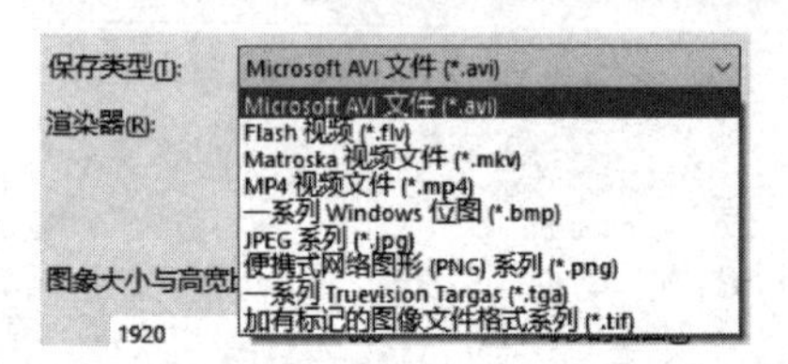

图 10-15 支持的保存格式

图 10-16 两种渲染器

图像大小可以自定义分辨率值，也可选择软件提供的常用高宽比，如图 10-17 所示。

如图 10-18 所示，【画面信息】中的【每秒的画面】值越大动画播放越连续，但是会增

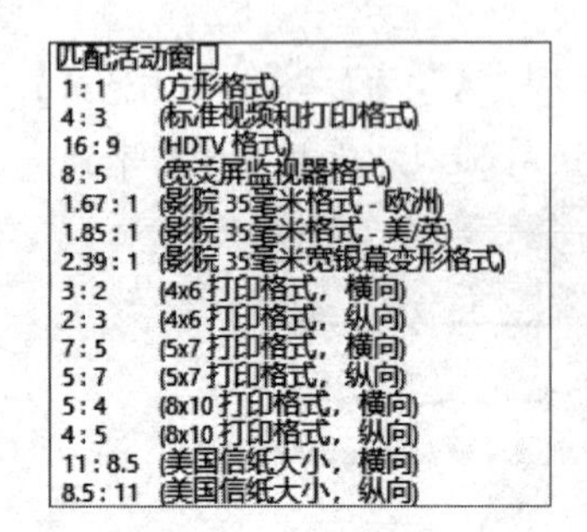

图 10-17 设定图像大小

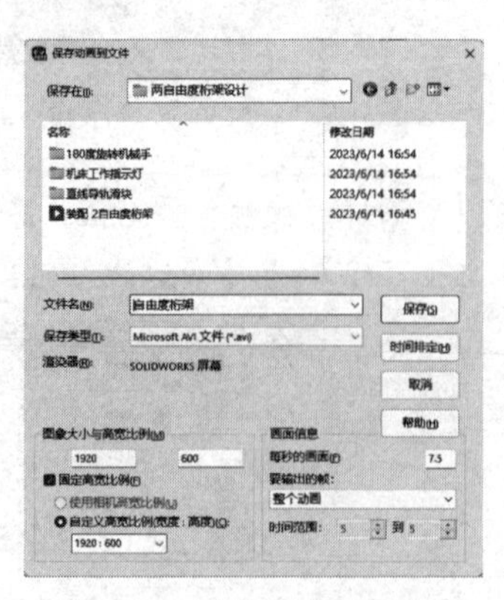

图 10-18 设置保存动画参数

加渲染时间。一般人眼所能分辨的帧数为 24 帧，过大就没有实际意义了。最小的帧数为 8 帧，低于此值，动画就不够平滑连贯。此例设定的最大时间为 5s，默认会渲染到 5s 结束，也可以自定义时间范围。

10.5.2　实例 2：吸盘移动

平移机构实例中，可以采用在视图窗口中拖放起始位置，然后插补中间运动过程的方式来模拟零部件的运动。本例中，将采用赋予动力源“马达”的方式模拟零部件的运动。

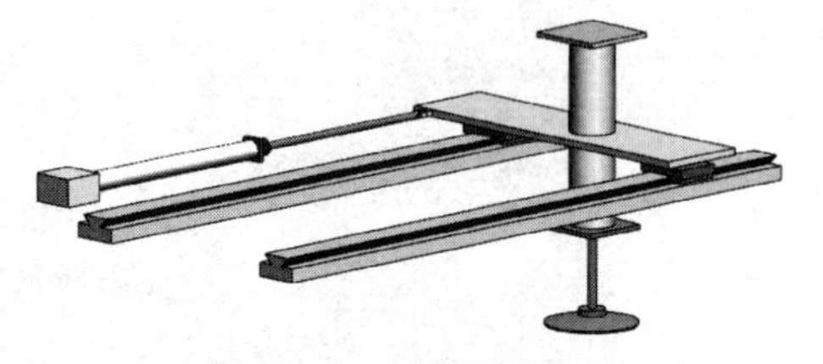

图 10-19　吸盘移动演示

步骤 1　打开文件　打开本章“实例”文件夹中的模型“吸盘移动演示”，如图 10-19 所示。

步骤 2　查看动画效果　单击“动画 1”标签，进入动画编辑状态。单击右下角的【缩小】，看到“动画 1”中的各部件运动已经设置好，采用的是插值方法。单击工具条中的【播放】，查看效果，如图 10-20 所示。

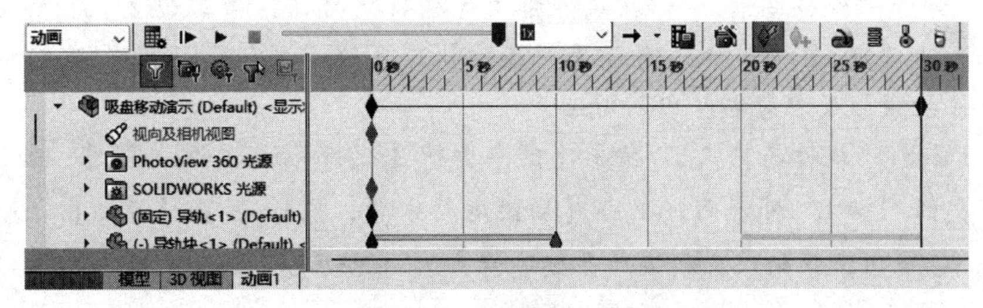

图 10-20　查看动画效果

步骤 3　拖放关键帧　如图 10-21 所示，将装配体右侧的黑色关键帧拖放到 30s 的位置，表示动画总体计算时间为 30s。

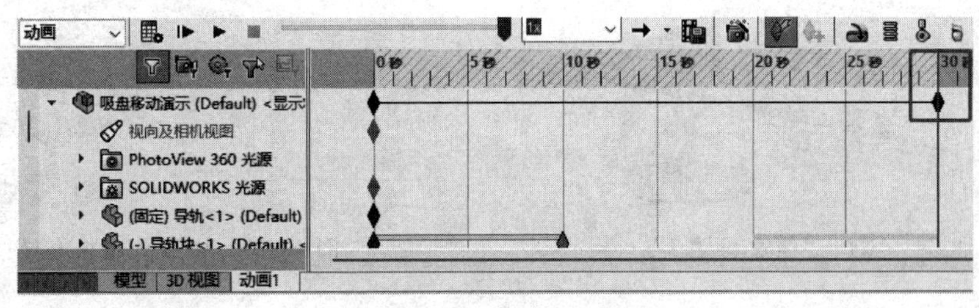

图 10-21　拖放关键帧

步骤 4　生成新运动算例　如图 10-22 所示，右击“动画 1”标签，在弹出菜单中选择【生成新运动算例】，生成“运动算例 1”。单击此标签，进入“运动算例 1”的编辑状态。

步骤 5　添加“线性马达 1”　在工具栏中单击【马达】，在【马达】属性框中选择【线性马达（驱动器）】，选择图 10-23 所示高亮的“轴”外表面，在【运动】选项组中选择【距离】，并按图 10-23 所示进行设置。该设置表示在 10s 内此轴以及相连部件按照箭头方向运动 389.5mm。

图 10-22　生成新运动算例

注意 单击【切换运动方向】可以切换运动方向。

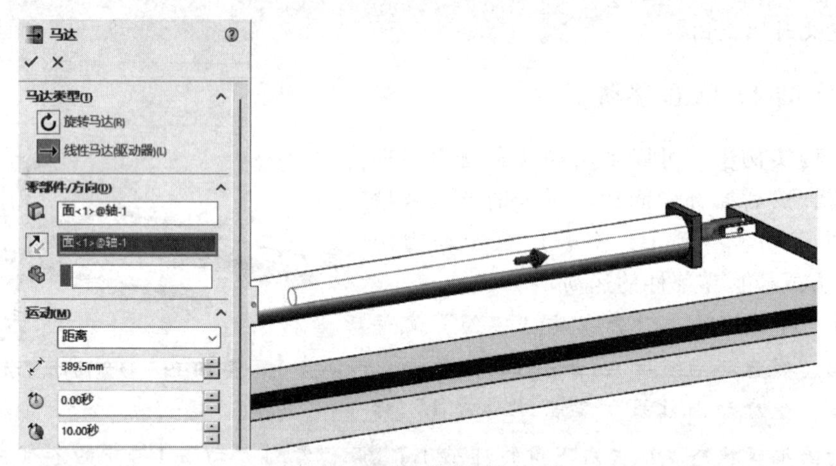

图 10-23 添加“线性马达 1”

步骤 6 添加“线性马达 2” 在属性框中选择【线性马达（驱动器）】，如图 10-24 所示，选择高亮的“轴 1”外表面，并设置【运动】选项组。该设置表示在 10~15s 内，此轴以及相连部件按照箭头方向运动 282.6mm。

步骤 7 添加“线性马达 3” 在属性框中选择【线性马达（驱动器）】，如图 10-25 所示，选择高亮的“轴 1”外表面，单击【切换运动方向】，设置【运动】选项组。该设置表示在 15~20s 内，此轴以及相连部件按照箭头方向运动 282.6mm。

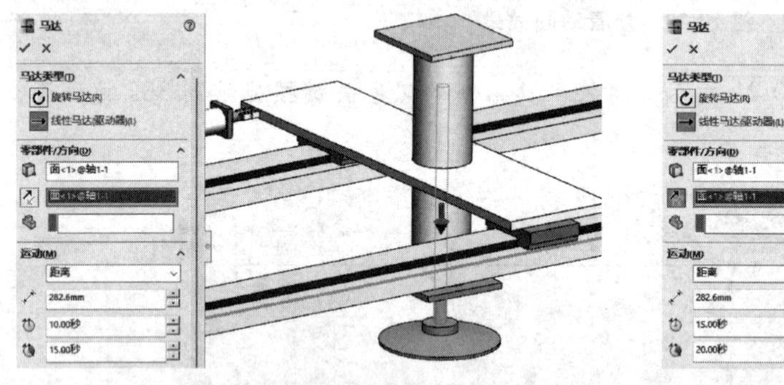

图 10-24 添加“线性马达 2”

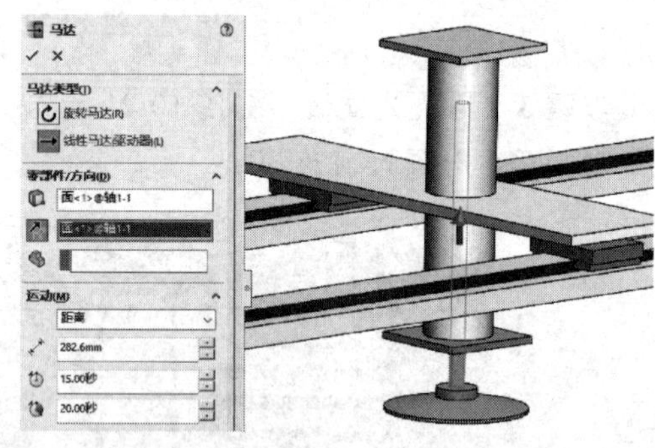

图 10-25 添加“线性马达 3”

步骤 8 添加“线性马达 4” 在属性框中选择【线性马达（驱动器）】，如图 10-26 所

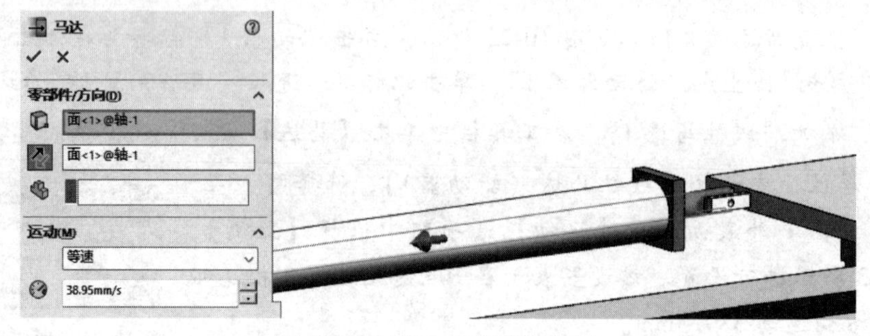

图 10-26 添加“线性马达 4”

示，选择高亮的“轴 1”外表面，单击【切换运动方向】。在【运动】选项组中选择【等速】，设置速度为 38.95mm/s。该设置表示此轴以及相连部件按照箭头方向以 38.95mm/s 运动。确定后将完成的“线性马达 4”右侧的起始关键帧拖放到 20s 的位置，这样此马达只在 20~30s 之间运动。

步骤 9 设置关键帧的起始位置 在“线性马达 1”右侧 10s 的位置右击，选择【放置键码】，然后右击此键码，选择【关闭】，这样此马达只在 0~10s 之间运动。同样，按照图 10-27 所示设置其他线性马达。

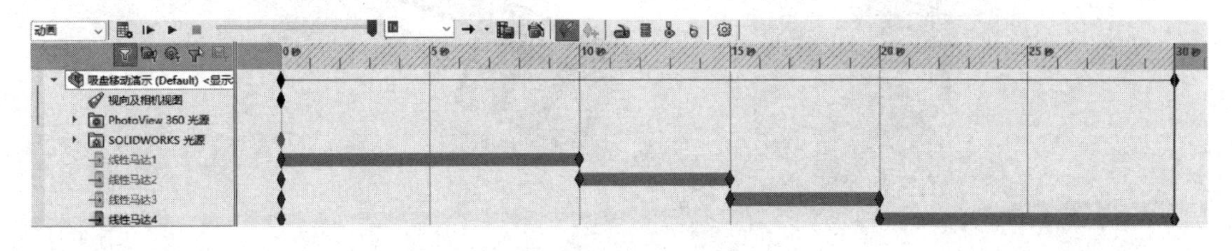

图 10-27 设置其他线性马达

步骤 10 观看动画效果 完成以上设置后，单击工具条中的【计算】，完成后单击【从头播放】，观看动画播放效果。

10.5.3 实例 3：筛选球体

以上实例是手动添加驱动力，本实例将采用重力作为驱动力。

步骤 1 打开文件 打开本章“实例”文件夹下引力中的模型“Sorter”，如图 10-28 所示。

步骤 2 修改运动算例类型 单击“运动算例 1”，进入动画编辑状态，修改运动算例类型为【基本运动】。

步骤 3 设置引力参数 单击工具栏中的【添加重力】，在属性框中选择 *Y* 方向，重力加速度为默认值，如图 10-29 所示。

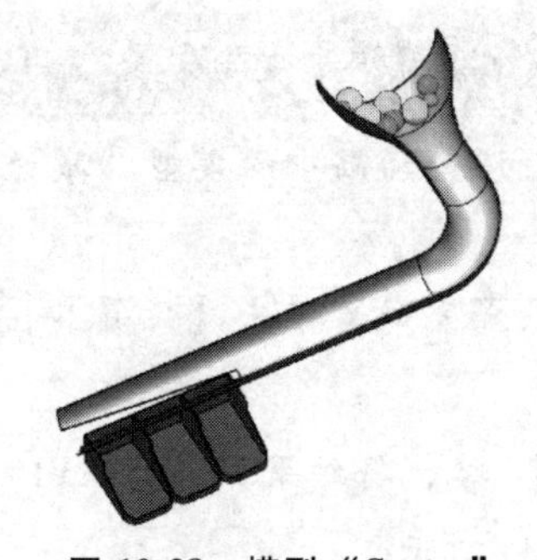

图 10-28 模型“Sorter”

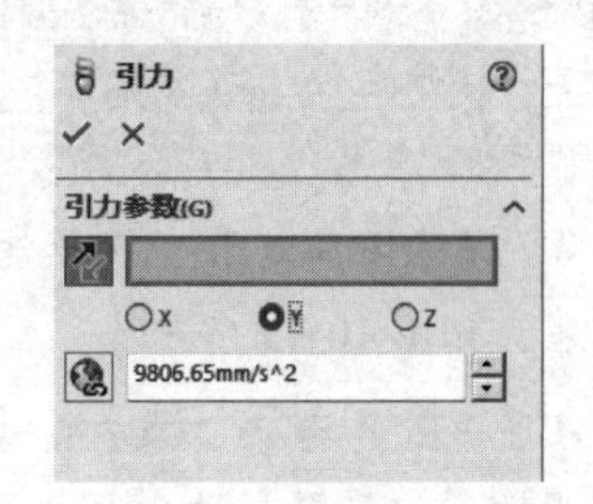

图 10-29 设置引力参数

步骤 4 设置接触参数 如图 10-30 所示，选中图形区域中的所有零件，单击【接触】，【接触面组数】为 153 组。

步骤 5 设置结束键码 将装配体的结束键码拖到 10s 位置，即总体计算时间为 10s，如图 10-31 所示。

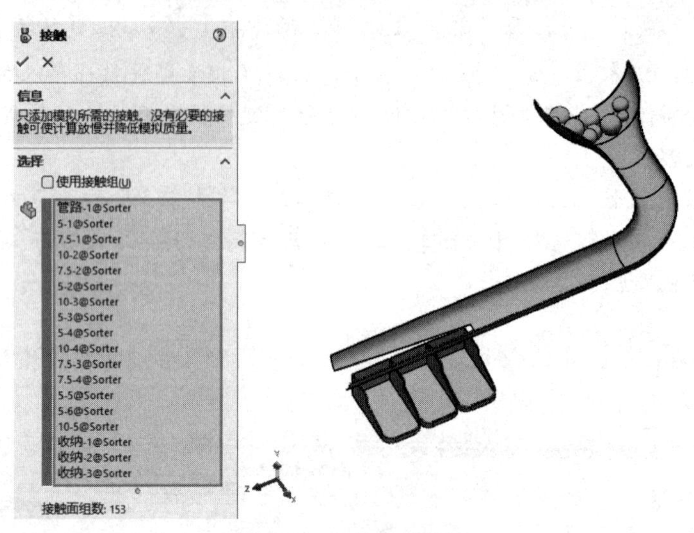

图 10-30 设置接触参数

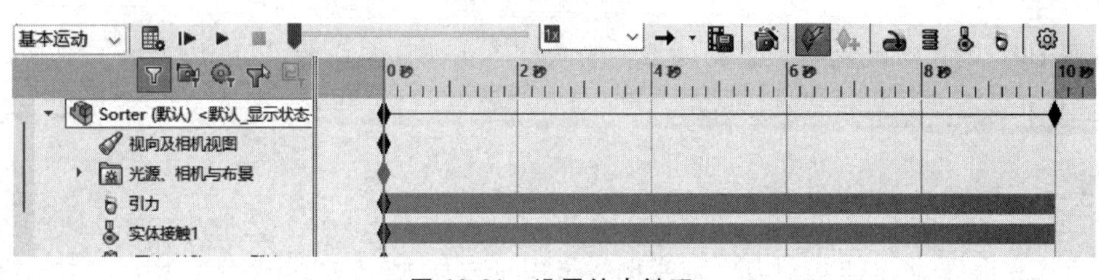

图 10-31 设置结束键码

步骤 6 观看动画效果 完成以上设置后，单击工具条中的【计算】，完成后单击【从头播放】，观看动画播放效果。

10.6 动画渲染（选作）

提示 以上所有动画都可以借助 PhotoView 360 渲染工具实现更好的视频输出效果。

步骤 1 打开文件 打开本章“实例”文件夹下手表渲染动画中的模型“减速器”，如图 10-32 所示。

步骤 2 预览运动效果 模型外观和指针运动已经设置完成，单击【计算】，并预览运动效果，如图 10-33 所示。

步骤 3 选择渲染器 单击工具条中的【保存动画】，将结果保存为 AVI 格式的视频文件，选择【渲染器】为【PhotoView 360】，如图 10-34 所示。

步骤 4 保存动画 缩放 SOLIDWORKS 软件的图形窗口，软件会调用当前窗口的高宽比，也可以自己定义高宽比，如图 10-35 所示。设置完成后单击【保存】，保存动画。

步骤 5 渲染 上一步骤设定每秒画面为 10 帧，动画总体时间为 5s，因此共有 51 帧需要用 PhotoView 渲染。在进度窗口会显示当前进度和已渲染的时间，如图 10-36 所示。

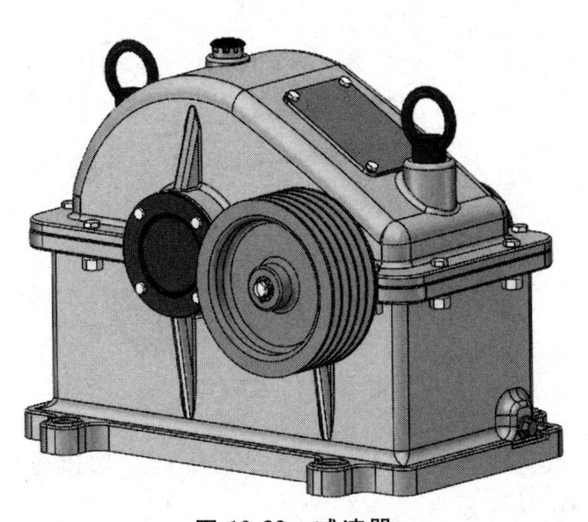

图 10-32 减速器

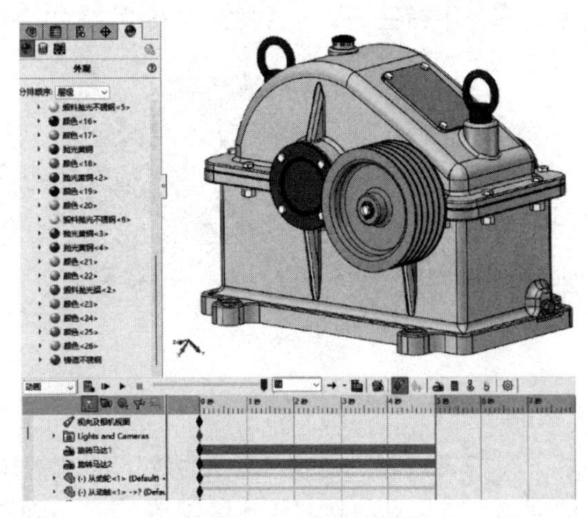

图 10-33 预览运动效果

图 10-34 选择渲染器

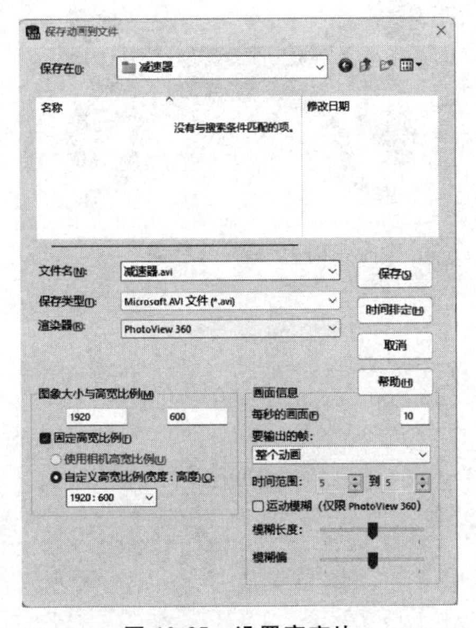

图 10-35 设置高宽比

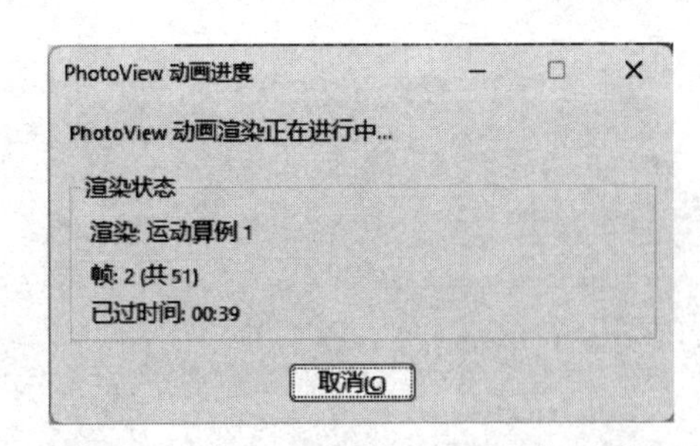

图 10-36 【PhotoView 动画进度】对话框

步骤 6 查看视频文件 渲染结束后，会在步骤 4 设定的保存位置文件夹中看到扩展名为 AVI 的视频文件。有合适的播放器就可以打开查看。

10.7 课后练习

1. 打开本章“练习 1”文件夹下的“凸轮机构 . SLDASM”文件，添加旋转马达以驱动整个机构，效果见动画“凸轮机构 . gif”，如图 10-37 所示。

2. 打开本章“练习 2”文件夹下的“牛顿摆 . SLDASM”文件，添加重力和接触，效果见动画“牛顿摆.gif”，如图 10-38 所示。

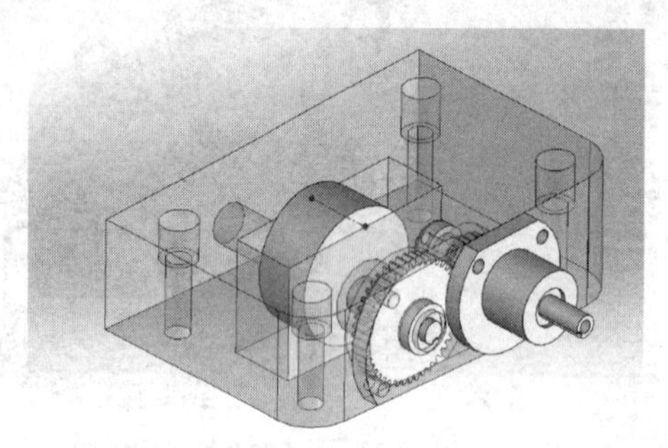

图 10-37 凸轮机构

图 10-38 牛顿摆

3. 打开本章“练习 3”文件夹下的“锯床装配体.SLDASM”文件，制作锯床切割零件的动画，效果见动画“锯床装配体.gif”，如图 10-39 所示。

4. 打开本章“练习 4”文件夹下的“飞行器.SLDASM”文件，给四个“旋翼”添加转动马达，速度为 100r/min，将结果用 PhotoView 360 渲染，输出为视频文件，效果见动画“飞行器.gif”，如图 10-40 所示。

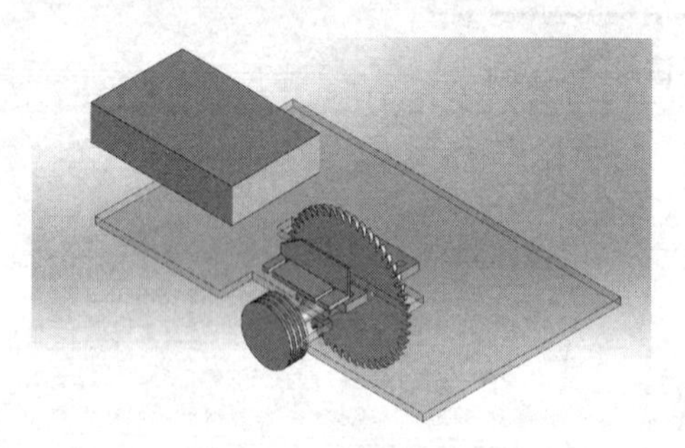

图 10-39 锯床装配体

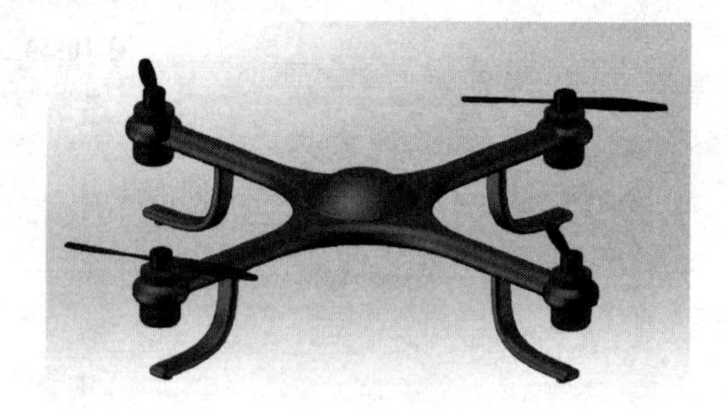

图 10-40 飞行器

第 11 章　SOLIDWORKS eDrawings

【学习目标】

- 学会使用 SOLIDWORKS eDrawings 查看模型
- 学会使用 SOLIDWORKS eDrawings 查看工程图
- 学会使用测量、批注等工具

11.1　概述

当今的制造业已经是社会化大生产，不同的企业有不同的分工，它们之间的产品交流如何进行？过去，二维工程图和工程师的描述是主要的方式。这种方式可能会产生误解，而且对人员素质的要求不低，中间交流成本过高。现在流行的三维软件很多，不同厂商之间不一定是一种软件平台，而且还涉及产品图纸保密性等安全要求，这些交流缺陷催生了 SOLIDWORKS eDrawings 软件。

通过 SOLIDWORKS eDrawings 软件可以将不同三维软件生成的模型和工程图转为 SOLIDWORKS eDrawings 支持的格式，其他公司就可以无缝地查看。本章只介绍针对 SOLIDWORKS 平台发布、浏览和批注的功能，针对其他软件的发布功能请登录 eDrawings 官网了解，网站地址为 http：//www. edrawingsviewer. com。

11.2　文件类型

可以使用 SOLIDWORKS eDrawings 生成、查看并共享 3D 模型和 2D 工程图。

11.2.1　可以直接打开的文件类型

- eDrawings 文件（*. eprt、*. easm、*. edrw）。
- SOLIDWORKS 文件（*. sldprt、*. sldasm、*. slddrw）。
- DXF/DWG 文件（*. dxf、*. dwg），支持 2. 5 到 2024 版本。
- 3DXML 文件（*. 3dxml）。
- CALS 文件（*. cal、*. ct1）。
- XML 纸张规格（XPS）文件（*. edrwx、*. eprtx、*. easmx）。
- Pro/ENGINEER 文件（*. prt、*. prt. *、*. xpr、*. asm、*. asm. *、*. xas）。
- STL 文件（*. stl）。
- SOLIDWORKS 模板文件（*. prtdot、*. asmdot、*. drwdot）。

11.2.2　可以保存的文件类型

- 零件：*. eprt、*. zip、*. htm、*. exe、*. bmp、*. tif、*. jpg、*. png、*. gif。

- 装配体：＊.eprt、＊.zip、＊.htm、＊.exe、＊.bmp、＊.tif、＊.jpg、＊.png、＊.gif。
- 工程图：＊.eprt、＊.zip、＊.htm、＊.exe、＊.bmp、＊.tif、＊.jpg、＊.png、＊.gif。

11.2.3 如何保存 eDrawings 文件

在 SOLIDWORKS 打开模型或工程图后，单击菜单栏中的【文件】/【另存为】，在下拉菜单中选择【eDrawings（＊.eprt，＊.easm，＊.edrw）】，选择保存；或直接单击【保存】右边的下拉箭头，选择【发布到 eDrawings】，如图 11-1 所示，将自动打开 eDrawings 浏览器，然后保存即可。如果有多配置的零部件，还要选定要输出的配置。

注意

保存时可对【选项】和【密码】进行设置，如图 11-2 所示。

图 11-1 发布到 eDrawings

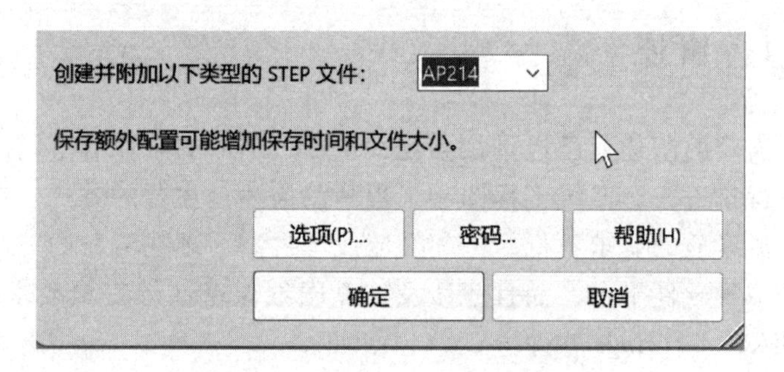

图 11-2 【选项】和【密码】设置选项

【选项】设置如图 11-3 所示。指定打开文件，需要设置密码，如图 11-4 所示。

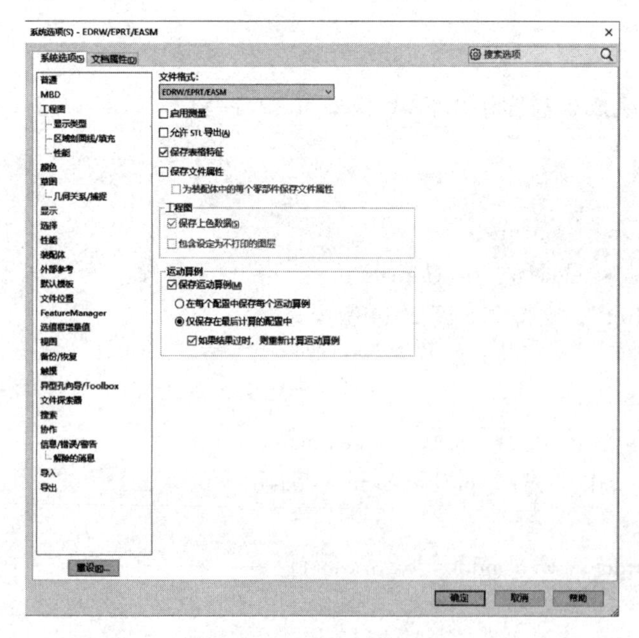

图 11-3 【选项】设置

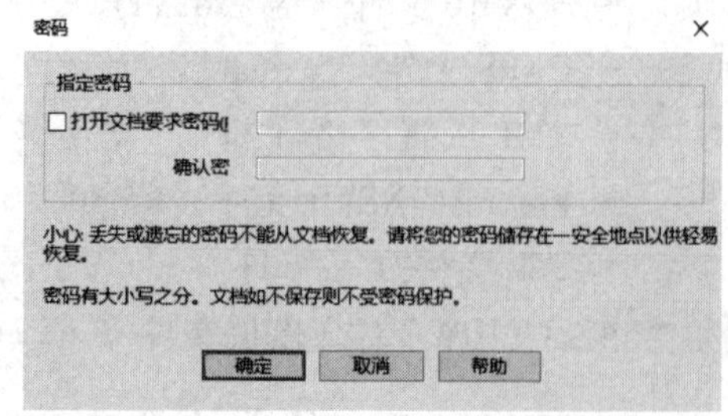

图 11-4 【密码】设置

11.3　软件界面

eDrawings 软件界面如图 11-5 所示。

用于不同 eDrawings 窗格的工具位于窗口右下方，用于管理文件信息。当打开一个文件时，将仅显示适用于特定文件的工具。例如，当打开一个装配体文件时，【零部件】工具可用，如图 11-6 所示。

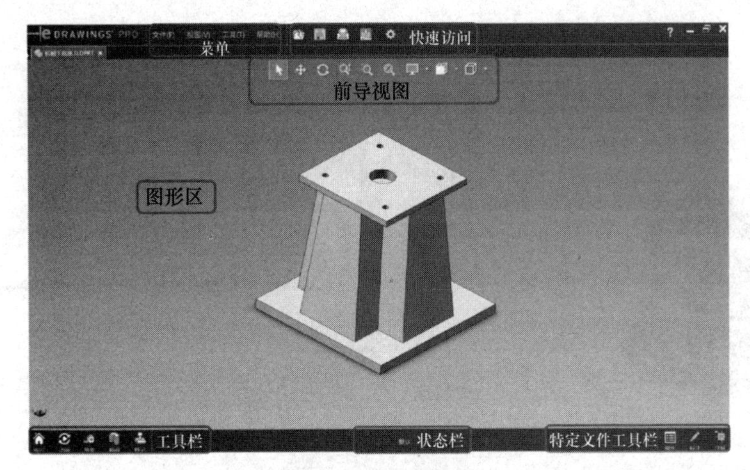

图 11-5　软件界面

图 11-6　特定文件的工具

与 SOLIDWORKS 软件类似，当鼠标指针悬停在某个图标一段时间后，会显示该图标的含义，如图 11-7 所示。

图 11-7　显示图标含义

11.4 阅览批注 3D 模型

步骤 1 打开文件 用 SOLIDWORKS 软件打开装配体模型“机械手”，如图 11-8 所示。

步骤 2 选择保存类型 切换到“运动算例 1”标签，运动设置和爆炸视图已经完成。单击【另存为】，在【保存类型】下拉列表中选择【eDrawings（*.easm）】，如图 11-9 所示。

图 11-8 机械手

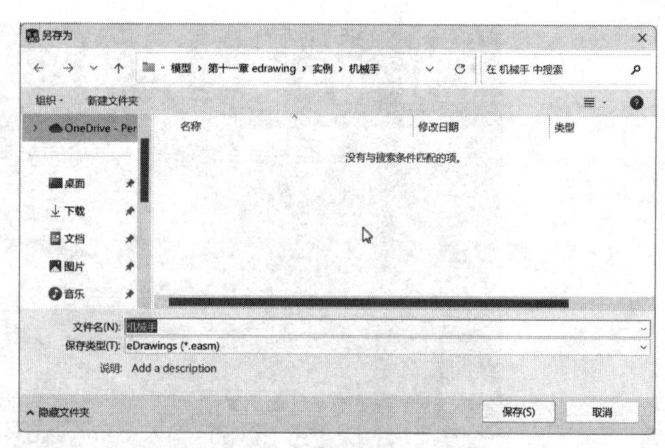

图 11-9 选择保存类型

步骤 3 设置保存选项 单击【选项】，选择【导出】，确保勾选【启用测量】和【保存运动算例】两个复选框，如图 11-10 所示。单击【确定】后保存文件。

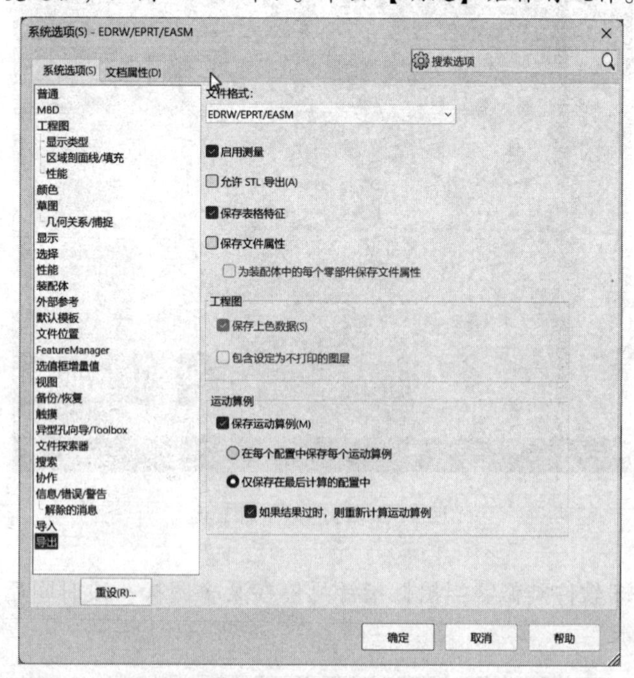

图 11-10 设置保存选项

步骤 4 打开保存的文件 打开 SOLIDWORKS eDrawings 程序，单击【打开】，打开刚才保存的文件，如图 11-11 所示。

步骤 5　查看零部件设计树　在【零部件】中可以看到装配体的层结构，如图 11-12 所示。单击【移动】，可以在图形区域中任意拖拽零部件。单击【爆炸】，可以将在 SOLIDWORKS 中的爆炸视图显示。右击设计树中的零部件可以隐藏或透明显示该零部件。

图 11-11　打开保存的文件

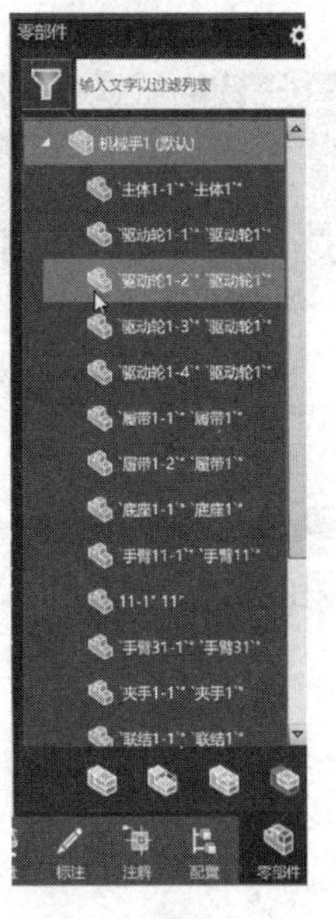

图 11-12　零部件设计树

步骤 6　切换配置　在【配置】中可以看到不同配置的零部件以及不同的显示状态，如图 11-13 所示。在图形窗口中也可以通过【配置】进行切换。

步骤 7　设置标注　在【标注】中可以标注尺寸、插入图片、添加注释、绘制几何图形等，如图 11-14 所示。

步骤 8　测量　单击【测量】，在图形区域中选择要测量的几何图形，如图 11-15 所示。

图 11-13　切换配置

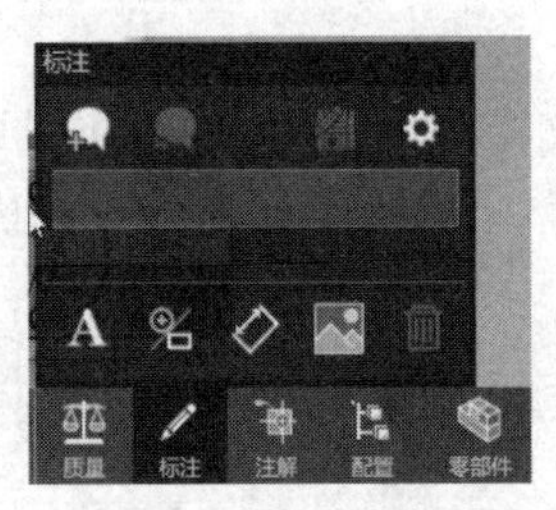

图 11-14　设置标注

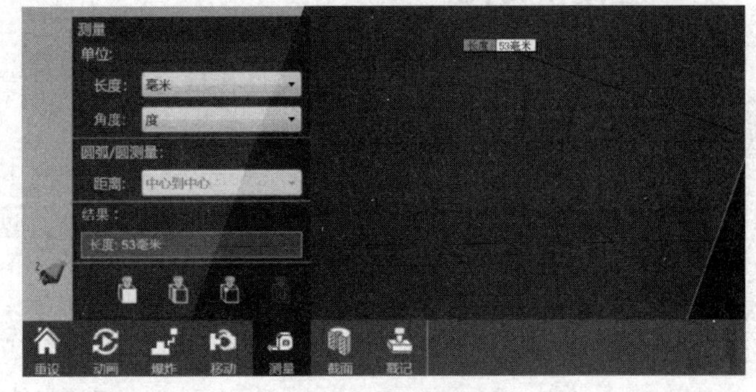

图 11-15　测量

步骤 9　插入截面　在【截面】中选择参考面或实体面，如图 11-16 所示。

步骤 10 播放“运动算例 1” 在【动画】中，播放由 SOLIDWORKS Motion 创建的动画，如图 11-17 所示。

图 11-16 插入截面

图 11-17 播放“运动算例 1”

步骤 11 添加戳记 在【戳记】中，可以添加【批注】、【机密】、【草稿】等戳记，如图 11-18 所示。

图 11-18 添加戳记

注意 保存 eDrawings 文件后，戳记会永久保留，不可删除。

11.5 查看和交流

设置好批注和戳记的 eDrawings 文件在保存完成后可发给审阅者。审阅者安装 eDrawings 播放器即可打开查看 3D 模型和批注。

如果审阅者的计算机没有安装 eDrawings 或不能上网下载播放器，可以用 eDrawings Professional 将其保存为扩展名为“ *. exe” 的可执行文件，这样只需双击就可打开。此可执行文件包含了播放器程序，因而文件大小会增加。

注意 此处也有【激活测量】选项，如图 11-19 所示。

不同的审阅者在同一个 eDrawings 文件中批注后会比较混乱，不易区分各自的批注。审阅者可以单击【文件】菜单中的【保存批注】，将自己的意见保存为单独的批注文件，这样每个审阅者的意见就可独立查看。

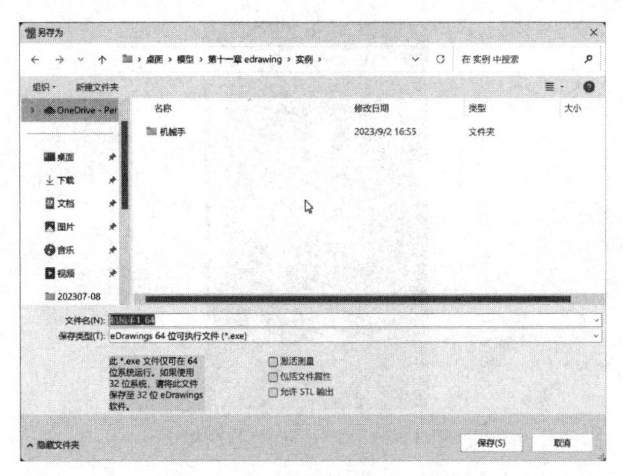

图 11-19 【激活测量】选项

11.6 阅览批注工程图

步骤 1 打开工程图文件 打开 eDrawings 工程图文件 “ScubaAssembly.edrw”，如图 11-20 所示。

图 11-20 工程图文件

步骤 2 切换不同的图纸 看到的软件界面和刚才的不一样，“零部件”标签变为“图纸”标签。此工程图包括 “Sheet1” 和 “BOM” 两张图纸，每张图纸下又有不同的视图，双击即可在图形区域放大查看，如图 11-21 所示。也可以在视图中单击下面的图纸标签进行切换。

步骤 3 快速切换视图 在软件中双击视图标识，如剖切符号、视图标签等，可以快速切换视图。

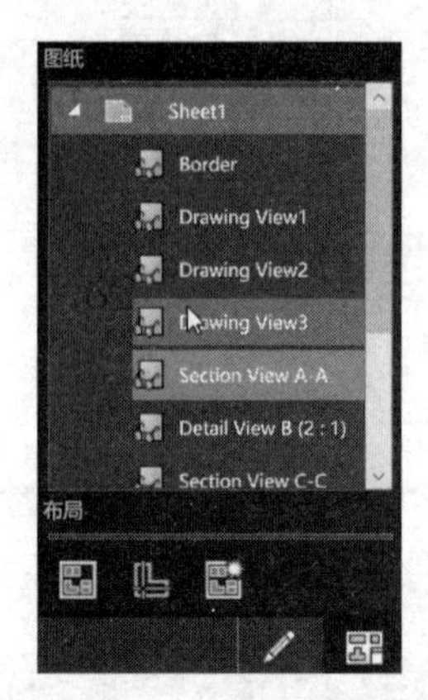

图 11-21　切换不同的图纸

注意　图 11-22 所示鼠标指针的位置。

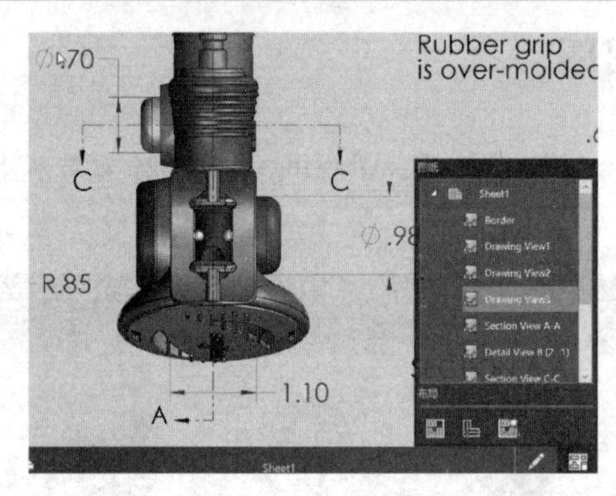

图 11-22　切换视图

步骤 4　查看视图的 3D 模型　单击某一视图出现绿色选中框，这时单击工具栏中的【旋转】，可以看到此视图的 3D 模型状态，如图 11-23 所示，此时的测量操作也可以进行。单击【主页】则可回到工程图状态。

提示　其他操作和 3D 模型中的操作类似。

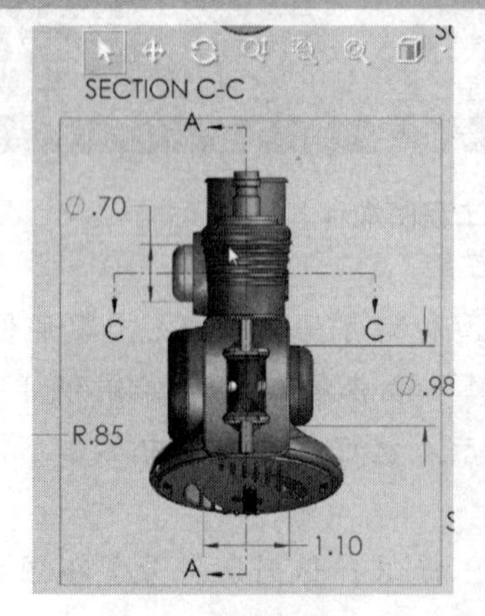

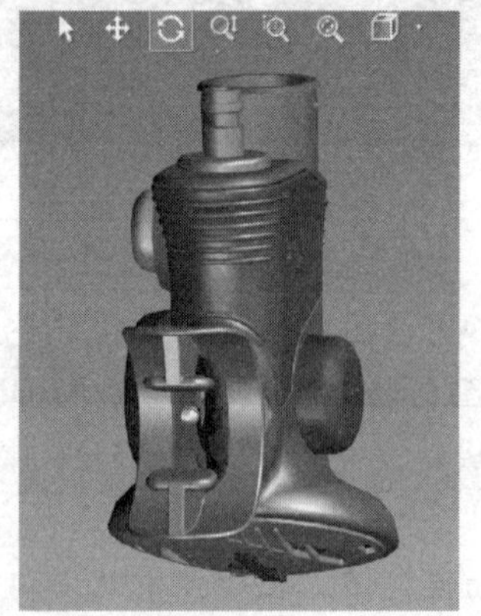

图 11-23　查看视图的 3D 模型

11.7 模型的显示方式

1. 上色

在【视图】菜单中选择【上色】，结果如图 11-24 所示。

2. 线架图

在【视图】菜单中选择【线架图】，结果如图 11-25 所示。

3. 带边线上色

在【视图】菜单中选择【带边线上色】，结果如图 11-26 所示。

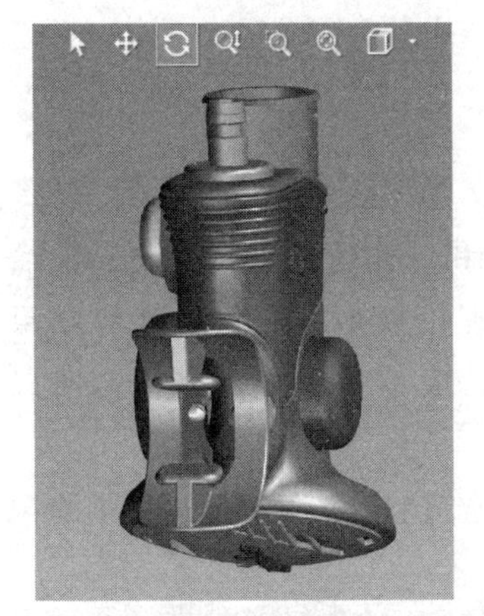

图 11-24 上色显示

图 11-25 线架图

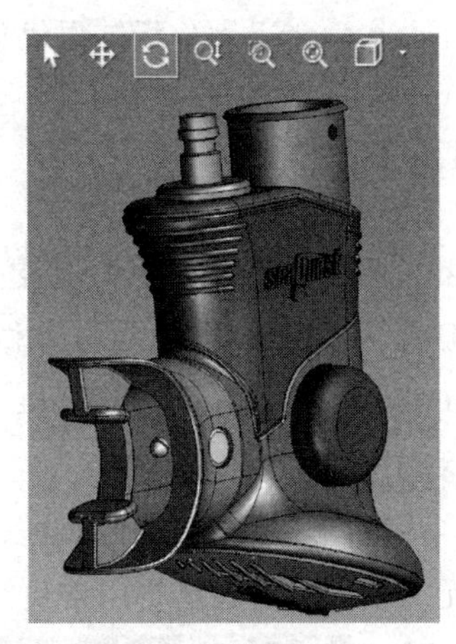

图 11-26 带边线上色

11.8 课后练习

1. 打开第 10 章“实例”文件夹下“5 手表渲染动画”中的装配体“Watch”，并将其保存为 eDrawings 文件（图 11-27），注意动画也要保存。练习使用 eDrawings 的各种工具，如【截面】、【测量】、【动画】等。

2. 打开本章“练习”文件夹中的各种 eDrawings 文件（图 11-28），练习前文提到的工具栏中的交流工具，如【标注】、【戳记】等。

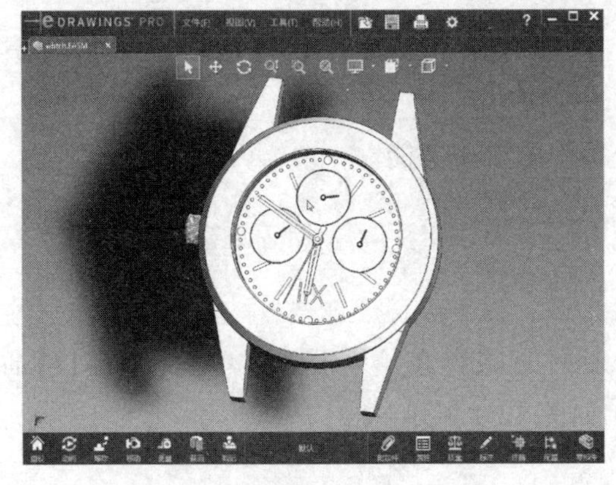

图 11-27 装配体“Watch”

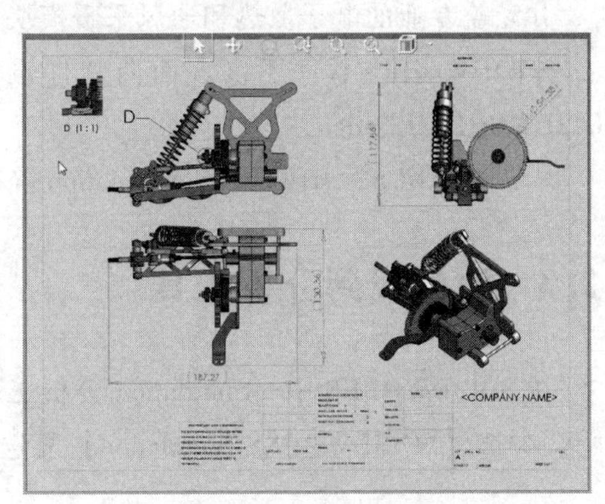

图 11-28 eDrawings 文件

第12章　分析工具

【学习目标】

- 了解 SOLIDWORKS 软件中的分析工具
- 掌握 SOLIDWORKS 分析工具的使用
- 学会运用分析结果优化设计

12.1　概述

早期的产品设计一般是根据工程师的经验，对产品模型和工作情况进行简化，然后根据力平衡和几何结构等做出数学方程。限于计算能力和理论模型，简化后计算结果和实际工况会有很大差异，因而产生了不少不合理的产品，成本和安全可靠性都难以得到平衡和保证。

对于产品结构如何改进、是否安全、可否减重、材料是否合适和经济等问题，随着有限元等技术的发展已得以解决。

本章提到的应力应变的概念请参考材料力学等课程。

12.2　SOLIDWORKS 软件中的分析工具

SOLIDWORKS 软件中的实体分析工具为 SOLIDWORKS Simulation，主要有以下分析功能：静力分析、频率、屈曲、热力、跌落测试、压力容器、疲劳、非线性、线性动态。

SOLIDWORKS 软件中的流体分析工具为 SOLIDWORKS Flow Simulation，用于各种流场分析，并涵盖专业的电子散热和通风采暖模块。

SOLIDWORKS 软件还包含面向塑件设计工程师和模具设计工程师的模流分析工具 SOLIDWORKS Plastics。

本章只介绍 SOLIDWORKS Simulation 静态分析中的常用功能。

12.3　如何找到分析工具

在 SOLIDWORKS 中，Simulation 分析工具以插件形式存在，单击【菜单】/【工具】/【插件】，勾选【SOLIDWORKS Simulation】复选框，如图 12-1 所示。

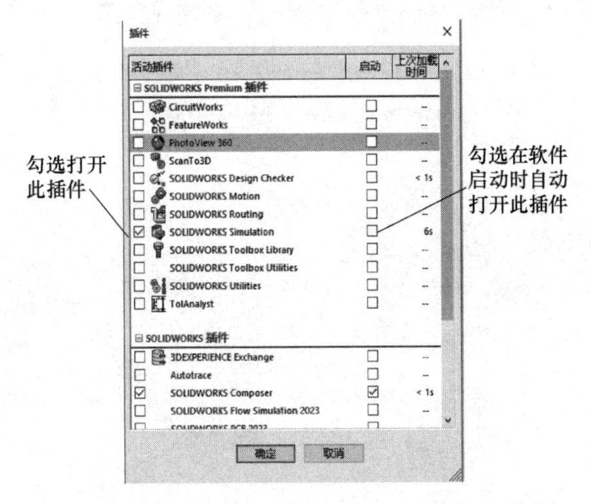

图 12-1　打开【SOLIDWORKS Simulation】插件

12.4　分析实例

下面以“托架”为实例进行分析，该托架由合金钢制作，在两个孔处固定，并载有 7MPa 的压力，如图 12-2 所示。

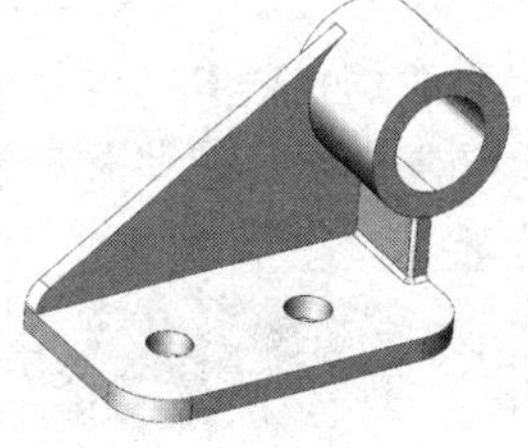

图 12-2　托架

步骤 1　打开模型　打开本章“实例”文件夹下的模型“托架 . SLDPRT”。

步骤 2　分析假设类型　静力分析算例要符合以下假设：

（1）静态假设　所有载荷被缓慢且逐渐加载，直到它们达到其完全量值。在达到完全量值后，载荷保持不变（不随时间变化）。由于加速度和速度很小，可忽略不计，因此这种假设允许忽略惯性和阻尼力。引起相当大的惯性和（或）阻尼力的随时间变化的载荷可以使用动态分析。动态载荷随时间改变，在许多情况下会引起相当大的不能忽略的惯性和阻尼力。

（2）线性假设

1）载荷和所引起的反应之间的关系是线性的。

2）模型中的所有材料均符合胡克定律，即应力与应变成正比。

3）负载所引起的位移足够小，以致可以忽略由加载所造成的刚度变化。

4）在应用载荷的过程中，边界条件不会改变。载荷的大小、方向和分布必须固定不变。当模型发生变形时，它们不应该改变。

在此实例中，将实际工作的情况简化为最危险时的最大静态力，此时的计算结果偏于安全，且符合静态假设。

步骤 3　创建算例　打开 Simulation 插件，然后打开【Simulation】工具栏，选择【新算例】，在【常规模拟】中选择【静应力分析】，算例名称默认为“静应力分析 1”，如图 12-3 所示。

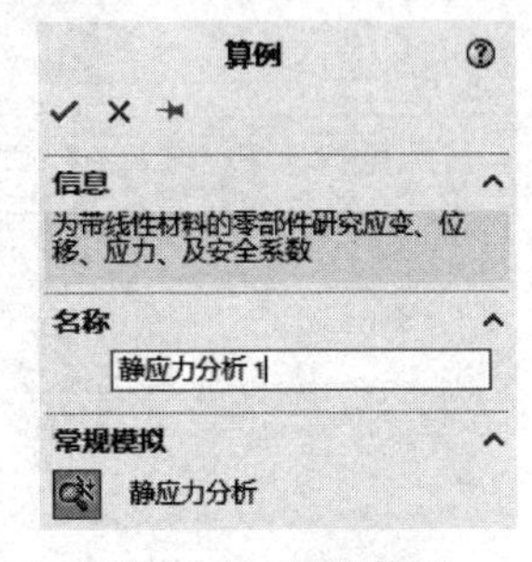

图 12-3　创建算例

创建完成后，单击✓，软件界面发生了变化，如图 12-4 所示。

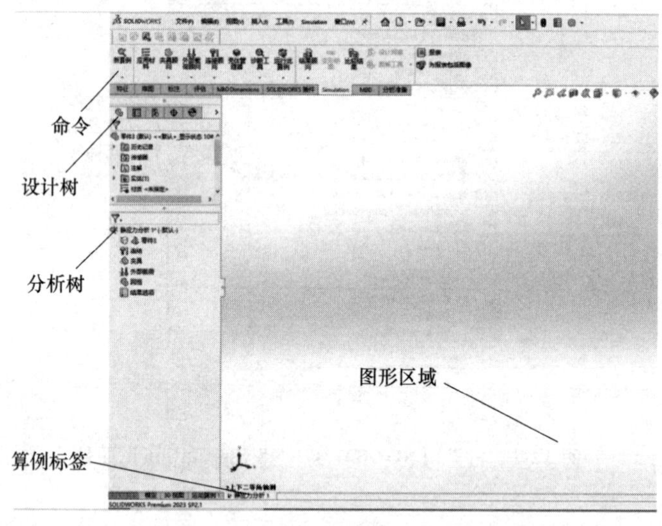

图 12-4 界面预览

提示 可以通过算例标签切换不同的算例。

步骤 4 指定材料 如果在设计模型时已经选择了材料，会自动导入 SOLIDWORKS Simulation 中。也可以在 SOLIDWORKS Simulation 中设定材料，但不会对模型设计树中的材料设定产生影响。右击设计树中的“托架”实体，选择【应用】/【编辑材料】（也可以使用命令管理器中的【应用材料】），选择【SOLIDWORKS】/【钢】/【合金钢】，单击【应用】并关闭对话框。

注意 实体上的图标表示材料已经设定完成。

步骤 5 添加固定夹具 右击【夹具】，选择【固定几何体】，选择如图 12-5 所示的两个相同大小的孔。

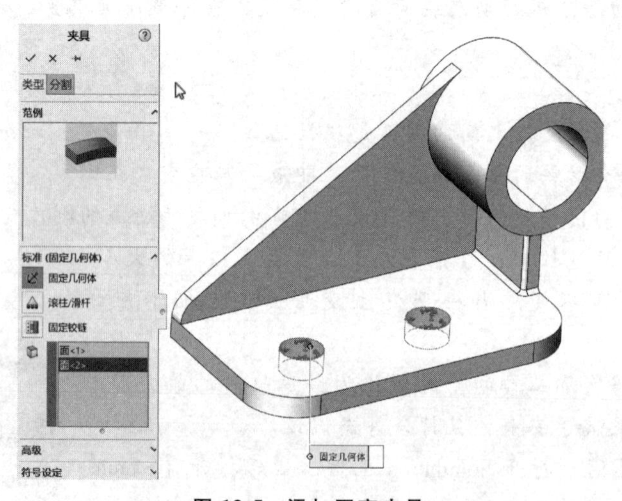

图 12-5 添加固定夹具

步骤 6 设置压力 右击【外部载荷】，选择【压力】，设置压强单位为 N/mm^2

(MPa)，输入7。力的方向如图12-6所示。

步骤7 设置网格 右击【网格】，选择【生成网格】，按图12-7所示设置网格参数。

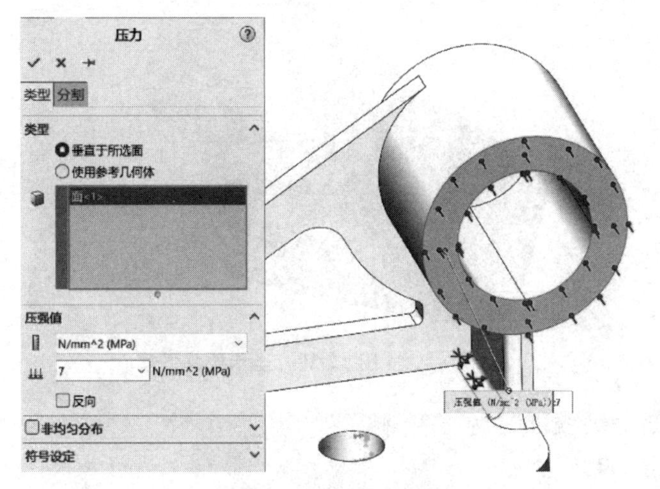

图12-6 设置压力参数

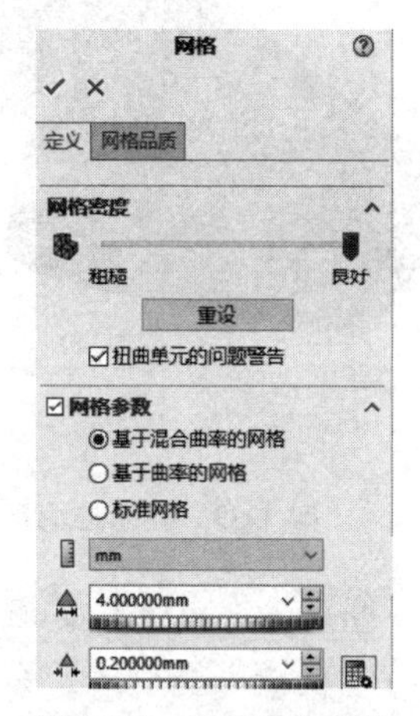

图12-7 设置网格参数

> ⚠注意 如果计算机配置不高，可以采用默认的网格密度进行练习（单击【重设】恢复默认网格密度），并取消勾选【网格参数】复选框。

若想了解网格参数的更多内容，请单击【网格】属性框右上角的【帮助】或者学习有关分析的进阶课程。

步骤8 预览网格 单击✓后，软件会按照设置的参数自动划分网格。网格化结束之后，网格化模型出现在图形区域中，如图12-8所示。

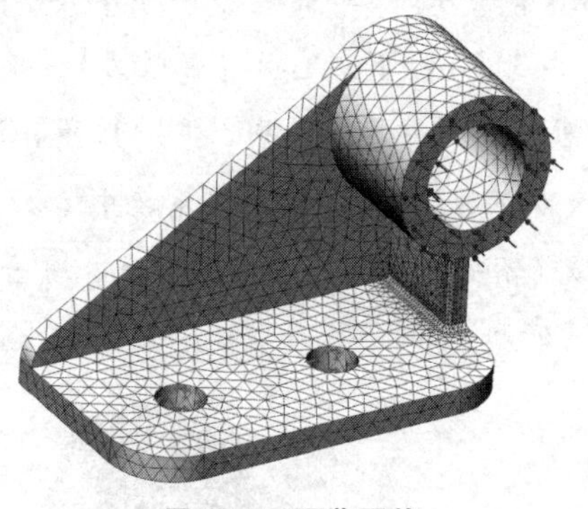

图12-8 预览网格

步骤9 隐藏夹具和载荷箭头 单击命令管理器中的【运行】或右击分析树顶端，选择【运行】，完成后会在【结果】中显示。分别右击【夹具】和【外部载荷】，选择【全部隐藏】，将图形视图中的夹具和载荷箭头隐藏。

12.5 查看结果

步骤1 显示应力图解 在分析树的【结果】中，双击“应力1（-von Mises-）”显示应力图解，如图12-9所示。

应力图解附加在变形形状上生成。为展示变形形状，软件将最大变形缩放到模型边界框对角的10%。在此例中，变形比例约为11.6。

步骤2 显示位移图解 双击“位移1（-合位移-）”显示位移图解，如图12-10所示。

步骤3 保存动画 右击【结果】下的“位移1（-合位移-）”，选择【动画】。单击Ⅱ暂停播放动画，单击■停止播放动画，勾选【保存为AVI文件】复选框，将动画保存到指定位置，如图12-11所示。

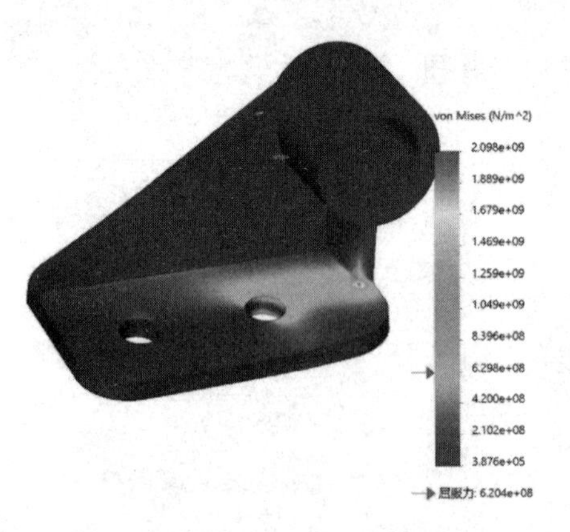

图 12-9 显示应力图解

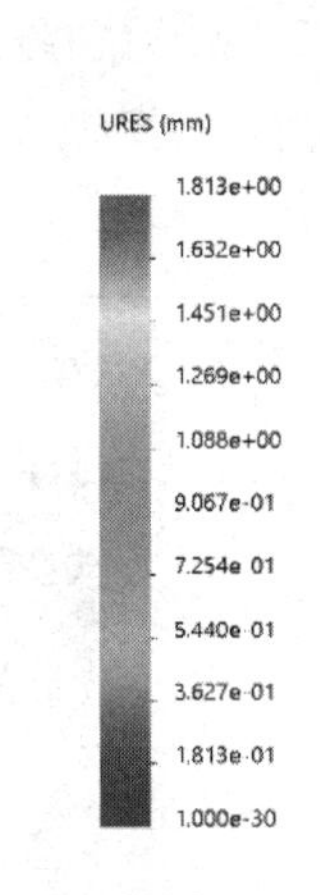

图 12-10 显示位移图解

步骤 4 显示应变图解 双击“应变 1（-对等-）”显示应变图解，如图 12-12 所示。

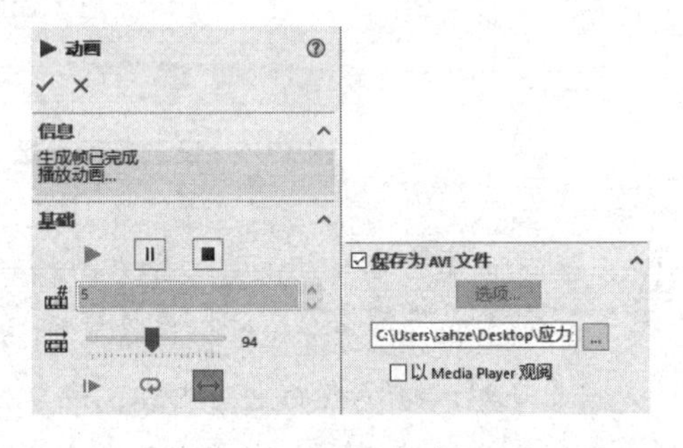

图 12-11 保存动画

步骤 5 定义安全系数图解 右击【结果】，选择【定义安全系数图解】。在属性框中的【步骤 1（共 3 步）】下，选择准则中的【最大 von Mises 应力】，单击【下一步】；在【步骤 2（共 3 步）】下，选择【屈服力】，单击【下一步】；在【步骤 3（共 3 步）】下，选择【安全系数以下的区域】，在安全系数中输入 1。单击✓，显示安全系数图解。安全系数小于 1 的区域（不安全区域）显示为红色，安全系数较大的区域（安全区域）显示为蓝色，如图 12-13 所示。

图 12-12 显示应变图解

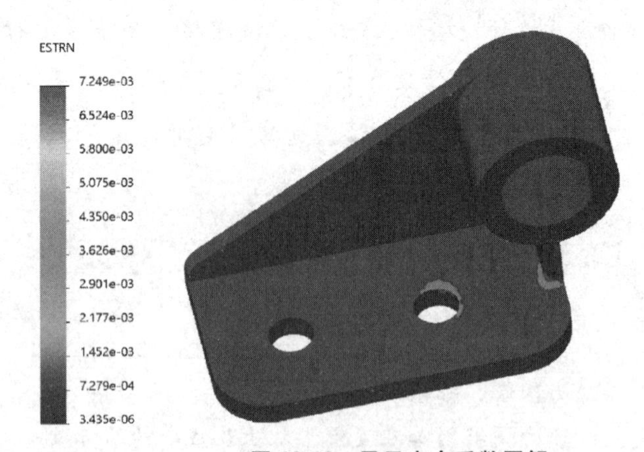

图 12-13 显示安全系数图解

步骤 6 生成报表 单击【Simulation】工具栏中的【报表】，选择要包含在报表中的内容，并填入标题信息，设定生成报表的位置，如图 12-14 所示。然后单击【出版】，软件会自动生成 Microsoft Word 文档。双击可查看文档。

至此，一个完整的分析过程结束。

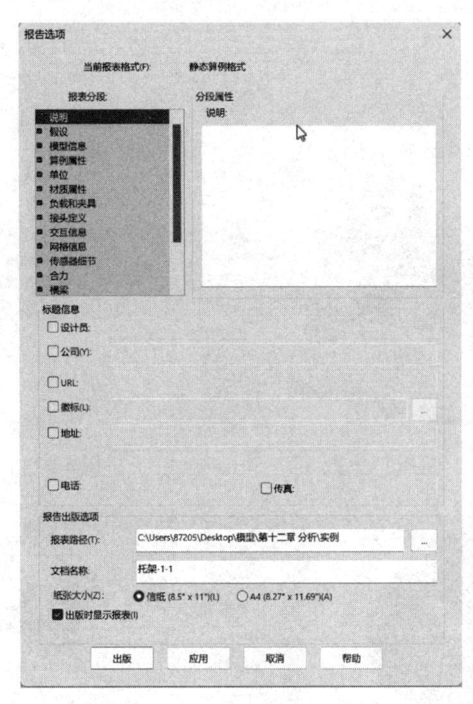

图 12-14 设置【报告选项】

12.6 设计改进

前面为展示安全系数，故意将工作状态夸大，现修改为工件承载 3000N 的力，重新进行计算。根据分析结果，此产品还可以做进一步的改进，在提高可靠性的同时减轻整体质量。

步骤 1 删除“应力 1 (-von Mises-)” 右击【结果】下的“应力 1 (-von Mises-)”，选择【删除】，然后单击【是】，如图 12-15 所示。

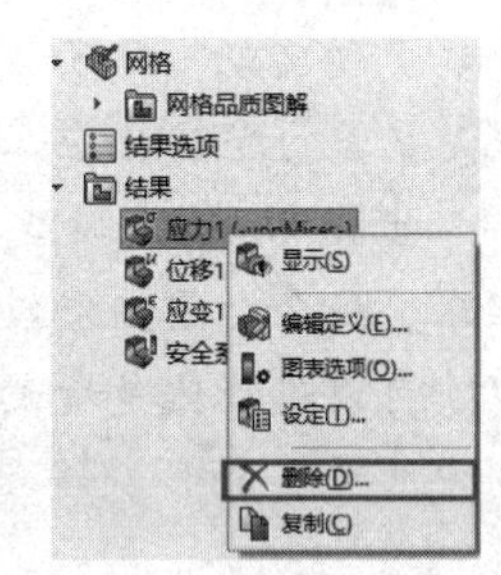

图 12-15 删除“应力 1 (-von Mises-)”

步骤 2 设置【力/扭矩】参数 右击【外部载荷】，选择【力】，选择图 12-16 所示的圆柱端面，并按图示进行设置，完成后单击✓。

步骤 3 设置【应力图解】参数 接下来按 12.4 小节的步骤 7~步骤 9 进行操作。运算完成后，右击【应力】，选择【编辑定义】，修改应力单位为 N/mm^2 (MPa)，并单击✓，如图 12-17 所示。

步骤 4 查看应力图解 如图 12-18 所示，应力集中区域最高为 491MPa，未超过屈服极限。由于应力集中区域有小特征圆角，查看模型圆角半径 2mm，此处要有更小的网格大小，以获得更高的结果精度。

步骤 5 重设网格参数 右击【网格】，选择【应用网格控制】，选择四个圆角面，设定网格大小为圆角半径一半的尺寸 1mm，如图 12-19 所示。确定后直接单击【运行】运行算例。

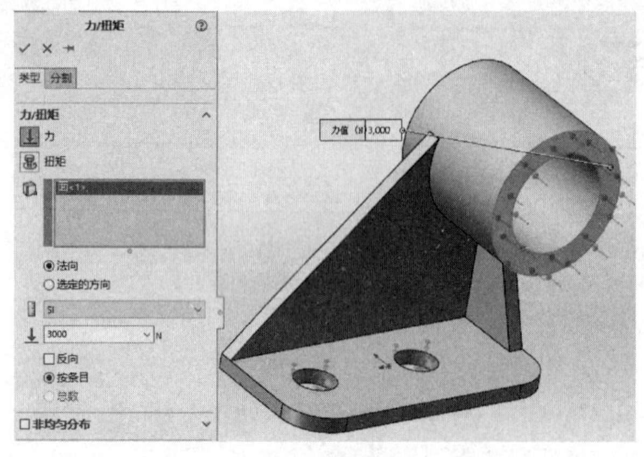

图 12-16 设置【力/扭矩】参数

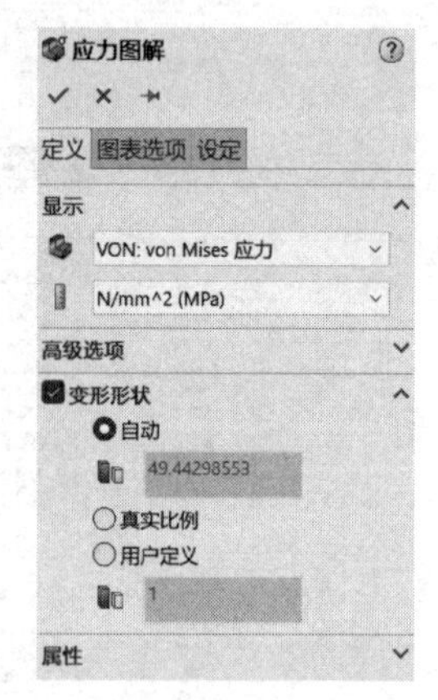

图 12-17 设置【应力图解】参数

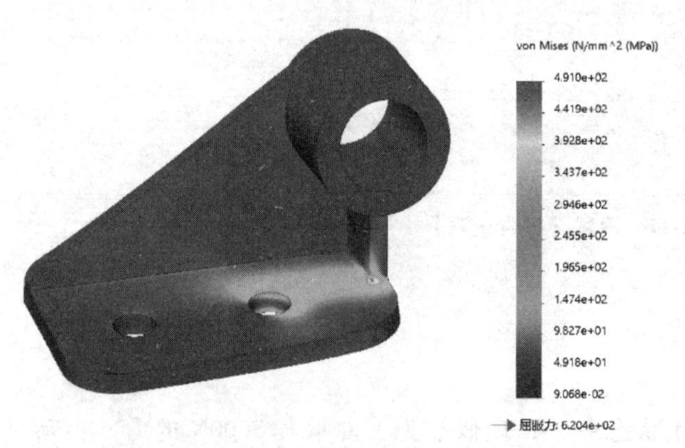

图 12-18 查看应力图解

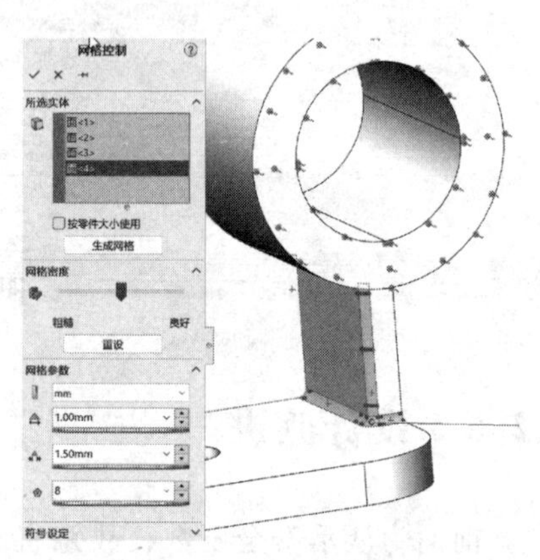

图 12-19 重设网格参数

步骤 6 显示应力结果 如图 12-20 所示，可以看到应力结果比上一次提高了不少，哪一次更精确呢？原理上网格越小，精度越高，但计算时间会越长。如果提高一次网格数量，相应的应力值变化在 5%范围内，一般就可以接受了，不必再次提高网格数量。

步骤 7 改变模型 从图 12-20 中可以看到应力集中区域很小，应力大小也未超过屈服极限，但会对零件寿命有较大影响。本例的目标是控制应力大小不超过 350MPa。如何修改呢？可以先将圆角增大到 3mm，然后重新运算查看结果。切换到【模型】标签，编辑设计树中的“圆角 1”，将圆角值改为 3mm，如图 12-21 所示。确定后，按组合键〈Ctrl+Q〉更新。

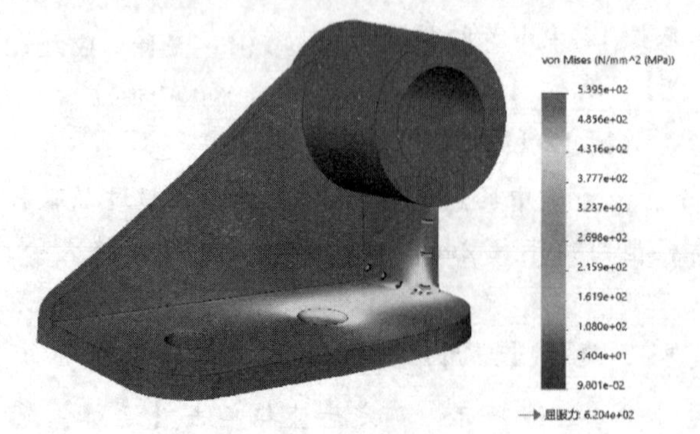

图 12-20 预览应力结果

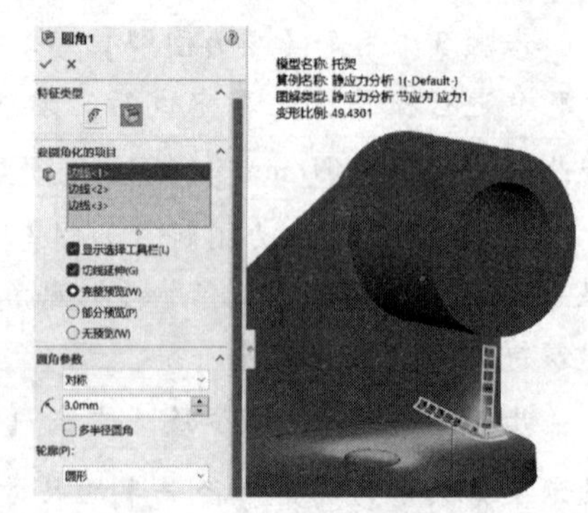

图 12-21 修改圆角参数

步骤8 预览应力结果 由于模型发生变化，网格要重新划分。运算结束后，查看结果，如图12-22所示，可以看到局部应力已经降低许多，看来圆角对应力集中影响较大。

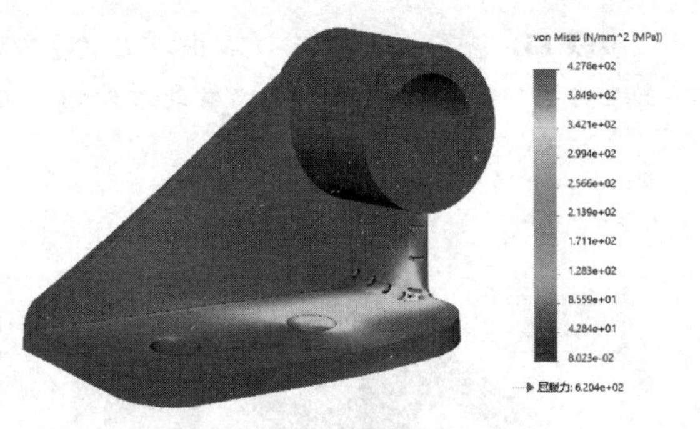

图 12-22 预览应力结果

步骤9 查看设计洞察图解 右击【结果】，选择【定义设计洞察图解】，向右拖拽【载荷级别】滑条，可以看到受力区域（蓝色）的变化。这个图解（图12-23）给予简化结构的设计方向，承载区域小（透明）的地方就可以简化掉。

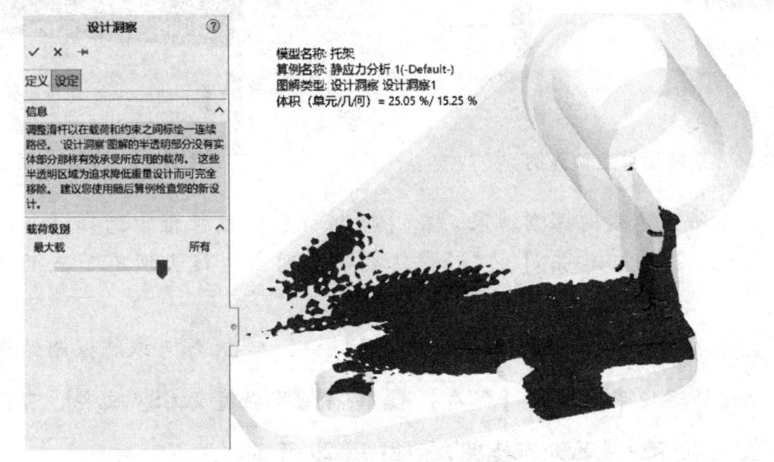

图 12-23 设计洞察图解

步骤10 创建“切除-拉伸” 切换到【模型】标签，如图12-24所示，创建“切除-拉伸”。

步骤11 创建圆角 为避免尖角应力集中和考虑加工工艺，添加图12-25所示圆角，注意勾选【多半径圆角】复选框，给不同的边线添加不同的半径过渡。

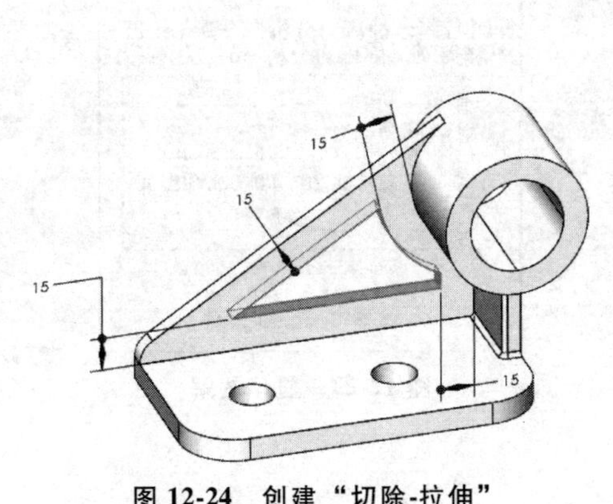

图 12-24 创建“切除-拉伸”

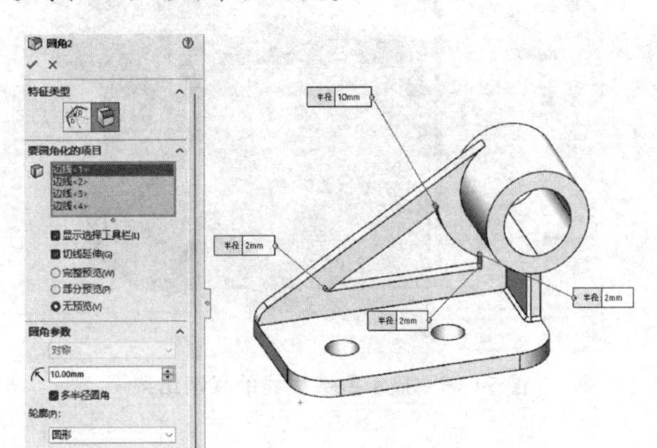

图 12-25 创建圆角

步骤12 重新运算运动算例 重新运算后查看结果，如图12-26所示，可以看到应力最大值有所提升。

步骤 13 查看探测结果 右击【应力】，选择【探测】，在属性框中选择【在位置】，单击应力集中区域的某点，可以看到此处的应力具体值，如图 12-27 所示。

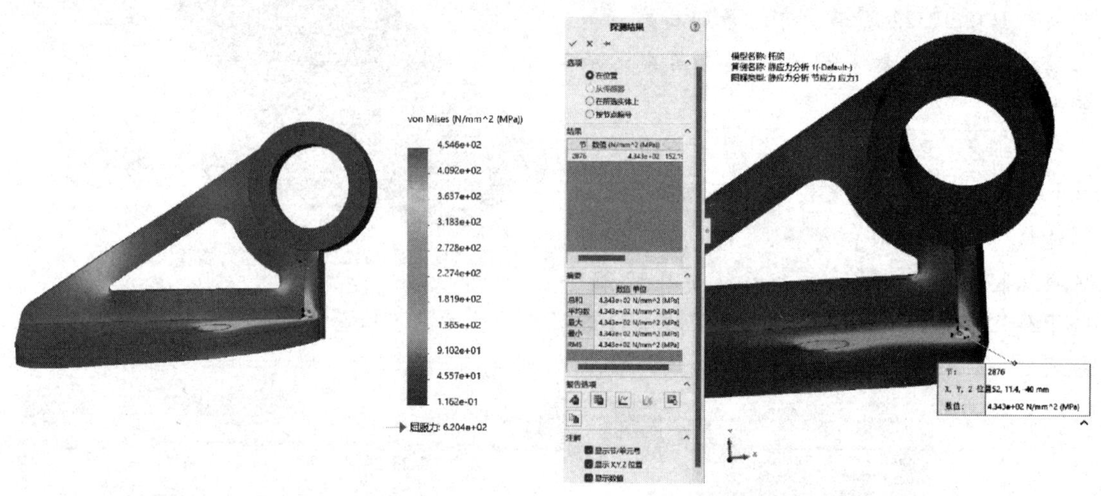

图 12-26 重新运算运动算例　　图 12-27 探测结果

步骤 14 显示所选边线的探测结果 在【探测结果】属性框中选择【在所选实体上】，然后选择右边孔的上边线，单击【更新】，结果中会列出边线上所有节点的应力值，如图 12-28 所示。

步骤 15 显示图解 在属性栏的【报告选项】中，单击 可以将探测结果保存为“传感器”以供优化设计时使用。单击【保存】 可将结果保存为 CSV 文件，可用 Excel 打开。单击【图解】 可显示结果的分布情况，如图 12-29 所示。

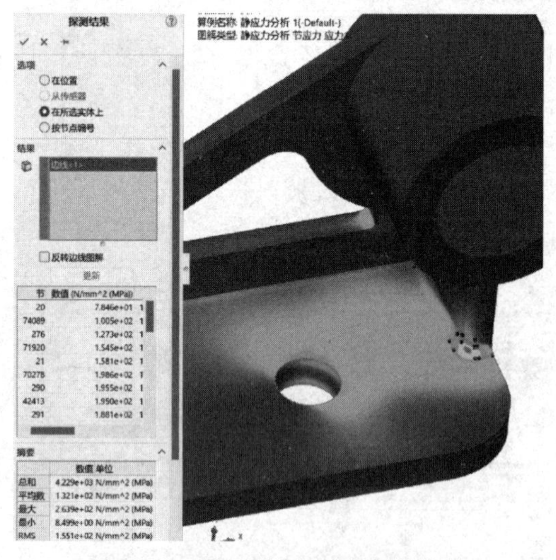

图 12-28 显示所选边线的探测结果

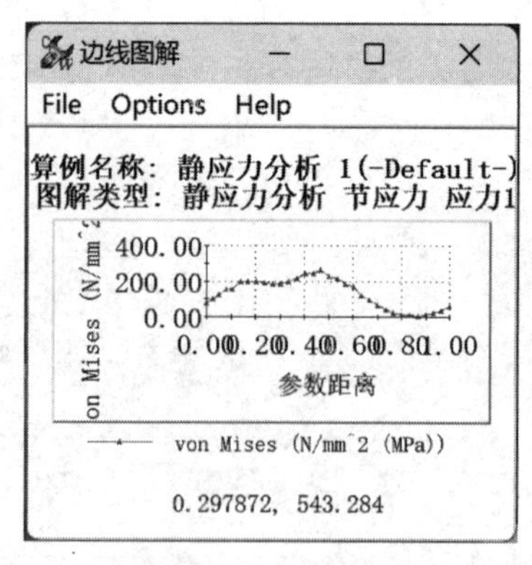

图 12-29 显示图解

12.7 设计优化

更改哪个尺寸值可以获得质量优化和应力优化的效果呢？有经验的工程师会自己修改重

要的敏感尺寸，如圆角和承载壁的厚度，然后一次次地测试分析和取舍结果。下面介绍一种方法，让软件自动计算出合适的结果。

步骤1 生成新设计算例 在【算例】标签上右击，选择【生成新设计算例】，出现“设计算例1”标签，如图12-30所示。

步骤2 查看“设计算例1”界面（图12-31）【变量视图】选项组中各项的含义如下：

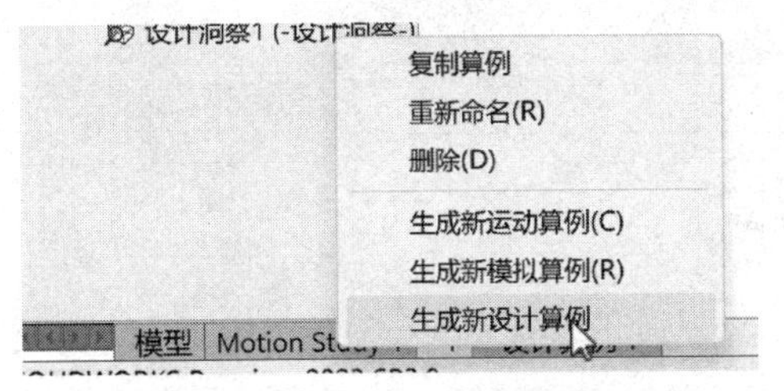

图12-30 生成新设计算例

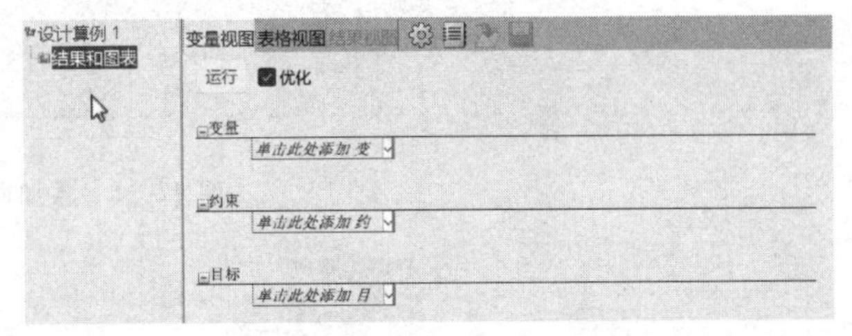

图12-31 “设计算例1”界面

1）变量：定义模型中可以改变的尺寸，如壁厚、孔的直径、圆角半径等。设计变量为SOLIDWORKS模型中选定的参数。

2）约束：定义应力、挠度、频率等的合理变化范围，并指定变化范围的最小值和最大值。约束限制了优化的空间。

3）目标：优化的最终目的，可以使用最小质量、体积或频率，也可以使用最大频率或扭曲（如载荷因子）作为优化目标。在一个优化算例中，只能设定一个目标。

步骤3 设置传感器参数 右击【目标】，选择【添加】。在【传感器类型】中选择【质量属性】。单击✓，如图12-32所示。目标是使零件质量最小化。

步骤4 添加筋厚度 在【变量】下拉列表中选择【添加参数】，弹出【参数】对话框，此时图形视图里所有尺寸会自动显示以供选择。如图12-33所示，选择尺寸8mm并填入名称“筋厚度”。

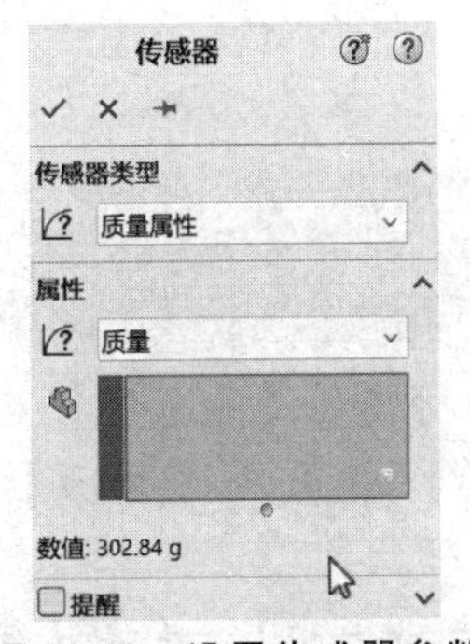

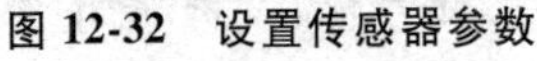

图12-32 设置传感器参数

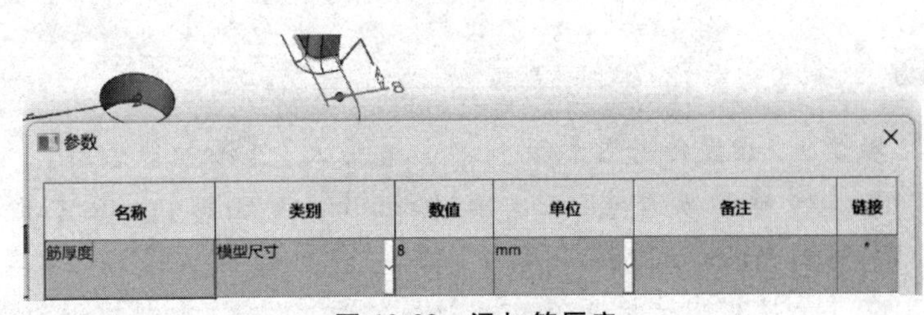

图12-33 添加筋厚度

步骤5 添加间距 重复以上步骤添加尺寸15mm，名称为“间距1”，如图12-34所示。

步骤6 添加圆角 重复以上步骤添加圆角尺寸3mm，名称为“圆角”，如图12-35所示。

步骤7 设置参数 此处只选三个要优化的尺寸。单击【确定】后，“筋厚度”将默认添加，手动将其他两个变量添加进来。对三个变量进行如下设置：“筋厚度”最小尺寸为8mm，最大尺寸为10mm，每次递增1mm，共三种状况，三个变量的状况数相乘共24种状况，如图12-36所示。

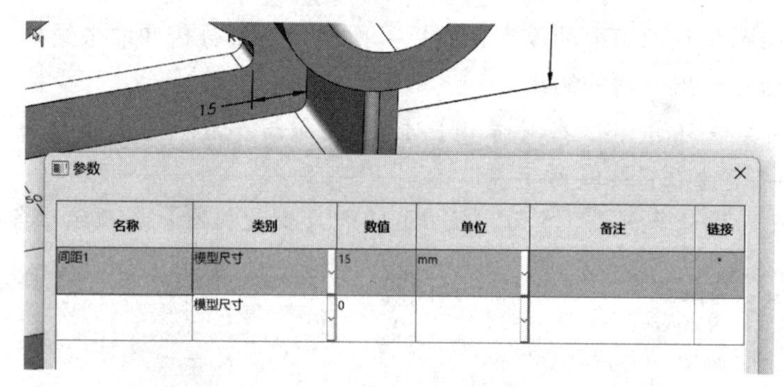

图 12-34　添加间距

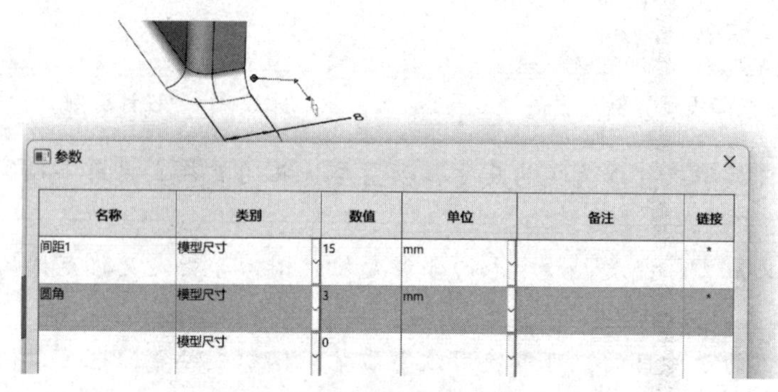

图 12-35　添加圆角

变量

筋厚度	带步长范围	最小: 8mm	最大: 10mm	步长: 1mm
间距1	带步长范围	最小: 15mm	最大: 20mm	步长: 5mm
圆角	带步长范围	最小: 3mm	最大: 4.5mm	步长: 0.5mm

图 12-36　设置参数

步骤 8　删除变量　为简化计算量，本例将“间距 1”变量删除。

提示　可以根据计算机性能和时间安排添加或减少变量。右击“间距 1”变量，选择【删除】，如图 12-37 所示。

步骤 9　设置传感器参数　单击【约束】/【添加传感器】，自动切换到【传感器】属性框。在【传感器类型】中选择【Simulation 数据】，在【数据量】中选择【应力】及【VON：von Mises 应力】。

在【属性】中选择 N/mm^2（MPa）为单位，【准则】设为【模型最大值】，并将【步长准则】设置为【通过所有步长】，如图 12-38 所示，单击✔。

步骤 10　选择基础算例　选择“应力 1”为基础算例，在下拉菜单中选择【小于】，然后输入 $350N/mm^2$（MPa）作为【最大】限制，如图 12-39 所示。这个约束将保证模型任何地方的 von Mises 应力都不会超过 350MPa。

步骤 11　运行算例　勾选【优化】复选框，并单击【运行】，软件开始计算 12 个活动状况和当前、初始两个状况共 14 个算例，如图 12-40 所示。由于每次修改尺寸后要重新划分网格再运算，整个计算时间会比较长。

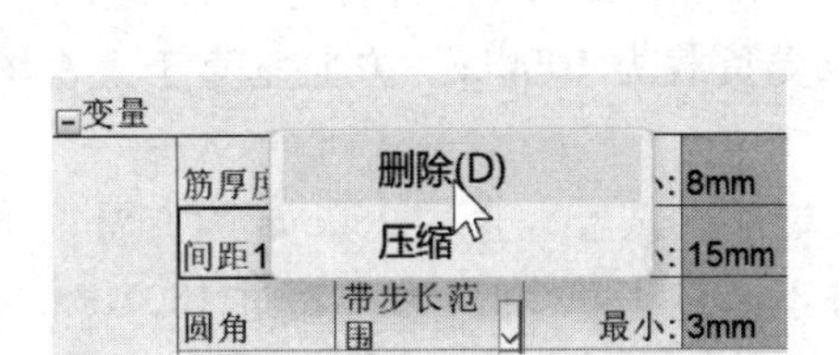

图 12-37　删除变量

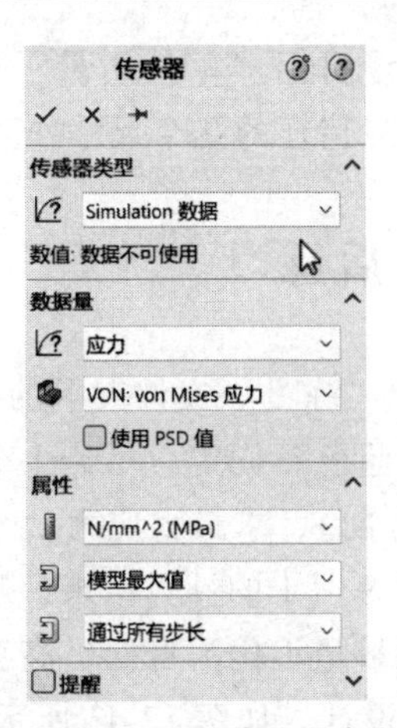

图 12-38　设置传感器参数

图 12-39　选择基础算例

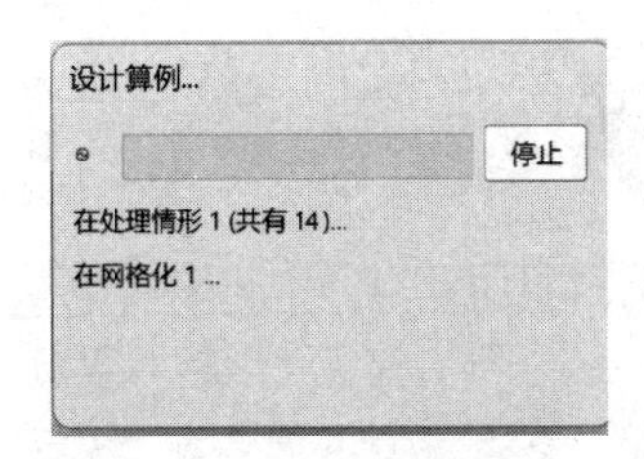

图 12-40　运行算例

12.8　优化结果

运算结束后，软件会自动显示最后的运算结果，包括初始和优化共 14 个状况。单击【优化（10)】，模型会自动更改为优化后的尺寸，如图 12-41 所示。在视图窗口中可以看到改变后的模型。

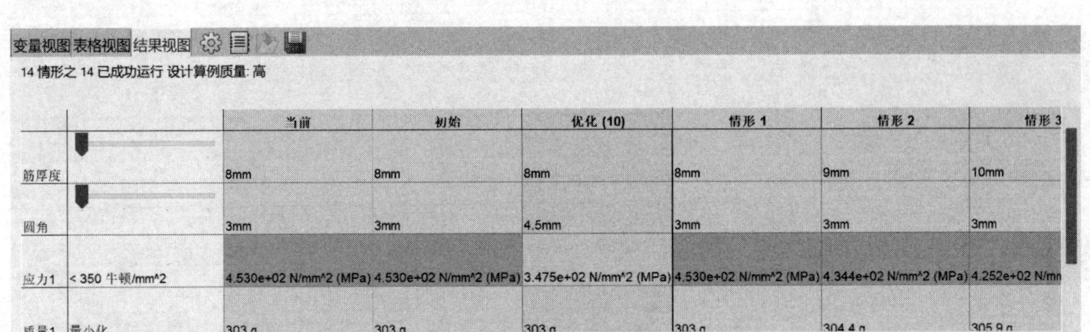

		当前	初始	优化 (10)	情形 1	情形 2	情形 3
筋厚度		8mm	8mm	8mm	8mm	9mm	10mm
圆角		3mm	3mm	4.5mm	3mm	3mm	3mm
应力1	< 350 牛顿/mm^2	4.530e+02 N/mm^2 (MPa)	4.530e+02 N/mm^2 (MPa)	3.475e+02 N/mm^2 (MPa)	4.530e+02 N/mm^2 (MPa)	4.344e+02 N/mm^2 (MPa)	4.252e+02 N/mn
质量1	最小化	303 g	303 g	303 g	303 g	304.4 g	305.9 g

图 12-41　优化结果

对比最后的结果可以看到，实际上筋厚度没有圆角对最大应力的影响显著，然而这两个变量又对最终目标“零件质量”影响不是很大。有兴趣的读者可以去掉“筋厚度”变量，添加拉伸切除特征的几个尺寸作为变量，以达到最终缩减产品质量的目的。

12.9 课后练习

1. 打开“练习”文件夹下的“吊钩.sldprt”模型（图12-42），材料为“合金钢”，吊孔圆柱面（蓝色）固定，吊钩上分割面（红色）承受负载为1000kg，方向垂直于上视图向下（即-*Y*方向），求最大应力。

2. 根据练习1的计算结果，显示*Y*方向的最大位移，试着以直径260mm为变量，步长为5mm，质量最小化为目标，高亮点的*Y*方向位移不超过1mm和应力不超过180MPa为约束，优化此设计，如图12-43所示。

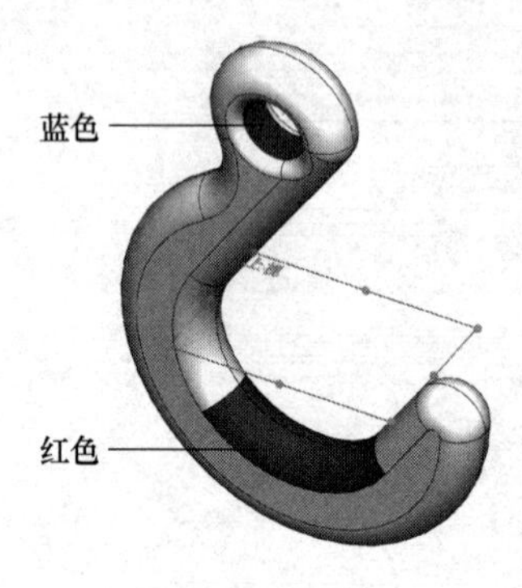

图12-42 吊钩

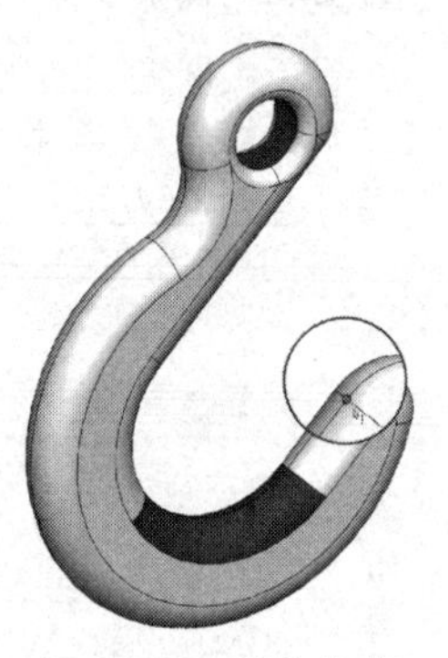

图12-43 吊钩优化

附　　录

附录 A　CSWA 测试样题讲解

CSMA 测试样题 1（25 分）

零件名称：Structure（图 A-1）。

单位系统：MMGS。

小数位数：2。

零件原点：任意。

零件材料：铜。

材料密度：0.0089g/mm^3。

$A=58°$，$B=60$，$C=135$，$D=20$。

此零件的质量是多少克？

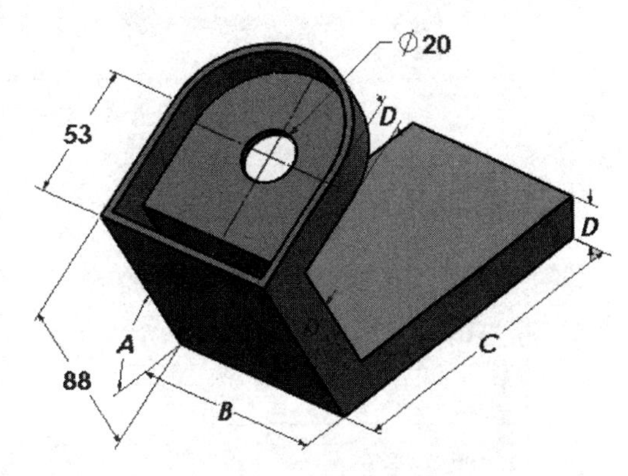

图 A-1 "Structure"零件

注意：该零件抽壳厚度为 3mm。

步骤 1　新建零件　如图 A-2 所示，新建一个零件。

步骤 2　设置绘图环境　单击菜单栏中的【工具】/【选项】/【文档属性】/【单位】，如图 A-3 所示设置绘图环境，设置完成后单击【确定】。

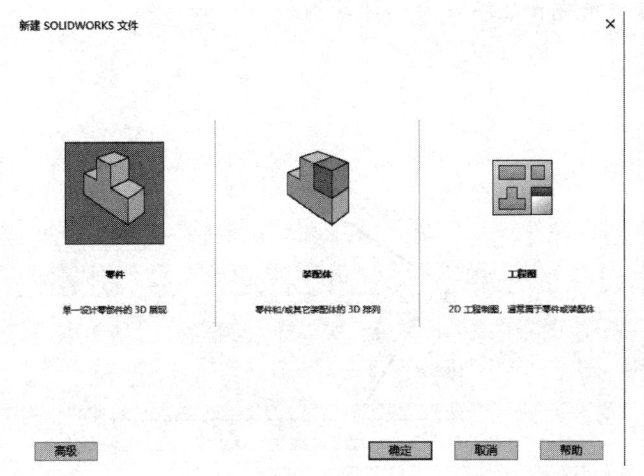

图 A-2　新建零件

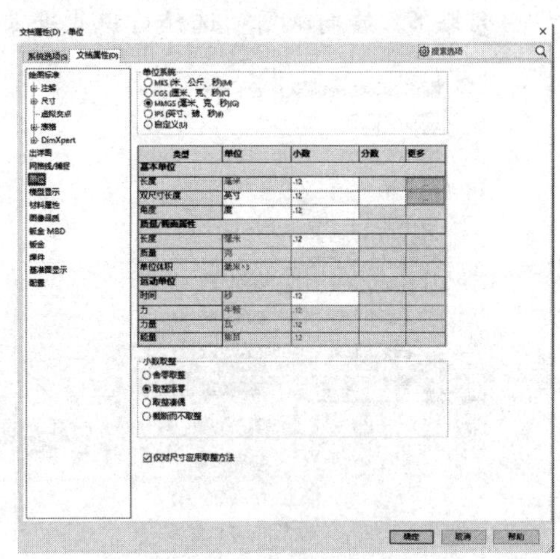

图 A-3　设置绘图环境

步骤 3　打开方程式管理器　单击菜单栏中的【工具】/【方程式】，如图 A-4 所示。

步骤 4　创建全局变量　在方程式管理器中创建如图 A-5 所示的全局变量，创建完成后单击【确定】。

步骤 5　指定零件的材料　在设计树中右击【材质〈未指定〉】，选择【编辑材料】，如图 A-6 所示。选择"铜"并单击【应用】，完成操作后单击【关闭】。

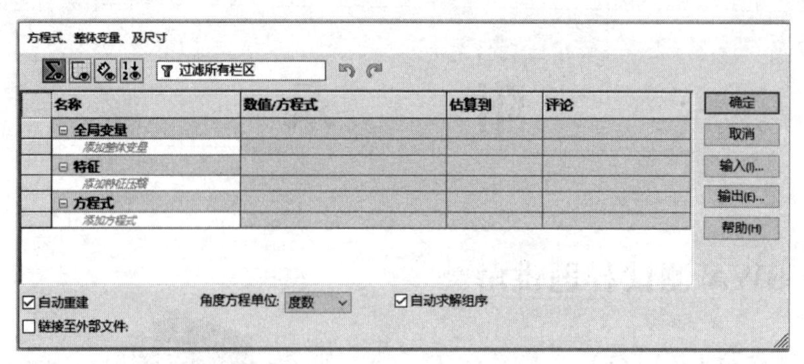

图 A-4　打开方程式管理器

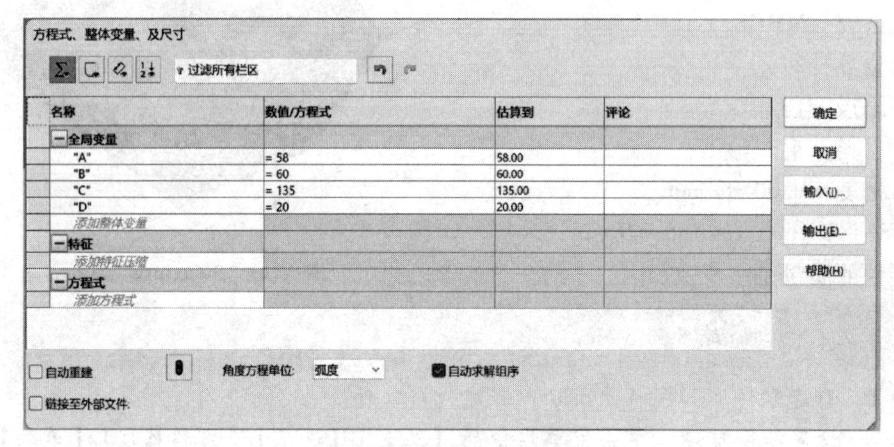

图 A-5　创建全局变量

步骤 6　绘制草图　选择前视基准面并绘制如图 A-7 所示的草图。

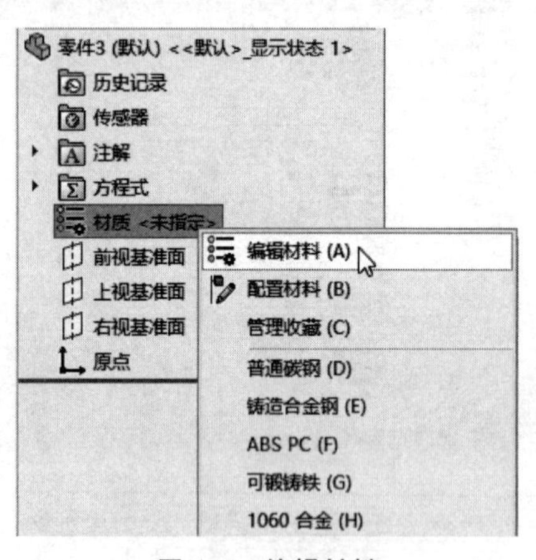

图 A-6　编辑材料

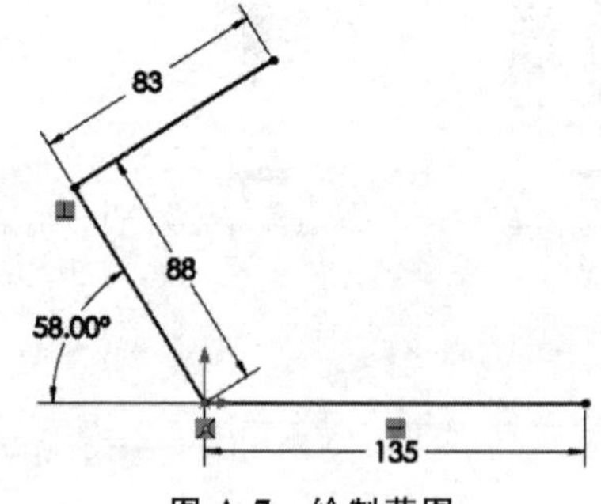

图 A-7　绘制草图

步骤 7　创建“凸台-拉伸”　如图 A-8 所示，将步骤 6 创建的草图拉伸。

步骤 8　显示特征尺寸　如图 A-9 所示，在设计树中右击【注解】，选择【显示特征尺寸】，此时零件特征尺寸将全部显示出来。

步骤 9　链接数值　右击尺寸 135mm 并选择【链接数值】。如图 A-10 所示，在弹出的对话框中选择变量 C。用同样的方法将尺寸 58°、60、20 分别链接到变量 A、B、D。

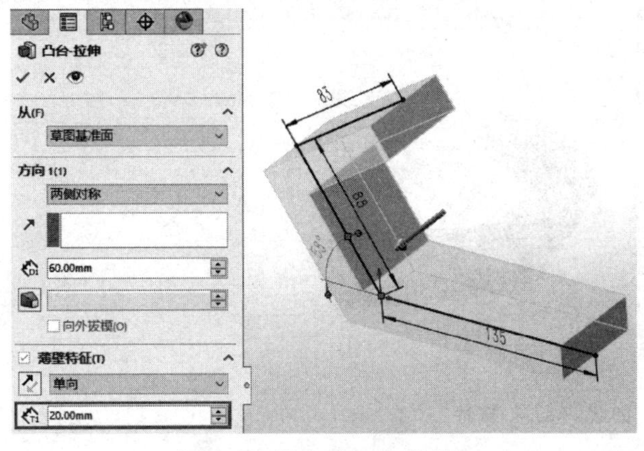

图 A-8　创建“凸台-拉伸”

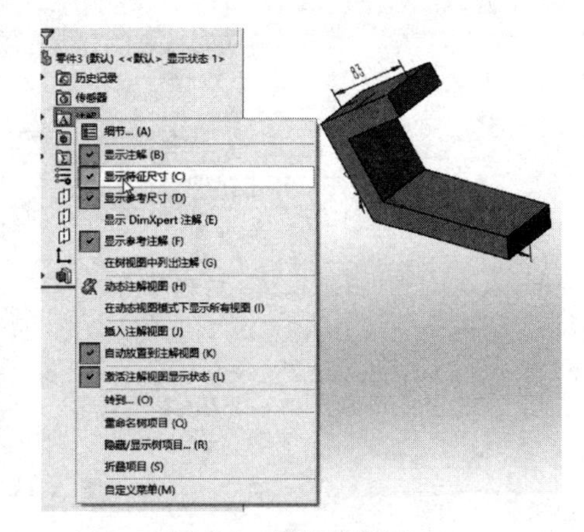

图 A-9　显示特征尺寸

步骤 10　创建“完整圆角”　如图 A-11 所示创建“完整圆角”特征。

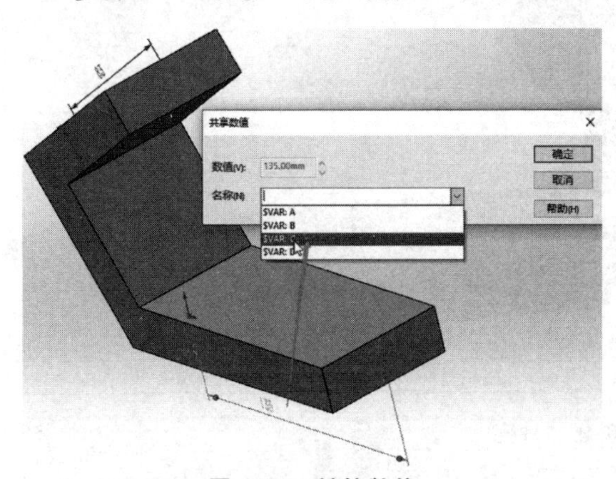

图 A-10　链接数值

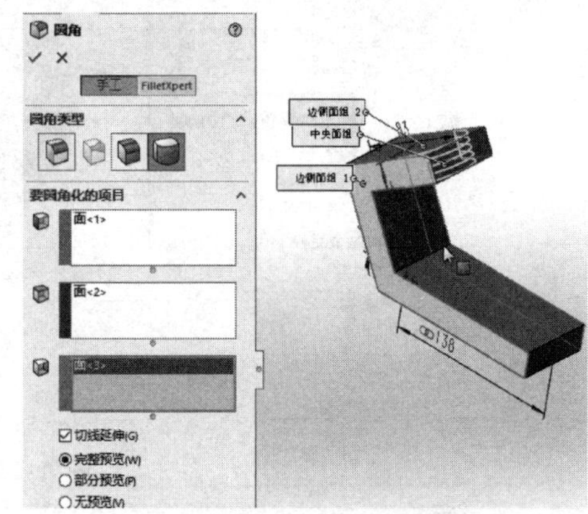

图 A-11　创建“完整圆角”

步骤 11　绘制草图　选择如图 A-12 所示平面为草图基准面，绘制图 A-13 所示与“完整圆角”同心、直径为 20mm 的圆。

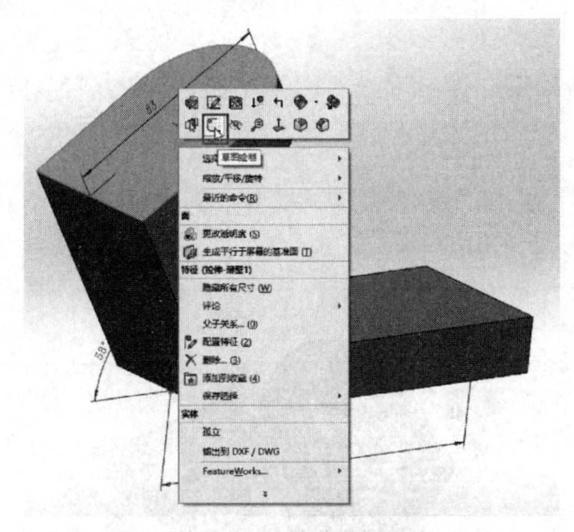

图 A-12　选择草图基准面

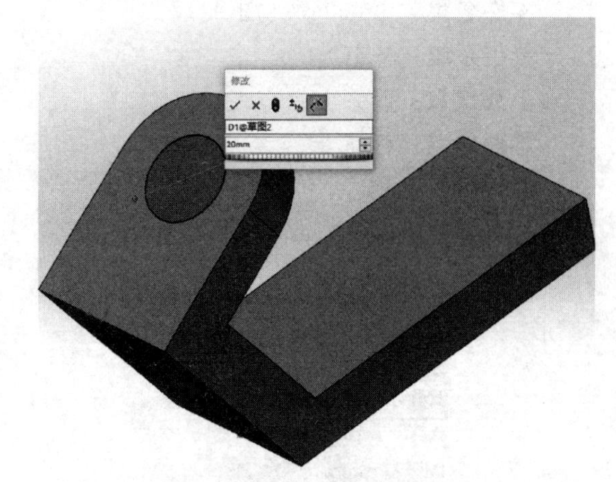

图 A-13　绘制草图

步骤 12　创建“切除-拉伸”　使用步骤 11 所绘制的草图创建“切除-拉伸”，如图 A-14 所示。

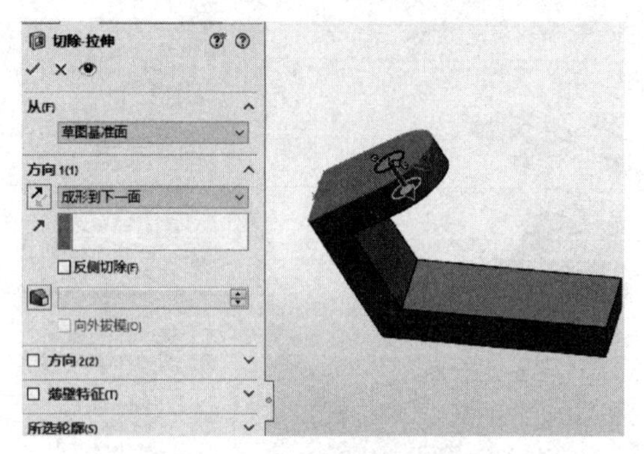

图 A-14　创建“切除-拉伸”

步骤 13　创建“抽壳”　如图 A-15 所示添加“抽壳”特征。

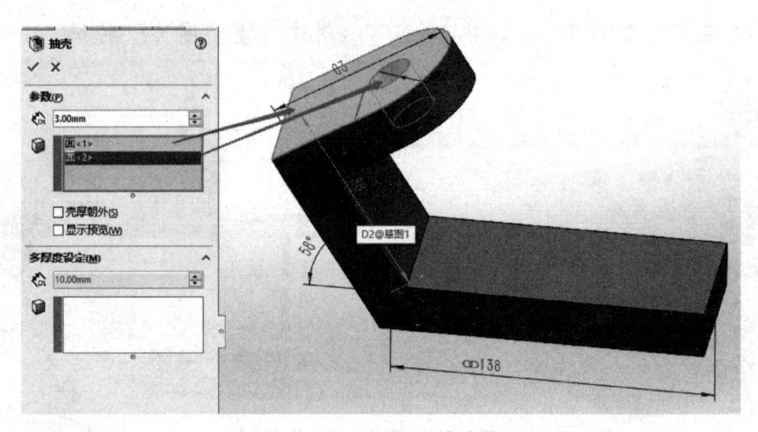

图 A-15　创建“抽壳”

步骤 14　查看零件质量　使用【质量属性】即可查看该零件的质量，如图 A-16 所示。

步骤 15　保存并退出　将零件命名为“Structure”，保存并退出零件。

CSMA 测试样题 2（10 分）

零件名称：Structure（图 A-17）。

单位系统：MMGS。

小数位数：2。

零件原点：任意。

零件材料：铜。

材料密度：0.0089g/mm^3。

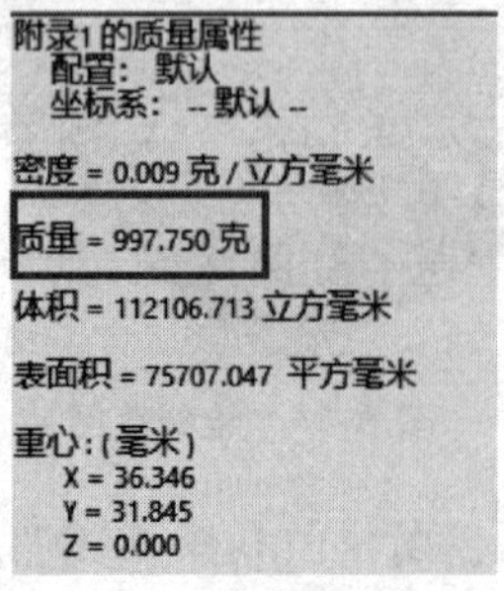

图 A-16　查看零件质量

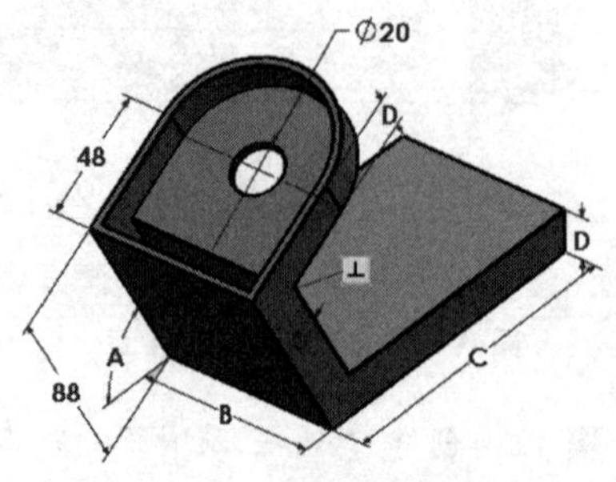

图 A-17　“Structure”零件

$A=60°$，$B=70$，$C=130$，$D=17$。

此零件的质量是多少克？

步骤 1　打开零件文件　打开零件“Structure”。

步骤 2　打开方程式管理器　从菜单栏中选择【工具】/【方程式】，打开方程式管理器，如图 A-18 所示，更改全局变量。

步骤 3　重建模型　退出方程式管理器，并使用〈Ctrl+B〉（或〈Ctrl+Q〉）重建模型。

步骤 4　查看零件质量　使用【质量属性】查看该零件的质量，如图 A-19 所示。

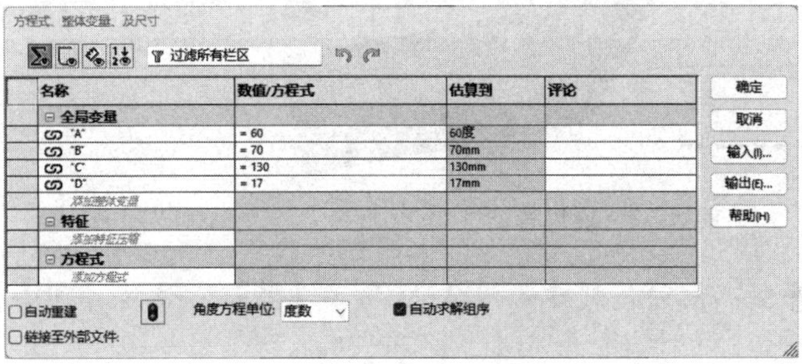

方程式、整体变量、及尺寸

名称	数值/方程式	估算到	评论
全局变量			
"A"	= 60	60度	
"B"	= 70	70mm	
"C"	= 130	130mm	
"D"	= 17	17mm	
添加整体变量			
特征			
添加特征压缩			
方程式			
添加方程式			

确定　取消　输入(I)...　输出(E)...　帮助(H)

自动重建　角度方程单位：度数　自动求解组序

链接至外部文件

图 A-18　更改全局变量

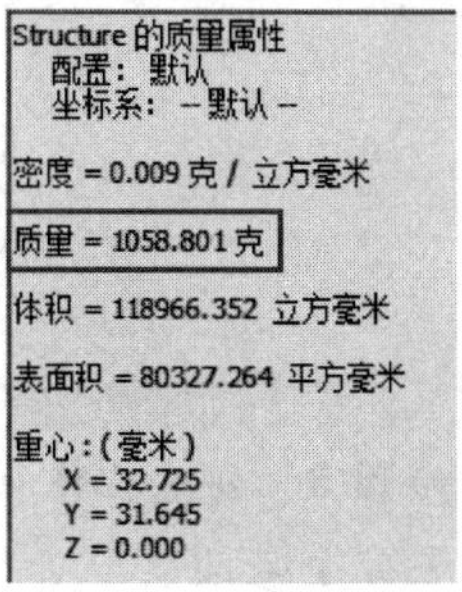

Structure 的质量属性
配置：默认
坐标系：--默认--

密度 = 0.009 克 / 立方毫米

质量 = 1058.801 克

体积 = 118966.352 立方毫米

表面积 = 80327.264 平方毫米

重心：(毫米)
X = 32.725
Y = 31.645
Z = 0.000

图 A-19　查看零件质量

步骤 5　保存并退出　保存并退出零件。

CSMA 测试样题 3（25 分）

零件名称：Structure（图 A-20）。

单位系统：MMGS。

小数位数：2。

零件原点：任意。

零件材料：铜。

材料密度：$0.0089g/mm^3$。

$A=60°$，$B=68$，$C=140$，$D=18$，$E=25$。

此零件的质量是多少克？

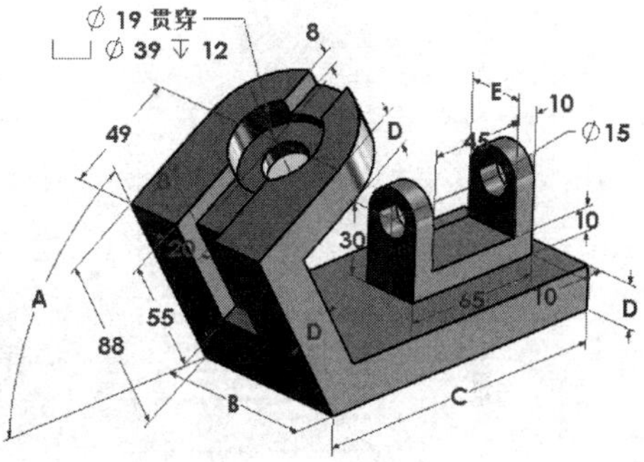

图 A-20　“Structure”零件

步骤 1　打开零件文件　打开零件“Structure”。

步骤 2　编辑方程式管理器　从菜单栏中选择【工具】/【方程式】，添加全局变量“E”，完成编辑后单击【确定】，如图 A-21 所示。

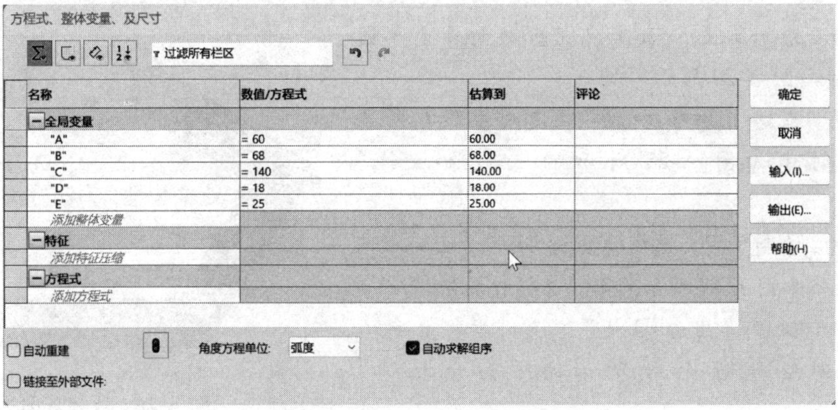

方程式、整体变量、及尺寸

名称	数值/方程式	估算到	评论
全局变量			
"A"	= 60	60.00	
"B"	= 68	68.00	
"C"	= 140	140.00	
"D"	= 18	18.00	
"E"	= 25	25.00	
添加整体变量			
特征			
添加特征压缩			
方程式			
添加方程式			

确定　取消　输入(I)...　输出(E)...　帮助(H)

自动重建　角度方程单位：弧度　自动求解组序

链接至外部文件

图 A-21　编辑方程式管理器

步骤 3 重建模型 退出方程式管理器，并使用〈Ctrl+B〉（或〈Ctrl+Q〉）重建模型。

步骤 4 压缩特征 如图 A-22 所示，右击设计树中要压缩的特征，并单击【压缩】。

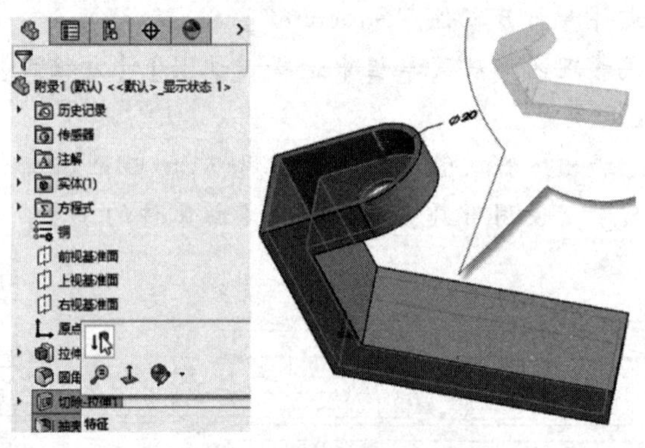

图 A-22 压缩特征

步骤 5 创建孔特征 打开异型孔向导，创建如图 A-23 所示孔特征，使用【同心】将孔位置完全定义。

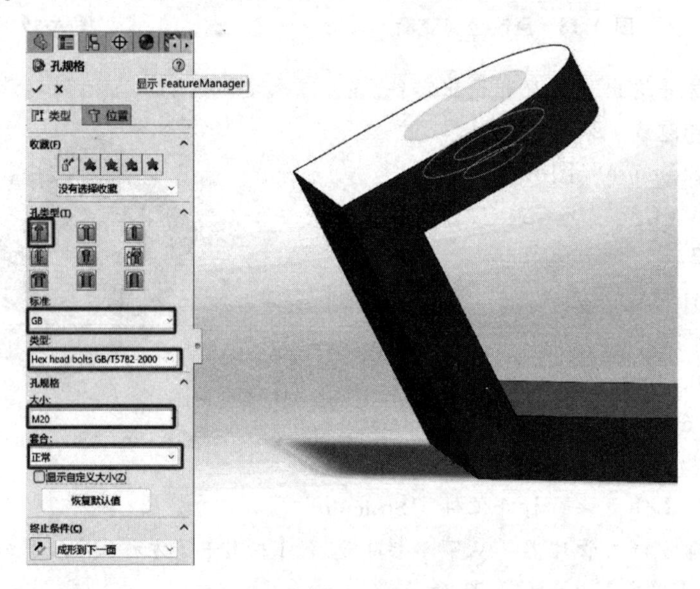

图 A-23 创建孔特征

步骤 6 绘制草图 选择前视基准面作为草图平面，绘制如图 A-24 所示草图。

步骤 7 创建"切除-拉伸" 使用步骤 6 所绘制的草图创建如图 A-25 所示的"切除-拉伸"特征。

步骤 8 绘制草图 选择如图 A-26 所示面为草图基准面，绘制如图 A-27 所示草图，并链接数值"*E*"。

步骤 9 创建"凸台-拉伸" 使用步骤 8 所绘制的草图创建如图 A-28 所示的"凸台-拉伸"特征。

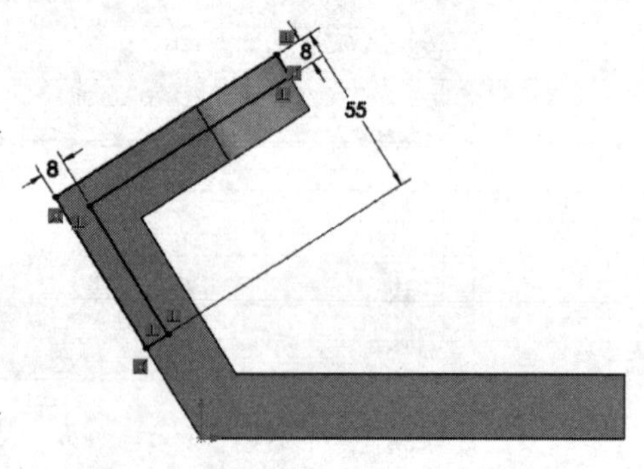

图 A-24 绘制草图

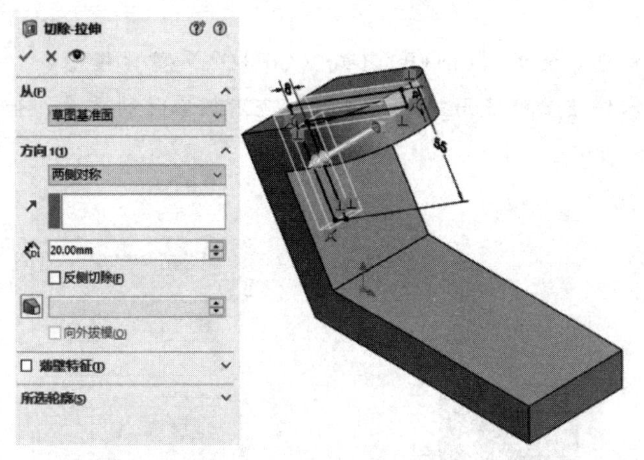

图 A-25　创建“切除-拉伸”

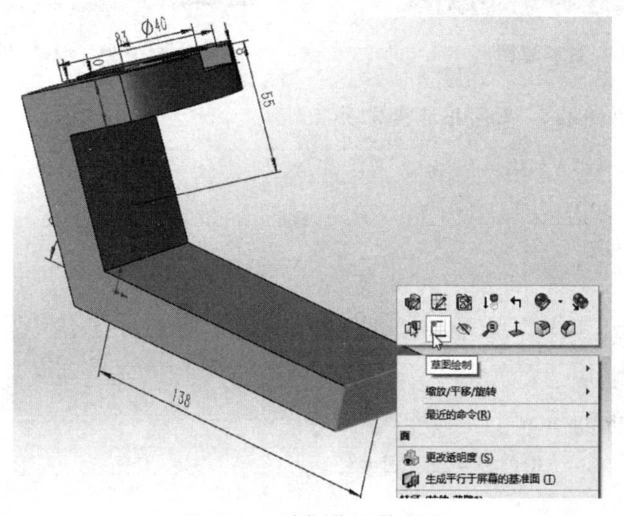

图 A-26　选择草图基准面

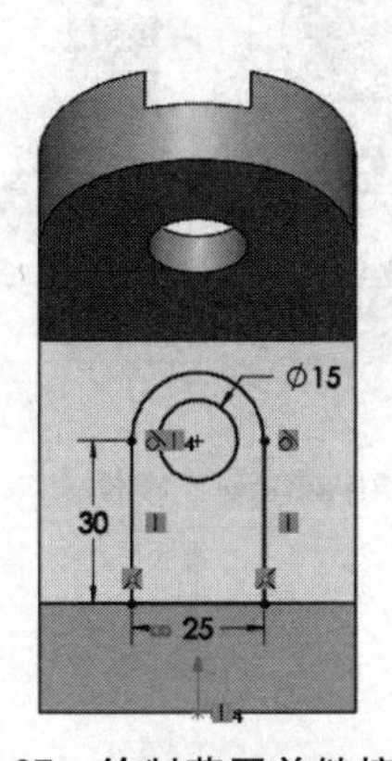

图 A-27　绘制草图并链接数值

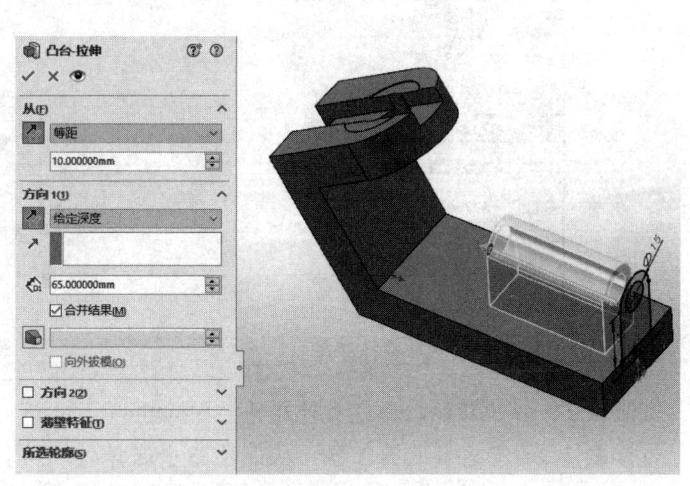

图 A-28　创建“凸台-拉伸”

步骤 10　绘制草图　选择前视基准面作为草图平面，绘制如图 A-29 所示的草图。

步骤 11　创建“切除-拉伸”　使用步骤 10 所绘制的草图创建“切除-拉伸”特征，如图 A-30 所示。

步骤 12 重建模型 使用〈Ctrl+B〉（或〈Ctrl+Q〉）重建模型。

步骤 13 查看零件质量 使用【质量属性】查看该零件的质量，如图 A-31 所示。

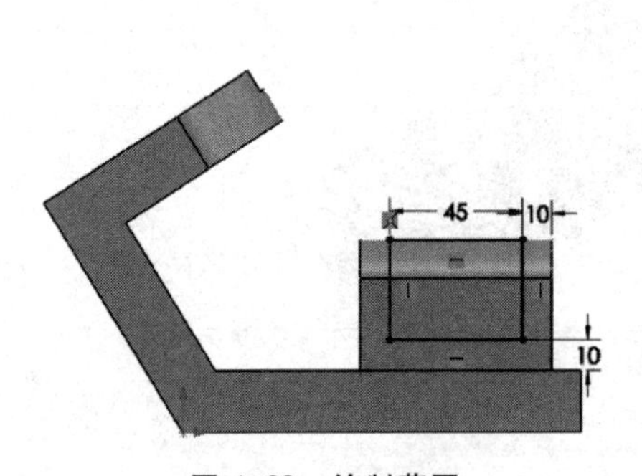

图 A-29 绘制草图

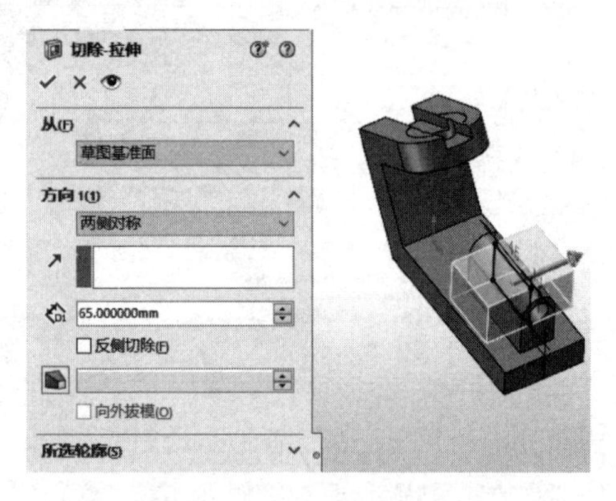

图 A-30 创建“切除-拉伸”

步骤 14 保存并退出 保存并退出零件。

CSMA 测试样题 4（10 分）

零件名称：Structure（图 A-32）。

单位系统：MMGS。

小数位数：2。

零件原点：任意。

零件材料：黄铜。

材料密度：0.0089g/mm^3。

$A=65°$，$B=75$，$C=130$，$D=22$，$E=35$。

此零件的质量是多少克？

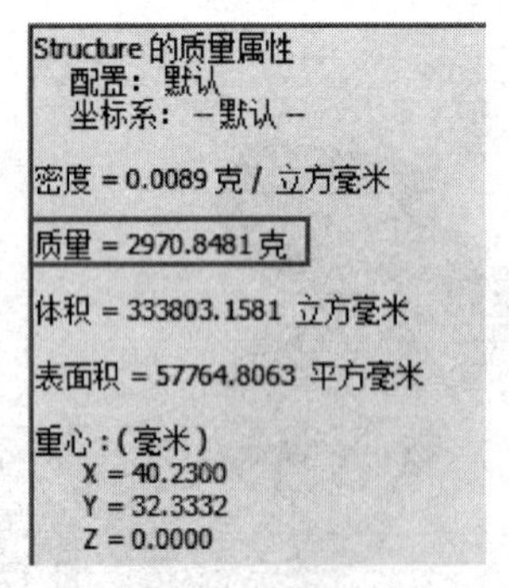

图 A-31 查看零件质量

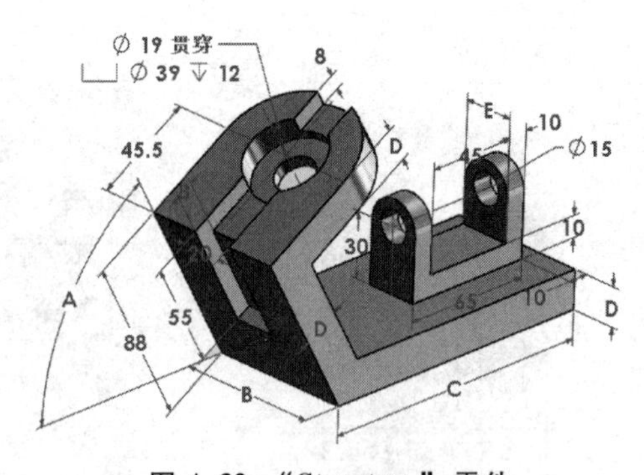

图 A-32 “Structure”零件

步骤 1 打开零件文件 打开零件“Structure”。

步骤 2 打开方程式管理器 从菜单栏中选择【工具】/【方程式】，如图 A-33 所示，更改全局变量。

步骤 3 重建模型 退出方程式管理器，并使用〈Ctrl+B〉（或〈Ctrl+Q〉）重建模型。

步骤 4 查看零件质量 如图 A-34 所示，使用【质量属性】查看该零件的质量。

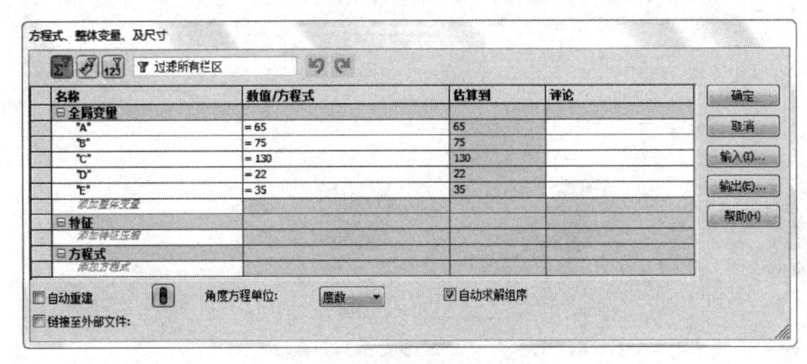

图 A-33　更改全局变量

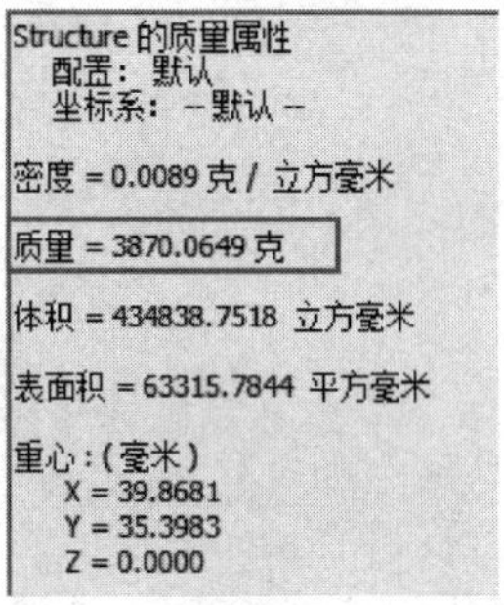

Structure 的质量属性
配置：默认
坐标系：--默认--

密度 = 0.0089 克 / 立方毫米

质量 = 3870.0649 克

体积 = 434838.7518 立方毫米

表面积 = 63315.7844 平方毫米

重心：(毫米)
X = 39.8681
Y = 35.3983
Z = 0.0000

图 A-34　查看零件质量

步骤 5　保存并退出　保存并退出零件。

CSMA 测试样题 5（25 分）

零件名称：Casting（图 A-35）。

零件材料：铜。

单位系统：IPS。

材料密度：0. 3215lb/in^3（1lb/in^3 = 27679. 9kg/m^3）。

小数位数：3。

零件原点：任意。

$A=4$，$B=3$，$C=2.85$，$D=0.26$。

此零件的质量是多少磅?

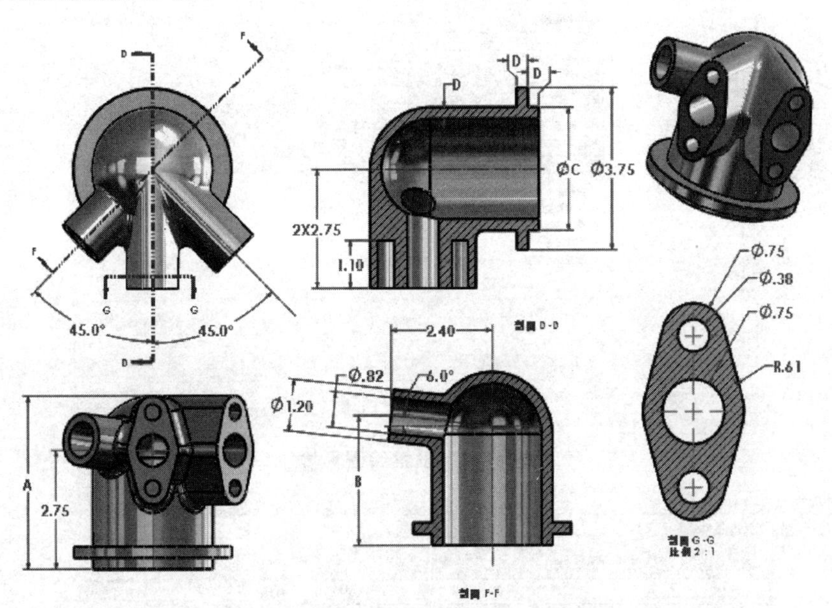

图 A-35　"Casting"零件

步骤 1　新建零件　如图 A-36 所示，选择"零件"模板，新建一个零件。

步骤 2　设置绘画环境　单击菜单栏中的【工具】/【选项】/【文档属性】/【单位】，如图 A-37 所示设置绘图环境。

步骤 3　打开方程式管理器　从菜单栏中选择【工具】/【方程式】，打开方程式管理器，如图 A-38 所示。

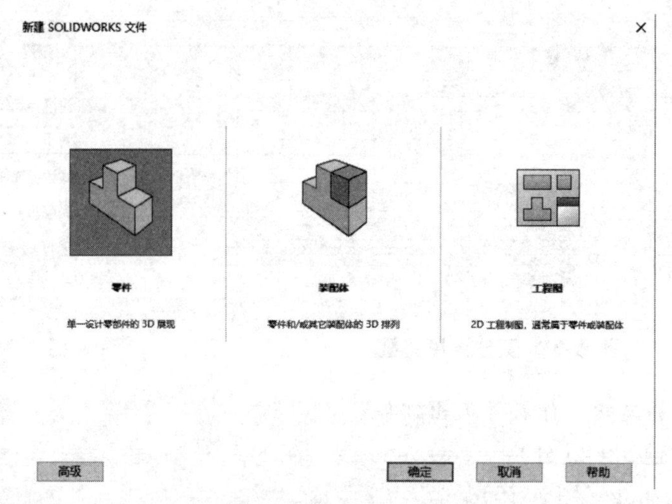

图 A-36 选择“零件”模板

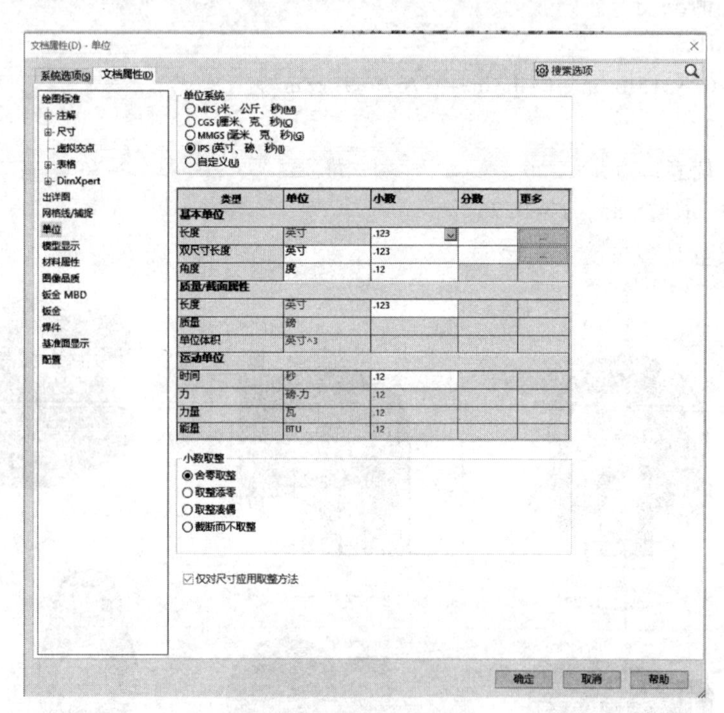

图 A-37 设置绘图环境

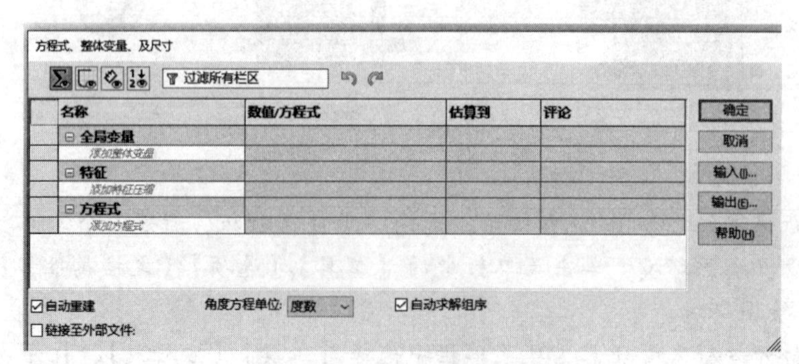

图 A-38 打开方程式管理器

步骤 4 创建全局变量 如图 A-39 所示在方程式管理器中创建全局变量。

方程式、整体变量、及尺寸

名称	数值/方程式	估算到	评论
⊟ 全局变量			
"A"	= 4	4.000	
"B"	= 3	3.000	
"C"	= 2.85	2.850	
"D"	= 0.26	0.260	
添加整体变量			
⊟ 特征			
添加特征压缩			
⊟ 方程式			

确定 取消 输入(I)... 输出(E)... 帮助(H)

☑自动重建 角度方程单位: 度数 ☑自动求解组序

☐链接至外部文件:

图 A-39 创建全局变量

步骤 5 指定零件的材料 右击设计树中的【材质】，选择【编辑材料】，如图 A-40 所示。在材料管理器中选择“铜”，单击【应用】和【关闭】。

步骤 6 绘制草图 如图 A-41 所示，选择前视基准面并绘制草图。

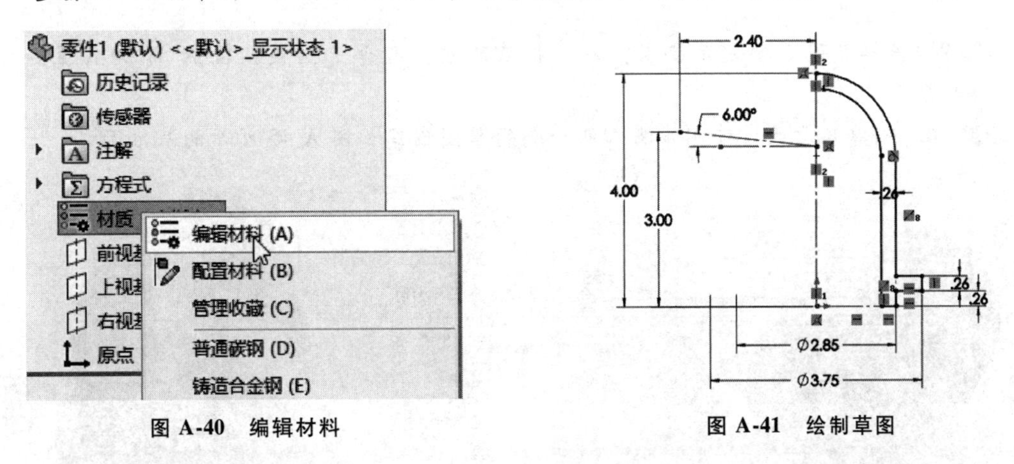

图 A-40 编辑材料　　　　图 A-41 绘制草图

步骤 7 创建“旋转”特征 将步骤 6 绘制的草图创建“旋转”特征，如图 A-42 所示。

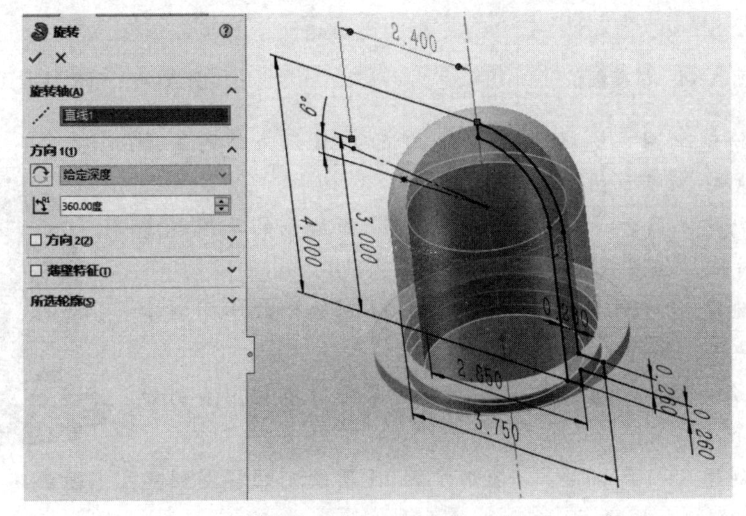

图 A-42 创建“旋转”特征

步骤 8 显示草图 在设计树中单击（或右击）要显示的草图并选择【显示】，此时所选中的草图将显示出来（想要显示基准面、特征草图也是同样操作，如果想隐藏再次操作一遍即可），如图 A-43 所示。

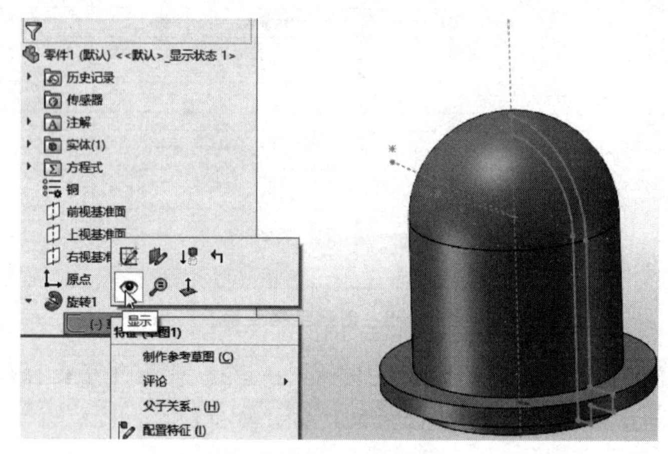

图 A-43 显示草图

步骤 9 链接数值 按题示要求，右击相应尺寸，选择【链接数值】，添加数值链接，如图 A-44 所示。

步骤 10 创建基准面 使用步骤 6 所绘制的草图创建如图 A-45 所示的基准面。

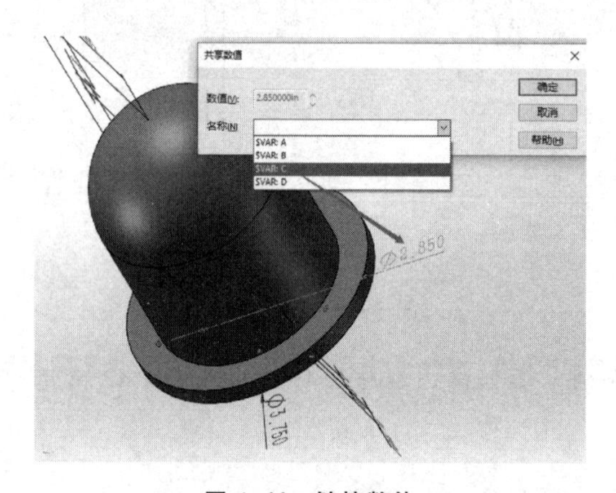

图 A-44 链接数值

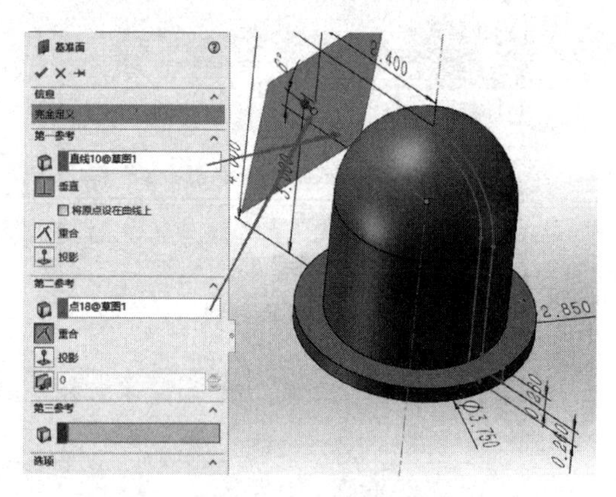

图 A-45 创建基准面

步骤 11 绘制草图 选择步骤 10 创建的基准面为草图基准面，绘制如图 A-46 所示草图。

步骤 12 创建“凸台-拉伸” 选择步骤 11 所绘制的草图创建“凸台-拉伸”特征，如图 A-47 所示。

步骤 13 创建“切除-拉伸” 使用步骤 11 所绘制的草图创建“切除-拉伸”特征，如图 A-48 所示。

步骤 14 绘制草图 选择前视基准面为草图基准面，绘制如图 A-49 所示草图。

步骤 15 创建“凸台-拉伸” 使用步骤 14 所绘制的草图创建“凸台-拉伸”特征，如图 A-50 所示。

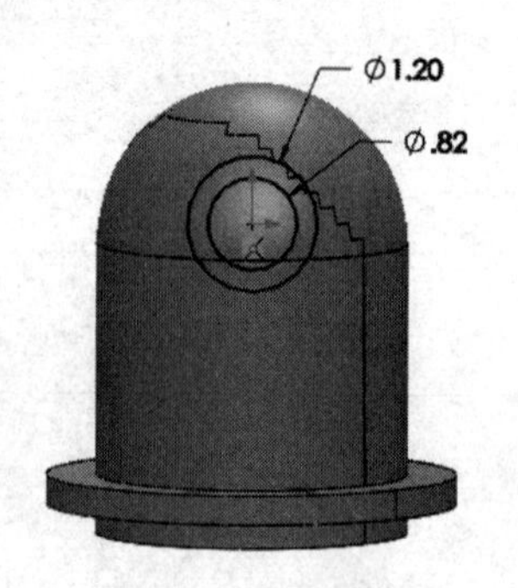

图 A-46 绘制草图

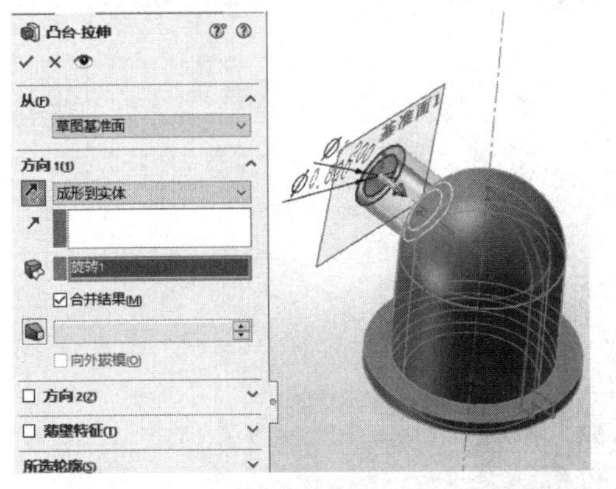

图 A-47　创建“凸台-拉伸”

图 A-48　创建“切除-拉伸”

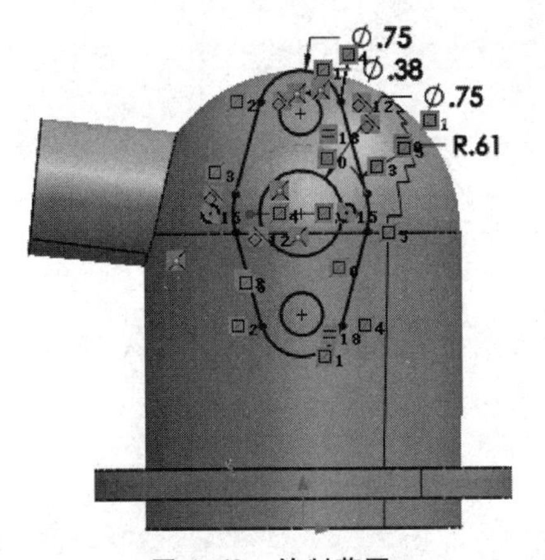

图 A-49　绘制草图

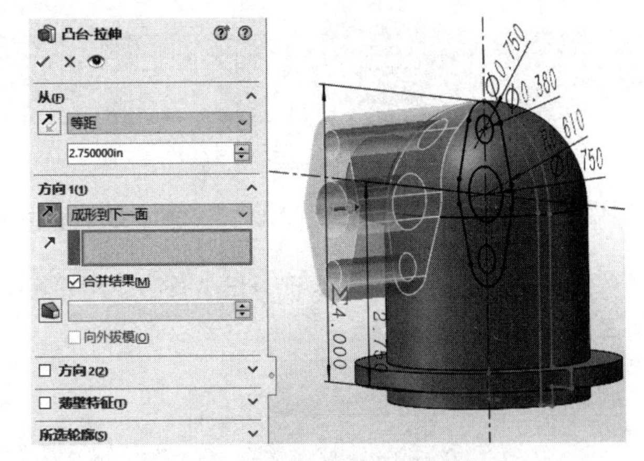

图 A-50　创建“凸台-拉伸”

步骤 16　创建“切除-拉伸”　使用步骤 14 所绘制的草图创建“切除-拉伸”特征，如图 A-51 所示。

步骤 17　继续创建“切除-拉伸”　使用步骤 14 所绘制的草图继续创建“切除-拉伸”特征，如图 A-52 所示。

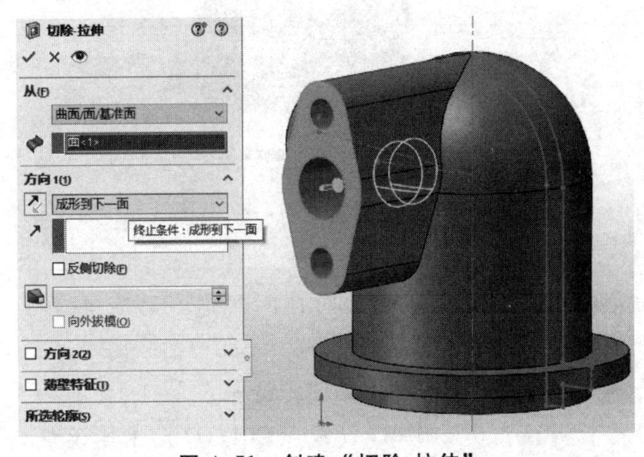

图 A-51　创建“切除-拉伸”

图 A-52　创建“切除-拉伸”

步骤 18　创建阵列　如图 A-53 所示，使用圆周阵列创建阵列特征。

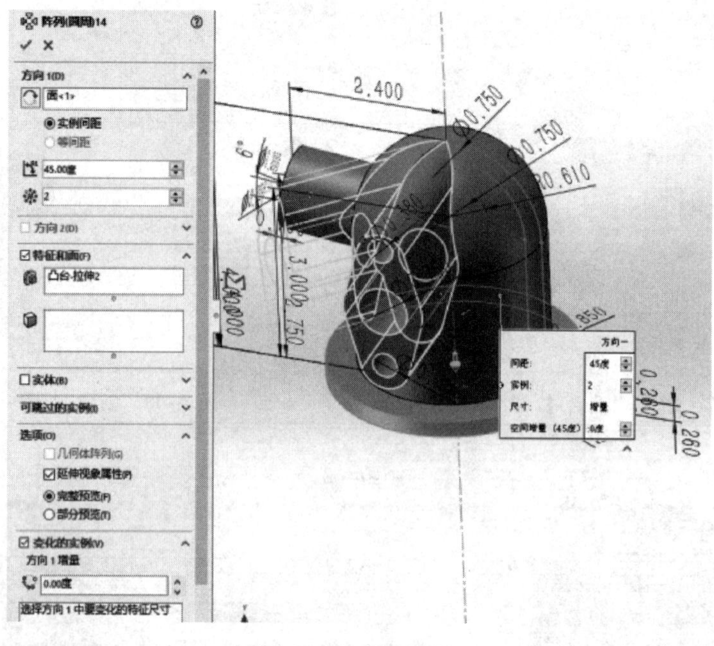

图 A-53 创建阵列

步骤 19 绘制草图 选择如图 A-54 所示模型表面为草图基准面，绘制如图 A-55 所示草图。

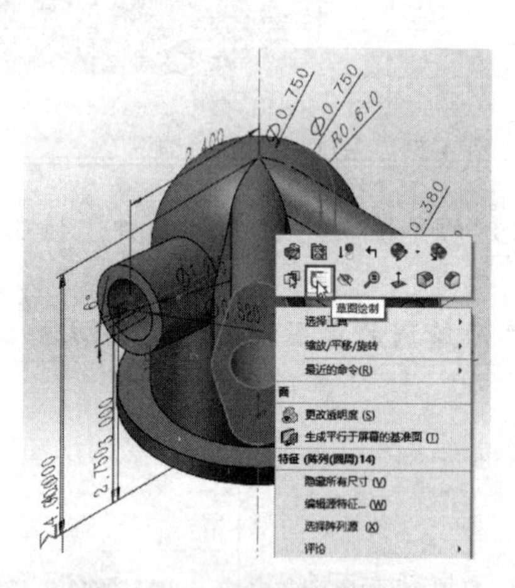

图 A-54 选择草图基准面

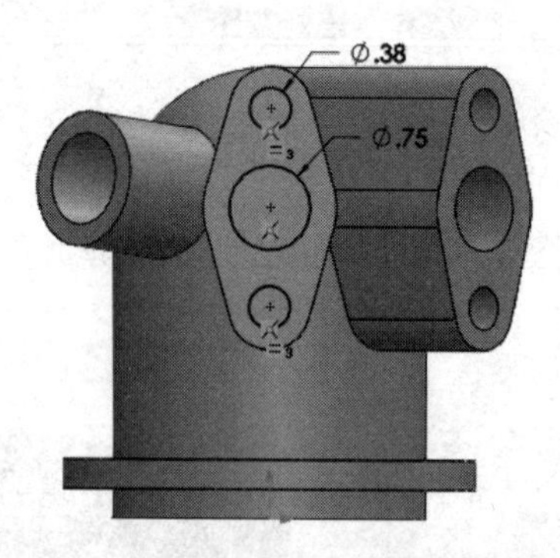

图 A-55 绘制草图

步骤 20 创建“切除-拉伸” 选择步骤 19 所绘制的草图创建“切除-拉伸”特征，如图 A-56 所示。

步骤 21 再次创建“切除-拉伸” 选择步骤 19 所绘制的草图再次创建“切除-拉伸”特征，如图 A-57 所示。

步骤 22 添加圆角 如图 A-58 所示，使用【圆角】命令添加圆角特征。

步骤 23 重建模型 退出【圆角】命令，并使用〈Ctrl+B〉（或〈Ctrl+Q〉）重建模型。

步骤 24 查看零件质量 使用【质量属性】查看该零件的质量，如图 A-59 所示。

步骤 25 保存并退出 将零件命名为“Casting”，保存并退出零件。

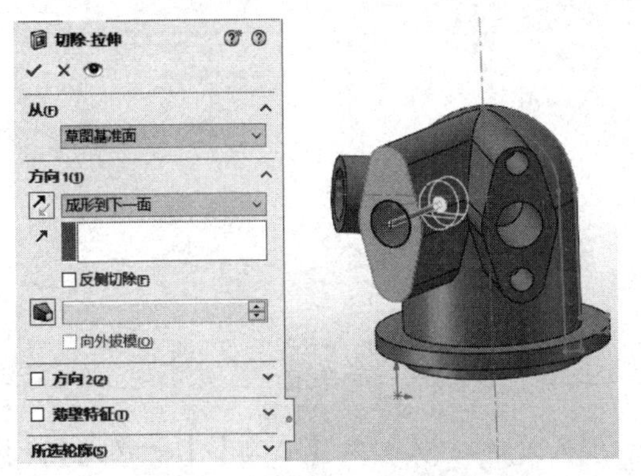

图 A-56　创建"切除-拉伸"

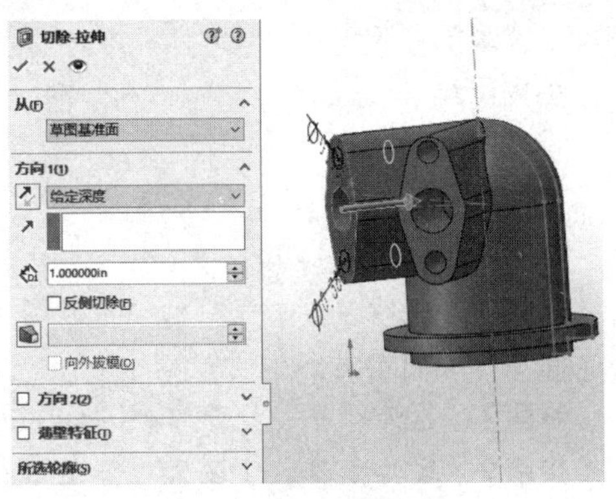

图 A-57　创建"切除-拉伸"

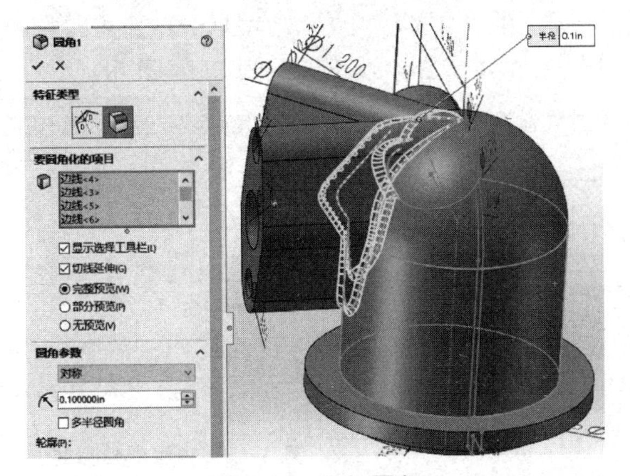

图 A-58　添加圆角

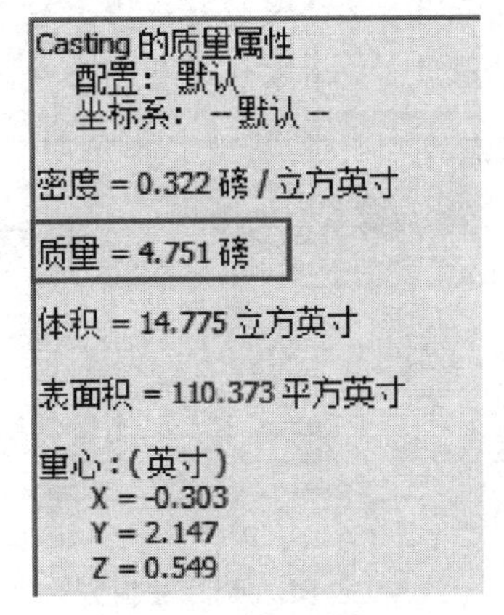
Casting 的质量属性
配置：默认
坐标系：--默认--

密度 = 0.322 磅 / 立方英寸

质量 = 4.751 磅

体积 = 14.775 立方英寸

表面积 = 110.373 平方英寸

重心：(英寸)
X = -0.303
Y = 2.147
Z = 0.549

图 A-59　查看零件质量

CSMA 测试样题 6（10 分）

零件名称：Casting（图 A-60）。

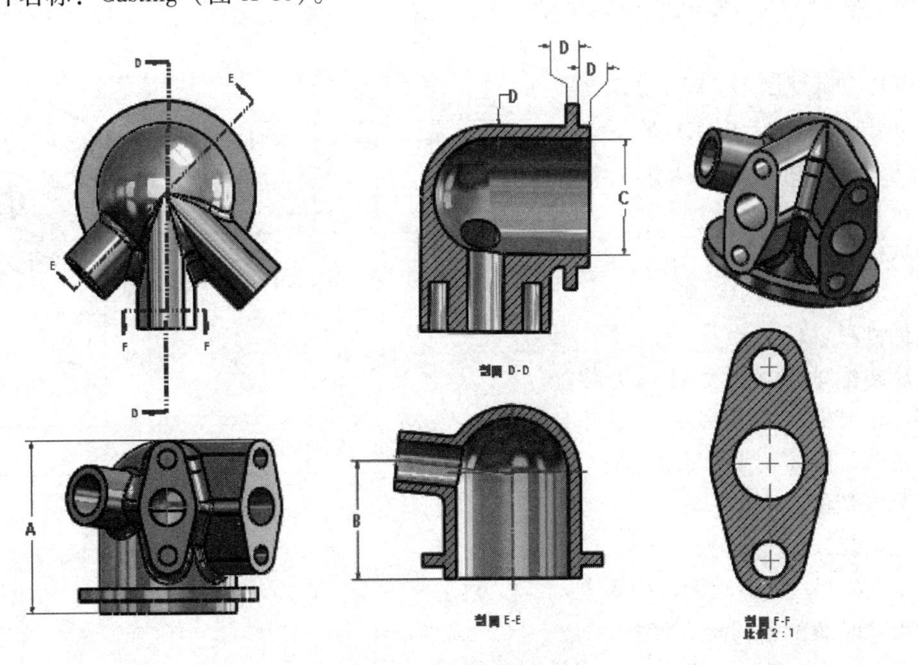

图 A-60　"Casting"零件

单位系统：IPS。

小数位数：3。

零件原点：任意。

零件材料：铜。

材料密度：0.3215lb/in^3。

$A=3.5$，$B=2.4$，$C=2.75$，$D=0.25$。

此零件的质量是多少磅？

步骤 1 打开零件 打开零件“Casting”。

步骤 2 编辑方程式管理器 如图 A-61 所示，从菜单栏中选择【工具】/【方程式】，打开方程式管理器，并更改全局变量。

步骤 3 重建模型 退出方程式管理器，并使用〈Ctrl+B〉（或〈Ctrl+Q〉）重建模型。

步骤 4 查看零件质量 使用【质量属性】查看该零件的质量，如图 A-62 所示。

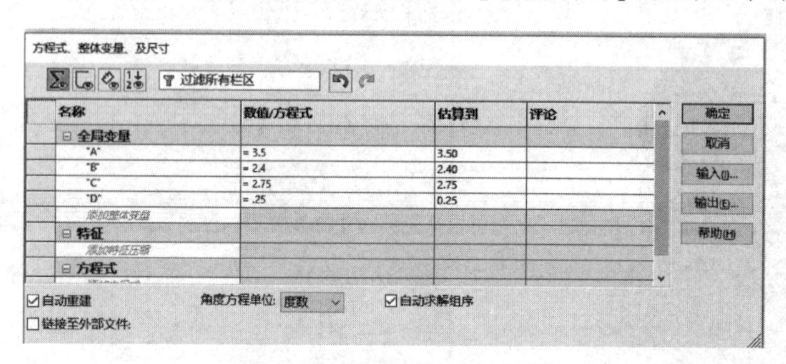

图 A-61 编辑方程式管理器

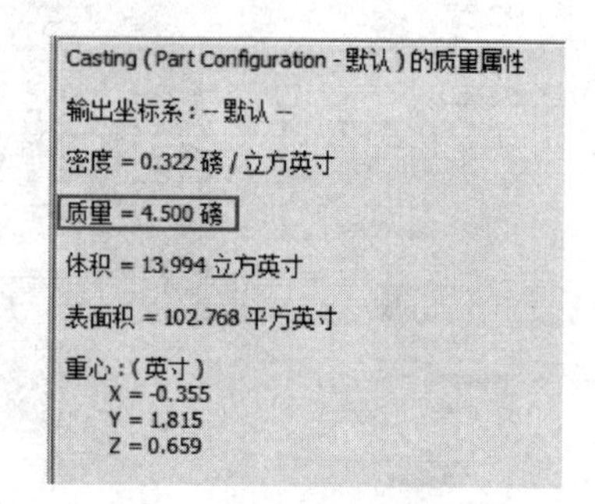

图 A-62 查看零件质量

步骤 5 保存并退出 保存并退出零件。

附录 B CSWP 测试样题讲解

CSWP 测试样题 1（10 分）

在 SOLIDWORKS 中设计此零件。

零件名称：Block（图 B-1）。

单位系统：IPS。

小数位数：3。

零件原点：如图 B-1 所示。

零件材料：任意。

生成装配体并将此零件作为装配体的第一个零件。该零件为固定并且其坐标系与装配体的坐标系重合。

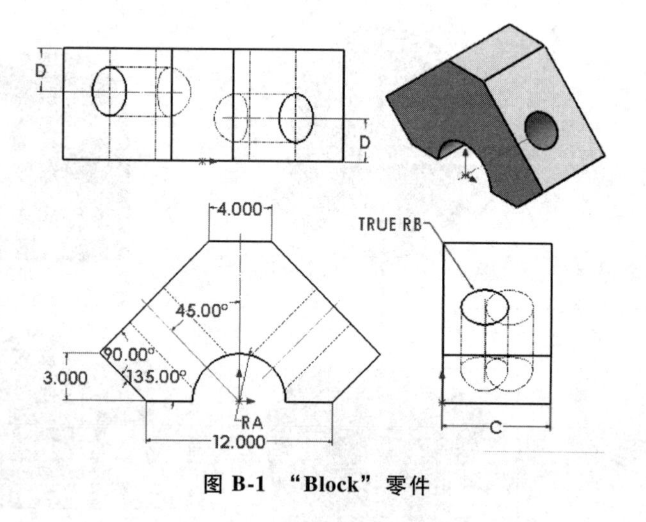

图 B-1 “Block”零件

装配体名称：Engine。

单位系统：IPS。

$A=3$，$B=3.05$，$C=7$，$D=2.7$。

找出此时装配体的重心位置。

步骤 1 新建零件 新建一个零件，如图 B-2 所示。

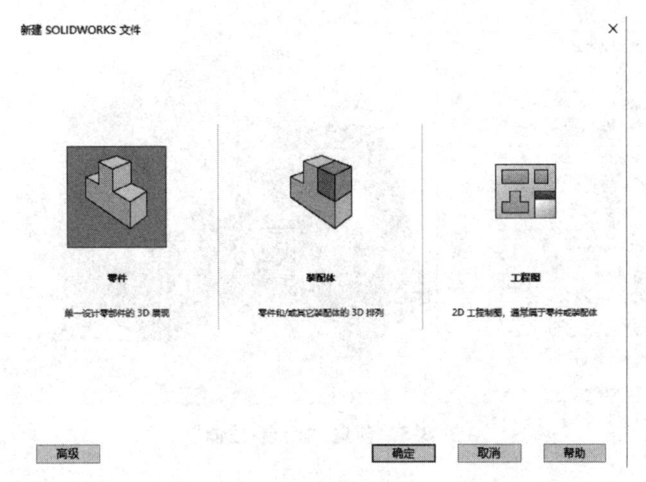

图 B-2 新建零件

步骤 2 设置绘图环境 单击菜单栏中的【工具】/【选项】/【文档属性】/【单位】，如图 B-3 所示设置绘图环境，完成编辑后单击【确定】。

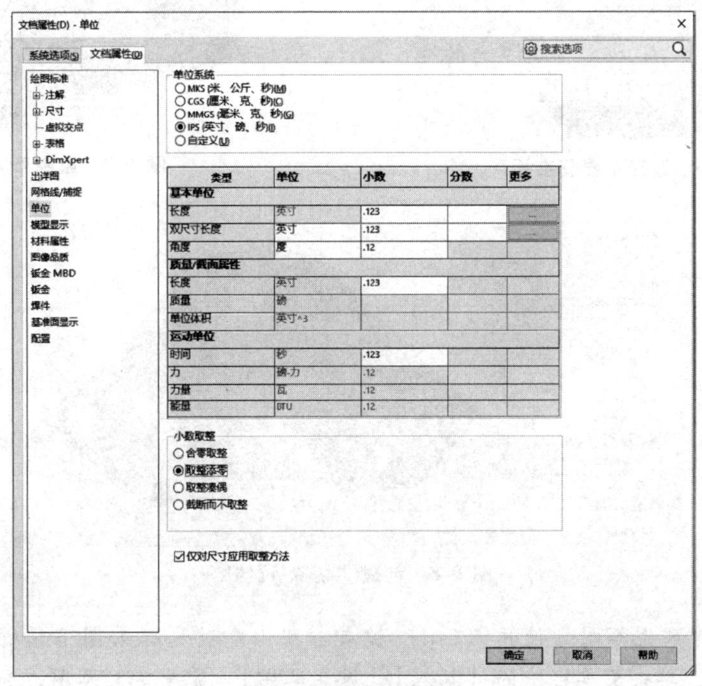

图 B-3 设置绘图环境

步骤 3 绘制草图 选择前视基准面并绘制如图 B-4 所示草图。

步骤 4 创建“凸台-拉伸” 使用步骤 3 绘制的草图创建如图 B-5 所示的“凸台-拉伸”特征。

步骤 5 绘制草图 选择如图 B-6 所示面为草图基准面，绘制如图 B-7 所示的草图。

步骤 6 创建“切除-拉伸” 使用步骤 5 所绘制的草图创建“切除-拉伸”特征，如图 B-8 所示。

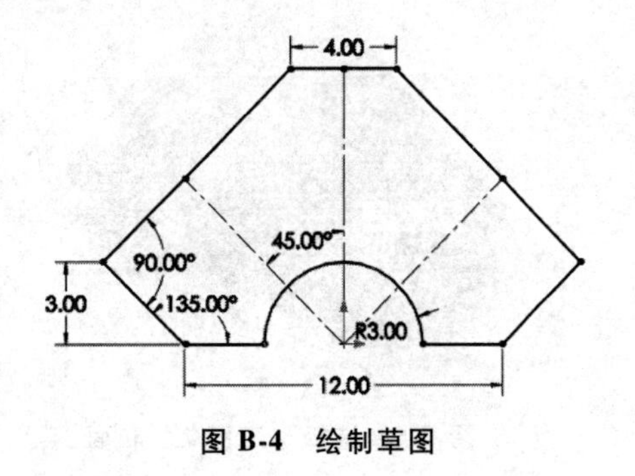

图 B-4 绘制草图

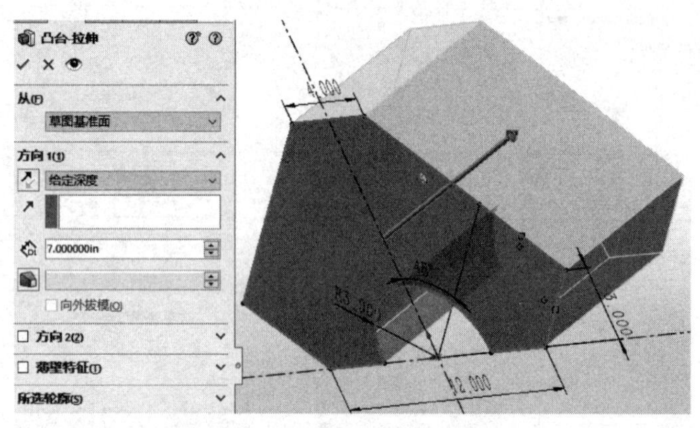

图 B-5 创建“凸台-拉伸”

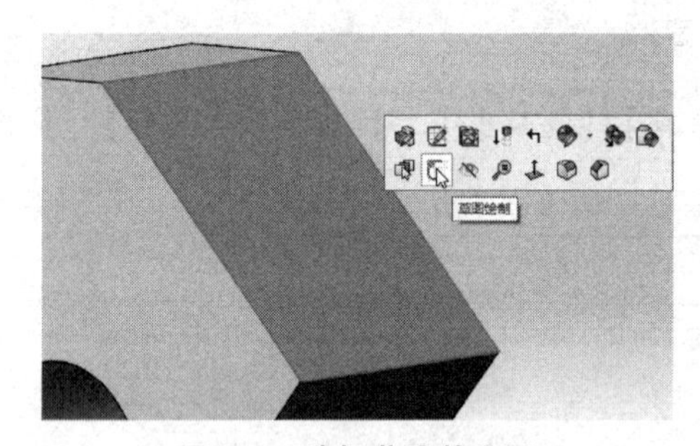

图 B-6 选择草图基准面

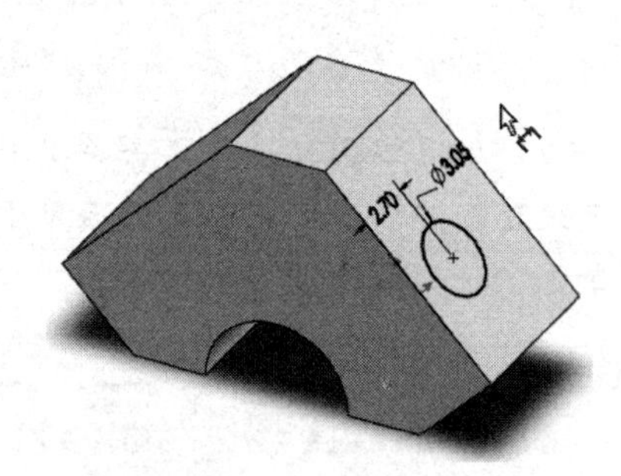

图 B-7 绘制草图

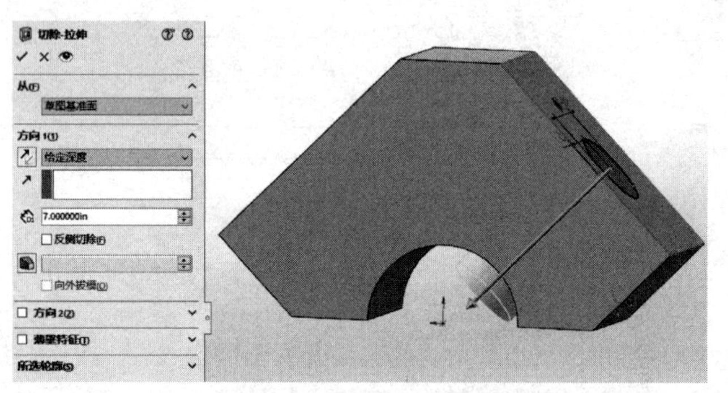

图 B-8 创建“切除-拉伸”

步骤 7 创建派生草图 使用〈Ctrl〉键或〈Shift〉键选择如图 B-9 所示的“草图 2”和模型的一个面，单击菜单栏中的【插入】/【派生草图】，完全定义草图，如图 B-10 所示。

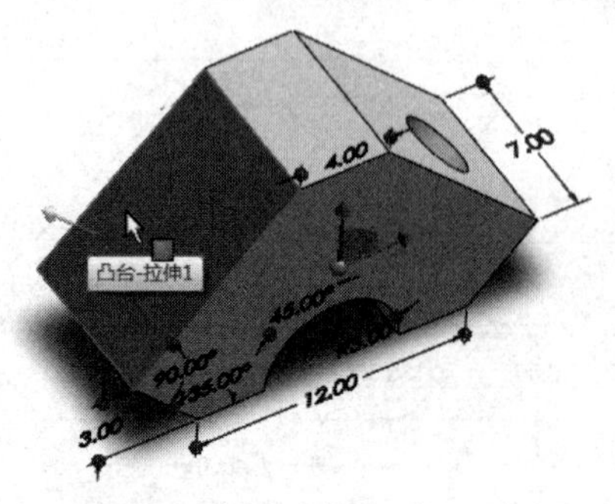

图 B-9 选择“草图 2”和面

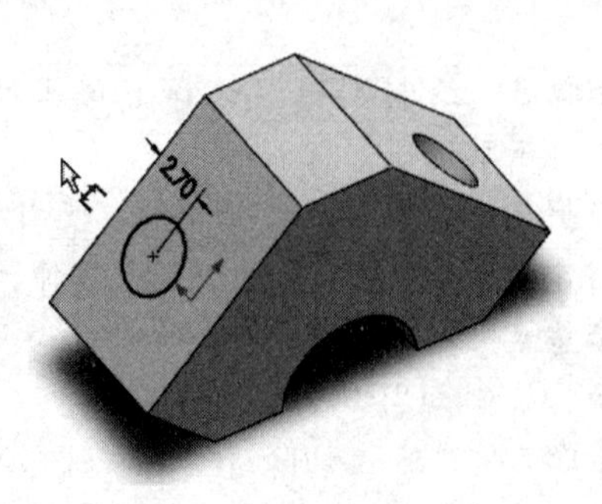

图 B-10 完全定义草图

步骤 8 创建“切除-拉伸” 如图 B-11 所示，使用步骤 7 绘制的派生草图创建“切除-拉伸”特征。

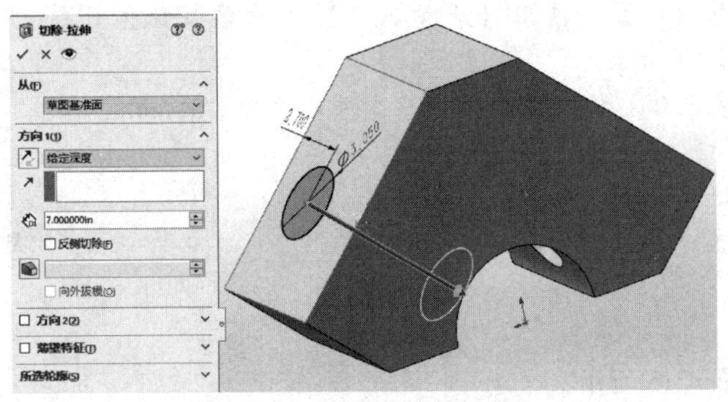

图 B-11 创建“切除-拉伸”

步骤 9 保存零件 保存此零件，并命名为“Block”。

步骤 10 从零件制作装配体 单击菜单栏中的【文件】/【从零件制作装配体】，选择“装配体”模板，如图 B-12 所示，单击【确定】。

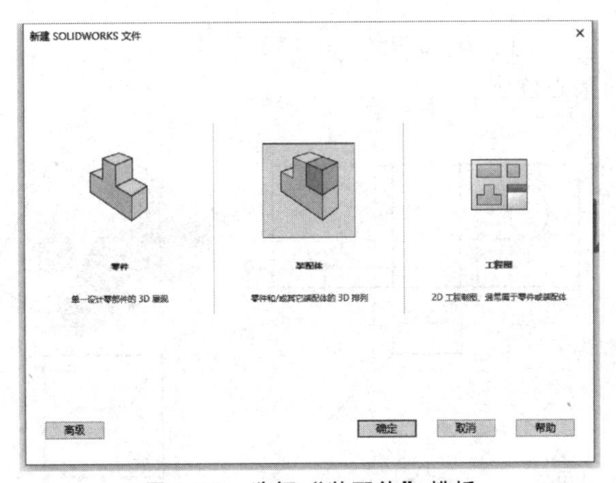

图 B-12 选择“装配体”模板

步骤 11 放置零部件 如图 B-13 所示，单击✔即可将零件“Block”坐标系与装配体坐标系重合进行放置。

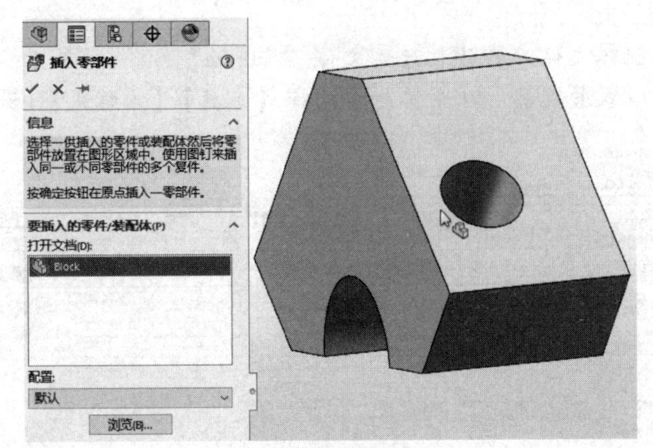

图 B-13 放置零部件

步骤 12　装配体环境设定　单击【选项】/【文档属性】/【单位】，并按题示设置绘图环境。

步骤 13　查看重心位置　使用【质量属性】查看该装配体目前的重心位置，如图 B-14 所示。

Engine 的质量属性
配置：Default
坐标系：--默认--

质量 = 24.329 磅

体积 = 673.421 立方英寸

表面积 = 628.975 平方英寸

重心：(英寸)
X = 0.000
Y = 4.682
Z = -3.500

图 B-14　查看重心位置

步骤 14　保存装配体　将此装配体保存，并命名为“Engine”。

CSWP 测试样题 2（10 分）

在 SOLIDWORKS 中设计此零件。

零件名称：Block（图 B-15）。

单位系统：IPS。

小数位数：3。

零件原点：如图 B-15 所示。

零件材料：任意。

生成装配体并将此零件作为装配体的第一个零件。该零件为固定并且其坐标系与装配体的坐标系重合。

装配体名称：Engine。

单位系统：IPS。

$A=3.2$，$B=3.15$，$C=7.1$，$D=2.95$。

找出此时装配体的重心位置。

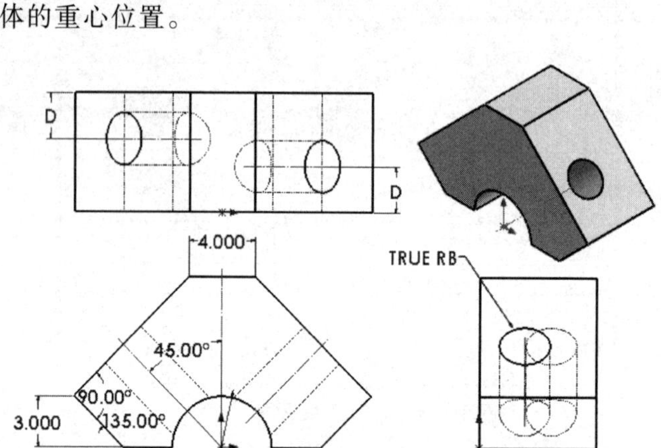

图 B-15　“Block”零件

步骤 1　打开装配体文件　打开装配体文件“Engine”。

步骤 2　打开方程式管理器　从菜单栏中选择【工具】/【方程式】，如图 B-16 所示。

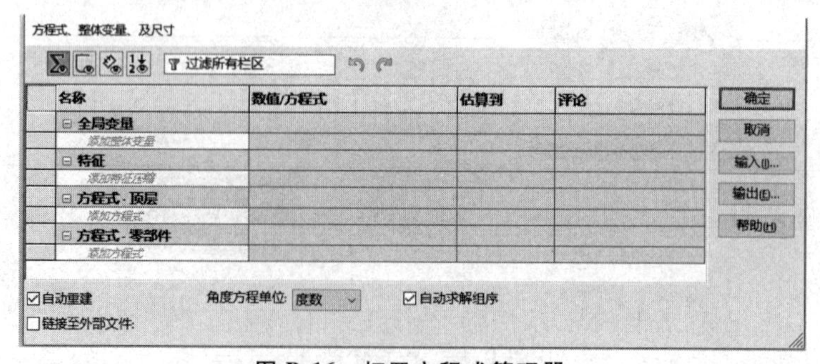

图 B-16　打开方程式管理器

步骤 3　创建全局变量　如图 B-17 所示，在方程式管理器中创建全局变量，创建完成后单击【确定】。

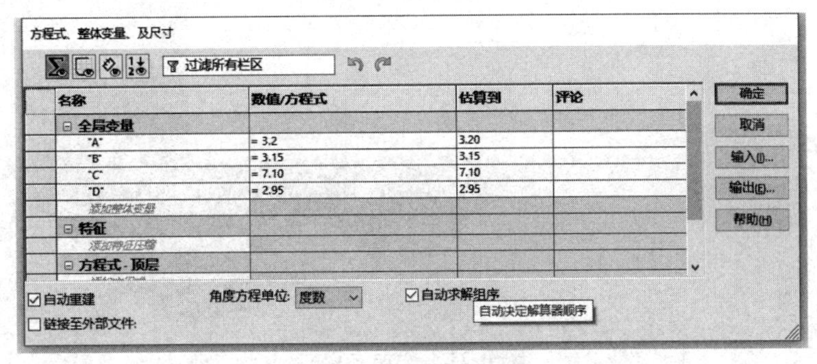

图 B-17　创建全局变量

步骤 4　编辑零部件　在设计树中右击或者单击零件“Block”，选择【在当前位置打开零件】，如图 B-18 所示。

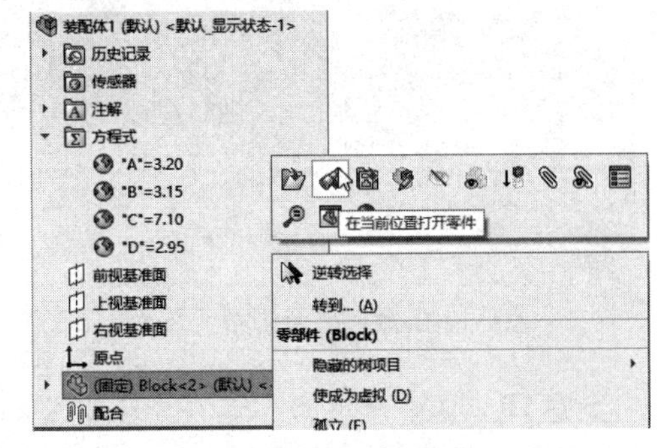

图 B-18　编辑零部件

步骤 5　打开方程式管理器　在零件“Block”被编辑的状态下单击菜单栏中的【工具】/【方程式】，如图 B-19 所示。

步骤 6　显示特征尺寸　在设计树中右击【注解】文件夹，选择【显示特征尺寸】，此时零件特征尺寸将全部显示出来，如图 B-20 所示。

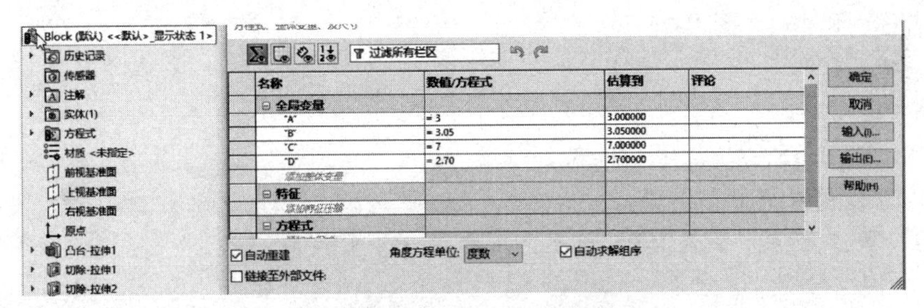

图 B-19　打开方程式管理器

步骤 7　创建零件方程式　如图 B-21 所示，在方程式管理器中添加方程式。未知量可单击图形界面中的“*R*3.20”，变量则通过单击设计树中装配体环境下创建的全局变量“*A*”。

使用同样的方法创建剩下的方程式，完成操作后单击【确定】，如图 B-22 所示。

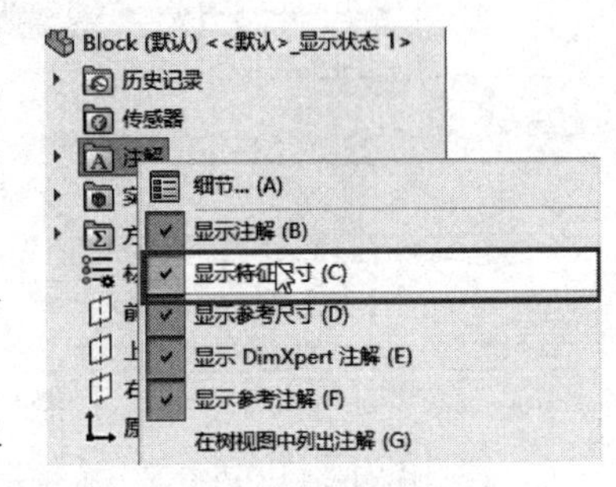

图 B-20　显示特征尺寸

步骤 8　退出零件编辑　单击右上角的图标，退出零件编辑回到装配体中，并使用〈Ctrl+B〉（或〈Ctrl+Q〉）重建模型。

步骤 9　查看重心位置　使用【质量属性】查看该装配体目前的重心位置，如图 B-23 所示。

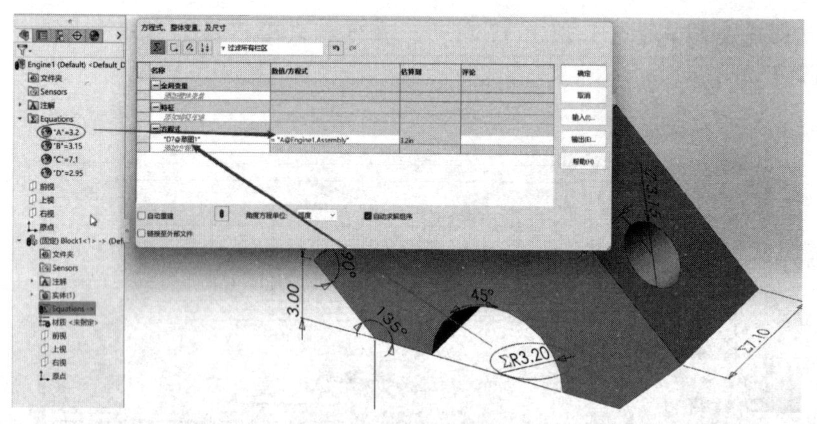

图 B-21 添加方程式

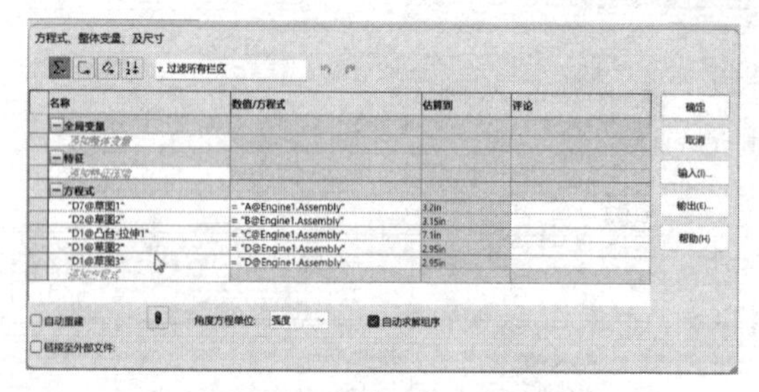

图 B-22 添加所有方程式

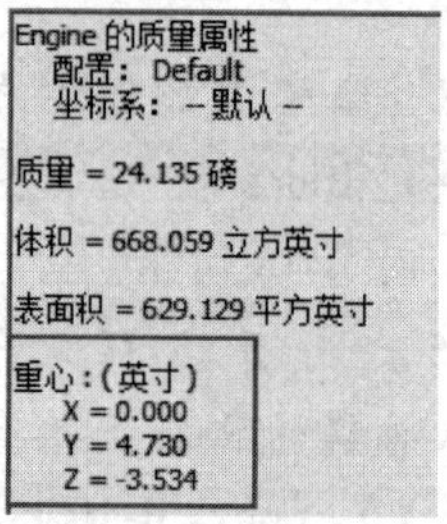

Engine 的质量属性
配置：Default
坐标系：--默认--

质量 = 24.135 磅

体积 = 668.059 立方英寸

表面积 = 629.129 平方英寸

重心：(英寸)
X = 0.000
Y = 4.730
Z = -3.534

图 B-23 查看重心位置

步骤 10 保存并退出 保存并退出装配体。

CSWP 测试样题 3（20 分）

设计两个上下关联的零部件并插入装配体中。

零件名称：Piston（图 B-24）。

单位系统：IPS。

小数位数：3。

$A=3.5$，$B=3.35$，$C=7.4$，$D=3.2$。

找出此时装配体的重心位置。

步骤 1 新建零件 如图 B-25 所示，新建一个“零件”模板。

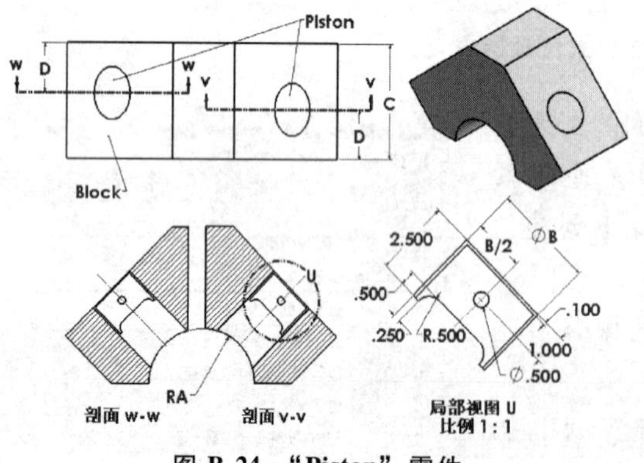

图 B-24 “Piston”零件

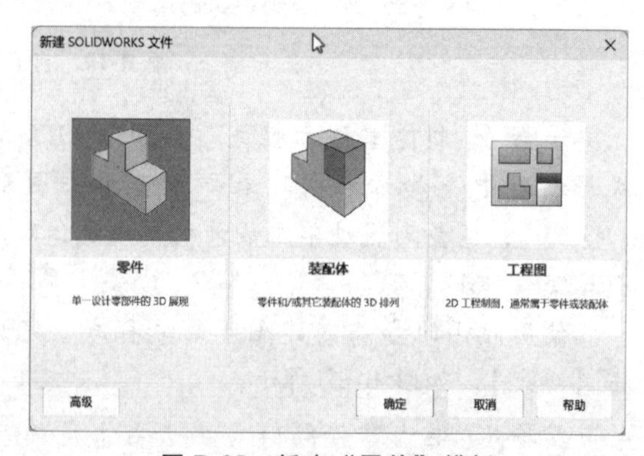

图 B-25 新建“零件”模板

步骤 2 设置绘图环境 单击【选项】/【文档属性】/【单位】，按图 B-26 所示设置绘图环境。

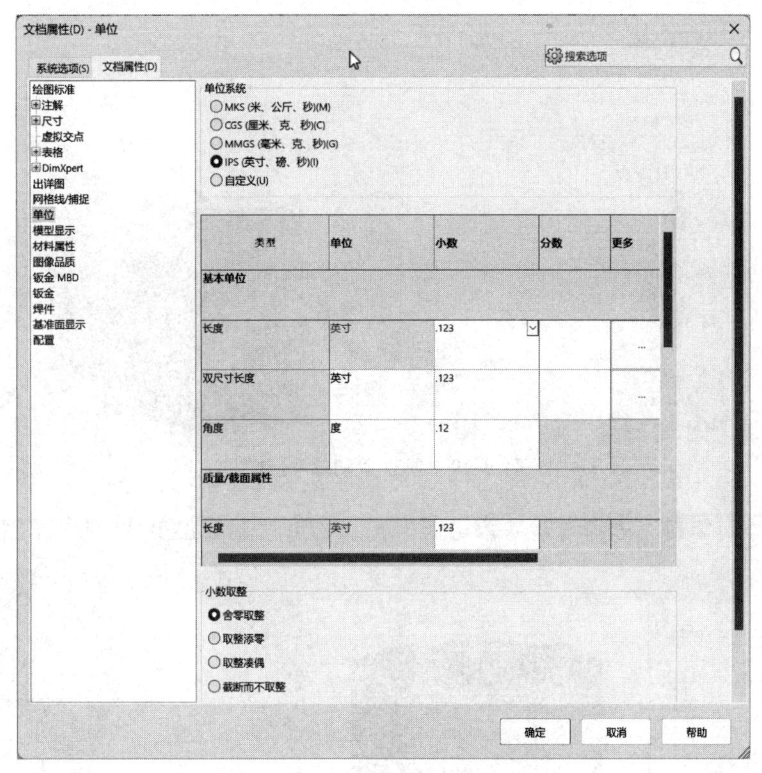

图 B-26　设置绘图环境

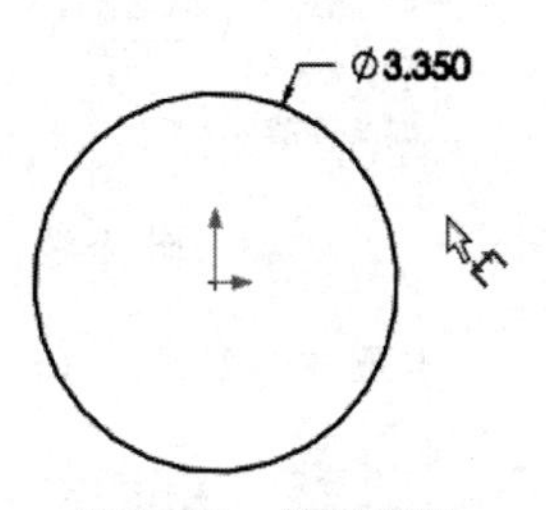

图 B-27　绘制草图

步骤 3　绘制草图　选择上视基准面并绘制如图 B-27 所示草图。

步骤 4　创建“凸台-拉伸”　如图 B-28 所示，使用步骤 3 绘制的草图创建“凸台-拉伸”特征。

步骤 5　绘制草图　选择前视基准面并绘制如图 B-29 所示草图。

步骤 6　创建“切除-拉伸”　使用步骤 5 所绘制的草图创建如图 B-30 所示的“切除-拉伸”特征。

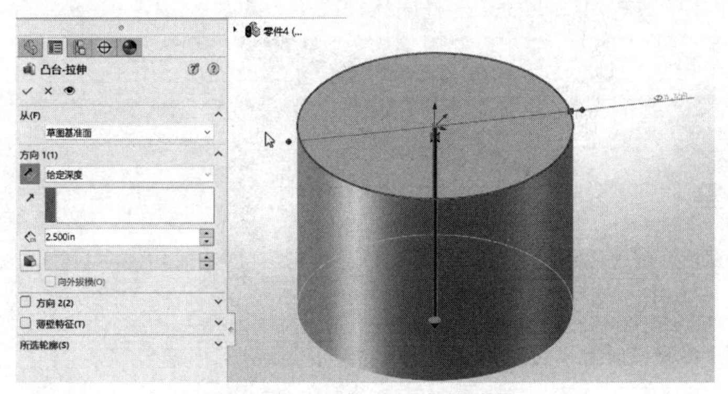

图 B-28　创建“凸台-拉伸”

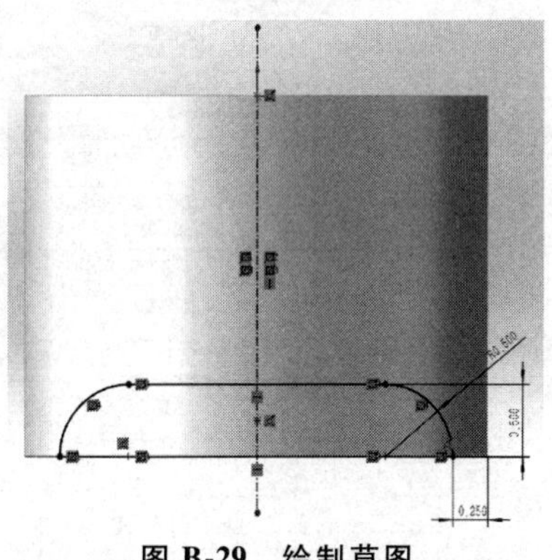

图 B-29　绘制草图

步骤 7　创建“抽壳”　单击【抽壳】命令，在【要移除的面】列表框中选择如图 B-31 所示的 5 个面，单击✔退出。

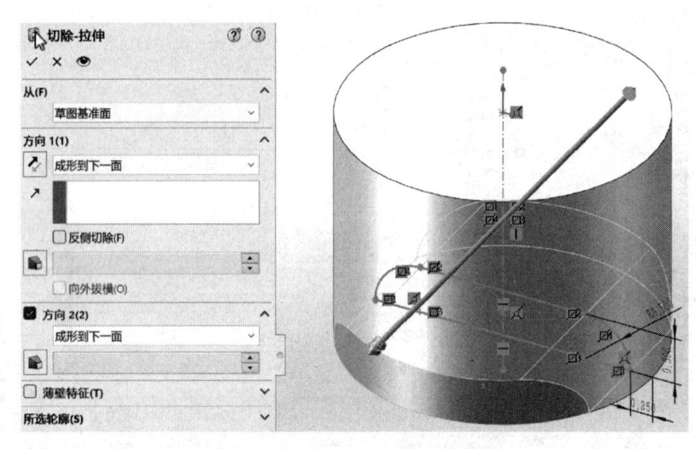

图 B-30 创建“切除-拉伸”

步骤 8 绘制草图 选择前视基准面为草图平面并绘制如图 B-32 所示草图。

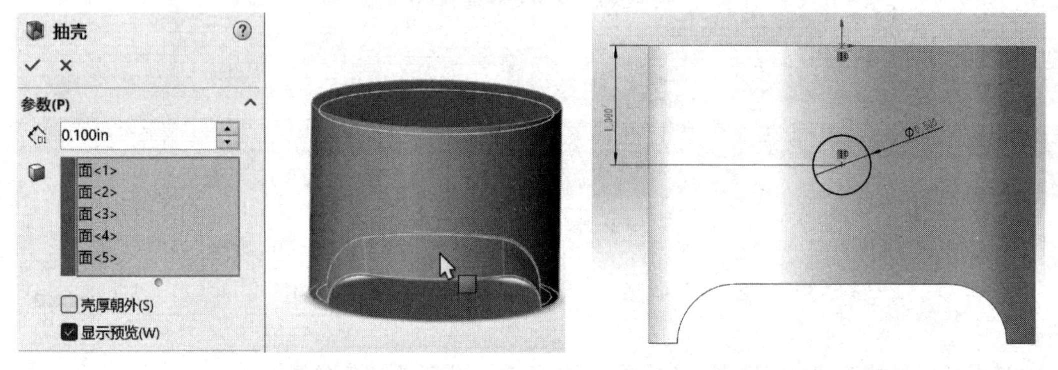

图 B-31 创建“抽壳”　　　　图 B-32 绘制草图

步骤 9 创建“切除-拉伸” 使用步骤 8 所绘制的草图创建如图 B-33 所示“切除-拉伸”特征。

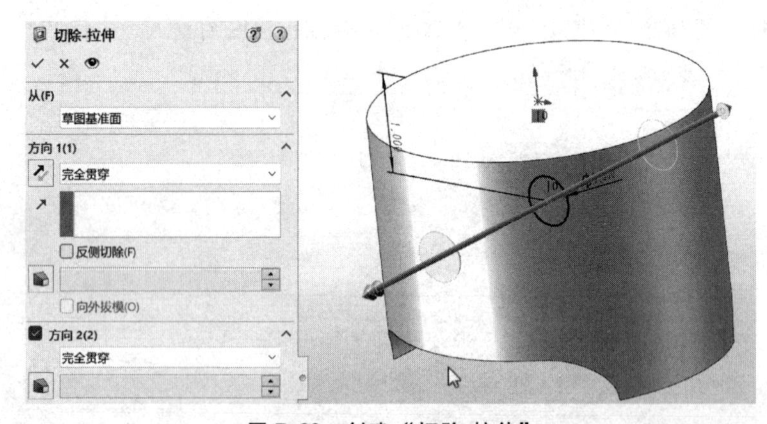

图 B-33 创建“切除-拉伸”

步骤 10 保存并关闭模型 将模型命名为“Piston”，保存并关闭模型。

步骤 11 打开装配体文件 打开装配体“Engine”。

步骤 12 插入零件 如图 B-34 所示，使用【插入零部件】命令插入零件“Piston”。

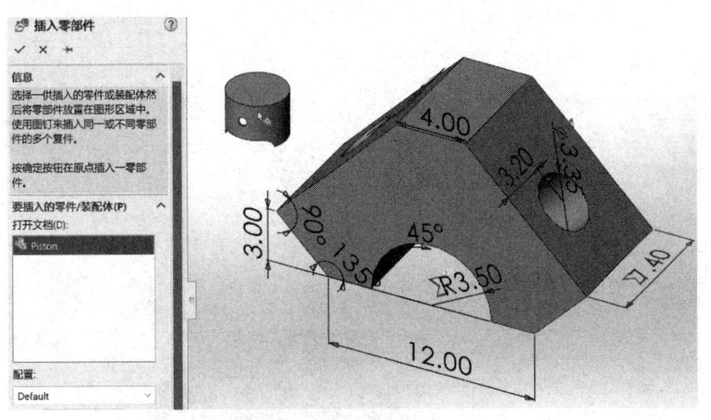

图 B-34　插入零件

步骤 13　复制零件　按住〈Ctrl〉键并单击零件“Piston”，通过长按左键并拖动来复制一个零件“Piston”，如图 B-35 所示。

步骤 14　添加配合　将新添加的两个零件“Piston”与已添加的零件“Block”添加配合，如图 B-36～图 B-38 所示。

步骤 15　编辑零件　在设计树中右击或单击零件“Piston”并选择【编辑零件】，进入零件编辑状态，如图 B-39 所示。

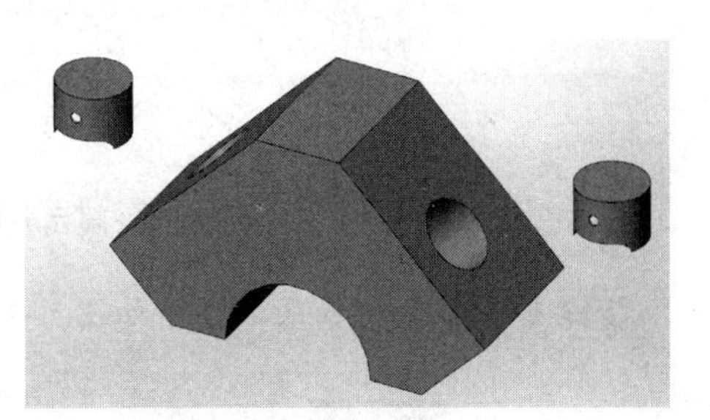

图 B-35　复制零件

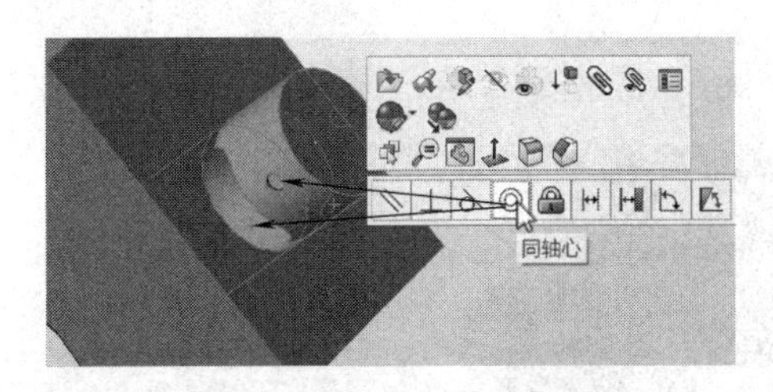

图 B-36　添加【同轴心】配合

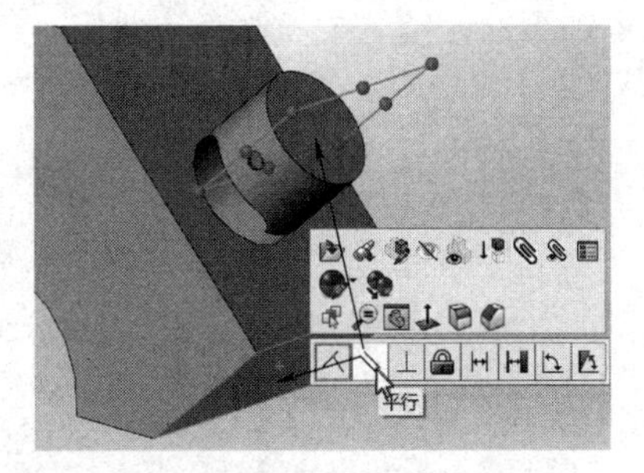

图 B-37　添加【平行】配合

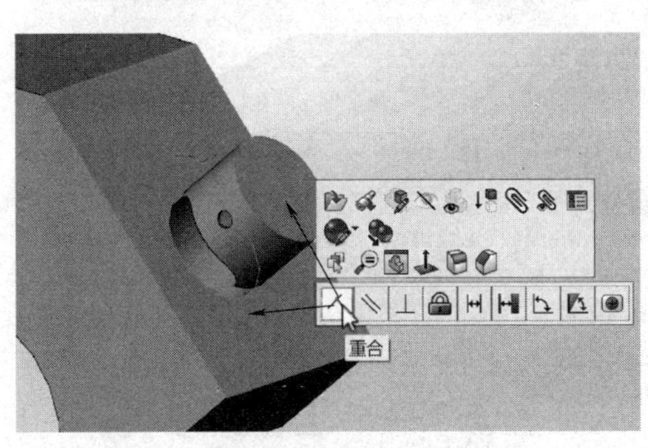

图 B-38　添加【重合】配合

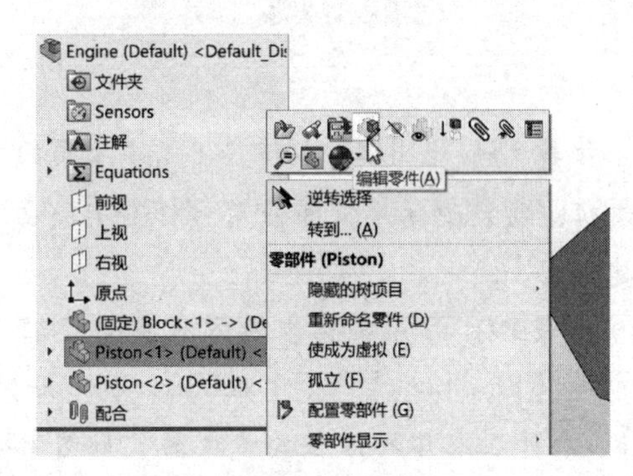

图 B-39　编辑零件

步骤 16　显示特征尺寸并打开方程式管理器　如图 B-40 所示，显示整个装配体的特征尺寸，并打开方程式管理器。

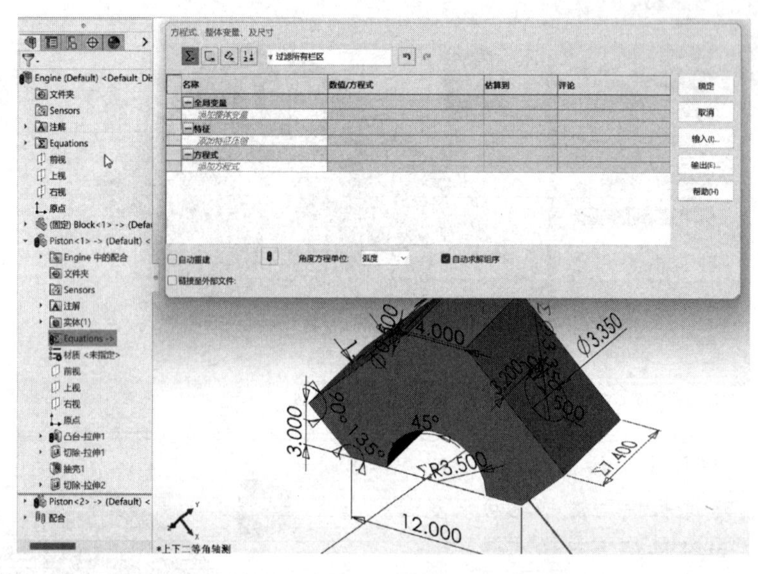

图 B-40　显示特征尺寸并打开方程式管理器

步骤 17　添加方程式　添加如图 B-41 所示方程式，并单击【确定】。

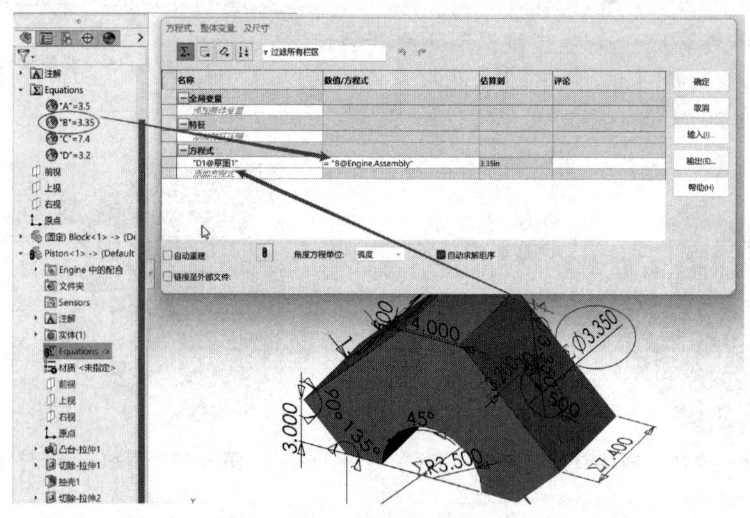

图 B-41　添加方程式

步骤 18　退出零件编辑　单击右上角的，退出零件编辑回到装配体中，并使用〈Ctrl+B〉(或〈Ctrl+Q〉)重建模型。

步骤 19　打开装配体的方程式管理器　右击设计树中的【Equations】（方程式）并选择【管理方程式】，打开装配体的方程式管理器，如图 B-42 所示。

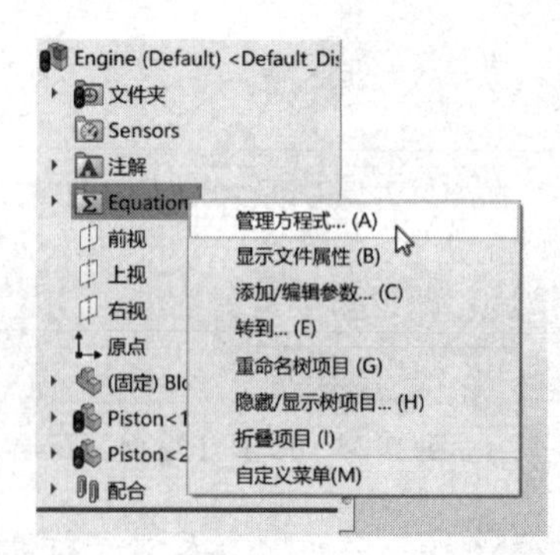

图 B-42　打开装配体的方程式管理器

步骤 20　更改全局变量　如图 B-43 所示，根据题目所示参数更改方程式管理器中的全局变量，完成操作后单击【确定】。

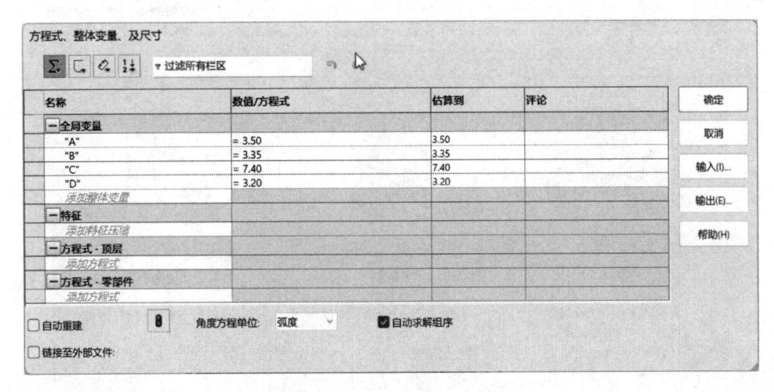

图 B-43　更改全局变量

步骤 21　查看重心位置　使用【质量属性】查看该装配体目前的重心位置，如图 B-44 所示。

图 B-44　查看重心位置

步骤 22　保存并退出　保存并退出装配体。

CSWP 测试样题 4（10 分）

设计另一个上下关联的零部件。

零件名称：Crankshaft（图 B-45）。

单位系统：IPS。

小数位数：3。

对所有零件指定材料：6061 合金。

材料密度：0.0975437lb/in^3。

$A=3.75$，$B=3.8$，$C=7.8$，$D=3.5$。

此时包含四个零部件的装配体的质量是多少磅？

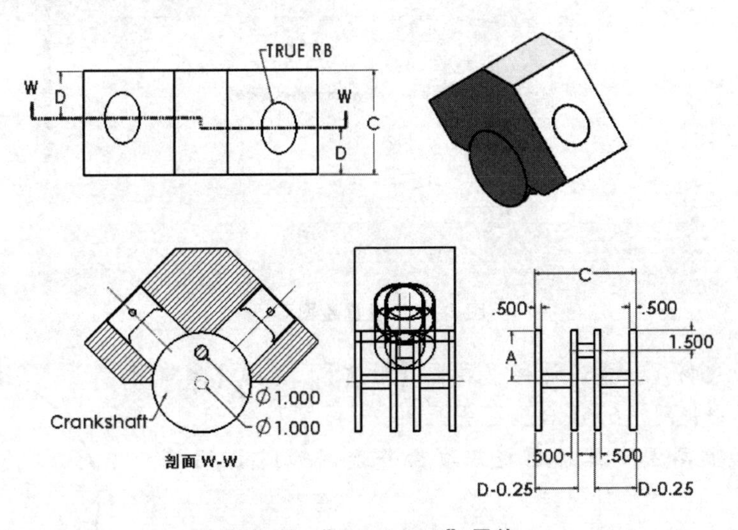

图 B-45　"Crankshaft" 零件

步骤 1　新建零件　如图 B-46 所示，新建一个"零件"模板。

步骤 2　设置绘图环境　单击菜单栏中的【工具】/【选项】/【文档属性】/【单位】，如图 B-47 所示设置绘图环境。

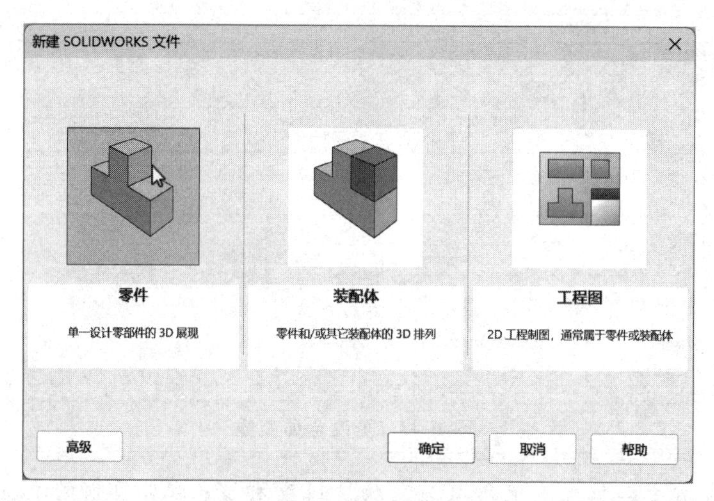

图 B-46　选择“零件”模板

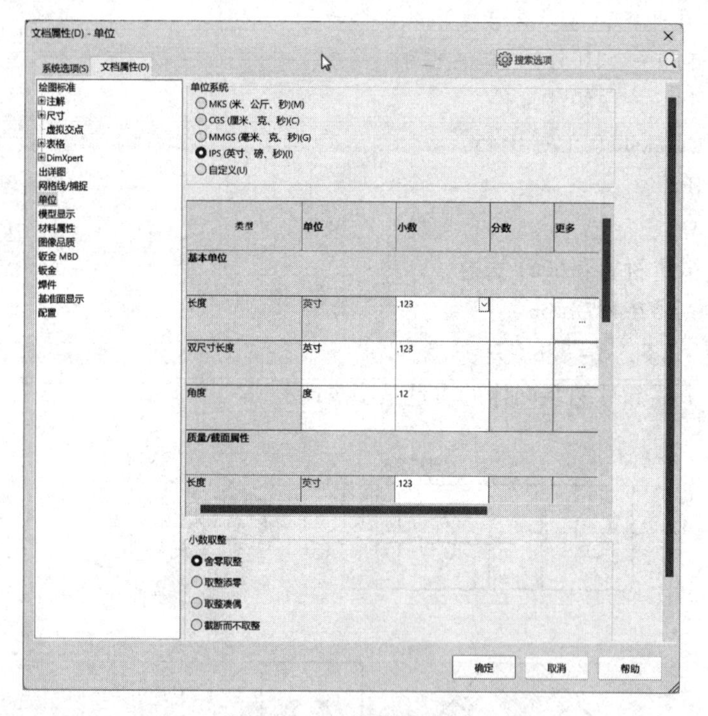

图 B-47　设置绘图环境

步骤 3　设定材质　在设计树中右击【材质】，选择【编辑材料】，在材质库中找到“6061 合金”并应用。

步骤 4　绘制草图　选择前视基准面并绘制如图 B-48 所示草图。

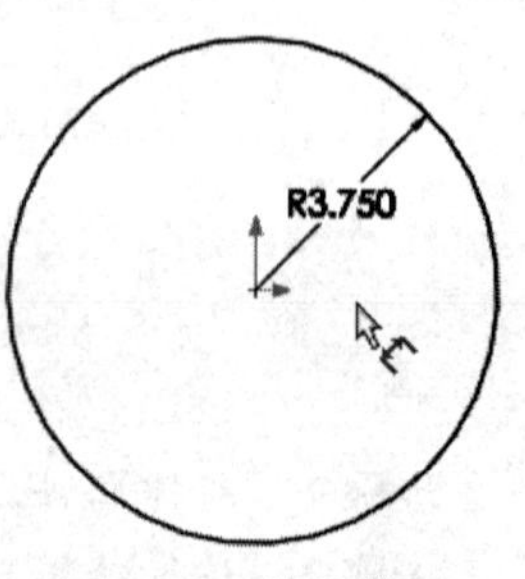

图 B-48　绘制草图

步骤 5　创建“凸台-拉伸”　如图 B-49 所示，使用步骤 4 绘制的草图创建“凸台-拉伸”特征。

步骤 6　创建“凸台-拉伸”　如图 B-50 所示，继续使用步骤 4 绘制的草图创建“凸台-拉伸”特征。

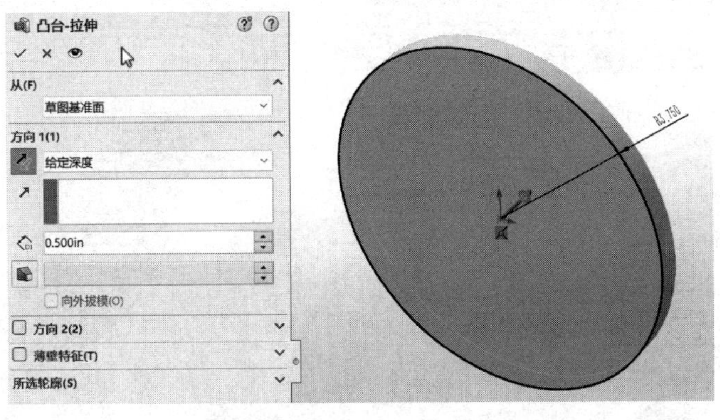

图 B-49　创建“凸台-拉伸”

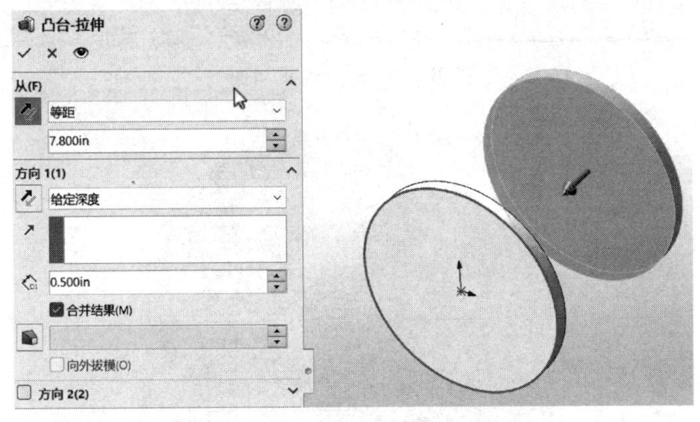

图 B-50　创建“凸台-拉伸”

步骤 7　创建“凸台-拉伸”　如图 B-51 所示，继续使用步骤 4 绘制的草图创建“凸台-拉伸”特征。

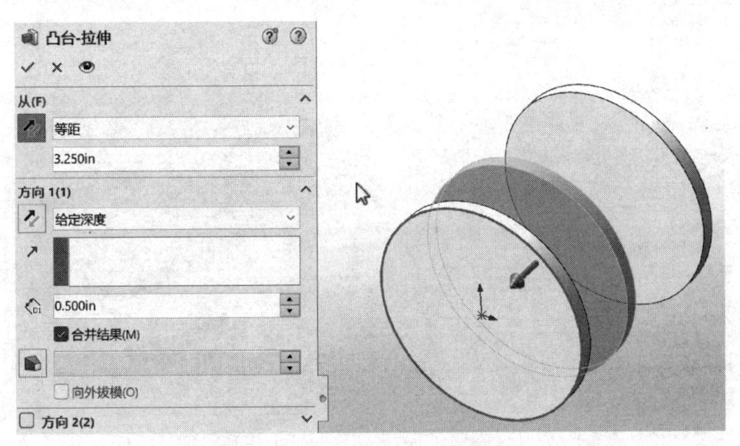

图 B-51　创建“凸台-拉伸”

步骤 8　创建派生草图　如图 B-52 所示，选择步骤 4 绘制的草图，使用〈Ctrl〉键（或者〈Shift〉键）选择模型的一面，然后单击菜单栏中的【插入】/【派生草图】，编辑派生草图使其完全定义，如图 B-53 所示。

步骤 9　创建“凸台-拉伸”　使用步骤 8 创建的派生草图生成“凸台-拉伸”特征，如图 B-54 所示。

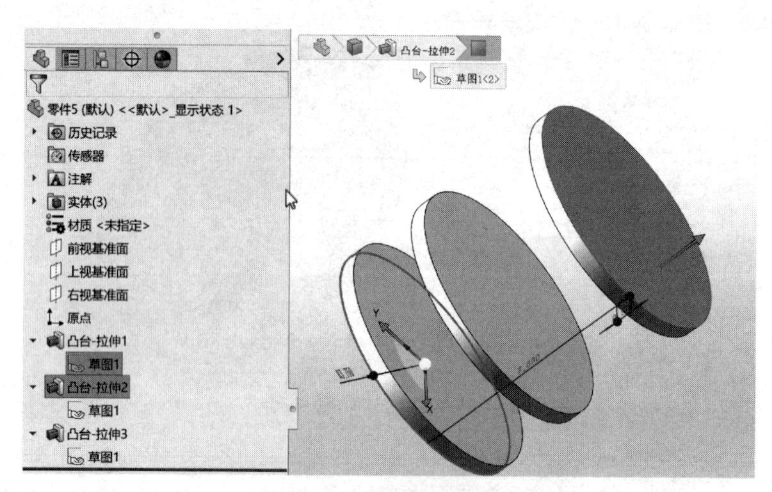

图 B-52　选择草图和面

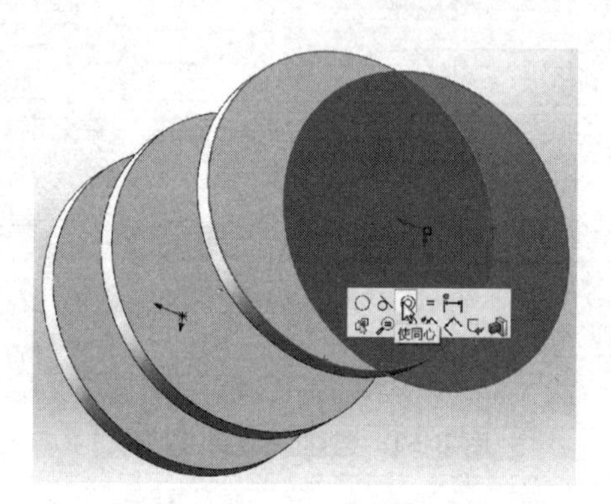

图 B-53　完全定义草图

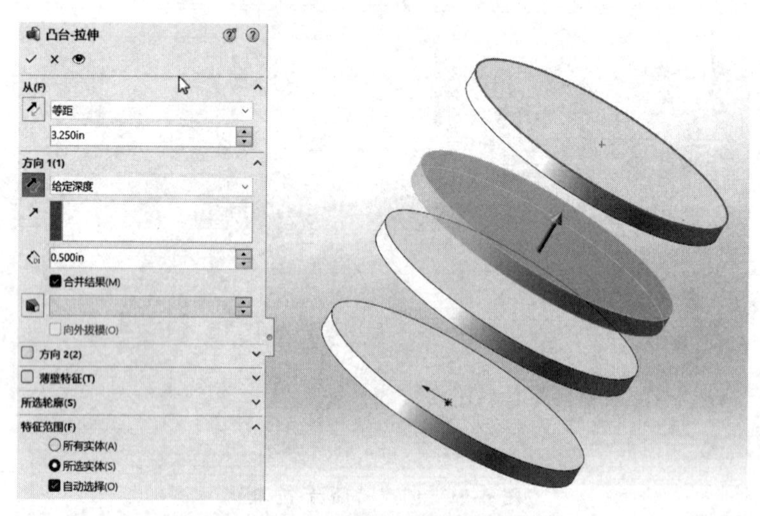

图 B-54　创建"凸台-拉伸"

步骤 10　绘制草图　选择如图 B-55 所示模型表面为草图平面，绘制一个直径为 1in 的同心圆。

步骤 11　创建"凸台-拉伸"　使用步骤 10 绘制的草图创建"凸台-拉伸"特征，如图 B-56 所示。

图 B-55　绘制草图

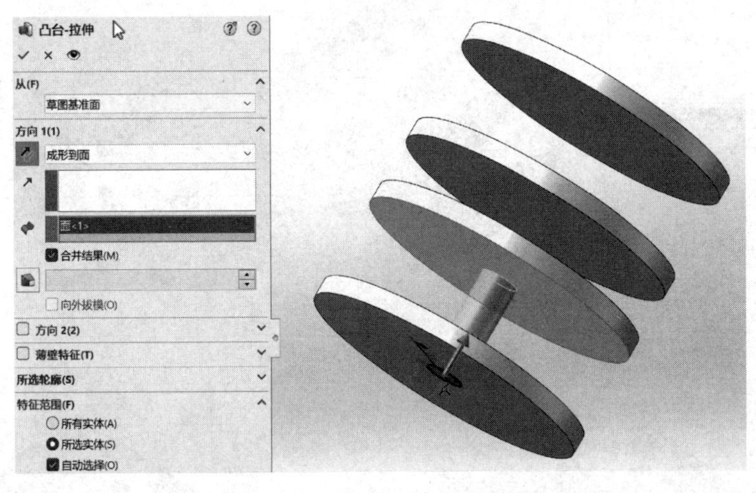

图 B-56　创建“凸台-拉伸”

步骤 12　创建“凸台-拉伸”　使用步骤 10 绘制的草图继续创建如图 B-57 所示“凸台-拉伸”特征。

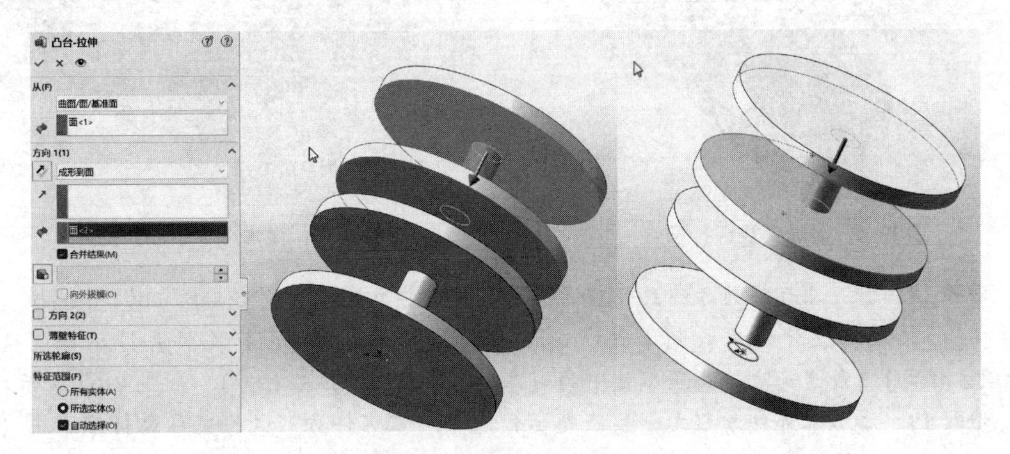

图 B-57　创建“凸台-拉伸”

步骤 13 绘制草图 选择前视基准面为草图平面绘制如图 B-58 所示草图。

步骤 14 创建“凸台-拉伸” 如图 B-59 所示，使用步骤 13 所绘制的草图创建“凸台-拉伸”特征。

步骤 15 保存并退出 将零件命名为“Crankshaft”，保存并退出。

步骤 16 打开装配体文件 打开装配体文件“Engine”。

步骤 17 插入零件并添加配合 使用【插入零部件】命令，把零件“Crankshaft”插入装配体中，并按图 B-60～图 B-62 所示添加配合。

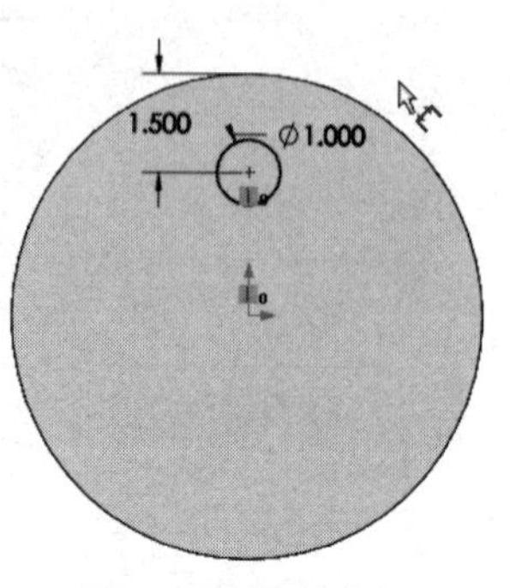

图 B-58 绘制草图

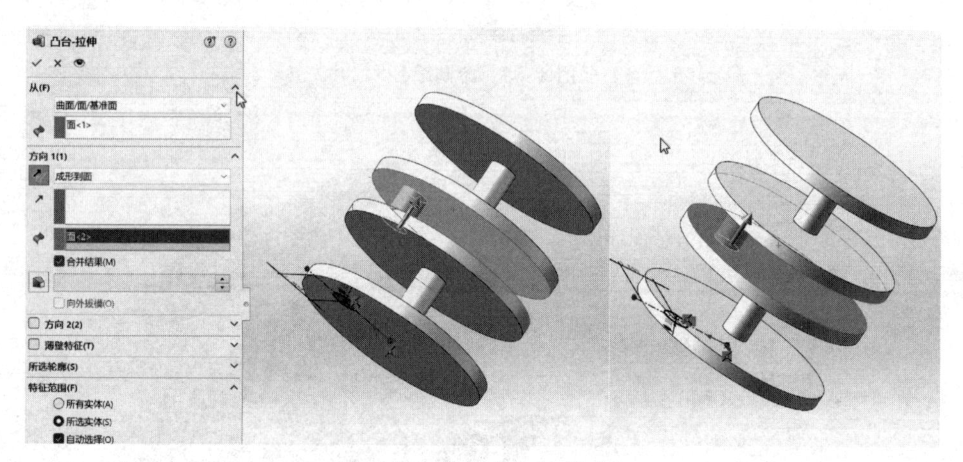

图 B-59 创建“凸台-拉伸”

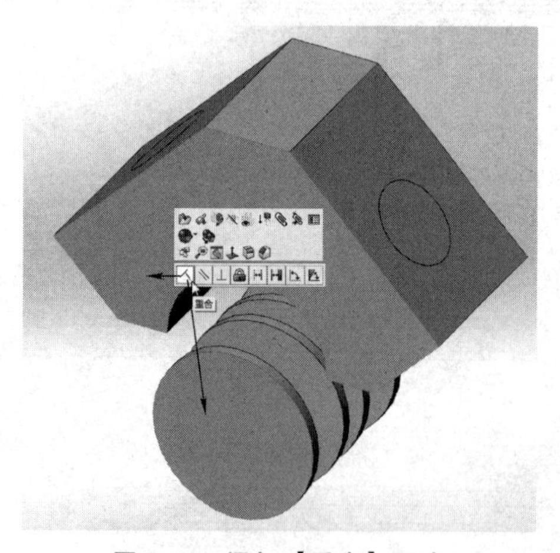

图 B-60 添加【重合】配合

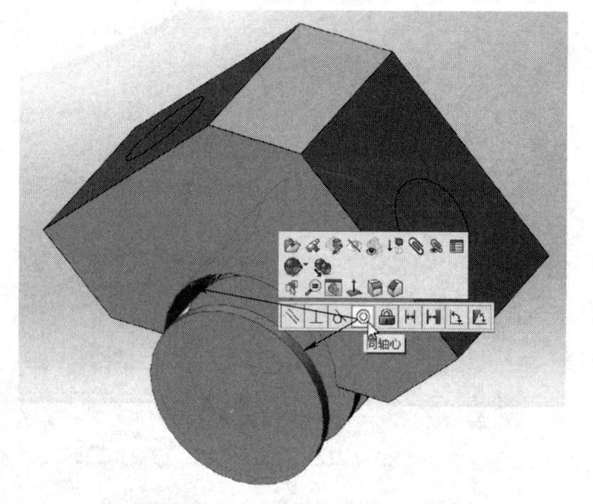

图 B-61 添加【同轴心】配合

步骤 18 打开零部件的方程式管理器 右击设计树中的零件“Crankshaft”并选择【编辑零件】。然后在设计树中找到零件“Crankshaft”的【Equations】文件夹并右击，选择【管理方程式】(或者通过单击菜单栏中的【工具】/【方程式】来打开)，如图 B-63 所示。

步骤 19 添加零部件方程式 按照题示信息添加零部件方程式，完成编辑后单击【确定】，如图 B-64 所示。

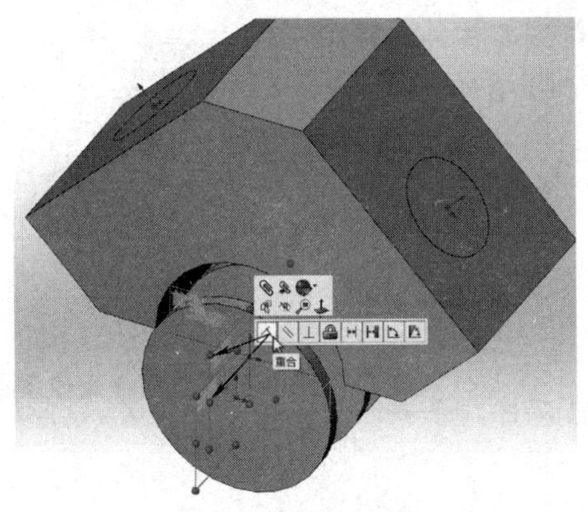

图 B-62　添加【重合】配合

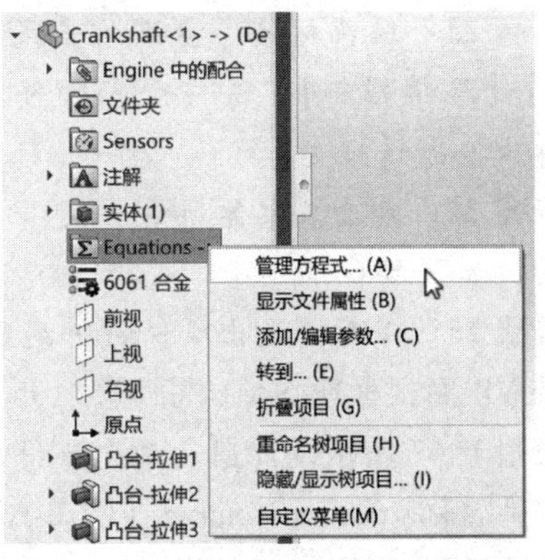

图 B-63　打开零部件的方程式管理器

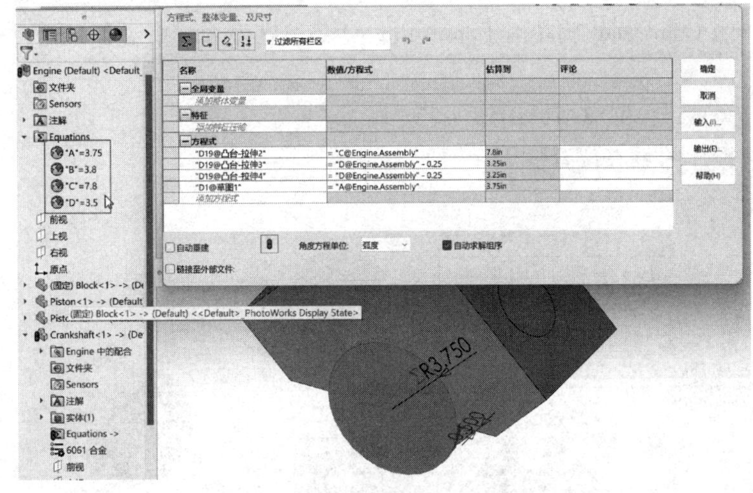

图 B-64　添加零部件方程式

步骤 20　退出零件编辑　单击右上角的 ，退出零件编辑回到装配体中，并使用〈Ctrl+B〉（或〈Ctrl+Q〉）重建模型。

步骤 21　打开装配体的方程式管理器　右击设计树中的【Equations】并选择【管理方程式】，打开装配体的方程式管理器。

步骤 22　更改全局变量　按照题示要求更改全局变量，如图 B-65 所示，完成编辑后单击【确定】。

方程式、整体变量、及尺寸

过滤所有栏区

名称	数值/方程式	估算到	评论
一全局变量			
"A"	= 3.75	3.75	
"B"	= 3.80	3.80	
"C"	= 7.80	7.80	
"D"	= 3.50	3.50	
添加整体变量			
一特征			
添加特征压缩			
一方程式 - 顶层			
添加方程式			
一方程式 - 零部件			
添加方程式			

确定　取消　输入(I)...　输出(E)...　帮助(H)

自动重建　角度方程单位: 弧度　自动求解组序

链接至外部文件:

图 B-65　更改全局变量

步骤 23 编辑材质 分别右击设计树中各零部件名称并选择【材料】/【编辑材料】，给每个零部件都添加上“6061 合金”，完成编辑后单击【确定】。

步骤 24 查看装配体质量 使用【质量属性】查看该装配体的质量，如图 B-66 所示。

图 B-66 查看装配体质量

步骤 25 保存并退出 保存并退出装配体。

CSWP 测试样题 5（10 分）

如图 B-67 所示设计最后两个零部件并插入装配体中。

零件名称：Connectingrod（图 B-67）。

单位系统：IPS。

小数位数：3。

注意事项：当 Crankshaft 旋转时 Connectingrod 停留在 Piston 中做往复运动。使用配合代替肘销功能。

$A=3.95$，$B=3.85$，$C=8.5$，$D=3.6$。

找出此时装配体的重心位置。

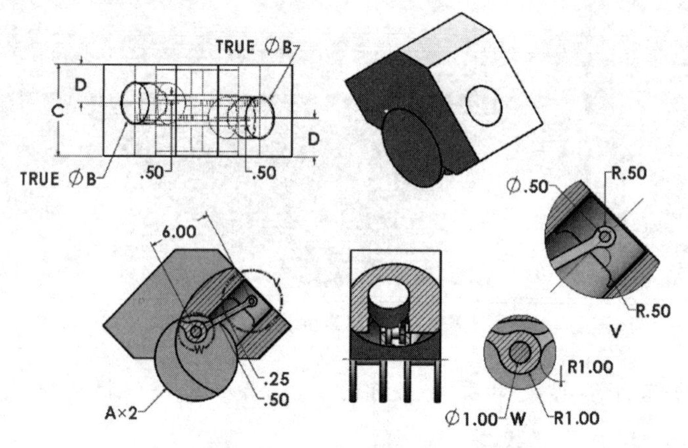

图 B-67 “Connectingrod”零件

步骤 1 新建零件 如图 B-68 所示，新建一个零件。

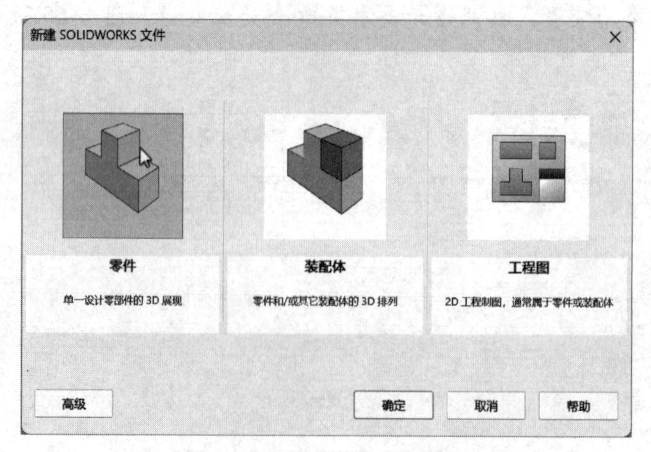

图 B-68 选择“零件”模板

步骤 2 设置绘图环境 单击【工具】/【选项】/【文档属性】/【单位】，如图 B-69 所示设置绘图环境。

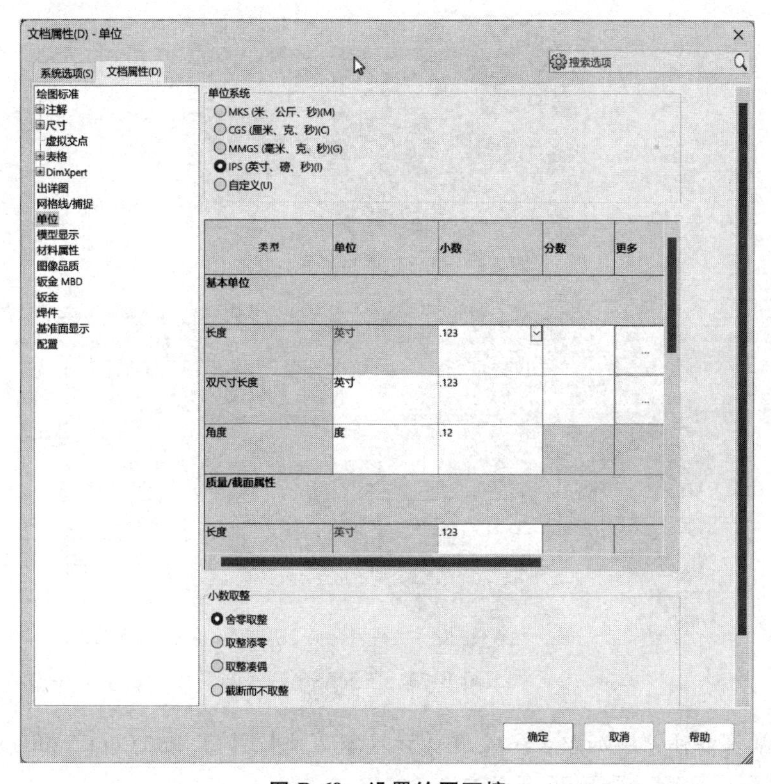

图 B-69 设置绘图环境

步骤 3 绘制草图 选择前视基准面并绘制如图 B-70 所示草图。

步骤 4 创建“凸台-拉伸” 使用步骤 3 绘制的草图创建如图 B-71 所示“凸台-拉伸”特征。

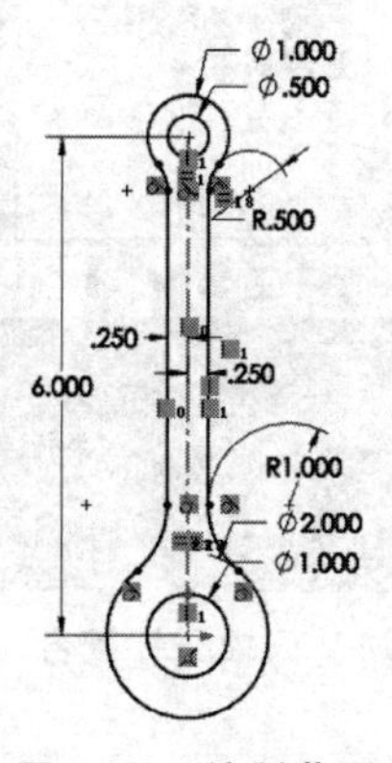

图 B-70 绘制草图

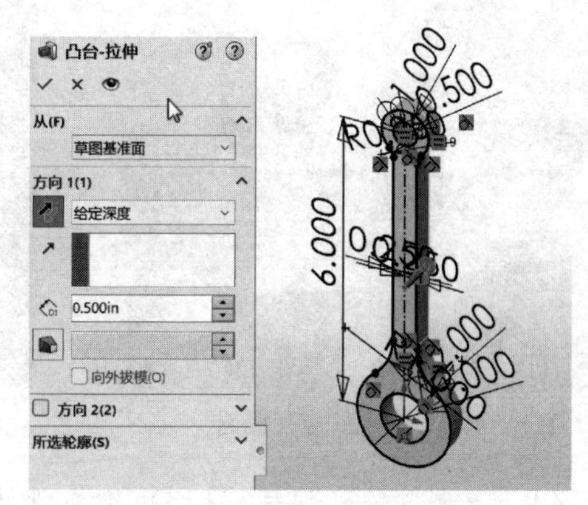

图 B-71 创建“凸台-拉伸”

步骤 5 保存并退出 将零件命名为“Connectingrod”，保存并退出。

步骤 6 打开装配体文件 打开装配体文件“Engine”。

步骤 7 压缩配合 如图 B-72 所示，单击或右击此面并选择【查看配合】。在配合列表框中找到【重合 4】并将其压缩，如图 B-73 所示，操作完成后关闭窗口。

注意：该零件有2个，需要操作2次，共压缩2个配合关系。

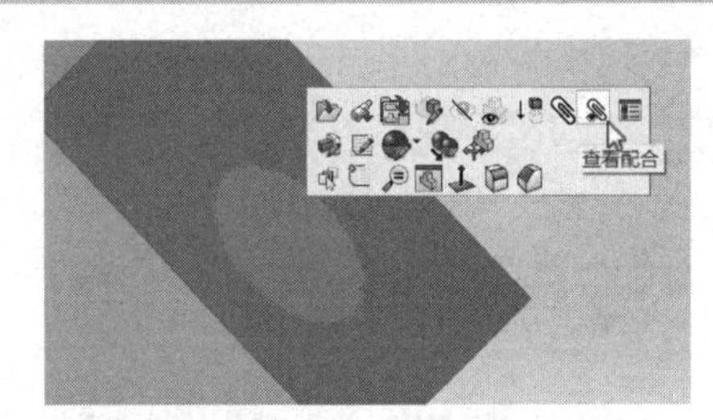

图 B-72　查看配合

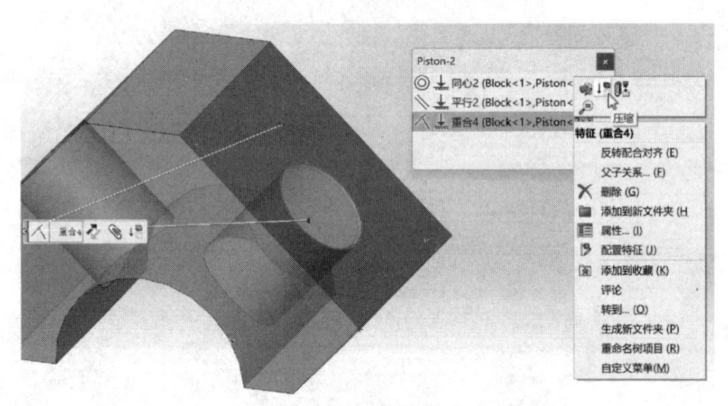

图 B-73　压缩配合

步骤8　插入零件并添加配合　使用【插入零部件】将零件“Connectingrod”插入装配体中，并添加如图B-74～图B-76所示配合。

注意：在添加配合时由于其他零部件的遮挡而无法选择几何体时，可以通过一些命令如【隐藏零部件】、【更改透明度】、【选择其他】等来配合使用。

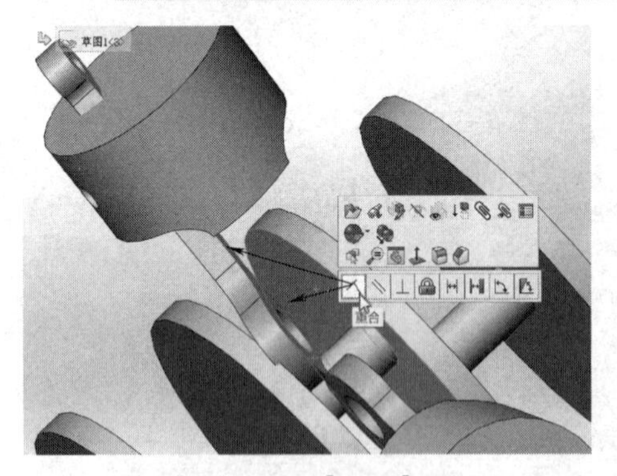

图 B-74　添加【重合】配合

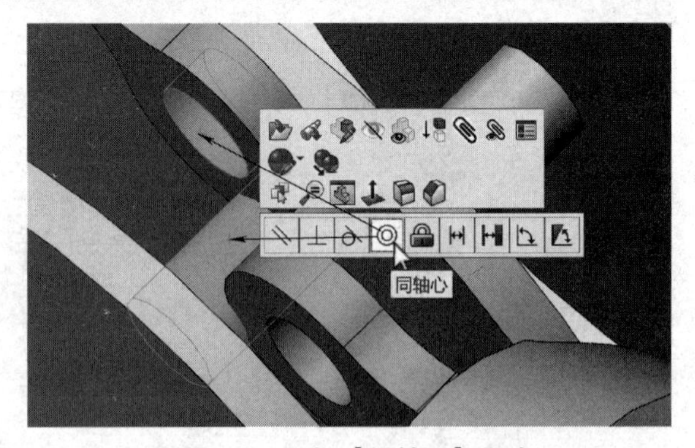

图 B-75　添加【同轴心】配合

步骤9　复制零件　按住〈Ctrl〉键在设计树中单击拖动零件“Connectingrod”到图形界面，以复制一个相同的零件“Connectingrod”。

步骤10　添加配合　给步骤9复制的零件“Connectingrod”添加如图B-77～图B-79所示配合。

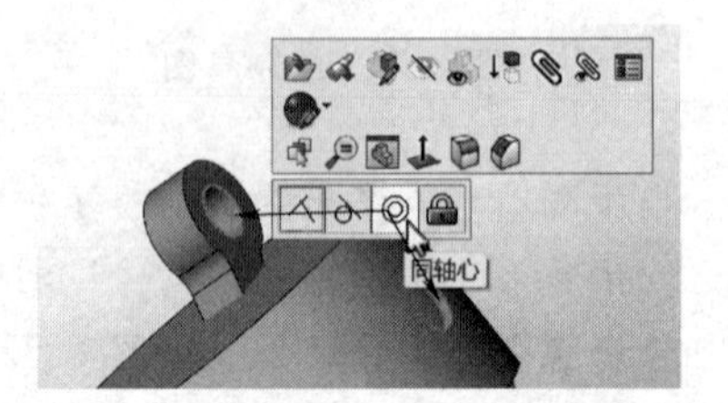

图 B-76　添加【同轴心】配合

步骤11　打开装配体的方程式管理器　右击设计树

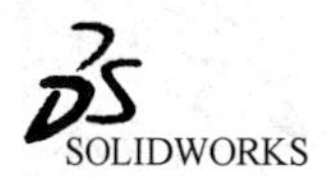

中的【Equations】，并选择【管理方程式】，打开装配体的方程式管理器。

步骤 12　更改全局变量　按图 B-80 所示更改全局变量，完成编辑后单击【确定】。

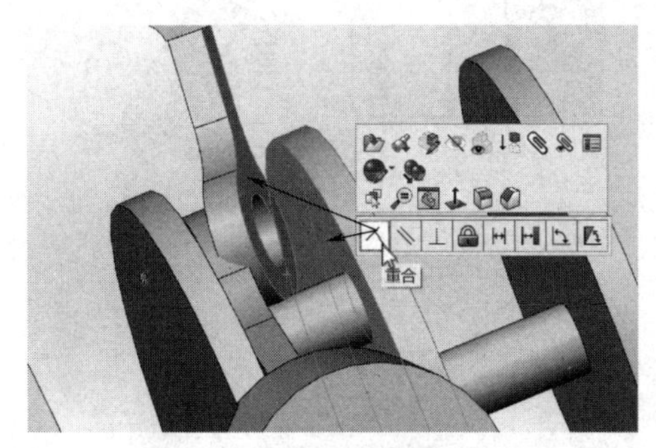

重合

图 B-77　添加【重合】配合

同轴心

图 B-78　添加【同轴心】配合

同轴心

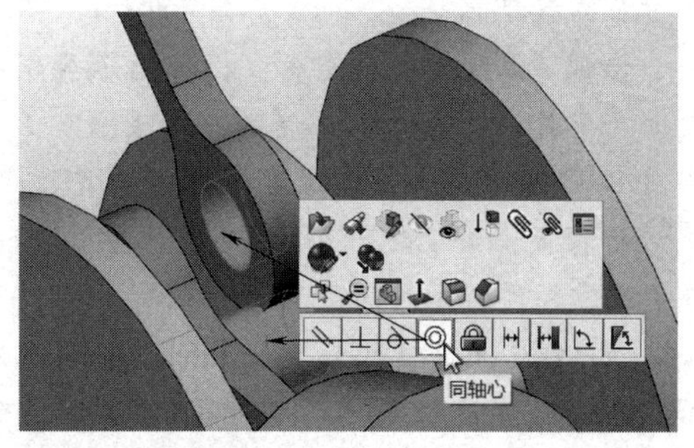

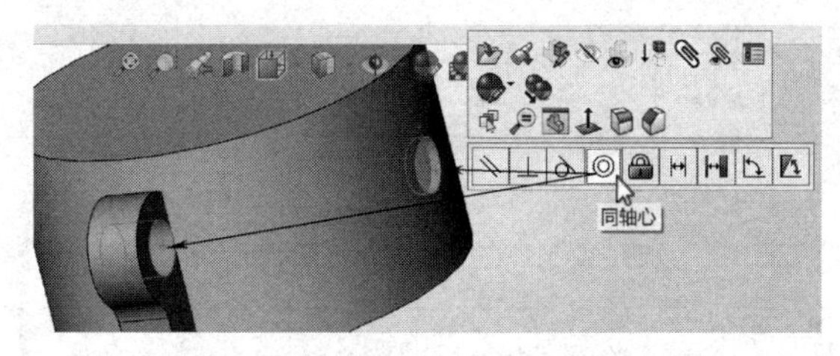

图 B-79　添加【同轴心】配合

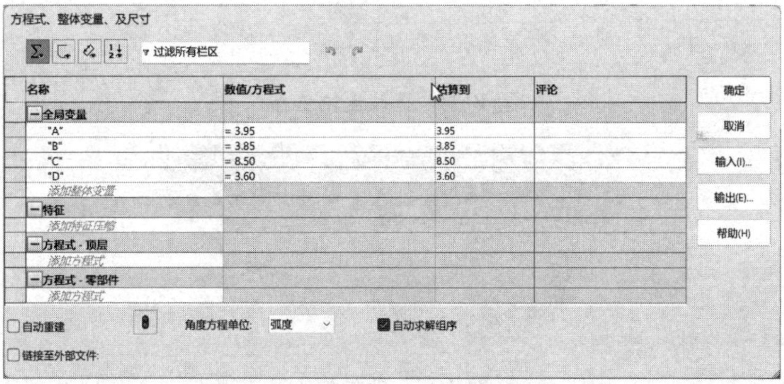

方程式、整体变量、及尺寸
过滤所有栏区
名称
数值/方程式
估算到
评论
全局变量
"A"
= 3.95
3.95
"B"
= 3.85
3.85
"C"
= 8.50
8.50
"D"
= 3.60
3.60
添加整体变量
特征
添加特征压缩
方程式 - 顶层
添加方程式
方程式 - 零部件
添加方程式
确定
取消
输入(I)...
输出(E)...
帮助(H)
自动重建
角度方程单位:
弧度
自动求解组序
链接至外部文件:

图 B-80　更改全局变量

步骤 13　查看重心位置　使用〈Ctrl+B〉(或〈Ctrl+Q〉) 重建模型。通过【质量属性】查看更改变量值之后的装配体重心位置，如图 B-81 所示。

Engine 的质量属性
配置：Default
坐标系：--默认--
质量 = 81.208 磅
体积 = 835.878 立方英寸
表面积 = 1325.429 平方英寸
重心：(英寸)
X = 0.000
Y = 4.334
Z = -4.250

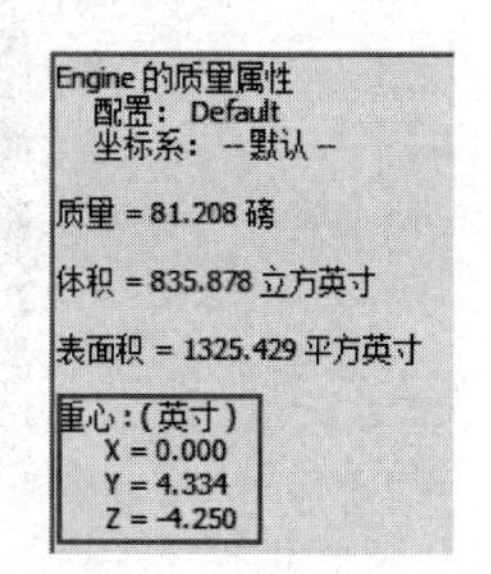

图 B-81　查看重心位置

步骤 14　保存并退出　保存并退出装配体。

CSWP 测试样题 6（25 分）

如图 B-82 所示更新每个零部件的尺寸和位置。

单位系统：IPS。

小数位数：3。

$A=3.05$，$B=3.6$，$C=9$，$D=3.3$，$E=16$。

找出此时装配体的重心位置。

步骤 1　打开装配体文件　打开装配体文件“Engine”。

步骤 2 打开方程式管理器 右击设计树中的【Equations】，选择【管理方程式】，打开方程式管理器。

步骤 3 更改全局变量 根据题示要求更改全局变量，并添加一个新的全局变量“*E*”，如图 B-83 所示，完成编辑后单击【确定】。

步骤 4 编辑配合 选择如图 B-84 所示面查看此零部件所添加的配合。找到其中的【重合 9】并右击选择【编辑特征】，如图 B-85 所示。在关联工具栏或属性框中将【重合】配合改为【角度】配合，完成编辑后单击【确定】，如图 B-86 所示。

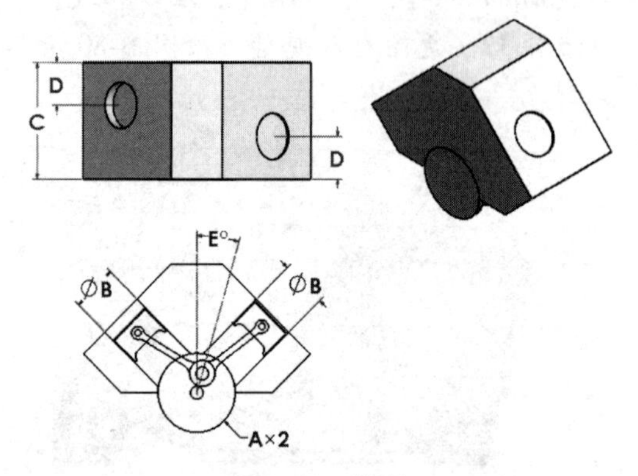

图 B-82 模型

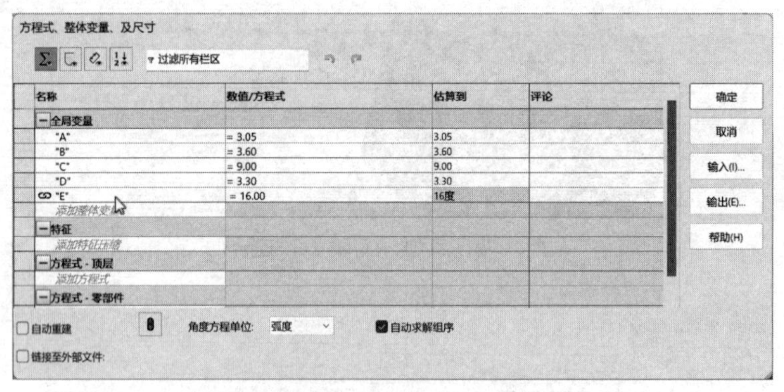

图 B-83 更改全局变量

图 B-84 查看配合

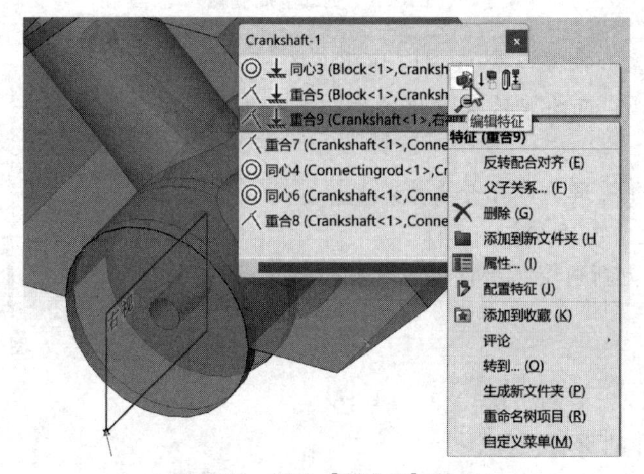

图 B-85 编辑【重合 9】特征

步骤 5　链接数值　在如图 B-87 所示界面显示步骤 4 所添加的配合尺寸“16°”（在设计树中右击此角度配合即可显示），右击此角度尺寸并选择【链接数值】。选择全局变量“*E*”，完成操作后单击【确定】，如图 B-88 所示。

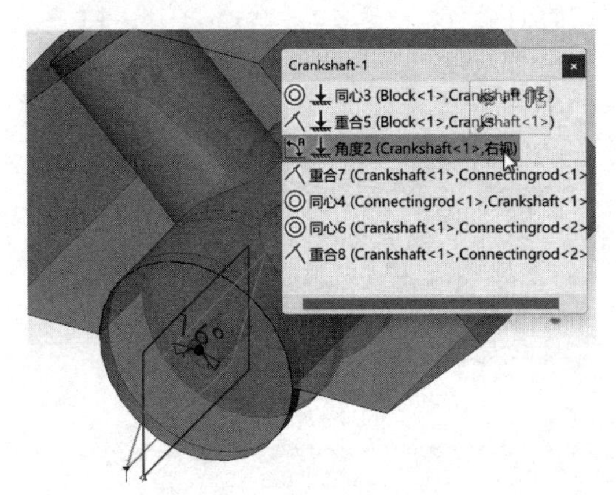

图 B-86　设置【角度】配合

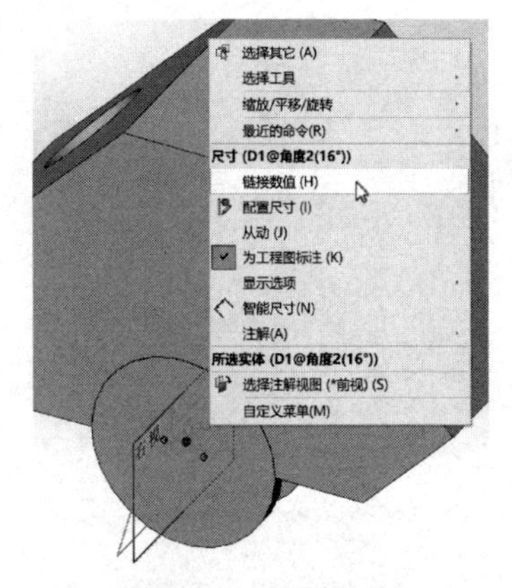

图 B-87　链接数值

步骤 6　查看重心位置　使用〈Ctrl+B〉(或〈Ctrl+Q〉) 重建模型。通过【质量属性】查看更改变量值之后的装配体重心位置，如图 B-89 所示。

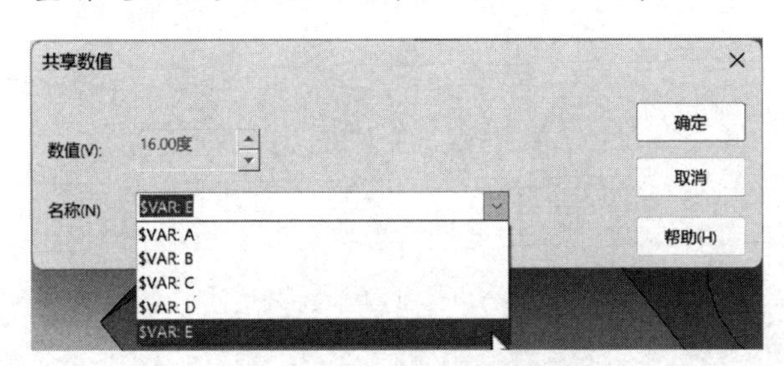

图 B-88　选择全局变量

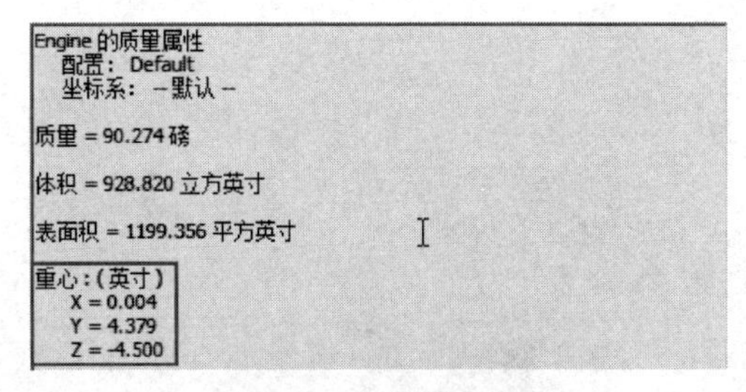

图 B-89　查看重心位置

步骤 7　保存并退出　保存并退出装配体。